“十三五”普通高等教育本科规划教材

（下册）

高等数学

主　编　孙宏凯　李香玲
副主编　冀　凯　王玉兰　麻振华
参　编　闫常丽　赵书银　张洪亮
主　审　赵春兰

中国电力出版社
CHINA ELECTRIC POWER PRESS

内 容 提 要

本书是“十三五”普通高等教育本科规划教材。

全书分上、下两册，下册内容包括向量代数与空间解析几何、多元函数微分学、重积分、曲线积分与曲面积分、无穷级数。本书注重知识点的引入方法，对部分内容进行了调整，体系结构严谨，讲解透彻，内容难度适宜，语言通俗易懂，例题、习题具有丰富性与层次性，拓展阅读使读者学习知识的同时拓宽了视野，欣赏到数学之美。

本书可作为普通高等院校理工类（非数学专业）及经管类相关专业教材，可供成教学院或专升本的专科院校学生选用，也可供相关专业人员和广大教师参考。

图书在版编目（CIP）数据

高等数学．下册/李香玲，孙宏凯主编．—北京：中国电力出版社，2018.5（2019.8 重印）
“十三五”普通高等教育本科规划教材
ISBN 978-7-5198-0837-2

Ⅰ．①高…　Ⅱ．①李…　②孙…　Ⅲ．①高等数学－高等学校－教材　Ⅳ．①O13

中国版本图书馆 CIP 数据核字（2018）第 028432 号

出版发行：中国电力出版社
地　　址：北京市东城区北京站西街 19 号（邮政编码 100005）
网　　址：http://www.cepp.sgcc.com.cn
责任编辑：孙　静（010-63412542）　郑晓萌
责任校对：闫秀英
装帧设计：张　娟
责任印制：吴　迪

印　　刷：北京天宇星印刷厂
版　　次：2018 年 5 月第一版
印　　次：2019 年 8 月北京第三次印刷
开　　本：787 毫米×1092 毫米　16 开本
印　　张：16.5
字　　数：395 千字
定　　价：42.00 元

前　言

高等数学的主要内容为微积分，微积分是有关运动和变化的数学，它是人类最伟大的成就之一。它对解决数学、物理学、工程科学、经济学、管理学、社会学和生物学等各领域问题具有强大威力。高等数学已经成为全世界理工类本科各专业普遍开设的一门公共基础必修课程，在培养具有良好数学素质及其应用型人才方面起着特别重要的作用。随着科学技术的发展对高等数学课程产生了新的需求，也由于教育部提出在全国提倡精品课建设、大力推动高等教育教学质量的提高，适应我国高等教育从“精英型教育”向“大众化教育”的转变，为满足一些高等院校新的教学形势，针对当前学生知识结构和习惯特点，根据多年的教学经验，在多次研讨和反复实践的基础上，编写了这部高等数学课程的教材。

本书认真贯彻落实教育部“高等教育面向21世纪教学内容和课程体系改革计划”的精神，并严格执行教育部“数学与统计学教学指导委员会”最新提出的“工科类本科数学基础课程教学基本要求”，参考近几年国内出版的一些优秀教材，结合编者多年的教学实践经验，本着以学生为中心、为学生服务的思想编写。全书以严谨的知识体系，通俗易懂的语言，丰富的例题、习题，深入浅出地讲解高等数学的知识，培养学生分析问题解决问题的能力。

全书分上、下两册，上册内容包括极限与连续、导数与微分、微分中值定理与导数应用、不定积分、定积分及其应用、微分方程。下册内容包括向量代数与空间解析几何、多元函数微分学、重积分、曲线积分与曲面积分、无穷级数。书内各节后均配有相应的习题，同时每章还配有综合练习，书末附有习题的参考答案及附录。

本书有以下几个主要特色：

（1）目标明确。高等数学课程的根本目的是帮助学生为进入工程各领域从事实际工作做准备，所以在满足教学基本要求的前提下，淡化理论推导过程，加强训练，强化应用，力求满足物理学、力学及各专业后继课程的数学需要。在第一章中没有介绍映射的内容，直接通过实例给出函数的定义，同时在有些章节中还淡化了定理证明的推导过程，既简明易懂，又解决了课时少内容多的矛盾。同时，本书经过精心设计与编选，配备了相当丰富的例题、习题，目的是使学生理解基本概念和基本定理的实质，掌握重要的解题方法和应用技巧。

（2）注重与新课标下的中学教材衔接。中学教材中三角函数内容的弱化为高等数学的教学带来不便，本书在第一章第一节对以上内容重点做了补充。平面极坐标与参数方程是积分中经常用到的重要内容，因此，在第一章中比较详细地介绍了平面极坐标与直角坐标的关系，附录一给出了一些常用曲线的极坐标和参数方程，为后面的学习奠定了一定的基础。

（3）每章增加了本章导读，为学生自学时了解本章概况有一定的意义。每章后附有拓展阅读，可以开阔学生视野，让学生欣赏数学之美。

（4）注重理论联系实际，增加了数学在工程技术上应用的例子，培养学生解决实际问题的能力，注重渗透数学建模思想。

（5）注重渗透现代化教学思想及手段，将部分习题答案做成二维码扫描，让学生借助网络可以参考。

（6）带“*”号的章节可供不同学时、不同专业选用。

（7）本书编写了配套的辅导书《高等数学同步学习指导》，拓宽学生知识的广度与深度，对考研和参加数学竞赛的学生会有一定的帮助。

本书上册由李香玲、孙宏凯担任主编，武小云、张新、张建梅担任副主编。参加编写的还有李彦红、景海斌、李彩娟、刘丽莉、孙志田。具体分工如下：第一章由李彦红、景海斌编写；第二章由李彩娟编写；第三章由武小云编写；第四章由李香玲编写；第五章由张新、刘丽莉编写；第六章由孙志田、张建梅编写。附录一由孙宏凯编写，附录二由武小云、张新编写。

本书下册由孙宏凯、李香玲担任主编，冀凯、王玉兰、麻振华担任副主编。参加编写的还有闫常丽、赵书银、张洪亮。具体分工如下：第七章由孙宏凯、闫常丽编写；第八章由麻振华编写；第九章、第十章主体内容由王玉兰编写，第九章拓展阅读及第九章、第十章习题简答由赵书银编写，第十章拓展阅读由张洪亮编写；第十一章由冀凯编写；附录由孙宏凯、闫常丽编写。本书由赵春兰主审。

本书在编写过程中得到了河北建筑工程学院数理系的领导、老师的大力支持，在此表示诚挚的谢意！参考了书后所列的参考文献，对参考文献的作者在此一并表示感谢！

虽然编者力求本书通俗易懂，简明流畅，便于教学，但由于水平与学识有限，虽再三审校，书中疏漏与错误之处在所难免，敬请读者多提宝贵意见并不吝赐教，我们将万分感激。本书将不断改进与完善，突出自己的特色，更好地服务于教学。

编　者

2018 年 5 月

目　录

第七章　向量代数与空间解析几何

［本章导读］

解析几何的基本思想是用代数的方法来研究几何问题．平面解析几何通过平面直角坐标系使平面上的点与二元有序实数之间建立了一一对应关系，把平面上的图形与代数方程对应起来，从而可用代数方程研究平面几何问题．同样，空间解析几何按照类似的方法，通过空间直角坐标系使空间中的点与三元有序实数组、空间图形与代数方程之间相对应，用代数方法研究空间几何问题，这是学习多元函数微积分必不可少的．

向量是既有大小又有方向的一种物理量，在工程技术中有着广泛的应用，是一种重要的数学工具．在数学上，可以用有向线段来表示向量（称为向量的几何表示），其长度表示向量的大小，其箭头表示向量的方向．在建立了空间直角坐标系后，又可以用 3 个实数组成的有序数组表示（称为向量的坐标表示）．向量的坐标表示可以将向量的概念推广到更高维的空间中．本章第一部分主要讨论的是向量的概念、向量间的各种运算及其应用等．

本章第二部分的内容是空间解析几何的基础知识．在平面解析几何中，把平面曲线看作成动点的轨迹，从而得到轨迹方程即曲线方程的概念．同样，在空间解析几何中，任何曲面都可以看作满足一定几何条件的动点的轨迹，动点的轨迹也能用方程来表示，从而得到曲面方程的概念．在这一部分中，将以向量为工具，在空间直角坐标系中研究空间的平面和直线方程、平面和直线的关系，以及空间曲面、曲线的方程．在曲面方程中，重点讨论柱面、旋转曲面及二次曲面的方程．

第一节　向量及其线性运算

一、向量的概念

在研究力学、物理学及其他一些实际问题时，经常遇到这样一类量，它既有大小又有方向，把这一类量称为向量或矢量（vector），如力、速度、位移、力矩等．

在数学上通常用有向线段来表示向量．有向线段的长度表示向量的大小，有向线段的方向表示向量的方向．以 A 为起点、B 为终点的有向线段所表示的向量记为 $\overrightarrow{AB}$，有时也用一个粗体小写字母 $\boldsymbol{a}$、$\boldsymbol{b}$、$\boldsymbol{c}$ 或 $\vec{a}$、$\vec{b}$、$\vec{c}$ 等表示向量．

向量的大小称为向量的模（module），向量 $\overrightarrow{AB}$ 的模记为 $|\overrightarrow{AB}|$，模等于 1 的向量叫单位向量（unit vector），模为零的向量叫零向量（zero vector）．零向量的方向是任意的．与起点无关的向量称为自由向量（free vector），本章所研究的向量主要就是这种自由向量．若两个向量 $\boldsymbol{a}$、$\boldsymbol{b}$ 所在的线段平行，则这两个向量平行（parallel），记作 $\boldsymbol{a}//\boldsymbol{b}$，两个向量只要大小相等且方向相同，称这两个向量是相等（equal）的．

设有两个向量平行，经过平行移动可以在同一条直线上，称两个向量共线（collinear）．

设有 $k(k \geqslant 3)$ 个向量，把它们的起点放在同一点，如果终点与公共起点在同一个平面上，则称这 k 个向量共面（coplane）.

二、向量的线性运算

1. 向量的加法

设有两个向量 $\boldsymbol{a}$ 和 $\boldsymbol{b}$，任取一点 A，作 $\overrightarrow{AB}=\boldsymbol{a}$，以 B 为起点作 $\overrightarrow{BC}=\boldsymbol{b}$，则向量 $\overrightarrow{AC}=\boldsymbol{c}$ 称为向量 $\boldsymbol{a}$ 和 $\boldsymbol{b}$ 的和（sum），记作 $\boldsymbol{c}=\boldsymbol{a}+\boldsymbol{b}$（见图 7-1）. 这种求向量和的方法称为三角形法则（triangle rule）. 当 $\boldsymbol{a}$ 与 $\boldsymbol{b}$ 不平行时可以 $\overrightarrow{AB}=\boldsymbol{a}$、$\overrightarrow{AD}=\boldsymbol{b}$ 为邻边作平行四边形 $ABCD$，则 $\overrightarrow{AC}=\boldsymbol{a}+\boldsymbol{b}$（见图 7-2），这种求向量和的方法称为平行四边形法则（parallelogram rule）.

容易验证向量的加法满足以下运算定律：

（1）交换律 $\boldsymbol{a}+\boldsymbol{b}=\boldsymbol{b}+\boldsymbol{a}$.

（2）结合律 $(\boldsymbol{a}+\boldsymbol{b})+\boldsymbol{c}=\boldsymbol{a}+(\boldsymbol{b}+\boldsymbol{c})$.

2. 向量的减法

设 $\boldsymbol{a}$ 为一向量，与 $\boldsymbol{a}$ 方向相反且模相等的向量叫做 $\boldsymbol{a}$ 的负向量（negative vector），记作 $-\boldsymbol{a}$. 规定两个向量 $\boldsymbol{b}$ 与 $\boldsymbol{a}$ 的差为 $\boldsymbol{b}-\boldsymbol{a}=\boldsymbol{b}+(-\boldsymbol{a})$，即把 $-\boldsymbol{a}$ 与 $\boldsymbol{b}$ 相加，便得到 $\boldsymbol{b}$ 与 $\boldsymbol{a}$ 的差（difference）$\boldsymbol{b}-\boldsymbol{a}$（见图 7-3）.

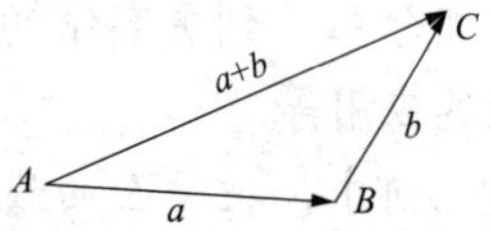

图 7-1

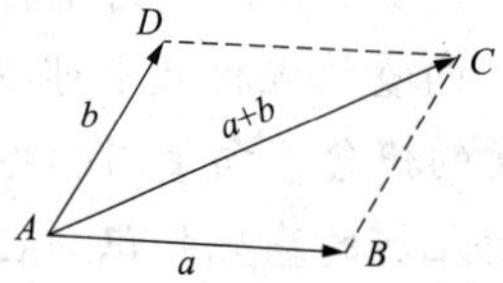

图 7-2

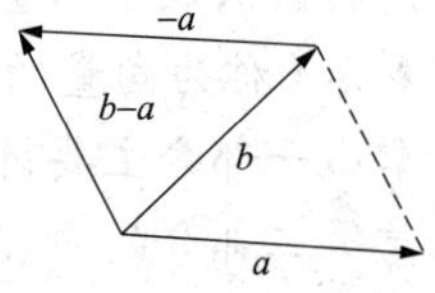

图 7-3

由三角形两边之和大于或等于第三边的原理，可以得到常用的三角不等式

$$|\boldsymbol{a}+\boldsymbol{b}| \leqslant |\boldsymbol{a}|+|\boldsymbol{b}|;$$

$$|\boldsymbol{a}-\boldsymbol{b}| \leqslant |\boldsymbol{a}|+|\boldsymbol{b}|.$$

3. 向量与数的乘法（数乘）

向量 $\boldsymbol{a}$ 与实数 λ 的乘法是一个向量，记作 $\lambda\boldsymbol{a}$，它的模 $|\lambda\boldsymbol{a}|=|\lambda|\cdot|\boldsymbol{a}|$，当 $\lambda>0$ 时，$\lambda\boldsymbol{a}$ 与 $\boldsymbol{a}$ 方向相同，当 $\lambda<0$ 时，$\lambda\boldsymbol{a}$ 与 $\boldsymbol{a}$ 方向相反. 特别地，在 $\lambda=0$ 时，$|\lambda\boldsymbol{a}|=0$，即为零向量. $\lambda=1$ 时，$\lambda\boldsymbol{a}=\boldsymbol{a}$；$\lambda=-1$ 时，$\lambda\boldsymbol{a}=-\boldsymbol{a}$.

可以证明向量与数的乘法满足以下运算定律：

（1）结合律 $(\lambda\mu)\boldsymbol{a}=\lambda(\mu\boldsymbol{a})=\mu(\lambda\boldsymbol{a})$.

（2）分配律 $\lambda(\boldsymbol{a}+\boldsymbol{b})=\lambda\boldsymbol{a}+\lambda\boldsymbol{b}$；$(\lambda+\mu)\boldsymbol{a}=\lambda\boldsymbol{a}+\mu\boldsymbol{a}$.

由于向量 $\lambda\boldsymbol{a}$ 与 $\boldsymbol{a}$ 平行，因此常用向量与数的乘积来说明两个向量的平行关系，即有：

定理 1 设向量 $\boldsymbol{a}\neq\boldsymbol{0}$，则向量 $\boldsymbol{b}$ 平行于 $\boldsymbol{a}$ 的充分必要条件是，存在唯一的实数 λ，使 $\boldsymbol{b}=\lambda\boldsymbol{a}$.

证 条件的充分性由数乘的定义即得. 下面证必要性.

设 $\boldsymbol{b}/\!/\boldsymbol{a}$，若 $\boldsymbol{b}=\boldsymbol{0}$，则取 $\lambda=0$，即有 $\boldsymbol{b}=\boldsymbol{0}=0\boldsymbol{a}=\lambda\boldsymbol{a}$.

若 $\boldsymbol{b}\neq\boldsymbol{0}$，由 $\boldsymbol{b}/\!/\boldsymbol{a}$，取 $|\lambda|=\dfrac{|\boldsymbol{b}|}{|\boldsymbol{a}|}$，则 $\boldsymbol{b}=\lambda\boldsymbol{a}$.

若 $\boldsymbol{b}=\lambda\boldsymbol{a}$，$\boldsymbol{b}=\mu\boldsymbol{a}$，则 $\lambda\boldsymbol{a}-\mu\boldsymbol{a}=(\lambda-\mu)\boldsymbol{a}=\boldsymbol{0}$，所以 $\lambda=\mu$. 这说明满足条件的 λ 是唯一的.

单位向量在向量代数中是一类非常重要的向量，与向量 $\boldsymbol{a}$ 方向相同的单位向量称为 $\boldsymbol{a}$ 的单位向量，记作 $\boldsymbol{e}_a$.

按照向量与数的乘积的规定，有

$$\boxed{\boldsymbol{a}=|\boldsymbol{a}|\boldsymbol{e}_a \text{ 或 } \boldsymbol{e}_a=\frac{\boldsymbol{a}}{|\boldsymbol{a}|}}$$

例 1　在平行四边形 $ABCD$ 中，设 $\overrightarrow{AB}=\boldsymbol{a}$，$\overrightarrow{AD}=\boldsymbol{b}$，$M$ 为对角线交点，试用 $\boldsymbol{a}$ 和 $\boldsymbol{b}$ 表示 $\overrightarrow{MA}$、$\overrightarrow{MB}$.

解　如图 7-4 所示，由于平行四边形对角线互相平分，所以

$$\boldsymbol{a}+\boldsymbol{b}=\overrightarrow{AC}=2\overrightarrow{AM}\text{，}-(\boldsymbol{a}+\boldsymbol{b})=2\overrightarrow{MA}\text{，}$$

于是

$$\overrightarrow{MA}=-\frac{1}{2}(\boldsymbol{a}+\boldsymbol{b}).$$

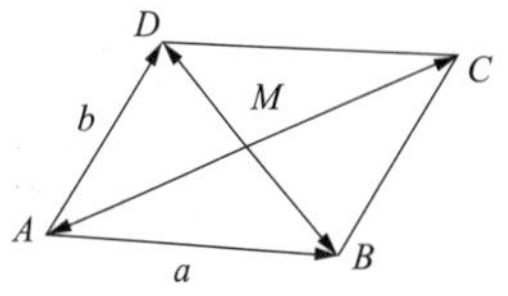

图 7-4

又因为 $\overrightarrow{BD}=\boldsymbol{b}-\boldsymbol{a}=2\overrightarrow{BM}$，即 $\boldsymbol{a}-\boldsymbol{b}=2\overrightarrow{MB}$，

所以

$$\overrightarrow{MB}=\frac{1}{2}(\boldsymbol{a}-\boldsymbol{b}).$$

习　题　7-1

1．设 A、B、C 为三角形的三个顶点，求 $\overrightarrow{AB}+\overrightarrow{BC}+\overrightarrow{CA}$.

2．设 $\boldsymbol{u}=\boldsymbol{a}+\boldsymbol{b}-2\boldsymbol{c}$，$\boldsymbol{v}=-\boldsymbol{a}-3\boldsymbol{b}+\boldsymbol{c}$，试用 $\boldsymbol{a}$、$\boldsymbol{b}$、$\boldsymbol{c}$ 表示 $2\boldsymbol{u}-3\boldsymbol{v}$.

3．用向量法证明：三角形两边中点的连线平行于第三边，且长度等于第三边长度的一半.

4．设 C 为线段 AB 上一点且 $|CB|=2|AC|$，O 为 AB 外一点，记 $\boldsymbol{a}=\overrightarrow{OA}$，$\boldsymbol{b}=\overrightarrow{OB}$，$\boldsymbol{c}=\overrightarrow{OC}$，试用 $\boldsymbol{a}$、$\boldsymbol{b}$ 来表示 $\boldsymbol{c}$.

第二节　空间直角坐标系与向量的坐标

一、空间直角坐标系

要用代数的方法来研究几何问题，首先要建立空间的点与有序数组之间的联系．依照平面解析几何的方法，可以通过建立空间直角坐标系来实现．过空间一个定点 O 作三条互相垂直的数轴，它们都以 O 为原点，且有相同的长度单位，它们所构成的坐标系称为空间直角坐标系（space rectangular coordinate system）．O 为原点（original point），这三条轴分别称为 x 轴（横轴）、y 轴（纵轴）、z 轴（竖轴），习惯上，把 x 轴与 y 轴放在水平面上，z 轴放在铅垂线上，它们的正向符合右手法则，即当右手的四个手指从 x 轴正向旋转 $\frac{\pi}{2}$ 到 y 轴正向时，大拇指的指向就是 z 轴的正向（见图 7-5）．这样的坐标系就是本章使用的右手直角坐标系．

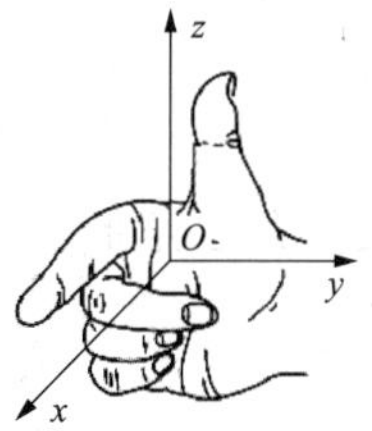

图 7-5

三个坐标轴两两确定一个平面，称为坐标面（coordinate surface）．

三个坐标面把整个空间划分为八个部分，每个部分称为卦限（octant），共有八个卦限，按照象限的顺序（逆时针）：xOy 平面上方的四个卦限依次记为Ⅰ、Ⅱ、Ⅲ、Ⅳ卦限，xOy 平面下方的四个卦限依次记为Ⅴ、Ⅵ、Ⅶ、Ⅷ卦限（见图 7-6）．

在空间建立了直角坐标系后，空间中任意一点就可以用它的三个坐标来表示．设 M 为空

间任一点，过 M 点作三个分别与 x、y、z 轴垂直的平面，分别交 x、y、z 轴于 A、B、C 三点（见图 7-7）．若 A、B、C 三点在坐标轴上的坐标是 x_0,y_0,z_0，则空间的一点 M 就唯一确定了一个有序数组 x_0,y_0,z_0；反之，任给一有序数组 x_0,y_0,z_0，可以在 x、y、z 轴上取坐标为 x_0,y_0,z_0 的点 A、B、C，并过 A、B、C 点分别作与坐标轴垂直的平面，则它们相交于唯一的点 M．这样就建立了空间的点 M 与有序数组 x_0,y_0,z_0 之间的一一对应关系，这组数 x_0,y_0,z_0 称为点 M 的坐标（coordinate），记为 $M(x_0,y_0,z_0)$，x_0,y_0,z_0 分别称为点 M 的横坐标、纵坐标和竖坐标．

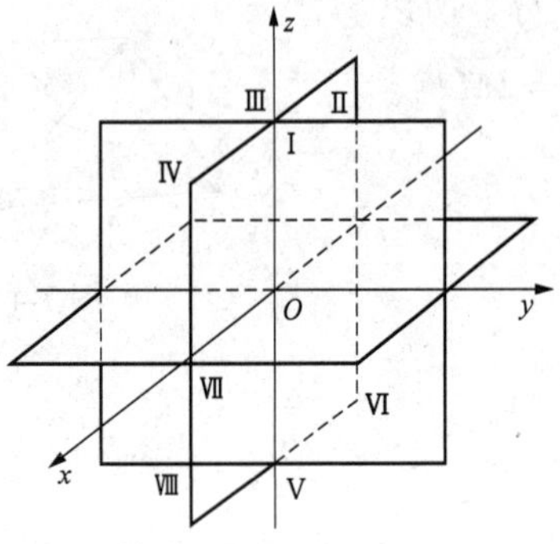

图 7-6

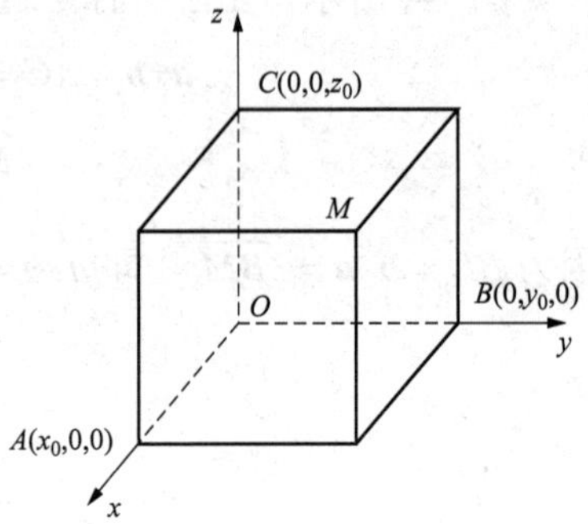

图 7-7

二、空间两点间的距离

设 $M_1(x_1,y_1,z_1)$、$M_2(x_2,y_2,z_2)$ 为空间两点，为了求它们之间的距离 d，过 M_1、M_2 点各作三个分别垂直于三条坐标轴的平面，则这六个平面围成了一个以 M_1M_2 为对角线的长方体（见图 7-8）．

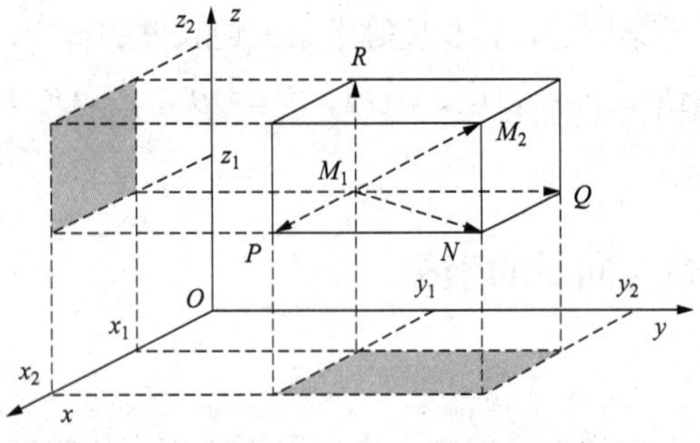

图 7-8

由勾股定理得

$d^2=|M_1M_2|^2=|M_1P|^2+|PN|^2+|NM_2|^2$，易见 $|M_1P|=|x_2-x_1|$，$|PN|=|y_2-y_1|$，$|NM_2|=|z_2-z_1|$．

所以

$$\boxed{d=|M_1M_2|=\sqrt{(x_2-x_1)^2+(y_2-y_1)^2+(z_2-z_1)^2}}$$

这就是空间两点间的距离公式．

特殊地，空间任一点 $M(x,y,z)$ 与坐标原点 $O(0,0,0)$ 的距离为

$$d=|OM|=\sqrt{x^2+y^2+z^2}．$$

例 1 证明以三点 $A(4,1,9)$、$B(10,-1,6)$、$C(2,4,3)$ 为顶点的三角形是等腰直角三角形．

解 因为

$$|AB|=\sqrt{(10-4)^2+(-1-1)^2+(6-9)^2}=\sqrt{49}=7，$$

$$|AC|=\sqrt{(2-4)^2+(4-1)^2+(3-9)^2}=\sqrt{49}=7，$$

$$|BC|=\sqrt{(2-10)^2+(4+1)^2+(3-6)^2}=\sqrt{98}，$$

$$|AB|=|AC|，所以 \triangle ABC 为等腰三角形.$$

又因为 $|BC|^2=|AC|^2+|AB|^2$，所以 $\triangle ABC$ 为等腰直角三角形.

例 2　求点 $M(1,2,4)$到各坐标轴的距离.

解　由 M 点向各坐标轴作垂线，垂足依次为 $A(1,0,0)$、$B(0,2,0)$、$C(0,0,4)$，因此 M 点到三个坐标轴的距离依次为

$$d_x=|MA|=\sqrt{0^2+2^2+4^2}=\sqrt{20}\,,$$

$$d_y=|MB|=\sqrt{1^2+0^2+4^2}=\sqrt{17}\,,$$

$$d_z=|MC|=\sqrt{1^2+2^2+0^2}=\sqrt{5}\,.$$

例 3　设在 x 轴上有一点 P，它到 $P_1(0,\sqrt{2},3)$ 的距离为到点 $P_2(0,1,-1)$ 的距离的两倍，求点 P 的坐标.

解　因为 P 在 x 轴上，设 P 点坐标为 $(x,0,0)$，则

$$|PP_1|=\sqrt{(-x)^2+(\sqrt{2})^2+3^2}=\sqrt{x^2+11}\,,\quad |PP_2|=\sqrt{(-x)^2+1^2+(-1)^2}=\sqrt{x^2+2}\,,$$

因为 $|PP_1|=2|PP_2|$，所以 $\sqrt{x^2+11}=2\sqrt{x^2+2}$，解得 $x=\pm1$.

所求 P 点坐标为 $(1,0,0)$、$(-1,0,0)$.

三、向量在轴上的投影和向量的坐标

在讨论向量的概念与运算时，是用几何方法引进的，这个方法比较直观，但计算不方便，下面引进向量的坐标，把向量用数组表示出来，使向量的运算可以化为数的运算.

1. 向量在轴上的投影

先引入两个向量夹角的概念.

设有两个非零向量 $\boldsymbol{a}$ 和 $\boldsymbol{b}$，把它们的起点移到同一点，规定它们在 0 和 π 之间的夹角 φ 为这两个向量的夹角（vector angle）.

下面定义向量在轴上的投影. 设有一向量 $\overrightarrow{AB}$ 及一轴 u，过 $\overrightarrow{AB}$ 的起点 A 和终点 B 分别作垂直于 u 轴的平面，与 u 轴分别交于点 A'、B'，则 A'、B' 点分别称为 A、B 点在轴 u 上的投影（projection）（见图 7-9）.

在 u 轴上有向线段 $\overrightarrow{A'B'}$ 的值 $A'B'$ 称为向量 $\overrightarrow{AB}$ 在轴 u 上的投影，记作

$$\mathrm{Prj}_u\overrightarrow{AB}=A'B'\,.$$

其中 u 轴称为投影轴.

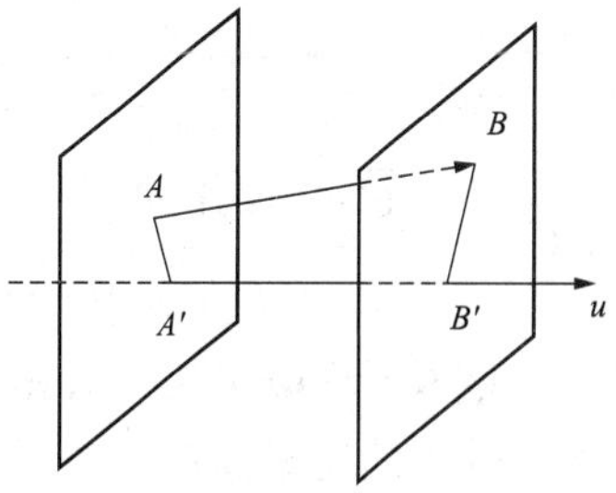

图 7-9

关于投影有如下几个性质：

性质 1　$\mathrm{Prj}_u\overrightarrow{AB}=|\overrightarrow{AB}|\cos\varphi$（$\varphi$ 为 $\overrightarrow{AB}$ 与 u 轴的夹角）.

性质 2　$\mathrm{Prj}_u(\boldsymbol{a}+\boldsymbol{b})=\mathrm{Prj}_u\boldsymbol{a}+\mathrm{Prj}_u\boldsymbol{b}$.

性质 3　$\mathrm{Prj}_u(\lambda\boldsymbol{a})=\lambda\,\mathrm{Prj}_u\boldsymbol{a}$.

2. 向量的坐标

在空间直角坐标系 $Oxyz$ 中，在 x、y、z 轴上分别取与三个坐标轴正向一致的单位向量 $\boldsymbol{i}$、$\boldsymbol{j}$、$\boldsymbol{k}$，称它们为 $Oxyz$ 坐标系下的标准单位向量（standard unit vector）.

设 $\boldsymbol{a}$ 为空间的任一向量，把向量 $\boldsymbol{a}$ 平移，使它的起点与原点重合，终点为 $M(a_x,a_y,a_z)$，即 $\boldsymbol{a}=\overrightarrow{OM}$．过点 M 作垂直于三个坐标轴的平面，它们分别与 x、y、z 轴相交于 P、Q、R 点（见图 7-10），即为点 M 在三个坐标轴上的投影．

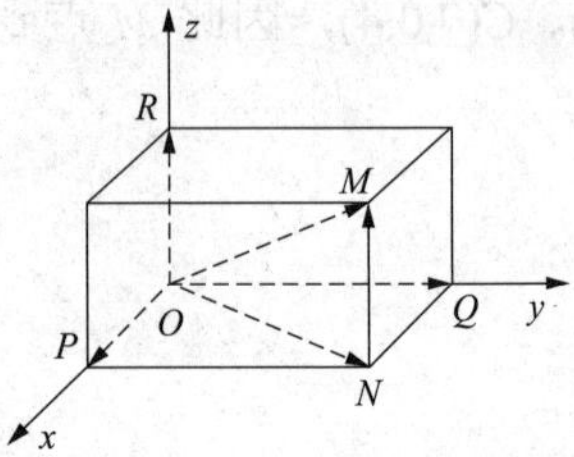

图 7-10

于是有 $\overrightarrow{OP}=a_x\boldsymbol{i},\ \overrightarrow{OQ}=a_y\boldsymbol{j},\ \overrightarrow{OR}=a_z\boldsymbol{k}$．

由向量加法，有

$$\overrightarrow{OM}=\overrightarrow{OP}+\overrightarrow{PN}+\overrightarrow{NM}=\overrightarrow{OP}+\overrightarrow{OQ}+\overrightarrow{OR}.$$

所以

$$\boxed{\boldsymbol{a}=a_x\boldsymbol{i}+a_y\boldsymbol{j}+a_z\boldsymbol{k}}$$

此式称为向量 $\boldsymbol{a}$ 的标准分解式（standard factorization），式子的右端称为向量 $\boldsymbol{a}$ 关于标准单位向量 $\boldsymbol{i}$、$\boldsymbol{j}$、$\boldsymbol{k}$ 的线性组合（linear combination）；$a_x\boldsymbol{i}$、$a_y\boldsymbol{j}$、$a_z\boldsymbol{k}$ 分别称为 $\boldsymbol{a}$ 在 x、y、z 轴上的分向量（component of vector）．

反之，给定了有序数组 (a_x,a_y,a_z)，则由式子 $\boldsymbol{a}=a_x\boldsymbol{i}+a_y\boldsymbol{j}+a_z\boldsymbol{k}$ 也确定了向量 $\boldsymbol{a}$，于是，向量 $\boldsymbol{a}$ 与有序数组 (a_x,a_y,a_z) 之间有一一对应的关系

$$\boldsymbol{a}=a_x\boldsymbol{i}+a_y\boldsymbol{j}+a_z\boldsymbol{k}\leftrightarrow(a_x,a_y,a_z).$$

把有序数组 (a_x,a_y,a_z) 称为向量 $\boldsymbol{a}$ 的坐标（coordinate），记作 $\boldsymbol{a}=(a_x,a_y,a_z)$，并称为向量 $\boldsymbol{a}$ 的坐标表达式（coordinate expression）．

利用向量的坐标可得向量的加、减、数乘运算如下：

设 $\boldsymbol{a}=(a_x,a_y,a_z)$，$\boldsymbol{b}=(b_x,b_y,b_z)$，即 $\boldsymbol{a}=a_x\boldsymbol{i}+a_y\boldsymbol{j}+a_z\boldsymbol{k}$，$\boldsymbol{b}=b_x\boldsymbol{i}+b_y\boldsymbol{j}+b_z\boldsymbol{k}$，则

$$\boldsymbol{a}\pm\boldsymbol{b}=(a_x\pm b_x)\boldsymbol{i}+(a_y\pm b_y)\boldsymbol{j}+(a_z\pm b_z)\boldsymbol{k}=(a_x\pm b_x,a_y\pm b_y,a_z\pm b_z)$$

$$\lambda\boldsymbol{a}=\lambda a_x\boldsymbol{i}+\lambda a_y\boldsymbol{j}+\lambda a_z\boldsymbol{k}=(\lambda a_x,\lambda a_y,\lambda a_z)=\lambda(a_x,a_y,a_z)$$

两向量 $\boldsymbol{a}$、$\boldsymbol{b}$ 平行的充分必要条件为

$$(b_x,b_y,b_z)=\lambda(a_x,a_y,a_z)\ 或\ \frac{b_x}{a_x}=\frac{b_y}{a_y}=\frac{b_z}{a_z}$$

例 4 已知两点 $A(0,1,4)$，$B(2,3,0)$，试用坐标表示向量 $\overrightarrow{AB}$ 及 $-2\overrightarrow{AB}$．

解 $\overrightarrow{OA}=(0,1,4)$，$\overrightarrow{OB}=(2,3,0)$，所以

$$\overrightarrow{AB}=\overrightarrow{OB}-\overrightarrow{OA}=(2,2,-4),\quad -2\overrightarrow{AB}=(-4,-4,8).$$

例 5 设 $\boldsymbol{m}=\boldsymbol{i}+3\boldsymbol{j}+7\boldsymbol{k}$，$\boldsymbol{n}=2\boldsymbol{i}-\boldsymbol{j}-5\boldsymbol{k}$，$\boldsymbol{p}=3\boldsymbol{i}+2\boldsymbol{j}+\boldsymbol{k}$，求向量 $\boldsymbol{a}=3\boldsymbol{m}+4\boldsymbol{n}+\boldsymbol{p}$ 在 x 轴上的投影及在 y 轴上的分向量．

解 因为 $\boldsymbol{a}=3\boldsymbol{m}+4\boldsymbol{n}+\boldsymbol{p}=3(\boldsymbol{i}+3\boldsymbol{j}+7\boldsymbol{k})+4(2\boldsymbol{i}-\boldsymbol{j}-5\boldsymbol{k})+(3\boldsymbol{i}+2\boldsymbol{j}+\boldsymbol{k})=14\boldsymbol{i}+7\boldsymbol{j}+2\boldsymbol{k}$，所以 $\boldsymbol{a}$ 在 x 轴上的投影为 $\mathrm{Prj}_x\,\boldsymbol{a}=14$，$\boldsymbol{a}$ 在 y 轴上的分向量为 $7\boldsymbol{j}$．

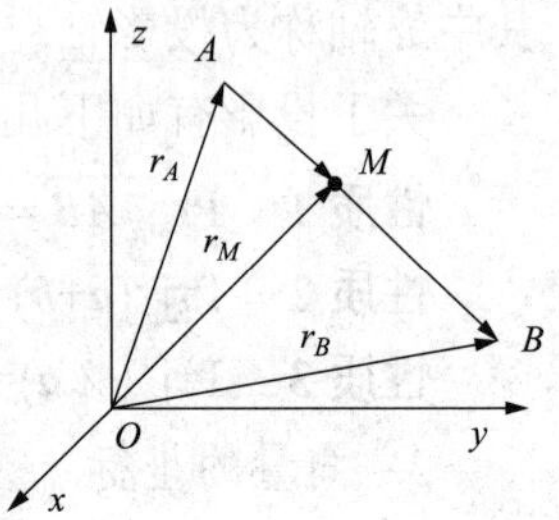

图 7-11

例 6 设两点 $A(x_1,y_1,z_1)$ 和 $B(x_2,y_2,z_2)$ 及实数 $\lambda(\lambda\neq-1)$，在有向线段 $\overrightarrow{AB}$ 上求一点 $M(x,y,z)$，使 $\overrightarrow{AM}=\lambda\overrightarrow{MB}$．

解 如图 7-11 所示，因为 $\overrightarrow{AM}=\overrightarrow{OM}-\overrightarrow{OA}$，$\overrightarrow{MB}=\overrightarrow{OB}-\overrightarrow{OM}$，

所以 $\overrightarrow{OM}-\overrightarrow{OA}=\lambda(\overrightarrow{OB}-\overrightarrow{OM})$，得 $\overrightarrow{OM}=\dfrac{1}{1+\lambda}(\overrightarrow{OA}+\lambda\overrightarrow{OB})$，于是所求点为 $M\left(\dfrac{x_1+\lambda x_2}{1+\lambda},\dfrac{y_1+\lambda y_2}{1+\lambda},\dfrac{z_1+\lambda z_2}{1+\lambda}\right)$.

M 称为有向线段 $\overrightarrow{AB}$ 的定比分点．特别地，当 $\lambda=1$ 时，得线段 $\overrightarrow{AB}$ 的中点为

$$M\left(\frac{x_1+x_2}{2},\frac{y_1+y_2}{2},\frac{z_1+z_2}{2}\right)$$

四、向量的模、方向角和方向余弦

1．向量的模

设向量 $\boldsymbol{a}=(a_x,a_y,a_z)$，作 $\overrightarrow{OM}=\boldsymbol{a}$，如图 7-12 所示，则点 M 的坐标为 (a_x,a_y,a_z)．根据空间两点间的距离公式，可得

$$\boxed{|\boldsymbol{a}|=\sqrt{a_x^2+a_y^2+a_z^2}}$$

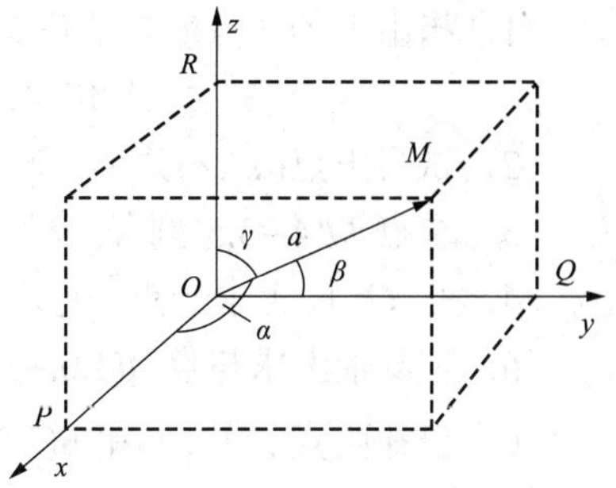

图 7-12

2．方向角和方向余弦

对于非零向量 $\boldsymbol{a}$，可以用它与三条坐标轴的夹角 α、β、γ（$0\leqslant\alpha\leqslant\pi, 0\leqslant\beta\leqslant\pi, 0\leqslant\gamma\leqslant\pi$）来表示它的方向（见图 7-12）.

称 α、β、γ 为向量 $\boldsymbol{a}$ 的方向角（direction angle），方向角的余弦 $\cos\alpha$、$\cos\beta$、$\cos\gamma$ 称为向量 $\boldsymbol{a}$ 的方向余弦（direction cosine）．方向角或方向余弦完全确定了向量 $\boldsymbol{a}$ 的方向．

因为向量的坐标就是向量在坐标轴上的投影，所以有

$$a_x=|\overrightarrow{OM}|\cos\alpha=|\boldsymbol{a}|\cos\alpha,$$

$$a_y=|\overrightarrow{OM}|\cos\beta=|\boldsymbol{a}|\cos\beta,$$

$$a_z=|\overrightarrow{OM}|\cos\gamma=|\boldsymbol{a}|\cos\gamma.$$

因此，用向量坐标表示方向余弦的公式为

$$\boxed{\cos\alpha=\frac{a_x}{|\boldsymbol{a}|},\quad \cos\beta=\frac{a_y}{|\boldsymbol{a}|},\quad \cos\gamma=\frac{a_z}{|\boldsymbol{a}|}}$$

其中

$$|\boldsymbol{a}|=\sqrt{a_x^2+a_y^2+a_z^2}$$

由此可得

$$\boxed{\cos^2\alpha+\cos^2\beta+\cos^2\gamma=1}$$

即任一向量的方向余弦的平方和等于 1.

因此，与非零向量 $\boldsymbol{a}$ 同方向的单位向量为

$$\boldsymbol{e}_a=\frac{\boldsymbol{a}}{|\boldsymbol{a}|}=\frac{1}{|\boldsymbol{a}|}(a_x,a_y,a_z)=(\cos\alpha,\cos\beta,\cos\gamma).$$

可见，以非零向量 $\boldsymbol{a}$ 的方向余弦为坐标的向量，就是与 $\boldsymbol{a}$ 同方向的单位向量．

例 7　已知两点 $M_1(4,\sqrt{2},1)$、$M_2(3,0,2)$，求向量 $\overrightarrow{M_1M_2}$ 的模、方向余弦和方向角．

解 $\overrightarrow{M_1M_2}=(3-4,0-\sqrt{2},2-1)=(-1,-\sqrt{2},1)$，$|\overrightarrow{M_1M_2}|=\sqrt{(-1)^2+(-\sqrt{2})^2+1^2}=2$，

$\cos\alpha=-\dfrac{1}{2}$，$\alpha=\dfrac{2}{3}\pi$；$\cos\beta=-\dfrac{\sqrt{2}}{2}$，$\beta=\dfrac{3}{4}\pi$；$\cos\gamma=\dfrac{1}{2}$，$\gamma=\dfrac{\pi}{3}$.

例 8 求平行于向量 $\boldsymbol{a}=(6,7,-6)$ 的单位向量.

解 $|\boldsymbol{a}|=\sqrt{6^2+7^2+(-6)^2}=\sqrt{121}=11$，与 $\boldsymbol{a}$ 平行的单位向量为

$$\boldsymbol{e}_a=\pm\frac{\boldsymbol{a}}{|\boldsymbol{a}|}=\pm\frac{1}{11}(6,7,-6).$$

习　题　7-2

1．指出下列各点所在的位置：

$$A(3,4,0)；B(0,2,3)；C(0,3,0)；D(0,0,-1)$$

2．试写出点 (a,b,c) 关于 xOy 面、y 轴及原点对称点的坐标.

3．求点 $M(4,-3,5)$ 到各坐标轴的距离.

4．在 yOz 面上求一点，使该点与点 $A(3,0,4)$ 和 $B(3,4,0)$ 的距离相等，且与原点的距离为 1.

5．在 y 轴上求与点 $A(1,0,-3)$ 和点 $B(0,1,-1)$ 等距离的点.

6．已知两点 $A(1,2,3)$ 和 $B(3,3,2)$：（1）写出向量 $\overrightarrow{AB}$ 的坐标表示式；（2）求 $|\overrightarrow{AB}|$.

7．设 $\boldsymbol{a}=2\boldsymbol{i}+3\boldsymbol{j}+\boldsymbol{k}$，$\boldsymbol{b}=\boldsymbol{i}-\boldsymbol{j}+4\boldsymbol{k}$，求 $3\boldsymbol{a}+2\boldsymbol{b}$.

8．设点 M 的坐标为 $(-1,1,-\sqrt{2})$，求 $\overrightarrow{OM}$ 的单位向量和方向余弦、方向角.

9．设向量 $\boldsymbol{a}$ 的三个方向角都相等，求其方向余弦.

10．如果平面上一个四边形的对角线互相平分，试用向量法证明它是平行四边形.

11．设 $\boldsymbol{a}=(-2,1,2)$，$\boldsymbol{b}=(3,0,-4)$，求向量 $\boldsymbol{a}$ 与 $\boldsymbol{b}$ 的角平分线的单位向量.

12．一向量的终点为点 $B(2,-1,7)$，它在 x、y、z 轴上的投影依次为 4、-4、7，求该向量的起点 A 的坐标.

13．设 $\boldsymbol{m}=3\boldsymbol{i}+5\boldsymbol{j}+8\boldsymbol{k}$，$\boldsymbol{n}=2\boldsymbol{i}-4\boldsymbol{j}-7\boldsymbol{k}$ 和 $\boldsymbol{p}=5\boldsymbol{i}+\boldsymbol{j}-4\boldsymbol{k}$. 求向量 $\boldsymbol{a}=4\boldsymbol{m}+3\boldsymbol{n}-\boldsymbol{p}$ 在 x 轴上的投影及在 y 轴上的分向量.

14．设 $\boldsymbol{a}=6\boldsymbol{i}+3\boldsymbol{j}-2\boldsymbol{k}$，若向量 $\boldsymbol{b}$ 与 $\boldsymbol{a}$ 平行，且 $|\boldsymbol{b}|=14$，求 $\boldsymbol{b}$ 的坐标表示式.

第三节　向量的乘法运算

一、两向量的数量积（点积、内积）

在力学中，一物体在力 $\boldsymbol{f}$ 作用下沿直线从点 M_1 移动到点 M_2，以 $\boldsymbol{s}$ 表示位移 $\overrightarrow{M_1M_2}$，则力 $\boldsymbol{f}$ 所做的功为

$$W=|\boldsymbol{f}|\cdot|\boldsymbol{s}|\cos\theta.$$

其中 θ 为力 $\boldsymbol{f}$ 与位移 $\boldsymbol{s}$ 的夹角.

数量功 W 可以由两个向量 $\boldsymbol{f}$ 与 $\boldsymbol{s}$ 唯一确定. 在许多实际问题中，也会有类似情况. 为此，以常力做功为实际背景，抽象出数量积的概念.

定义 1 两个向量 $\boldsymbol{a}$、$\boldsymbol{b}$ 的数量积（scalar product）等于两个向量的模与它们夹角余弦的乘积，记作 $\boldsymbol{a}\cdot\boldsymbol{b}$，即

$$\boxed{\boldsymbol{a}\cdot\boldsymbol{b}=|\boldsymbol{a}|\cdot|\boldsymbol{b}|\cos\theta}$$

其中θ为向量$\boldsymbol{a}$、$\boldsymbol{b}$的夹角．向量的数量积也称为点积（inner product）或内积（dot product）．

因为 $|\boldsymbol{a}|\cos\theta=\mathrm{Prj}_b\boldsymbol{a}$， $|\boldsymbol{b}|\cos\theta=\mathrm{Prj}_a\boldsymbol{b}$，所以

当$\boldsymbol{a}\neq\boldsymbol{0}$时　　$\boldsymbol{a}\cdot\boldsymbol{b}=|\boldsymbol{a}|\cdot\mathrm{Prj}_a\boldsymbol{b}$；

当$\boldsymbol{b}\neq\boldsymbol{0}$时　　$\boldsymbol{a}\cdot\boldsymbol{b}=|\boldsymbol{b}|\cdot\mathrm{Prj}_b\boldsymbol{a}$．

由数量积的定义可推得：

1. $\boldsymbol{a}\cdot\boldsymbol{a}=|\boldsymbol{a}|^2$

这是因为$\boldsymbol{a}\cdot\boldsymbol{a}=|\boldsymbol{a}|\cdot|\boldsymbol{a}|\cos\theta=|\boldsymbol{a}|^2$　$(\theta=0)$．

2. 两个非零向量a、b垂直的充分必要条件是$\boldsymbol{a}\cdot\boldsymbol{b}=0$

这是因为，如果 $\boldsymbol{a}\perp\boldsymbol{b}$，则$\cos\theta=0$，所以$\boldsymbol{a}\cdot\boldsymbol{b}=|\boldsymbol{a}|\cdot|\boldsymbol{b}|\cos\theta=0$；反之，若$\boldsymbol{a}\cdot\boldsymbol{b}=0$，因为$|\boldsymbol{a}|\neq0$，$|\boldsymbol{b}|\neq0$；而$\boldsymbol{a}\cdot\boldsymbol{b}=|\boldsymbol{a}|\cdot|\boldsymbol{b}|\cos\theta=0$，则$\cos\theta=0$，所以$\boldsymbol{a}\perp\boldsymbol{b}$.

因此数量积多用来研究两个向量的垂直问题.

3. 数量积运算定律

（1）交换律　$\boldsymbol{a}\cdot\boldsymbol{b}=\boldsymbol{b}\cdot\boldsymbol{a}$．

（2）分配律　$\boldsymbol{a}\cdot(\boldsymbol{b}+\boldsymbol{c})=\boldsymbol{a}\cdot\boldsymbol{b}+\boldsymbol{a}\cdot\boldsymbol{c}$．

（3）结合律　$\lambda(\boldsymbol{a}\cdot\boldsymbol{b})=(\lambda\boldsymbol{a})\cdot\boldsymbol{b}=\boldsymbol{a}\cdot(\lambda\boldsymbol{b})$．

4. 数量积的坐标表示式

设

$$\boldsymbol{a}=a_x\boldsymbol{i}+a_y\boldsymbol{j}+a_z\boldsymbol{k}，\ \boldsymbol{b}=b_x\boldsymbol{i}+b_y\boldsymbol{j}+b_z\boldsymbol{k}，$$

$$\begin{aligned}\boldsymbol{a}\cdot\boldsymbol{b}&=(a_x\boldsymbol{i}+a_y\boldsymbol{j}+a_z\boldsymbol{k})\cdot(b_x\boldsymbol{i}+b_y\boldsymbol{j}+b_z\boldsymbol{k})\\&=a_xb_x\,\boldsymbol{i}\cdot\boldsymbol{i}+a_xb_y\,\boldsymbol{i}\cdot\boldsymbol{j}+a_xb_z\boldsymbol{i}\cdot\boldsymbol{k}\\&\quad+a_yb_x\boldsymbol{j}\cdot\boldsymbol{i}+a_yb_y\boldsymbol{j}\cdot\boldsymbol{j}+a_yb_z\boldsymbol{j}\cdot\boldsymbol{k}\\&\quad+a_zb_x\boldsymbol{k}\cdot\boldsymbol{i}+a_zb_y\boldsymbol{k}\cdot\boldsymbol{j}+a_zb_z\boldsymbol{k}\cdot\boldsymbol{k}\,.\end{aligned}$$

因为

$$\boldsymbol{i}\cdot\boldsymbol{i}=\boldsymbol{j}\cdot\boldsymbol{j}=\boldsymbol{k}\cdot\boldsymbol{k}=1，\ \boldsymbol{i}\cdot\boldsymbol{j}=\boldsymbol{j}\cdot\boldsymbol{k}=\boldsymbol{k}\cdot\boldsymbol{i}=0，$$

所以

$$\boxed{\boldsymbol{a}\cdot\boldsymbol{b}=a_xb_x+a_yb_y+a_zb_z}$$

这就是数量积的坐标表示式.

> 设$\boldsymbol{a}=a_x\boldsymbol{i}+a_y\boldsymbol{j}+a_z\boldsymbol{k}$　$\boldsymbol{b}=b_x\boldsymbol{i}+b_y\boldsymbol{j}+b_z\boldsymbol{k}$，则
> $\boldsymbol{a}\perp\boldsymbol{b}$的充分必要条件为$a_xb_x+a_yb_y+a_zb_z=0$

5. 两向量夹角余弦的坐标表示式

$$\cos\theta=\frac{\boldsymbol{a}\cdot\boldsymbol{b}}{|\boldsymbol{a}|\cdot|\boldsymbol{b}|}=\frac{a_xb_x+a_yb_y+a_zb_z}{\sqrt{a_x^2+a_y^2+a_z^2}\cdot\sqrt{b_x^2+b_y^2+b_z^2}}$$

例 1　已知三点$M_1(3,1,1)$、$M_2(2,0,1)$、$M_3(1,0,0)$，求向量$\overrightarrow{M_1M_2}$与$\overrightarrow{M_2M_3}$的夹角θ．

解

$$\overrightarrow{M_1M_2}=(-1,-1,0)，\ \overrightarrow{M_2M_3}=(-1,\ 0,\ -1)，$$

$$\cos\theta=\frac{\overrightarrow{M_1M_2}\cdot\overrightarrow{M_2M_3}}{|\overrightarrow{M_1M_2}|\cdot|\overrightarrow{M_2M_3}|}=\frac{1+0+0}{\sqrt{1+1+0}\cdot\sqrt{1+0+1}}=\frac{1}{2}，$$

所以 $$\theta=\frac{\pi}{3}.$$

例 2　已知向量$\boldsymbol{\alpha}$、$\boldsymbol{\beta}$、$\boldsymbol{\gamma}$两两垂直，且$|\boldsymbol{\alpha}|=1,|\boldsymbol{\beta}|=2,|\boldsymbol{\gamma}|=3$，求向量$\boldsymbol{\delta}=\boldsymbol{\alpha}+\boldsymbol{\beta}+\boldsymbol{\gamma}$的模及它与已知向量$\boldsymbol{\gamma}$之间的夹角余弦.

解　由已知向量$\boldsymbol{\alpha}$、$\boldsymbol{\beta}$、$\boldsymbol{\gamma}$两两垂直，得$\boldsymbol{\alpha}\cdot\boldsymbol{\beta}=\boldsymbol{\beta}\cdot\boldsymbol{\gamma}=\boldsymbol{\alpha}\cdot\boldsymbol{\gamma}=0$，所以

$$|\boldsymbol{\delta}|=\sqrt{\boldsymbol{\delta}\cdot\boldsymbol{\delta}}=\sqrt{\boldsymbol{\alpha}\cdot\boldsymbol{\alpha}+\boldsymbol{\beta}\cdot\boldsymbol{\beta}+\boldsymbol{\gamma}\cdot\boldsymbol{\gamma}+2\boldsymbol{\alpha}\cdot\boldsymbol{\beta}+2\boldsymbol{\beta}\cdot\boldsymbol{\gamma}+2\boldsymbol{\alpha}\cdot\boldsymbol{\gamma}}$$
$$=\sqrt{|\boldsymbol{\alpha}|^2+|\boldsymbol{\beta}|^2+|\boldsymbol{\gamma}|^2}=\sqrt{14},$$
$$\cos<\boldsymbol{\delta}\hat{,}\boldsymbol{\gamma}>=\frac{\boldsymbol{\delta}\cdot\boldsymbol{\gamma}}{|\boldsymbol{\delta}|\cdot|\boldsymbol{\gamma}|}=\frac{(\boldsymbol{\alpha}+\boldsymbol{\beta}+\boldsymbol{\gamma})\cdot\boldsymbol{\gamma}}{|\boldsymbol{\delta}|\cdot|\boldsymbol{\gamma}|}$$
$$=\frac{\boldsymbol{\alpha}\cdot\boldsymbol{\gamma}+\boldsymbol{\beta}\cdot\boldsymbol{\gamma}+\boldsymbol{\gamma}\cdot\boldsymbol{\gamma}}{\sqrt{14}\cdot 3}=\frac{0+0+3^2}{3\sqrt{14}}=\frac{3}{\sqrt{14}}.$$

例 3　设液体流过平面S上面积为A的一个区域，液体在该区域上各点处的流速为常向量$\boldsymbol{v}$. 设$\boldsymbol{e}_n$为垂直于S的单位向量，且与$\boldsymbol{v}$夹成锐角［见图 7-13（a）］. 求单位时间内流过该区域且流向$\boldsymbol{e}_n$所指一侧的液体的质量（液体的密度为ρ）.

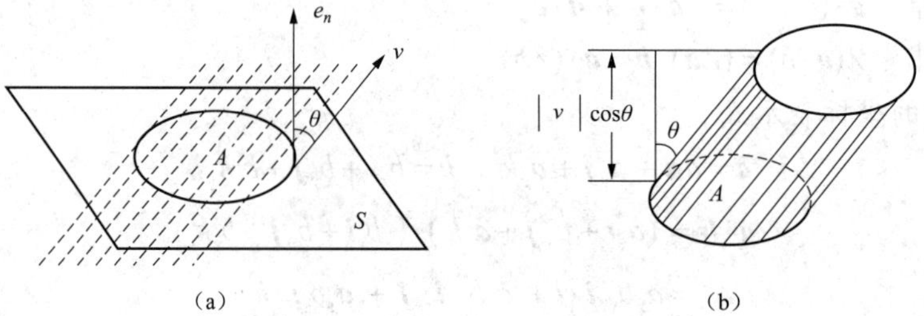

图 7-13

解　单位时间内流过这个平面区域的流体组成一个底面积为A，斜高为$|\boldsymbol{v}|$的斜柱体［见图 7-13（b）］，其斜高与底面垂线之间的夹角是$\boldsymbol{v}$与$\boldsymbol{e}_n$的夹角，故柱体的高为$|\boldsymbol{v}|\cos\theta$，体积为

$$V=A|\boldsymbol{v}|\cos\theta=A\boldsymbol{v}\cdot\boldsymbol{e}_n,$$

从而单位时间内流向该平面区域指定一侧的流体的质量为

$$m=\rho V=\rho A\boldsymbol{v}\cdot\boldsymbol{e}_n.$$

二、两向量的向量积（叉积、外积）

与数量积一样，两向量的向量积也是从物理学等实际问题中抽象出来的，如物体转动时力所产生的力矩. 设O为杠杆L的支点，力$\boldsymbol{f}$作用于该杠杆的点P处，力$\boldsymbol{f}$与$\overrightarrow{OP}$的夹角为θ，则力$\boldsymbol{f}$对支点O的力矩$\boldsymbol{M}$是一个向量. 它的大小为$\boldsymbol{M}=|\boldsymbol{f}|\cdot|\overrightarrow{OP}|\sin\theta$，力矩的方向垂直于$\boldsymbol{f}$与$\overrightarrow{OP}$所确定的平面，并且$\overrightarrow{OP}$、$\boldsymbol{f}$、$\boldsymbol{M}$的正向构成右手系.

由此，抽象出向量积的概念.

定义 2　两个向量$\boldsymbol{a}$、$\boldsymbol{b}$的向量积（vector product）是一个向量，记作$\boldsymbol{a}\times\boldsymbol{b}$，它的模与方向分别为：

（1）$|\boldsymbol{a}\times\boldsymbol{b}|=|\boldsymbol{a}|\cdot|\boldsymbol{b}|\sin<\boldsymbol{a}\hat{,}\boldsymbol{b}>$.

（2）$\boldsymbol{a}\times\boldsymbol{b}$同时垂直$\boldsymbol{a}$和$\boldsymbol{b}$，且$\boldsymbol{a}$、$\boldsymbol{b}$、$\boldsymbol{a}\times\boldsymbol{b}$符合右手法则（见图 7-14）

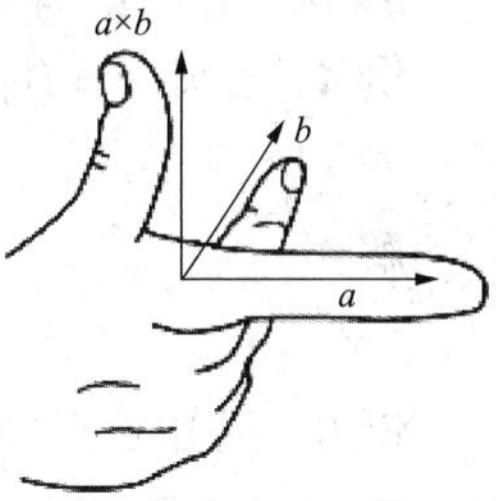

图 7-14

向量的向量积也叫叉积或外积（cross product）. 由向量积的定义可以推得：

1. $\boldsymbol{a}\times\boldsymbol{a}=\boldsymbol{0}$

易见，$|\boldsymbol{a}\times\boldsymbol{a}|=|\boldsymbol{a}|\cdot|\boldsymbol{a}|\sin<\widehat{\boldsymbol{a},\boldsymbol{a}}>$，而 $<\widehat{\boldsymbol{a},\boldsymbol{a}}>=0$，所以 $|\boldsymbol{a}\times\boldsymbol{a}|=0$，即 $\boldsymbol{a}\times\boldsymbol{a}=\boldsymbol{0}$.

2. 两个向量 $\boldsymbol{a}$、$\boldsymbol{b}$，$\boldsymbol{a}//\boldsymbol{b}$ 的充分必要条件为 $\boldsymbol{a}\times\boldsymbol{b}=0$

事实上，对于两个非零向量 $\boldsymbol{a}$、$\boldsymbol{b}$（零向量显然成立），$\boldsymbol{a}\times\boldsymbol{b}=\boldsymbol{0}$，等价于$|\boldsymbol{a}\times\boldsymbol{b}|=0$，又等价于 $\sin<\widehat{\boldsymbol{a},\boldsymbol{b}}>=0$，即$<\widehat{\boldsymbol{a},\boldsymbol{b}}>=0$ 或 π，也即 $\boldsymbol{a}//\boldsymbol{b}$.

向量积多用来研究两向量的平行问题.

3. 向量积运算定律

（1）$\boldsymbol{a}\times\boldsymbol{b}=-\boldsymbol{b}\times\boldsymbol{a}$　（满足反交换律）.

（2）结合律 $\lambda(\boldsymbol{a}\times\boldsymbol{b})=(\lambda\boldsymbol{a})\times\boldsymbol{b}=\boldsymbol{a}\times(\lambda\boldsymbol{b})$.

（3）分配律 $\boldsymbol{a}\times(\boldsymbol{b}+\boldsymbol{c})=\boldsymbol{a}\times\boldsymbol{b}+\boldsymbol{a}\times\boldsymbol{c}$.

4. 向量积的坐标表示

设 $\boldsymbol{a}=a_x\boldsymbol{i}+a_y\boldsymbol{j}+a_z\boldsymbol{k}$，$\boldsymbol{b}=b_x\boldsymbol{i}+b_y\boldsymbol{j}+b_z\boldsymbol{k}$，则有

$$
\begin{aligned}
\boldsymbol{a}\times\boldsymbol{b}&=(a_x\boldsymbol{i}+a_y\boldsymbol{j}+a_z\boldsymbol{k})\times(b_x\boldsymbol{i}+b_y\boldsymbol{j}+b_z\boldsymbol{k})\\
&=a_xb_x\ \boldsymbol{i}\times\boldsymbol{i}+a_xb_y\ \boldsymbol{i}\times\boldsymbol{j}+a_xb_z\ \boldsymbol{i}\times\boldsymbol{k}\\
&\quad+a_yb_x\ \boldsymbol{j}\times\boldsymbol{i}+a_yb_y\ \boldsymbol{j}\times\boldsymbol{j}+a_yb_z\ \boldsymbol{j}\times\boldsymbol{k}\\
&\quad+a_zb_x\ \boldsymbol{k}\times\boldsymbol{i}+a_zb_y\ \boldsymbol{k}\times\boldsymbol{j}+a_zb_z\ \boldsymbol{k}\times\boldsymbol{k}.
\end{aligned}
$$

因为 $\boldsymbol{i}\times\boldsymbol{i}=\boldsymbol{j}\times\boldsymbol{j}=\boldsymbol{k}\times\boldsymbol{k}=\boldsymbol{0}$，$\boldsymbol{i}\times\boldsymbol{j}=\boldsymbol{k}$，$\boldsymbol{j}\times\boldsymbol{k}=\boldsymbol{i}$，$\boldsymbol{k}\times\boldsymbol{i}=\boldsymbol{j}$，所以

$$\boldsymbol{a}\times\boldsymbol{b}=(a_yb_z-a_zb_y)\boldsymbol{i}+(a_zb_x-a_xb_z)\boldsymbol{j}+(a_xb_y-a_yb_x)\boldsymbol{k}.$$

用二阶行列式记号表示，即

$$\boldsymbol{a}\times\boldsymbol{b}=\begin{vmatrix}a_y & a_z\\ b_y & b_z\end{vmatrix}\boldsymbol{i}+\begin{vmatrix}a_z & a_x\\ b_z & b_x\end{vmatrix}\boldsymbol{j}+\begin{vmatrix}a_x & a_y\\ b_x & b_y\end{vmatrix}\boldsymbol{k}.$$

如果采用三阶行列式，则有

$$\boxed{\boldsymbol{a}\times\boldsymbol{b}=\begin{vmatrix}\boldsymbol{i} & \boldsymbol{j} & \boldsymbol{k}\\ a_x & a_y & a_z\\ b_x & b_y & b_z\end{vmatrix}}$$

由上式还可以得到

> 设 $\boldsymbol{a}=a_x\boldsymbol{i}+a_y\boldsymbol{j}+a_z\boldsymbol{k}$，$\boldsymbol{b}=b_x\boldsymbol{i}+b_y\boldsymbol{j}+b_z\boldsymbol{k}$，则
>
> $\boldsymbol{a}//\boldsymbol{b}$ 的充分必要条件为 $\dfrac{a_x}{b_x}=\dfrac{a_y}{b_y}=\dfrac{a_z}{b_z}$

5. 向量积的几何意义

由平面几何知识可知，$\boldsymbol{a}\times\boldsymbol{b}$ 的模$|\boldsymbol{a}\times\boldsymbol{b}|$刚好是以 $\boldsymbol{a}$、$\boldsymbol{b}$ 为邻边的平行四边形的面积，这也是向量积的模的几何意义，它也同样是以 $\boldsymbol{a}$、$\boldsymbol{b}$ 为两边的三角形面积的 2 倍.

$\boldsymbol{a}\times\boldsymbol{b}$ 的方向：与一切既平行于 $\boldsymbol{a}$ 又平行于 $\boldsymbol{b}$ 的平面相垂直.

例 4 已知 $\boldsymbol{a}=(1,-1,2)$，$\boldsymbol{b}=(2,-2,-2)$，求 $\boldsymbol{a}\times\boldsymbol{b}$.

解
$$\boldsymbol{a}\times\boldsymbol{b}=\begin{vmatrix}\boldsymbol{i}&\boldsymbol{j}&\boldsymbol{k}\\1&-1&2\\2&-2&-2\end{vmatrix}=6\boldsymbol{i}+6\boldsymbol{j}.$$

例 5 已知三点 $A(1,0,3)$、$B(0,0,2)$、$C(3,2,1)$，求 $\triangle ABC$ 的面积.

解 由向量积定义及几何意义知
$$S_{\triangle ABC}=\frac{1}{2}|\overrightarrow{AB}\times\overrightarrow{AC}|,$$
由于 $\overrightarrow{AB}=(-1,0,-1)$，$\overrightarrow{AC}=(2,2,-2)$，则
$$\overrightarrow{AB}\times\overrightarrow{AC}=\begin{vmatrix}\boldsymbol{i}&\boldsymbol{j}&\boldsymbol{k}\\-1&0&-1\\2&2&-2\end{vmatrix}=2\boldsymbol{i}-4\boldsymbol{j}-2\boldsymbol{k},$$
所以
$$S_{\triangle ABC}=\frac{1}{2}|\overrightarrow{AB}\times\overrightarrow{AC}|=\frac{1}{2}\sqrt{2^2+(-4)^2+(-2)^2}=\frac{1}{2}\sqrt{24}=\sqrt{6}.$$

例 6 设 $\boldsymbol{a}$ 垂直于 $\boldsymbol{a}_1=(2,-1,3)$ 和 $\boldsymbol{a}_2=(1,3,-2)$，且 $\boldsymbol{a}\cdot(2\boldsymbol{i}-\boldsymbol{j}+\boldsymbol{k})=-6$，求 $\boldsymbol{a}$ 的坐标.

解法 1 设 $\boldsymbol{a}=(x,y,z)$，由题意有

$\boldsymbol{a}\cdot\boldsymbol{a}_1=0$，即 $2x-y+3z=0$；$\boldsymbol{a}\cdot\boldsymbol{a}_2=0$，即 $x+3y-2z=0$；$\boldsymbol{a}\cdot(2\boldsymbol{i}-\boldsymbol{j}+\boldsymbol{k})=-6$，即 $2x-y+z=-6$. 联立这三个等式，解得：$x=-3, y=3, z=3$，即 $\boldsymbol{a}=(-3,3,3)$.

解法 2 由于 $\boldsymbol{a}$ 与 $\boldsymbol{a}_1$、$\boldsymbol{a}_2$ 均垂直，所以 $\boldsymbol{a}$ 与 $\boldsymbol{a}_1\times\boldsymbol{a}_2$ 是平行的.

由于
$$\boldsymbol{a}_1\times\boldsymbol{a}_2=\begin{vmatrix}\boldsymbol{i}&\boldsymbol{j}&\boldsymbol{k}\\2&-1&3\\1&3&-2\end{vmatrix}=-7\boldsymbol{i}+7\boldsymbol{j}+7\boldsymbol{k},$$
可设
$$\boldsymbol{a}=\lambda(-7,7,7)=-7\lambda\boldsymbol{i}+7\lambda\boldsymbol{j}+7\lambda\boldsymbol{k},$$
又由于
$$\boldsymbol{a}\cdot(2\boldsymbol{i}-\boldsymbol{j}+\boldsymbol{k})=-6,$$
即
$$(-7\lambda\boldsymbol{i}+7\lambda\boldsymbol{j}+7\lambda\boldsymbol{k})\cdot(2\boldsymbol{i}-\boldsymbol{j}+\boldsymbol{k})=-6,$$
于是 $-14\lambda-7\lambda+7\lambda=-6$，解得 $\lambda=\dfrac{3}{7}$，所以 $\boldsymbol{a}=(-3,3,3)$.

例 7 求与向量 $\boldsymbol{a}=3\boldsymbol{i}-6\boldsymbol{j}+2\boldsymbol{k}$ 及 y 轴垂直且长度为 3 个单位的向量.

解 在 y 轴上取单位向量 $\boldsymbol{j}=(0,1,0)$，则所求向量与 $\boldsymbol{a}$ 及 $\boldsymbol{j}$ 同时垂直. 由于
$$\boldsymbol{a}\times\boldsymbol{j}=\begin{vmatrix}\boldsymbol{i}&\boldsymbol{j}&\boldsymbol{k}\\3&-6&2\\0&1&0\end{vmatrix}=-2\boldsymbol{i}+3\boldsymbol{k},$$
所以，所求向量为
$$\pm3\frac{\boldsymbol{a}\times\boldsymbol{j}}{|\boldsymbol{a}\times\boldsymbol{j}|}=\pm\frac{3}{\sqrt{13}}\quad(-2\boldsymbol{i}+3\boldsymbol{k}).$$

由以上例题可知，用数量积、向量积研究向量的位置关系非常有效，从不同角度考虑问题，解题思路是不一样的，能很好地理解这类问题，对下一步学习空间的平面与直线是十分重要的.

三、向量的混合积

设 $\boldsymbol{a}$、$\boldsymbol{b}$、$\boldsymbol{c}$ 是三个向量，先作向量积 $\boldsymbol{a}\times\boldsymbol{b}$，再作 $\boldsymbol{a}\times\boldsymbol{b}$ 与 $\boldsymbol{c}$ 的数量积，得到的数$(\boldsymbol{a}\times\boldsymbol{b})\cdot\boldsymbol{c}$ 称为向量 $\boldsymbol{a}$、$\boldsymbol{b}$、$\boldsymbol{c}$ 的混合积（mixed product），记为$[\boldsymbol{a}\ \boldsymbol{b}\ \boldsymbol{c}]$.

现推导混合积的坐标表达式.

设 $\boldsymbol{a}=(a_x,a_y,a_z)$，$\boldsymbol{b}=(b_x,b_y,b_z)$，$\boldsymbol{c}=(c_x,c_y,c_z)$，因为

$$\boldsymbol{a}\times\boldsymbol{b}=\left(\begin{vmatrix}a_y & a_z\\ b_y & b_z\end{vmatrix},\begin{vmatrix}a_z & a_x\\ b_z & b_x\end{vmatrix},\begin{vmatrix}a_x & a_y\\ b_x & b_y\end{vmatrix}\right),$$

所以

$$(\boldsymbol{a}\times\boldsymbol{b})\cdot\boldsymbol{c}=\begin{vmatrix}a_y & a_z\\ b_y & b_z\end{vmatrix}c_x+\begin{vmatrix}a_z & a_x\\ b_z & b_x\end{vmatrix}c_y+\begin{vmatrix}a_x & a_y\\ b_x & b_y\end{vmatrix}c_z,$$

即

$$(\boldsymbol{a}\times\boldsymbol{b})\cdot\boldsymbol{c}=\begin{vmatrix}a_x & a_y & a_z\\ b_x & b_y & b_z\\ c_x & c_y & c_z\end{vmatrix}.$$

由于行列式经过两次换行不改变行列式的值，故混合积有如下的置换规律

$$[\boldsymbol{a}\ \boldsymbol{b}\ \boldsymbol{c}]=[\boldsymbol{b}\ \boldsymbol{c}\ \boldsymbol{a}]=[\boldsymbol{c}\ \boldsymbol{a}\ \boldsymbol{b}].$$

混合积的几何意义：如果把向量 $\boldsymbol{a}$、$\boldsymbol{b}$、$\boldsymbol{c}$ 看作一个平行六面体的相邻三棱，则$|\boldsymbol{a}\times\boldsymbol{b}|$是该平行六面体的底面积. 而 $\boldsymbol{a}\times\boldsymbol{b}$ 垂直于 $\boldsymbol{a}$，$\boldsymbol{b}$ 所在的底面，若以 φ 表示向量 $\boldsymbol{a}\times\boldsymbol{b}$ 与 $\boldsymbol{c}$ 的夹角，则当 $0\leqslant\varphi\leqslant\dfrac{\pi}{2}$ 时，$|\boldsymbol{c}|\cos\varphi$ 就是该平行六面体的高 h（见图 7-15），于是

$$(\boldsymbol{a}\times\boldsymbol{b})\cdot\boldsymbol{c}=|\boldsymbol{a}\times\boldsymbol{b}||\boldsymbol{c}|\cos\varphi=|\boldsymbol{a}\times\boldsymbol{b}|h=V,$$

V 表示平行六面体的体积. 显然，当 $\dfrac{\pi}{2}\leqslant\varphi\leqslant\pi$ 时，$(\boldsymbol{a}\times\boldsymbol{b})\cdot\boldsymbol{c}=-V$. 由此可知，混合积$[\boldsymbol{a}\ \boldsymbol{b}\ \boldsymbol{c}]$的绝对值是以 $\boldsymbol{a}$、$\boldsymbol{b}$、$\boldsymbol{c}$ 为相邻三棱的平行六面体的体积.

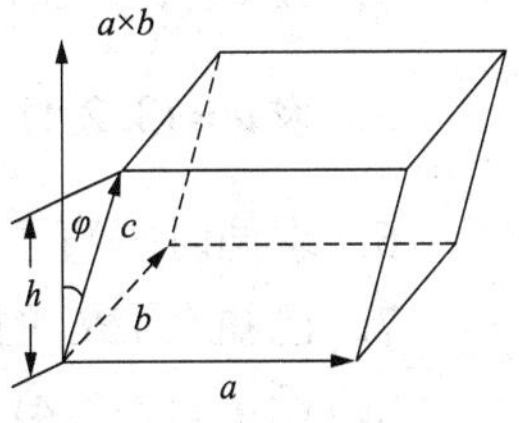

图 7-15

当$[\boldsymbol{a}\ \boldsymbol{b}\ \boldsymbol{c}]=0$时，平行六面体的体积为零，即该六面体的三条棱落在一个平面上，也就是说，向量 $\boldsymbol{a}$、$\boldsymbol{b}$、$\boldsymbol{c}$ 共面；反之，显然也成立. 由此可得

> 三向量 $\boldsymbol{a}$、$\boldsymbol{b}$、$\boldsymbol{c}$ 共面的充分必要条件是$[\boldsymbol{a}\ \boldsymbol{b}\ \boldsymbol{c}]=0$，即
>
> $$\begin{vmatrix}a_x & a_y & a_z\\ b_x & b_y & b_z\\ c_x & c_y & c_z\end{vmatrix}=0$$

例 8　求以点 $A(1,1,1)$、$B(3,4,4)$、$C(3,5,5)$ 和 $D(2,4,7)$ 为顶点的四面体 $ABCD$ 的体积.

解　由立体几何知识可知，四面体 $ABCD$ 的体积是以 $\overrightarrow{AB}$、$\overrightarrow{AC}$、$\overrightarrow{AD}$ 为相邻三棱的平行六面体体积的 1/6，利用混合积的几何意义，即有

$$V_{ABCD}=\frac{1}{6}|(\overrightarrow{AB}\times\overrightarrow{AC})\cdot\overrightarrow{AD}|,$$

而 $\overrightarrow{AB}=(2,3,3)$，$\overrightarrow{AC}=(2,4,4)$，$\overrightarrow{AD}=(1,3,6)$，于是

$$(\overrightarrow{AB}\times\overrightarrow{AC})\cdot\overrightarrow{AD}=\begin{vmatrix}2&3&3\\2&4&4\\1&3&6\end{vmatrix}=6,$$

故
$$V_{ABCD}=\frac{1}{6}\times 6=1.$$

例 9 问点 $A(1,1,1)$、$B(4,5,6)$、$C(2,3,3)$ 和 $D(10,15,17)$ 四点是否在同一平面上？

解 为了得出结论，只需考察向量 $\overrightarrow{AB}$、$\overrightarrow{AC}$、$\overrightarrow{AD}$ 是否共面，而这只需通过计算三向量的混合积即可判定.

现在 $\overrightarrow{AB}=(3,4,5)$，$\overrightarrow{AC}=(1,2,2)$，$\overrightarrow{AD}=(9,14,16)$，而

$$(\overrightarrow{AB}\times\overrightarrow{AC})\cdot\overrightarrow{AD}=\begin{vmatrix}3&4&5\\1&2&2\\9&14&16\end{vmatrix}=0,$$

因此 $\overrightarrow{AB}$、$\overrightarrow{AC}$、$\overrightarrow{AD}$ 共面，即 A、B、C、D 四点在同一平面上.

习 题 7-3

1．已知$|\boldsymbol{a}|=3$，$|\boldsymbol{b}|=6$，$\boldsymbol{a}$ 与 $\boldsymbol{b}$ 的夹角 $\theta=\frac{2}{3}\pi$，求 $\boldsymbol{a}\cdot\boldsymbol{b}$.

2．设$|\boldsymbol{a}|=3$，$|\boldsymbol{b}|=5$，试确定常数 k，使 $\boldsymbol{a}+k\boldsymbol{b}$ 与 $\boldsymbol{a}-k\boldsymbol{b}$ 垂直.

3．在 xOy 面上求一单位向量与已知向量 $\boldsymbol{a}=(-4,3,7)$垂直.

4．设 $\boldsymbol{a}=3\boldsymbol{i}-\boldsymbol{j}+2\boldsymbol{k}$，$\boldsymbol{b}=\boldsymbol{i}+2\boldsymbol{j}-\boldsymbol{k}$，求：（1）$\boldsymbol{a}\cdot\boldsymbol{b}$；（2）$\boldsymbol{a}\times\boldsymbol{b}$；（3）$(-2\boldsymbol{a})\cdot 3\boldsymbol{b}$.

5．设 $\boldsymbol{a}=(3,2,1)$，$\boldsymbol{b}=\left(2,\frac{4}{3},k\right)$，问 k 为何值时：（1）$\boldsymbol{a}$ 垂直于 $\boldsymbol{b}$；（2）$\boldsymbol{a}$ 平行于 $\boldsymbol{b}$.

6．求同时垂直于向量 $\boldsymbol{a}=(2,2,1)$ 和 $\boldsymbol{b}=(4,5,3)$ 的单位向量.

7．已知$\triangle ABC$ 的顶点分别是 $A(1,2,3)$、$B(3,4,5)$ 和 $C(2,4,7)$，求$\triangle ABC$ 的面积.

8．设 $\boldsymbol{a}=(2,3,4)$，$\boldsymbol{b}=(3,-1,-1)$，求以 $\boldsymbol{a}$、$\boldsymbol{b}$ 为邻边的平行四边形的面积.

9．已知 $|\boldsymbol{a}|=1,|\boldsymbol{b}|=\sqrt{2},\ <\boldsymbol{a}\hat{,}\boldsymbol{b}>=\frac{\pi}{4}$，求：

（1）$|\boldsymbol{a}+\boldsymbol{b}|$；（2）$|\boldsymbol{a}-\boldsymbol{b}|$；（3）向量 $\boldsymbol{a}+\boldsymbol{b}$ 与 $\boldsymbol{a}-\boldsymbol{b}$ 的夹角 θ.

10．设 $\boldsymbol{a}=(3,1,2)$，$\boldsymbol{b}=\lambda(k,3,6)$ 且 $\lambda\neq 0$，求 λ,k 使 $\boldsymbol{b}$ 为与 $\boldsymbol{a}$ 垂直的单位向量.

11．设 $\boldsymbol{a}$、$\boldsymbol{b}$、$\boldsymbol{c}$ 为单位向量，且满足 $\boldsymbol{a}+\boldsymbol{b}+\boldsymbol{c}=\boldsymbol{0}$，求 $\boldsymbol{a}\cdot\boldsymbol{b}+\boldsymbol{b}\cdot\boldsymbol{c}+\boldsymbol{c}\cdot\boldsymbol{a}$.

12．已知向量 $\boldsymbol{a}=2\boldsymbol{i}-3\boldsymbol{j}+\boldsymbol{k}$，$\boldsymbol{b}=\boldsymbol{i}-\boldsymbol{j}+3\boldsymbol{k}$ 和 $\boldsymbol{c}=\boldsymbol{i}-2\boldsymbol{j}$，计算：

（1）$(\boldsymbol{a}\cdot\boldsymbol{b})\boldsymbol{c}-(\boldsymbol{a}\cdot\boldsymbol{c})\boldsymbol{b}$；（2）$(\boldsymbol{a}+\boldsymbol{b})\times(\boldsymbol{b}+\boldsymbol{c})$；（3）$(\boldsymbol{a}\times\boldsymbol{b})\cdot\boldsymbol{c}$.

第四节 平面及其方程

与平面解析几何一样，空间曲面和曲线也可以看作是满足一定条件的点的集合，从这一节起将讨论空间的几何图形及其方程，这些几何图形包括平面、曲面、空间直线及曲线.

首先说明什么是几何图形的方程．以曲面为例，当取定 $Oxyz$ 坐标系以后，曲面上的点 $M(x,y,z)$的坐标 x，y，z 不是无章可循的，当满足一定的条件时，这个条件一般可以写成一个

三元方程 $F(x,y,z)=0$．如果曲面 S 与方程 $F(x,y,z)=0$ 之间存在这样的关系：

（1）若点 $M(x,y,z)$在曲面 S 上，则点 M 的坐标 x，y，z 就适合三元方程．

（2）若一组数 x，y，z 适合方程，则点 $M(x,y,z)$就在曲面 S 上．也就是说，如果点 $M(x,y,z)$ 位于曲面 S 上的充分必要条件是 x,y,z 满足方程，那么就称 $F(x,y,z)=0$ 为曲面 S 的方程（equation for surface S），而称曲面 S 为方程 $F(x,y,z)=0$ 的图形（graph）．

下面将以向量为工具，在空间直角坐标系中讨论最简单的曲面——平面（plane）和最简单的曲线——直线（line）．

一、平面的方程

1. 平面的点法式方程

如果一非零向量垂直于一平面，就称这个向量为该平面的法向量（normal vector），记作 $\boldsymbol{n}$．

过空间的一个已知点，可以作且只能作一个平面 Π 垂直于已知直线，所以当平面 Π 上的一点 $M_0(x_0,y_0,z_0)$ 及其法向量 $\boldsymbol{n}=(A,B,C)$为已知时，平面的位置就完全确定了．下面来建立这个平面的方程．

设 $M(x,y,z)$为平面上的任意一点，则 $\overrightarrow{M_0M}$ 与 $\boldsymbol{n}$ 必垂直．由数量积的知识，知 $\boldsymbol{n}\cdot\overrightarrow{M_0M}=0$（见图 7-16）．

又 $\boldsymbol{n}=(A,B,C)$，$\overrightarrow{M_0M}=(x-x_0,y-y_0,z-z_0)$，所以

$$A(x-x_0)+B(y-y_0)+C(z-z_0)=0\,, \qquad (1)$$

这就是平面上的点所满足的方程．

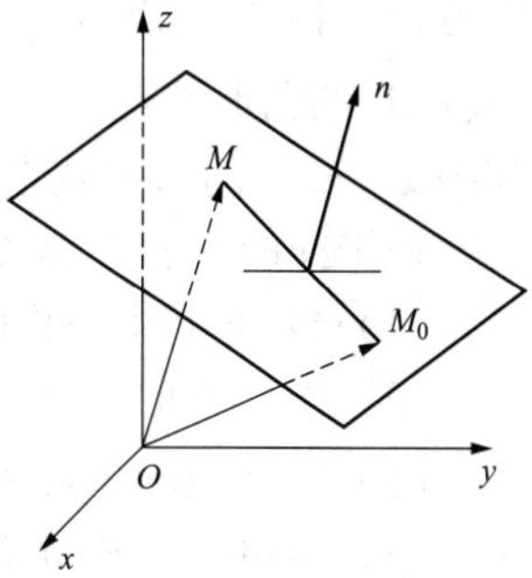

图 7-16

反之，如果 $M(x,y,z)$ 不在平面上，则 $\boldsymbol{n}\cdot\overrightarrow{M_0M}\neq 0$，即 M 点的坐标 x,y,z 不满足方程（1），因此方程（1）就是平面 Π 的方程，而平面 Π 就是方程（1）的图形．

因为方程（1）是由平面上的一个已知点 M_0 和它的一个法向量 $\boldsymbol{n}$ 来确定的，所以方程（1）也称为平面的点法式方程（point norm form equation of a plane）．

例 1　求过点$(-1,2,0)$且以向量 $\boldsymbol{n}=(1,3,1)$ 为法向量的平面方程．

解　根据平面的点法式方程，得所求的平面方程为

$$1\cdot(x+1)+3\cdot(y-2)+1\cdot(z-0)=0\,,$$

即

$$x+3y+z-5=0\,.$$

例 2　求过点$(2,-4,1)$且与平面 $x+3y+2z-5=0$ 平行的平面方程．

解　因为所求平面与已知平面平行，所以其法向量 $\boldsymbol{n}$ 与已知平面的法向量 $\boldsymbol{n}_1=(1,3,2)$ 平行，因此可取 $\boldsymbol{n}=(1,3,2)$．由平面的点法式方程，所求的平面方程为

$$1\cdot(x-2)+3\cdot(y+4)+2\cdot(z-1)=0\,,$$

即

$$x+3y+2z+8=0\,.$$

例 3　求过三点 $A(0,1,-1)$、$B(1,0,3)$、$C(-1,2,0)$的平面方程．

解　由于 $\overrightarrow{AB}=(1,-1,4)$，$\overrightarrow{AC}=(-1,1,1)$，且 $\overrightarrow{AB}\times\overrightarrow{AC}$ 垂直于 $\overrightarrow{AB}$和$\overrightarrow{AC}$ 所确定的平面，因此可取平面的法向量为

$$\boldsymbol{n}=\overrightarrow{AB}\times\overrightarrow{AC}=\begin{vmatrix}\boldsymbol{i} & \boldsymbol{j} & \boldsymbol{k}\\ 1 & -1 & 4\\ -1 & 1 & 1\end{vmatrix}=-5\boldsymbol{i}-5\boldsymbol{j}\,,$$

所求平面方程为

$$-5(x-0)-5(y-1)+0(z+1)=0,$$

即

$$x+y-1=0.$$

应该注意的是，一个平面的法向量不是唯一的，但它们是互相平行的.

2. 平面的一般式方程

将方程（1）整理为

$$Ax+By+Cz+D=0. \tag{2}$$

其中 $D=-Ax_0-By_0-Cz_0$，可知任何一个平面方程都可以用三元一次方程（2）来表示.

反之，任取满足方程（2）的一组数 (x_0,y_0,z_0)，即

$$Ax_0+By_0+Cz_0+D=0. \tag{3}$$

把（2）、（3）两式相减得

$$A(x-x_0)+B(y-y_0)+C(z-z_0)=0, \tag{4}$$

则方程（4）是过点 (x_0,y_0,z_0) 且以 $\boldsymbol{n}=(A,B,C)$ 为法向量的平面方程. 所以任何一个三元一次方程(2)的图形都是一个平面. 称方程(2)为平面的一般方程(general form equation of a plane)，其中 x、y、z 的系数就是该平面的法向量 $\boldsymbol{n}$ 的坐标.

在平面的一般方程（2）中，应熟悉一些特殊位置的平面：

（1）当 $D=0$ 时，平面通过原点.

（2）当 $A=0$ 时，法向量 $\boldsymbol{n}=(0,B,C)$ 垂直于 x 轴，此时方程表示一个平行于 x 轴的平面.

（3）当 $A=0$，$D=0$ 时，平面过 x 轴.

（4）当 $A=0$，$B=0$ 时，法向量 $\boldsymbol{n}=(0,0,C)$ 同时垂直于 x、y 轴，此时方程表示一个平行于 xOy 平面的平面.

同样可以讨论其他系数为零的情况，不再一一叙述.

例 4　求过 z 轴和点 $M(-3,1,-2)$的平面方程.

解法 1　由于平面通过 z 轴，因此，$C=0$，$D=0$，故可设所求方程为

$$Ax+By=0$$

将点$(-3,1,-2)$代入方程得

$$-3A+B=0,\ 即\ B=3A,$$

所以，所求的方程为

$$x+3y=0.$$

解法 2　由于平面过 z 轴和点 $M(-3,1,-2)$，所以可取 z 轴的单位向量 $(0,0,1)$ 与 $\overline{OM}=(-3,1,-2)$ 的向量积为平面的法向量，即

$$\boldsymbol{n}=\begin{vmatrix}\boldsymbol{i} & \boldsymbol{j} & \boldsymbol{k}\\ 0 & 0 & 1\\ -3 & 1 & -2\end{vmatrix}=-\boldsymbol{i}-3\boldsymbol{j},$$

所以，所求的平面方程为

$$-(x+3)-3(y-1)+0(z+2)=0,$$

即

$$x+3y=0.$$

例 5　求平行于 y 轴且过点 $M_1(1,-5,1)$ 和点 $M_2(3,2,-2)$ 的平面方程.

解　由于平面平行于 y 轴，故可设平面方程为

$Ax+Cz+D=0$，又平面过 $M_1(1,-5,1)$、$M_2(3,2,-2)$ 点，因此有

$$\begin{cases} A+C+D=0 \\ 3A-2C+D=0 \end{cases},$$

解得

$$A=\frac{3}{2}C,\quad D=-\frac{5}{2}C,$$

因此，所求平面方程为

$$\frac{3}{2}x+z-\frac{5}{2}=0,$$

即

$$3x+2z-5=0.$$

或直接求法向量

$$\boldsymbol{n}=(0,1,0)\times(2,7,-3)=\begin{vmatrix} \boldsymbol{i} & \boldsymbol{j} & \boldsymbol{k} \\ 0 & 1 & 0 \\ 2 & 7 & -3 \end{vmatrix}=-3\boldsymbol{i}-2\boldsymbol{k},$$

来求平面的方程.

例 6　设平面与 x、y、z 轴的交点依次为 $P(a,0,0)$、$Q(0,b,0)$、$R(0,0,c)$，求此平面方程.

解　设平面方程为

$Ax+By+Cz+D=0$，因为 P、Q、R 三点都在平面上，代入方程得

$$\begin{cases} Aa+D=0 \\ Bb+D=0 \\ Cc+D=0 \end{cases},$$

从而解得

$$A=-\frac{D}{a},\quad B=-\frac{D}{b},\quad C=-\frac{D}{c},$$

代入方程，整理得所求平面方程为

$$\frac{x}{a}+\frac{y}{b}+\frac{z}{c}=1. \tag{5}$$

由于 a、b、c 为平面在三个坐标轴上的截距，故方程（5）也称为平面的截距式方程（intercept equation of plane）.

二、两平面的夹角

设平面 Π_1 和 Π_2 法向量依次为 $\boldsymbol{n}_1=(A_1,B_1,C_1)$ 和 $\boldsymbol{n}_2=(A_2,B_2,C_2)$，如图 7-17 所示，当两平面相交时，形成两个互补的二面角，两平面的夹角 θ 通常指小于或等于 $\frac{\pi}{2}$ 的那个二面角的平面角．由于两平面的法向量所成的角 $(\widehat{\boldsymbol{n}_1,\boldsymbol{n}_2})=\theta$ 或者 $(\widehat{\boldsymbol{n}_1,\boldsymbol{n}_2})=\pi-\theta$，因此

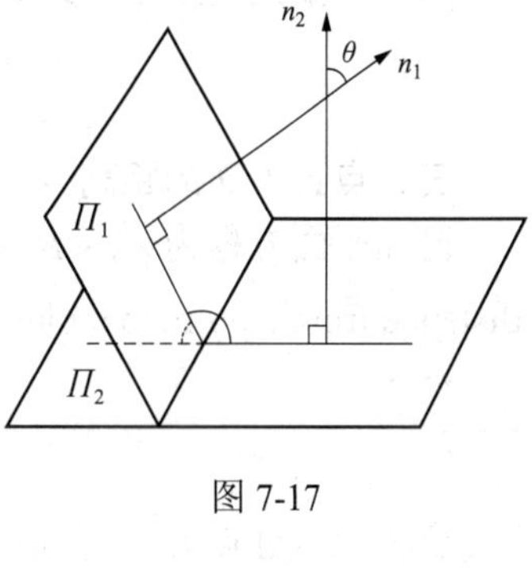

图 7-17

$$\cos\theta=|\cos<\widehat{\boldsymbol{n}_1,\boldsymbol{n}_2}>|=|\cos(\pi-<\widehat{\boldsymbol{n}_1,\boldsymbol{n}_2}>)|,$$

即

$$\cos\theta=\frac{|\boldsymbol{n}_1\cdot\boldsymbol{n}_2|}{|\boldsymbol{n}_1|\cdot|\boldsymbol{n}_2|}=\frac{|A_1A_2+B_1B_2+C_1C_2|}{\sqrt{A_1^2+B_1^2+C_1^2}\cdot\sqrt{A_2^2+B_2^2+C_2^2}}$$

两平面的法线向量的两个夹角中的锐角称为两平面的夹角（angle between two planes）.

由两向量平行、垂直条件可以得到如下结论：

（1）平面Π_1和Π_2互相垂直$\Leftrightarrow A_1A_2+B_1B_2+C_1C_2=0$.

（2）平面Π_1和Π_2互相平行$\Leftrightarrow \dfrac{A_1}{A_2}=\dfrac{B_1}{B_2}=\dfrac{C_1}{C_2}\neq\dfrac{D_1}{D_2}$.

（3）平面Π_1和Π_2重合$\Leftrightarrow \dfrac{A_1}{A_2}=\dfrac{B_1}{B_2}=\dfrac{C_1}{C_2}=\dfrac{D_1}{D_2}$.

例 7　求过点$M(2,0,-3)$，且与平面$x-2y+4z-7=0$和$2x+y-2z+5=0$垂直的平面方程.

解　设所求的平面方程为　$Ax+By+Cz+D=0$，则由已知条件有

$$\begin{cases}A-2B+4C=0\\2A+B-2C=0,\\2A-3C+D=0\end{cases}$$

解得

$$A=0，B=2C，D=3C，$$

所以所求平面方程为

$$2y+z+3=0.$$

例 8　一平面过x轴且与$x+y=0$的夹角为$\dfrac{\pi}{3}$，求其方程.

解　由题意设所求平面方程为$By+Cz=0$，$\cos\dfrac{\pi}{3}=\dfrac{|0+B+0|}{\sqrt{1+1}\cdot\sqrt{B^2+C^2}}=\dfrac{1}{2}$，即

$$|B|=\frac{\sqrt{2}}{2}\sqrt{B^2+C^2}.$$

解得

$$B^2=C^2，即\ C=\pm B，$$

所求平面方程为

$$y\pm z=0.$$

例 9　一平面$x+ky-3z=0$与xOy平面的夹角为$\dfrac{\pi}{6}$，求常数k的值.

解　xOy平面的法向量为$\boldsymbol{n}_1=(0,0,1)$，所求平面的法向量为$\boldsymbol{n}_2=(1,k,-3)$，

由两平面夹角余弦公式$\cos\dfrac{\pi}{6}=\dfrac{|\boldsymbol{n}_1\cdot\boldsymbol{n}_2|}{|\boldsymbol{n}_1|\cdot|\boldsymbol{n}_2|}=\dfrac{3}{\sqrt{1^2+k^2+(-3)^2}}=\dfrac{\sqrt{3}}{2}$，解得

$$k=\pm\sqrt{2}.$$

三、点到平面的距离

已知平面方程为$Ax+By+Cz+D=0$，平面外的一点为$P_0(x_0,y_0,z_0)$，则点到平面的距离（distance from a point to a plane）为

$$d=\frac{|Ax_0+By_0+Cz_0+D|}{\sqrt{A^2+B^2+C^2}}$$

事实上，过点P_0作平面的垂线，设垂足为点$P_1(x_1,y_1,z_1)$，所求距离$d=|\overrightarrow{P_0P_1}|$.

因为点 P_1 在平面上，则有 $Ax_1+By_1+Cz_1+D=0$，由于平面的法向量 $\boldsymbol{n}$ 与 $\overrightarrow{P_0P_1}$ 平行，所以 $\boldsymbol{n}\cdot\overrightarrow{P_0P_1}=\pm|\boldsymbol{n}|\cdot|\overrightarrow{P_0P_1}|$，即 $|\boldsymbol{n}\cdot\overrightarrow{P_0P_1}|=|\boldsymbol{n}|\cdot|\overrightarrow{P_0P_1}|$．而

$$\begin{aligned}\boldsymbol{n}\cdot\overrightarrow{P_0P_1}&=A(x_1-x_0)+B(y_1-y_0)+C(z_1-z_0)\\&=-(Ax_0+By_0+Cz_0+D),\end{aligned}$$

$$|\boldsymbol{n}|=\sqrt{A^2+B^2+C^2},$$

所以

$$d=|\overrightarrow{P_0P_1}|=\frac{|\boldsymbol{n}\cdot\overrightarrow{P_0P_1}|}{|\boldsymbol{n}|}=\frac{|Ax_0+By_0+Cz_0+D|}{\sqrt{A^2+B^2+C^2}}.$$

例如，点 $(1,2,3)$ 到平面 $2x-y+z+3=0$ 的距离为

$$d=\frac{|2\times1-1\times2+1\times3+3|}{\sqrt{2^2+(-1)^2+1^2}}=\sqrt{6}.$$

习　题　7-4

1．求过点(3,0,–1)且与平面 $3x-7y+5z-12=0$ 平行的平面方程．

2．求过点(2,0,–3)且与两平面 $x-2y+4z-7=0$ 和 $2x+y-2z+5=0$ 垂直的平面方程．

3．求过三点 $A(2,-1,4)$、$B(-1,3,-2)$和 $C(0,2,3)$的平面方程．

4．求平面 $2x-2y+z+5=0$ 与各坐标面的夹角的余弦．

5．一平面过点(1,0,–1)，且平行于向量 $\boldsymbol{a}=(2,1,1)$ 和 $\boldsymbol{b}=(1,-1,0)$，试求该平面方程．

6．一平面过两点 $A(1,1,1)$和 $B(0,1,-1)$，且垂直于平面 $x+y+z=0$，求它的方程．

7．设平面过点(1,1,1)且在三坐标轴正方向截得长度相等的线段，求它的方程．

8．分别按下列条件求平面方程：

（1）过 x 轴和点(4,–3, –1)；

（2）平行 xOz 平面且经过点(2, –5,3)；

（3）平行于 x 轴且过点(4,0, –2)和点(5,1,7)；

（4）平行 y 轴且过点(0,3, –2)和点(1,4,5)．

第五节　空间直线及其方程

一、空间直线的方程

1．直线的一般方程

空间直线 L 可以看作是两个平面 Π_1 和 Π_2 的交线．如果两个相交的平面 Π_1 和 Π_2 的方程分别为 $A_1x+B_1y+C_1z+D_1=0$ 和 $A_2x+B_2y+C_2z+D_2=0$，那么直线 L 上的任一点的坐标应同时满足这两个平面的方程，即应满足方程组

$$\begin{cases}A_1x+B_1y+C_1z+D_1=0\\A_2x+B_2y+C_2z+D_2=0\end{cases}.\tag{1}$$

反过来，如果点不在直线 L 上，那么它不可能同时在平面 Π_1 和 Π_2 上，所以它的坐标不满足方程组（1），因此直线 L 可以用方程组（1）来表示，方程组（1）称为空间直线的一般

方程（general equation of a line in space）.

需要说明的是，过一条直线 L 的平面有无数多个，只要在其中任取两个，把它们的方程联立起来，所得方程组就表示空间直线 L.

2. 点向式方程

空间直线可由直线上的一个已知点和一个向量来唯一确定．如果非零向量 $\boldsymbol{s}=(m,n,p)$平行于直线 L，则称向量 $\boldsymbol{s}$ 为该直线的方向向量（direction vector），$\boldsymbol{s}$ 的分量 m，n，p 称为直线 L 的方向数（direction number）．显然，直线上任一向量都平行于该直线的方向向量.

设 $M_0(x_0,y_0,z_0)$ 是直线 L 上的一个已知点，$\boldsymbol{s}=(m,n,p)$为 L 上的一个方向向量，$M(x,y,z)$为直线上 L 任意一点，则向量 $\overrightarrow{M_0M}=(x-x_0,y-y_0,z-z_0)$ 与 L 的方向向量 $\boldsymbol{s}$ 平行．由向量平行条件，有

$$\frac{x-x_0}{m}=\frac{y-y_0}{n}=\frac{z-z_0}{p}. \tag{2}$$

反过来，如果点 M 不在直线 L 上，$\overrightarrow{M_0M}$ 与 $\boldsymbol{s}$ 不平行，M 的坐标不满足方程组（2）．因此方程组（2）就是直线 L 的方程，称为直线的对称式方程（symmetric form equations）或点向式方程（point direction form equations）.

注意式（2）中可能出现分母 m，n，p 中某些为零的情形，分母为零时理解为其对应的分子为零．如当 $m=0$ 时，理解为

$$\begin{cases} x-x_0=0 \\ \dfrac{y-y_0}{n}=\dfrac{z-z_0}{p} \end{cases},$$

即两平面的交线.

类似地，如果 $m=0$，$n=0$，应理解为

$$\begin{cases} x-x_0=0 \\ y-y_0=0 \end{cases}.$$

3. 空间直线的参数方程

如果设 $\dfrac{x-x_0}{m}=\dfrac{y-y_0}{n}=\dfrac{z-z_0}{p}=t$，则有

$$\begin{cases} x=x_0+mt \\ y=y_0+nt \\ z=z_0+pt \end{cases}. \tag{3}$$

方程组（3）称为直线的参数方程（parametric equations of a line），其中 t 为参数.

例 1　求过点(1,3,−2)且垂直于平面 $2x+y-3z+1=0$ 的直线方程.

解　由于所求直线与已知平面垂直，故平面的法向量与直线的方向向量平行，所以所求直线的方向向量可取为 $\boldsymbol{s}=\boldsymbol{n}=(2,1,-3)$．故所求直线方程为

$$\frac{x-1}{2}=\frac{y-3}{1}=\frac{z+2}{-3}.$$

例 2　已知直线方程为 $\begin{cases} 2x-3y+z-5=0 \\ 3x+y-2z-2=0 \end{cases}$，求它的对称式及参数方程.

解　先找出直线上的一点(x_0, y_0, z_0)，不妨取定$x_0=1$，代入方程

$$\begin{cases}2x-3y+z-5=0\\3x+y-2z-2=0\end{cases},$$

求得$\begin{cases}-3y+z=3\\y-2z=-1\end{cases}$，再解之，得$y=-1, z=0$，即(1,–1,0)是这直线上的一点.

由于两平面的交线与这两个平面的法向量都垂直，所以可取直线的方向向量为

$$\boldsymbol{s}=\boldsymbol{n}_1\times\boldsymbol{n}_2=\begin{vmatrix}\boldsymbol{i} & \boldsymbol{j} & \boldsymbol{k}\\2 & -3 & 1\\3 & 1 & -2\end{vmatrix}=5\boldsymbol{i}+7\boldsymbol{j}+11\boldsymbol{k},$$

因此所给直线的对称式方程为

$$\frac{x-1}{5}=\frac{y+1}{7}=\frac{z-0}{11},$$

参数方程为

$$\begin{cases}x=1+5t\\y=-1+7t\\z=11t\end{cases}.$$

例 3　求过两点$M_1(3,4,-7)$和$M_2(2,7,-6)$的直线的对称式方程.

解　$\overrightarrow{M_1M_2}=(-1,3,1)$，取所求直线的方向向量$\boldsymbol{s}=\overrightarrow{M_1M_2}=(-1,3,1)$，得直线的对称式方程为

$$\frac{x-3}{-1}=\frac{y-4}{3}=\frac{z+7}{1}.$$

一般地，过两点$M_1(x_1,y_1,z_1)$和$M_2(x_2,y_2,z_2)$的直线方程为

$$\frac{x-x_1}{x_2-x_1}=\frac{y-y_1}{y_2-y_1}=\frac{z-z_1}{z_2-z_1}$$

称为直线的两点式方程（parametric equations of a line）.

二、两直线的夹角

两直线的方向向量的两个夹角中的锐角称为两直线的夹角（angle between two lines）.

设直线L_1、L_2的方向向量为$\boldsymbol{s}_1=(m_1,n_1,p_1)$，$\boldsymbol{s}_2=(m_2,n_2,p_2)$，那么$L_1$和$L_2$夹角应该是$<\boldsymbol{s}_1\hat{,}\boldsymbol{s}_2>$和$<\boldsymbol{s}_1\hat{,}\boldsymbol{s}_2>=\pi-<\boldsymbol{s}_1\hat{,}\boldsymbol{s}_2>$中的锐角，按两向量的夹角的方向余弦式，直线$L_1$和$L_2$的夹角$\theta$，可由

$$\cos\theta=|\cos<\boldsymbol{s}_1\hat{,}\boldsymbol{s}_2>|=|\cos(\pi-<\boldsymbol{s}_1\hat{,}\boldsymbol{s}_2>)|$$

来确定，即

$$\boxed{\cos\theta=\frac{|\boldsymbol{s}_1\cdot\boldsymbol{s}_2|}{|\boldsymbol{s}_1|\cdot|\boldsymbol{s}_2|}=\frac{|m_1m_2+n_1n_2+p_1p_2|}{\sqrt{m_1^2+n_1^2+p_1^2}\cdot\sqrt{m_2^2+n_2^2+p_2^2}}}$$

由两向量垂直、平行的充分必要条件，可得到如下结论：

（1）两直线垂直$L_1\perp L_2\Leftrightarrow m_1m_2+n_1n_2+p_1p_2=0$.

（2）两直线平行$L_1 // L_2\Leftrightarrow\dfrac{m_1}{m_2}=\dfrac{n_1}{n_2}=\dfrac{p_1}{p_2}$.

三、平面与直线的夹角

当直线与平面不垂直时，直线和它在平面上的投影直线的夹角$\varphi\left(0\leqslant\varphi<\dfrac{\pi}{2}\right)$称为直线与平面的夹角（angle between a line and a planes）；当直线与平面垂直时，规定平面与直线的夹角为$\dfrac{\pi}{2}$.

设直线 L 的方向向量为 $\boldsymbol{s}=(m,n,p)$，平面 Π 的法向量为 $\boldsymbol{n}=(A,B,C)$，如图 7-18 所示．直线 L 的方向向量 $\boldsymbol{s}$ 与平面 Π 的法向量 $\boldsymbol{n}$ 之间的夹角 θ 恰为$\dfrac{\pi}{2}-\varphi$或$\dfrac{\pi}{2}+\varphi$，故有

$$\boxed{\sin\varphi=|\cos\theta|=\frac{|Am+Bn+Cp|}{\sqrt{A^2+B^2+C^2}\cdot\sqrt{m^2+n^2+p^2}}}$$

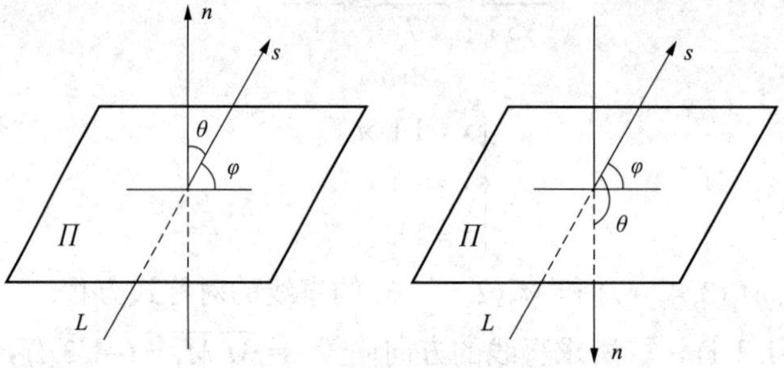

图 7-18

由两向量垂直、平行的充分必要条件，可得如下结论：

（1）直线与平面垂直$L\perp\Pi\Leftrightarrow\dfrac{A}{m}=\dfrac{B}{n}=\dfrac{C}{p}$.

（2）直线与平面平行或在平面上$L/\!/\Pi\Leftrightarrow Am+Bn+Cp=0$.

例 4 求过点(2,–3,4)，且垂直于直线$\dfrac{x}{1}=\dfrac{y}{-1}=\dfrac{z+5}{2}$和$\dfrac{x-8}{3}=\dfrac{y+4}{-2}=\dfrac{z-2}{1}$的直线方程.

解法 1 设所求的直线方程为$\dfrac{x-2}{m}=\dfrac{y+3}{n}=\dfrac{z-4}{p}$，因所求直线与两条直线都垂直，从而有

$$\begin{cases}m-n+2p=0\\3m-2n+p=0\end{cases},$$

解得

$$m=3p，n=5p.$$

以此代入所设方程，即得所求直线方程为

$$\frac{x-2}{3}=\frac{y+3}{5}=\frac{z-4}{1}.$$

解法 2 因所求直线与两直线都垂直，故可取直线的方向向量

$$\boldsymbol{s}=\boldsymbol{s}_1\times\boldsymbol{s}_2=\begin{vmatrix}\boldsymbol{i}&\boldsymbol{j}&\boldsymbol{k}\\1&-1&2\\3&-2&1\end{vmatrix}=3\boldsymbol{i}+5\boldsymbol{j}+\boldsymbol{k},$$

因此所求直线方程为

$$\frac{x-2}{3}=\frac{y+3}{5}=\frac{z-4}{1}.$$

例 5　求直线$\dfrac{x-1}{1}=\dfrac{y}{-4}=\dfrac{z+3}{1}$与平面$\Pi$：$2x-2y-z+3=0$的夹角.

解　直线 L 的方向向量 $\boldsymbol{s}=(1,-4,1)$，平面 Π 的法向量为 $\boldsymbol{n}=(2,-2,-1)$，则 $\sin\varphi=\dfrac{|2+8-1|}{\sqrt{1+4^2+1}\cdot\sqrt{4+4+1}}=\dfrac{9}{\sqrt{18\cdot3}}=\dfrac{1}{\sqrt{2}}$，所以$\varphi=\dfrac{\pi}{4}$.

例 6　求点 $P(1,-2,0)$在平面$2x+y+z+6=0$上的投影点.

解　过点 P 作已知平面的垂线 L，垂线 L 与已知平面的交点即为所求的投影点．因为垂线 L 与已知平面垂直，所以 L 的方向向量 $\boldsymbol{s}=\boldsymbol{n}=(2,1,1)$，可得 L 的参数式方程为

$$\begin{cases}x=1+2t\\y=-2+t\\z=t\end{cases},$$

代入已知平面方程中，得

$$2(1+2t)+(-2+t)+t+6=0,$$

解得$t=-1$，代回参数方程得交点坐标$\begin{cases}x=-1\\y=-3\\z=-1\end{cases}$，即所求投影点为$(-1,-3,-1)$.

*四、平面束

通过空间一条直线有无穷多个平面，这些平面构成一个平面束（pencil of planes）.

设空间一条直线 L 的一般方程为

$$\begin{cases}A_1x+B_1y+C_1z+D_1=0\\A_2x+B_2y+C_2z+D_2=0\end{cases},$$

则方程

$$(A_1x+B_1y+C_1z+D_1)+\lambda(A_2x+B_2y+C_2z+D_2)=0 \tag{4}$$

称为直线 L 的平面束方程，其中 λ 为参数.

方程（4）包含了过直线 L 的（除平面$A_2x+B_2y+C_2z+D_2=0$外）所有平面．式（4）称为通过直线 L 的平面束（族）方程（equation of a pencil of planes）.

例 7　求经过直线 L：$\begin{cases}x+y+1=0\\x+2y+2z=0\end{cases}$且与平面$\Pi:2x-y-z=0$垂直的平面方程.

解　设过 L 的平面束方程为$(x+y+1)+\lambda(x+2y+2z)=0$，即

$$(1+\lambda)x+(1+2\lambda)y+2\lambda z+1=0,$$

可知，所求平面是平面束中的一个.

由于所求平面与已知平面垂直，所以其法向量也相互垂直，它们的数量积等于 0，即

$$2(1+\lambda)-(1+2\lambda)-2\lambda=0,$$

解得$\lambda=\dfrac{1}{2}$，代入平面束方程，得所求平面方程为

$$3x+4y+2z+2=0.$$

习　题　7-5

1．求过点(1,−2,4)且与平面$2x-3y+z-4=0$垂直的直线方程．

2．求过点(2,1,1)且平行于直线$\begin{cases}2x-y+1=0\\y-1=0\end{cases}$的直线方程．

3．求过两点$A(1,-2,1)$和$B(5,4,3)$的直线方程．

4．用对称式方程表示直线$\begin{cases}x+y+z+1=0\\2x-y+3z+4=0\end{cases}$．

5．求过点(2,0,−3)且与直线$\begin{cases}x-2y+4z-1=0\\3x+5y-2z+1=0\end{cases}$垂直的平面方程．

6．求直线$\dfrac{x-1}{1}=\dfrac{y}{-4}=\dfrac{z+3}{1}$和$\dfrac{x}{2}=\dfrac{y+2}{-2}=\dfrac{z}{-1}$的夹角．

7．求直线$\dfrac{x-2}{1}=\dfrac{y-3}{1}=\dfrac{z-4}{2}$与平面$2x+y+z-6=0$的交点．

8．求过点(3,1,−2)且通过直线$\dfrac{x-4}{5}=\dfrac{y+3}{2}=\dfrac{z}{1}$的平面方程．

9．证明直线$\begin{cases}3x+y-z=2\\2x-z=2\end{cases}$与$\begin{cases}2x-y+2z=4\\x-y+2z=3\end{cases}$相互垂直．

10．求由平行线$\dfrac{x-3}{3}=\dfrac{y+2}{-2}=\dfrac{z}{1}$与$\dfrac{x+3}{3}=\dfrac{y+4}{-2}=\dfrac{z+1}{1}$所决定的平面方程．

11．试确定下列各组中的直线和平面的关系：

（1）$\dfrac{x+2}{-2}=\dfrac{y+4}{-7}=\dfrac{z}{3}$和$4x-2y-2z=3$；

（2）$\dfrac{x}{3}=\dfrac{y}{-2}=\dfrac{z}{7}$和$3x-2y+7z=8$；

（3）$\dfrac{x-2}{3}=\dfrac{y+2}{1}=\dfrac{z-3}{-4}$和$x+y+z=3$．

第六节　曲面及其方程

在本章第四节中已经知道，空间曲面可以由方程$F(x,y,z)=0$表示．如果是三元一次方程，则表示的是平面；如果是三元二次方程，则表示的曲面称为二次曲面（quadric surface）．

在空间解析几何中，任何曲面都看作点的轨迹．关于曲面、曲线的研究有以下两个基本问题：

（1）已知一曲面或曲线作为点的几何轨迹时，建立它们的方程．

（2）已知点的坐标x，y，z间的一个方程时，研究该方程所表示曲面或曲线的形状．

作为问题（1）的例子，本节先讨论曲面中的柱面和旋转曲面，这两类曲面具有显著的几何特征．

一、柱面与旋转曲面

1. 柱面

平行于定直线 L 并沿定曲线 C 移动的动直线 M 所形成的轨迹称为柱面（cylinder，cylindrical surface）（见图 7-19），动直线 M 称为柱面的母线（generating line），定曲线 C 称为柱面的准线（directrix）.

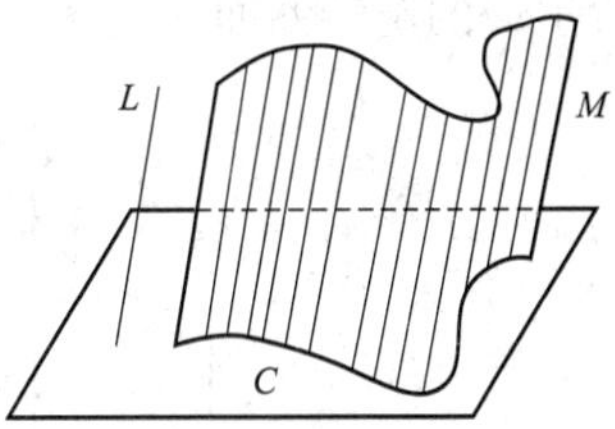

图 7-19

显然，柱面由它的准线和定直线（母线的方向）完全确定．柱面的准线是不唯一的，下面只讨论母线平行于坐标轴，准线为平面曲线的柱面．

先讨论准线是 xOy 平面上的曲线 C：$F(x,y)=0$，母线平行于 z 轴（见图 7-20）的柱面方程．设 $M(x,y,z)$为柱面 Σ 上任一点，过点 M 的母线与 xOy 平面交于点 $M_1(x,y,0)$，则 M_1 在准线 C 上，所以有

$$F(x,y)=0, \tag{1}$$

这就是柱面上点 $M(x,y,z)$的坐标满足的方程．反之，若点 $M(x,y,z)$满足方程（1），则点 $M_1(x,y,0)$在准线上，从而 $M(x,y,z)$在过 $M_1(x,y,0)$的母线上，所以 $M(x,y,z)$在该柱面上．因此方程（1）是以 xOy 平面内的曲线 C：$F(x,y)=0$ 为准线，母线平行于 z 轴的柱面方程．

由上面的讨论可知，方程 $F(x,y)=0$ 在空间直角坐标系中表示母线平行 z 轴的柱面，其准线是 xOy 平面上的曲线 C：$F(x,y)=0$.

类似可知，方程 $G(x,z)=0$ 和 $H(y,z)=0$ 分别表示母线平行于 y 轴和 x 轴的柱面．一般地讲，不完全三元方程（即 x，y，z 不同时出现的方程）在空间直角坐标系中表示柱面．

例如，$x^2+y^2=R^2$ 表示母线平行 z 轴，其准线为 xOy 平面上的圆 $x^2+y^2=R^2$，称为圆柱面（cylindrical surface）（见图 7-21）.

$x^2=2py\ (p>0)$ 表示母线平行于 z 轴，它的准线为 xOy 平面上的抛物线 $x^2=2py$，称为抛物柱面（parabolic cylinder）（见图 7-22）.

同理 $\dfrac{x^2}{a^2}+\dfrac{y^2}{b^2}=1$ 表示母线平行 z 轴的椭圆柱面（elliptic cylinder）（见图 7-23），$\dfrac{x^2}{a^2}-\dfrac{y^2}{b^2}=1$ 表示母线平行 z 轴的双曲柱面（hyperbolic cylinder）（见图 7-24）.

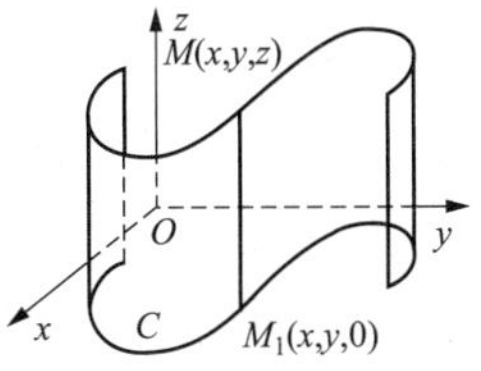

图 7-20

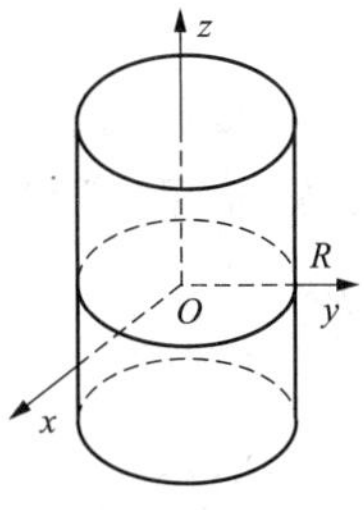

图 7-21

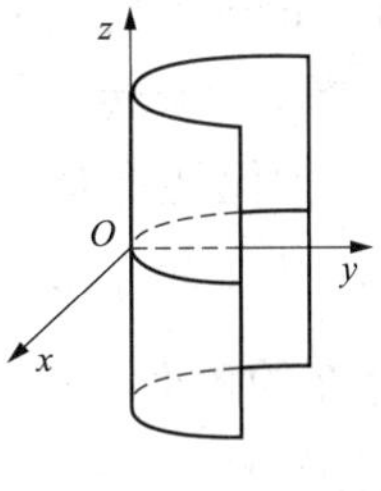

图 7-22

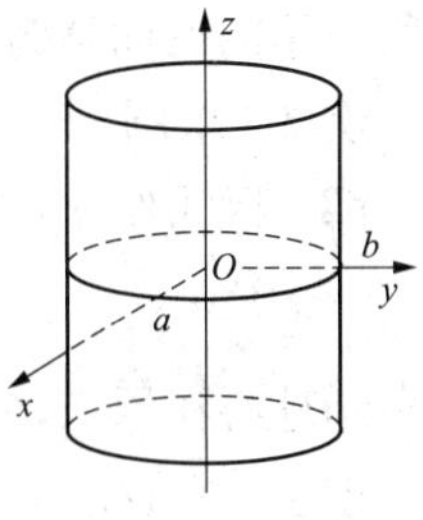

图 7-23

2. 旋转曲面

有些曲面是由平面曲线绕其平面内的一条定直线旋转一周而得到的，这种曲面称为旋转曲面（surface of revolution），这条定直线称为旋转曲面的轴（axis），而曲线称为旋转曲面的母线（generating line）.

设在 yOz 面上有一已知曲线 C，它的方程为 $f(y,z)=0$．下面求此曲线绕 z 轴旋转一周

所生成的旋转曲面（见图 7-25）的方程.

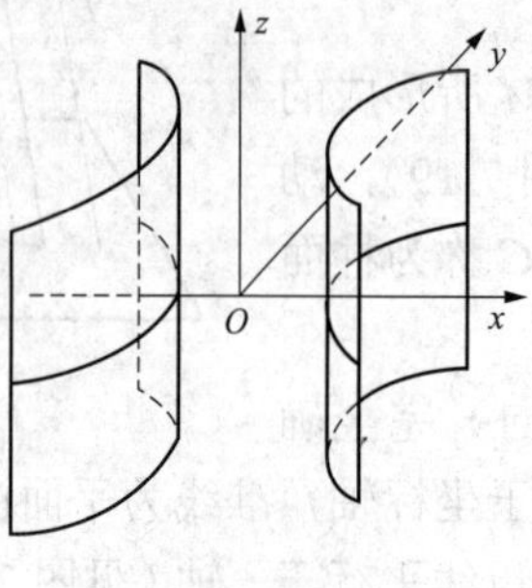

图 7-24

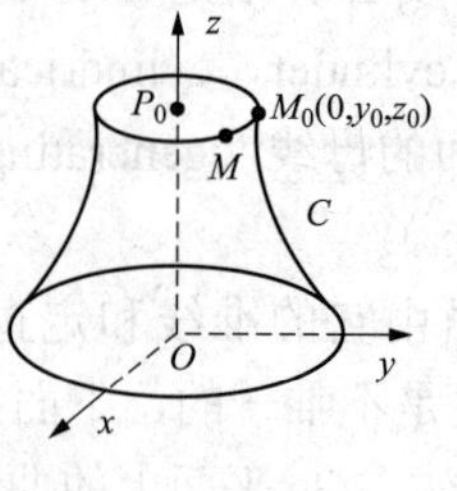

图 7-25

在曲线 C 上任取一点 $M_0(0, y_0, z_0)$，于是有

$$f(y_0, z_0) = 0 . \qquad (2)$$

当曲线 C 绕 z 轴旋转时，点 M_0 绕 z 轴旋转到另一点 $M(x,y,z)$，这时 $z = z_0$ 保持不变，点 M 到 z 轴的距离 $d = \sqrt{x^2 + y^2} = |y_0|$，以此式代入方程（2），就有

$$f\left(\pm\sqrt{x^2 + y^2}, z\right) = 0 ,$$

这就是所求的曲面的方程.

同理得 C 绕 y 轴所成的旋转曲面的方程为 $f\left(y, \pm\sqrt{x^2 + z^2}\right) = 0$.

按照同样的方法可以得到：xOy 面上的曲线 $f(x, y) = 0$，绕 x 轴旋转的旋转曲面方程为 $f\left(x, \pm\sqrt{y^2 + z^2}\right) = 0$；绕 y 轴旋转的旋转曲面方程为 $f\left(\pm\sqrt{x^2 + z^2}, y\right) = 0$.

例 1 求直线 $\begin{cases} z = ay \\ x = 0 \end{cases}$ 绕 z 轴旋转一周所得的旋转曲面方程.

解 因为是绕 z 轴旋转，z 轴保持不变，所求的旋转曲面方程为

$$z = \pm a\sqrt{x^2 + y^2} \text{ 或 } z^2 = a^2(x^2 + y^2) ,$$

它所表示的曲面称为圆锥面（cone）（见图 7-26）.

例 2 求圆 $x^2 + y^2 = R^2$ 绕 x 轴旋转一周所得的旋转曲面方程.

解 因为绕 x 轴旋转，x 轴保持不变，所求的旋转曲面方程为

$$x^2 + y^2 + z^2 = R^2 ,$$

它表示球心在原点，半径为 R 的球面.

例 3 求 xOz 平面上的抛物线 $z = x^2$ 绕 z 轴旋转所得的旋转曲面方程.

解 因为是绕 z 轴旋转，z 轴保持不变，把 x 换成 $\pm\sqrt{x^2 + y^2}$ ，所求的旋转曲面方程为

$$z = x^2 + y^2 ,$$

该曲面称为旋转抛物面（paraboloid of revolution）（见图 7-27）.

例 4 求 yOz 平面上的椭圆 $\dfrac{y^2}{a^2} + \dfrac{z^2}{b^2} = 1$ 绕 y 轴旋转所得的旋转曲面方程.

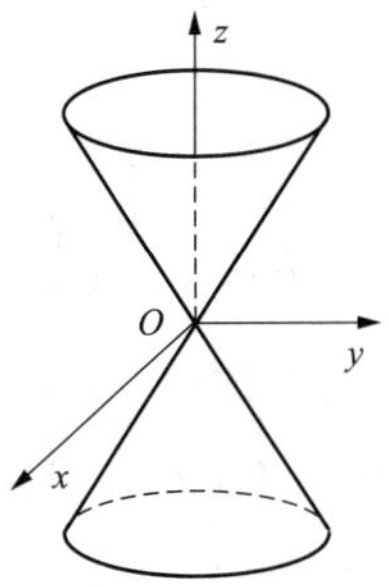

图 7-26

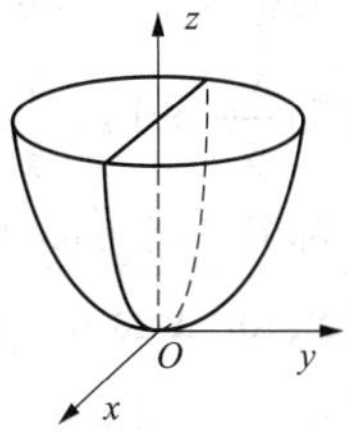

图 7-27

解　因为是绕 y 轴旋转，y 轴保持不变，把 z 换成 $\pm\sqrt{x^2+z^2}$ ，所求的旋转曲面方程为

$$\frac{y^2}{a^2}+\frac{x^2+z^2}{b^2}=1,$$

该曲面称为旋转椭球面（ellipsoid of revolution）（见图 7-28）.

例 5　求 xOz 平面上的双曲线 $\frac{x^2}{a^2}-\frac{z^2}{c^2}=1$ 分别绕 z 轴和 x 轴转一周所得的旋转曲面方程.

解　绕 z 轴旋转，旋转曲面方程为 $\frac{x^2+y^2}{a^2}-\frac{z^2}{c^2}=1$，此曲面称为单叶旋转双曲面（revolution hyperboloids of one sheet）（见图 7-29）.

绕 x 轴旋转，旋转曲面方程为 $\frac{x^2}{a^2}-\frac{y^2+z^2}{c^2}=1$，此曲面称为双叶旋转双曲面（revolution hyperboloids of two sheets）（见图 7-30）.

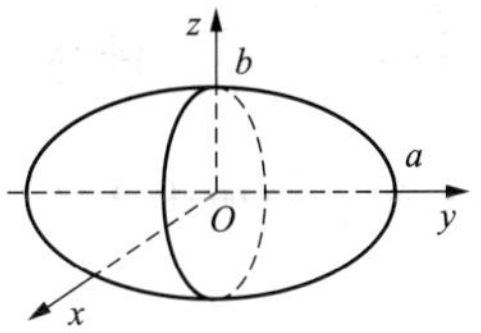

图 7-28

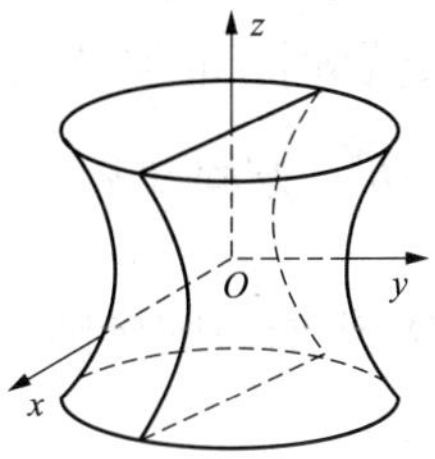

图 7-29

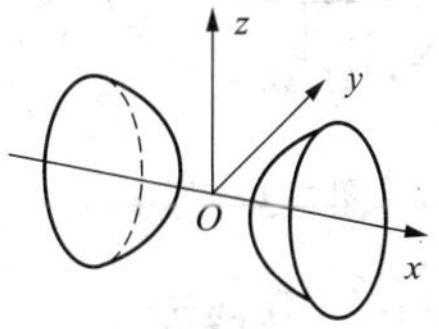

图 7-30

二、常见的二次曲面

最简单的曲面是平面，它可以用一个三元一次方程来表示，所以平面也称为一次曲面. 一个三元二次方程所表示的曲面称为二次曲面（quadric surface）. 下面介绍几种常见的二次曲面.

一般地，利用几何特征来刻画一个曲面的形状比较困难，因此对于常见的二次曲面，将利用它的标准方程来讨论它的图形. 这里采用的方法是，用一组平行坐标面的平面去截所研究的曲面，考察其交线（即截痕）的形状，从而了解曲面的全貌，这种方法称为截痕法（cut mark method）.

1. 椭球面

由方程

$$\frac{x^2}{a^2}+\frac{y^2}{b^2}+\frac{z^2}{c^2}=1 \tag{3}$$

所表示的曲面称为椭球面，其中 a、b、c 均为正数.

由方程 3 可知 $\frac{x^2}{a^2}\leqslant 1$，$\frac{y^2}{b^2}\leqslant 1$，$\frac{z^2}{c^2}\leqslant 1$，即 $-a\leqslant x\leqslant a$，$-b\leqslant y\leqslant b$，$-c\leqslant z\leqslant c$. 这表明整个曲面都介于平面 $x=\pm a$，$y=\pm b$，$z=\pm c$ 所构成的长方体内. a、b、c 称为椭球面的半轴（semimajor axis），$(a,0,0)$、$(-a,0,0)$、$(0,b,0)$、$(0,-b,0)$、$(0,0,c)$、$(0,0,-c)$称为椭球面的顶点（vertex）.

先考虑椭球面与三个坐标面的截痕（交线）

$$\begin{cases}\frac{x^2}{a^2}+\frac{y^2}{b^2}=1, \\ z=0\end{cases} \quad \begin{cases}\frac{x^2}{a^2}+\frac{z^2}{c^2}=1, \\ y=0\end{cases} \quad \begin{cases}\frac{y^2}{b^2}+\frac{z^2}{c^2}=1, \\ x=0\end{cases}$$

易知这些截痕都是椭圆.

为了进一步研究椭球面的形状，用一组平行于 xOy 平面的平面 $z=h\ (|h|<c)$ 来截这一曲面，得交线

$$\begin{cases}\frac{x^2}{a^2}+\frac{y^2}{b^2}=1-\frac{h^2}{c^2} \\ z=h\end{cases}.$$

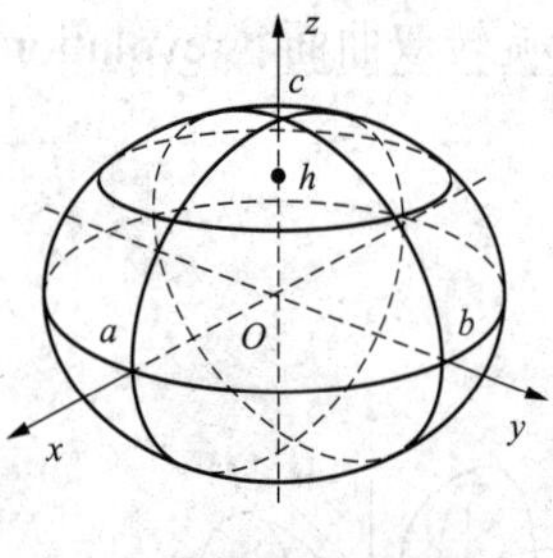

图 7-31

可以看出，这些交线是平面 $z=h$ 内的中心在 z 轴上的椭圆，而且 $|h|$ 越大，椭圆越小，当 $|h|=c$ 时，交线缩成一点. $h=0$ 时，交线是 xOy 平面内的椭圆 $\frac{x^2}{a^2}+\frac{y^2}{b^2}=1$. 类似地，用平行于 yOz 和 zOx 平面的平面去截此椭球面时，也会得出与上述类似的结果（见图 7-31).

如果 $a=b$，方程（3）变为 $\frac{x^2+y^2}{a^2}+\frac{z^2}{c^2}=1$. 这种椭球面可以看作是由 xOz 平面内的椭圆 $\frac{x^2}{a^2}+\frac{z^2}{c^2}=1$ 绕 z 轴旋转所生成的旋转曲面，即旋转椭球面.

如果 $a=b=c$，方程（3）变为 $x^2+y^2+z^2=a^2$. 它是球心在原点，半径为 a 的球面.

2. 抛物面

抛物面分椭圆抛物面与双曲抛物面两种.

（1）椭圆抛物面。由方程 $\frac{x^2}{a^2}+\frac{y^2}{b^2}=\pm z$ 所表示的曲面称为椭圆抛物面（elliptic paraboloid). 设方程右端取正号且 $z\geqslant 0$，可知曲面在 xOy 平面的上方. 下面来考察它的形状.

用一组平行于 xOy 平面的平面 $z=h\ (h>0)$ 来截这一曲面，截痕为椭圆

$$\begin{cases}\frac{x^2}{a^2}+\frac{y^2}{b^2}=h \\ z=h\end{cases}.$$

当 $h>0$ 时，截痕为椭圆，h 越大，椭圆越大；当 $h\to 0$ 时，截痕退缩为原点；当 $h<0$ 时，没

有截痕．原点称为椭圆抛物面的顶点．

用一组平行于 zOx 平面的平面 $y=k$ 去截曲面，截痕为平面 $y=k$ 上开口向上的抛物线，对称轴平行于 z 轴，即

$$\begin{cases} x^2 = a^2\left(z-\dfrac{k^2}{b^2}\right) \\ y=k \end{cases}.$$

类似地，用一组平行于 yOz 平面的平面 $x=l$ 去截曲面，截痕为平面 $x=l$ 上开口向上的抛物线，对称轴平行于 z 轴．

当 $z<0$ 时，曲面在 xOy 平面的下方，可以类似讨论．

综合上述分析结果，可知椭圆抛物面的形状如图 7-32 所示．

如果 $a=b$，方程变为 $x^2+y^2=pz$．这种抛物面可以看作是由 zOx 平面上的抛物线 $x^2=pz$ 绕 z 轴旋转所生成的旋转曲面，即旋转抛物面．

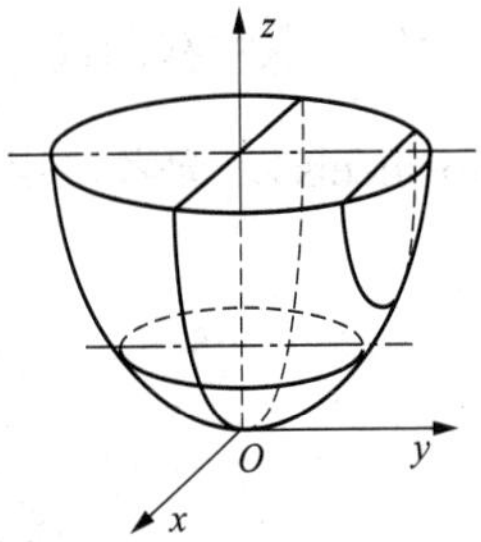

图 7-32

（2）双曲抛物面。由方程 $\dfrac{x^2}{a^2}-\dfrac{y^2}{b^2}=\pm z$ 所表示的曲面称为双曲抛物面（hyperbolic paraboloid）或鞍形曲面（saddle surface）．设方程右端取正号且 $z\geqslant 0$，下面来考察它的形状．

用平行于 xOy 平面的平面 $z=h\,(h\neq 0)$ 去截曲面，所得截痕为双曲线

$$\begin{cases} \dfrac{x^2}{a^2}-\dfrac{y^2}{b^2}=h \\ z=h \end{cases}.$$

当 $h>0$ 时，截痕是双曲线，其实轴平行于 x 轴；当 $h<0$ 时，截痕也是双曲线，但其实轴平行于 y 轴．而当 $h=0$ 时，截痕是 xOy 平面上两条相交于原点的直线 $\dfrac{x}{a}\pm\dfrac{y}{b}=0\,(z=0)$．

用一组平行于 yOz 平面的平面 $x=k$ 去截曲面，得截痕为抛物线

$$\begin{cases} \dfrac{y^2}{b^2}=\dfrac{k^2}{a^2}-z \\ x=k \end{cases}$$

当 $k=0$ 时，截痕是 yOz 平面上顶点在原点的抛物线且开口向下；当 $k\neq 0$ 时，截痕都是开口向下的抛物线，且抛物线的顶点随 $|k|$ 值增大而升高．抛物线的对称轴平行于 z 轴．

用一组平行于 zOx 平面的平面 $y=l$ 去截曲面时，截痕均为开口向上的抛物线，且对称轴平行于 z 轴，即

$$\begin{cases} \dfrac{x^2}{a^2}=z+\dfrac{l^2}{b^2} \\ y=l \end{cases}.$$

当 $z<0$ 时，可以类似讨论．

综合上述分析结果，可知双曲抛物面的形状如图 7-33 所示．因为其形状像一个马鞍，因此也称为马鞍面．

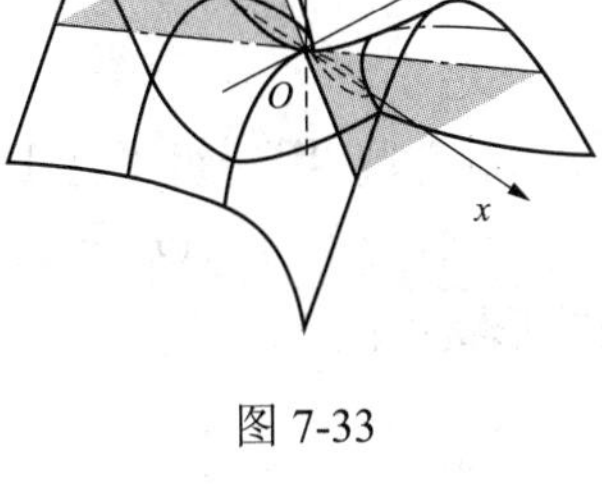

图 7-33

3. 双曲面

双曲面分单叶双曲面和双叶双曲面两种．

（1）单叶双曲面。由方程 $\frac{x^2}{a^2}+\frac{y^2}{b^2}-\frac{z^2}{c^2}=1$ 所表示的曲面称为单叶双曲面（hyperboloid of one sheet）．可知，用平面 $z=h$ 去截曲面所得的截痕为椭圆，$|h|$ 值越大，椭圆越大．用平面 $x=k$ 和 $y=l$ 去截曲面所得截痕为双曲线．单叶双曲面的形状如图 7-34 所示．

由方程 $\frac{x^2}{a^2}-\frac{y^2}{b^2}+\frac{z^2}{c^2}=1$ 和 $-\frac{x^2}{a^2}+\frac{y^2}{b^2}+\frac{z^2}{c^2}=1$ 所表示的曲面也是单叶双曲面，只不过它的中心轴分别为 y 轴和 x 轴．

（2）双叶双曲面。由方程 $\frac{x^2}{a^2}+\frac{y^2}{b^2}-\frac{z^2}{c^2}=-1$ 所表示的曲面称为双叶双曲面（hyperboloid of two sheets）．读者可用截痕法自己进行讨论，其形状如图 7-35 所示．

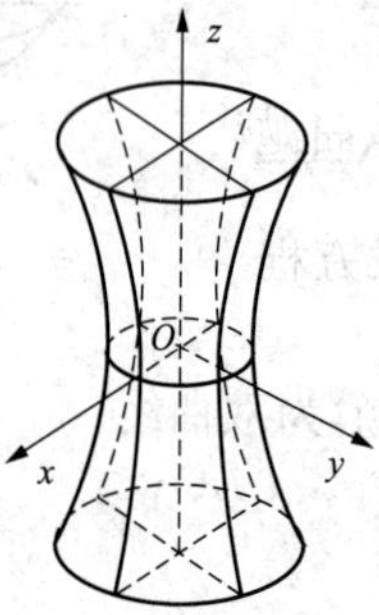

图 7-34

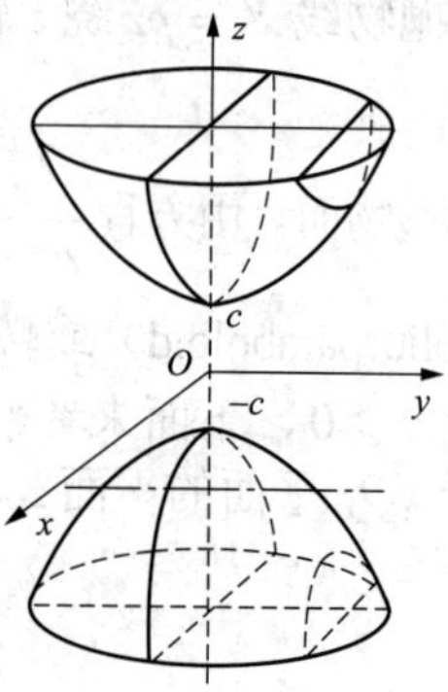

图 7-35

类似地，由方程 $\frac{x^2}{a^2}-\frac{y^2}{b^2}+\frac{z^2}{c^2}=-1$ 和 $-\frac{x^2}{a^2}+\frac{y^2}{b^2}+\frac{z^2}{c^2}=-1$ 所表示的曲面也是双叶双曲面，其中心轴分别为 y 轴和 x 轴．

4. 椭圆锥面

由方程 $\frac{x^2}{a^2}+\frac{y^2}{b^2}-\frac{z^2}{c^2}=0$ 所表示的曲面称为椭圆锥面（elliptic cone）．

椭圆锥面的特点是：过原点和曲面上的另一点的直线在曲面上，即椭圆锥面可认为是由过原点的直线构成．它与三个坐标面的交线分别为：原点 $O(0,0,0)$ 及直线 $\begin{cases} z=\pm\frac{c}{a}x \\ y=0 \end{cases}$ 和 $\begin{cases} z=\pm\frac{c}{b}y \\ x=0 \end{cases}$．

用一组平行于 xOy 平面的平面 $z=h$ 去截曲面，所得的截痕为一点或椭圆；用一组平行于 zOx 平面的平面 $y=k$ 去截曲面，所得的截痕为两相交直线或双曲线；用一组平行于 yOz 平面的平面 $x=l$ 去截曲面，所得的截痕为两相交直线或双曲线．椭圆锥面的形状如图 7-36 所示．当 $a=b$ 时，为圆锥面．

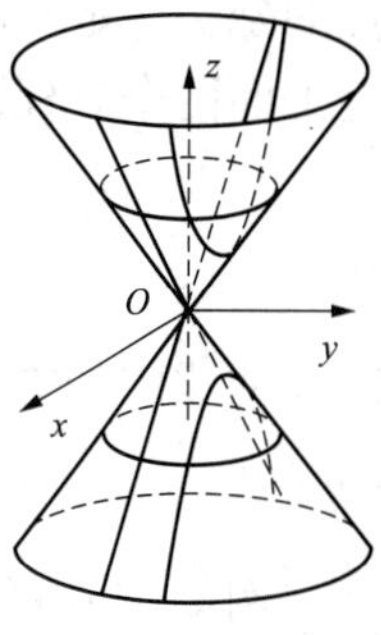

图 7-36

以上所讨论的三元二次方程都属于二次曲面的标准方程．对于非标准方程，可通过坐标轴的平移和旋转化为标准方程．这方面的一般性讨论已超出本书范围，这里不作介绍．下面只举一个涉及坐标轴平移的简单例子．

设有方程 $x^2+2y^2+2x-4y-z=0$，经过配方可得

$$(x+1)^2+2(y-1)^2=z+3\ .$$

作坐标轴的平移 $X=x+1$，$Y=y-1$，$Z=z+3$，原方程就化为标准型

$$X^2+2Y^2=Z\ .$$

由此可知原方程的图形是开口朝上的椭圆抛物面，在坐标系 $Oxyz$ 中，其顶点的坐标为 $(-1,1,-3)$．

值得提出的是，在根据方程讨论曲面的形状时，如能根据方程的特点来分析曲面所具有的对称性，则对认识曲面的形状很有帮助．一般来说，如果在曲面方程中 $F(x,y,z)=0$，用 $-z$ 代替 z 而方程不变，则曲面关于 xOy 平面对称；如果用 $-x,-y$ 分别代替 x，y 而方程不变，则曲面关于 z 轴对称；如果用 $-x,-y,-z$ 分别代替 x，y，z 而方程不变，则曲面关于原点对称．其他的对称情况可类似推出．

按此规则可知：椭球面 $\dfrac{x^2}{a^2}+\dfrac{y^2}{b^2}+\dfrac{z^2}{c^2}=1$ 和双曲面 $\dfrac{x^2}{a^2}+\dfrac{y^2}{b^2}-\dfrac{z^2}{c^2}=\pm1$ 关于各坐标面、各坐标轴及原点都对称，而抛物面 $\dfrac{x^2}{a^2}\pm\dfrac{y^2}{b^2}=z$ 关于 z 轴是对称的．

习　题　7-6

1．一动点与两定点(2,3,1)和(4,5,6)等距离，求该动点的轨迹方程．

2．建立以(1,3,–2)为球心，且通过坐标原点的球面方程．

3．方程 $x^2+y^2+z^2-2x+4y+2z=0$ 表示什么曲面．

4．将 zOx 平面上的抛物线 $z^2=5x$ 绕 x 轴旋转一周，求所得的旋转曲面方程．

5．将 xOy 平面上的直线 $y=2x$ 绕 x 轴旋转一周，求所得的旋转曲面方程，并说明是什么曲面．

6．将 xOy 平面上的双曲线 $4x^2-9y^2=36$ 分别绕 x 轴及 y 轴旋转一周，求所得的旋转曲面方程，并说明是什么曲面．

7．指出下列方程在平面解析几何中和空间解析几何中分别表示什么图形：

（1）$x=2$；　（2）$y=x+1$；　（3）$x^2+y^2=4$；

（4）$x^2-y^2=1$；　（5）$y=x^2$．

第七节　空间曲线及其方程

一、空间曲线一般方程

1. 曲线的一般方程

空间曲线（space curve）可以看作是两个曲面的交线．

设 $F(x,y,z)=0$ 和 $G(x,y,z)=0$ 为两个空间曲面的方程，它们的交线为 Γ，则曲线 Γ 上的

点的坐标一定同时满足上面两个方程；反之，如果点 M 不在交线 Γ 上，那么它不可能同时满足上面两个方程．因此，方程组

$$\begin{cases} F(x,y,z)=0 \\ G(x,y,z)=0 \end{cases} \tag{1}$$

即为曲线 Γ 的方程．方程组（1）也称为空间曲线的一般方程（general form equations of a space curve）．

例如，方程组 $\begin{cases} x^2+y^2=1 \\ 2x+3y+3z=6 \end{cases}$ 就表示圆柱面 $x^2+y^2=1$ 与平面 $2x+3y+3z=6$ 的交线，它是空间的一个椭圆，如图 7-37 所示．

例 1　方程组 $\begin{cases} z=\sqrt{a^2-x^2-y^2} \\ x^2+y^2-ax=0 \end{cases}$ $(a>0)$ 表示怎样的曲线？

解　方程组中第一个方程表示球心在原点，半径为 a 的上半球面；第二个方程表示母线平行于 z 轴的圆柱面，准线是 xOy 平面上的圆心在 $\left(\dfrac{a}{2},0\right)$、半径为 $\dfrac{a}{2}$ 的圆．所以方程组就表示上半球面与圆柱面的交线（见图 7-38），称为维维安尼曲线．

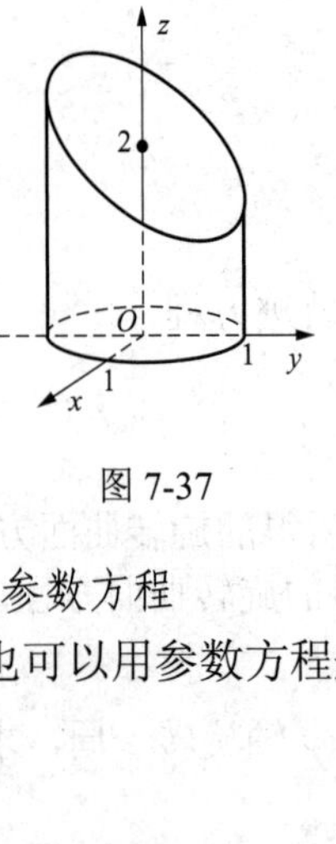

图 7-37

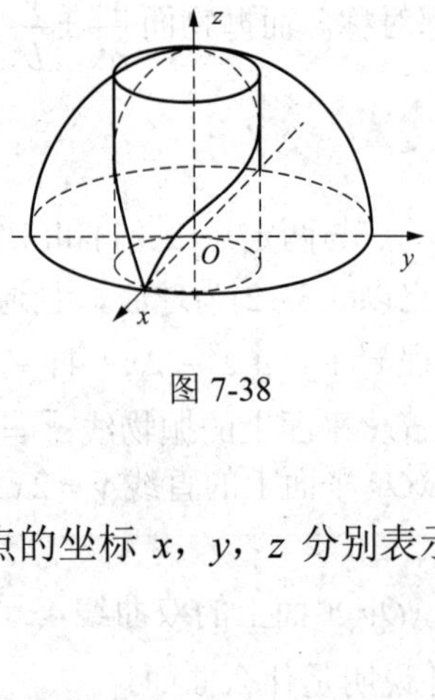

图 7-38

2. 曲线的参数方程

空间曲线也可以用参数方程来表示，即把曲线上动点的坐标 x，y，z 分别表示为一个参数 t 的函数

$$\begin{cases} x=x(t) \\ y=y(t)，\ t\in[a,b]， \\ z=z(t) \end{cases} \tag{2}$$

参数 t 在它的变化范围中每取一个值，就对应到曲线上一个点，随着 t 的变动，就可以得到曲线上的全部点．方程组（2）称为空间曲线的参数方程（parametric equations of a space curve）．

如能从方程组（2）中消去 t，就得到曲线的一般方程．

例 2　设一动点 M 在圆柱面 $x^2+y^2=a^2$ 上以角速度 ω 做等速圆周运动，同时又以速度 v 沿平行于 z 轴的正方向做等速运动（其中 ω、v 都是常数），那么点 M 的轨迹称为螺旋线（spiral），试建立其参数方程．

解　取时间 t 为参数．设 $t=0$，动点在 $A(a,0,0)$ 处，经过时间 t，动点运动到点 $M(x,y,z)$ 处（见图 7-39）．记点 M 在 xOy 平面上的投影点为 M'，则点 M' 的坐标为 $(x,y,0)$．由于动点

在圆柱面上以角速度 ω 绕 z 轴旋转，故经过时间 t，$\angle AOM'=\omega t$，从而

$$x=|OM'|\cos\angle AOM'=a\cos\omega t,$$
$$y=|OM'|\sin\angle AOM'=a\sin\omega t.$$

又因为动点同时以线速度 v 沿平行于 z 轴的正方向上升，故

$$y=M'M=vt,$$

因此，螺旋线的参数方程为

$$\begin{cases}x=a\cos\omega t\\ y=a\sin\omega t\\ z=vt\end{cases}.$$

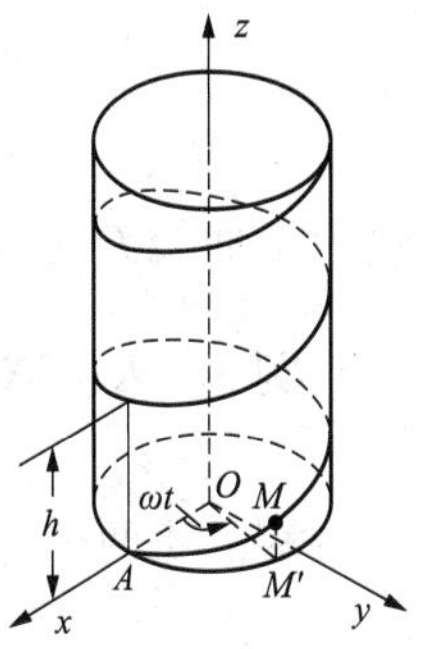

图 7-39

如果令参数 $\theta=\omega t$，并记 $b=\dfrac{v}{\omega}$，则螺旋线的参数方程可写作

$$\begin{cases}x=a\cos\theta\\ y=a\sin\theta\\ z=b\theta\end{cases}.$$

螺旋线是一种常见的曲线. 例如，机用螺栓的外缘曲线就是螺旋线. 当 θ 从 θ_0 变到 $\theta_0+2\pi$ 时，点 M 沿螺旋线上升了高度 $h=2\pi b$，这一高度在工程技术上称为螺距（pitch）.

二、空间曲线在坐标面上的投影

设空间曲线 Γ 的一般方程为 $\begin{cases}F(x,y,z)=0\\ G(x,y,z)=0\end{cases}$，过曲线 Γ 上的每一点作 xOy 平面的垂线，形成了母线平行于 z 轴的柱面，这个柱面称为曲线 Γ 在 xOy 平面上的投影柱面（projecting cylinder），投影柱面与 xOy 平面的交线 L 称为曲线 Γ 在 xOy 平面上的投影曲线（projection curve），简称投影（projection）（见图 7-40）.

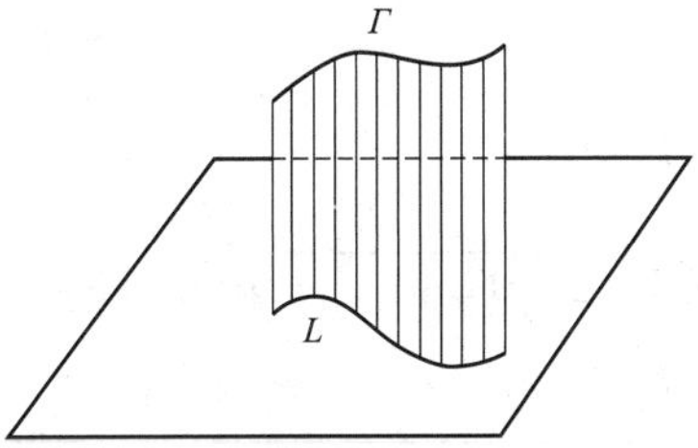

图 7-40

从曲线 Γ 的一般方程 $\begin{cases}F(x,y,z)=0\\ G(x,y,z)=0\end{cases}$ 中消去 z 后所得方程为

$$H(x,y)=0. \tag{3}$$

方程（3）表示母线平行于 z 轴的柱面，可知曲线 Γ 上的所有点也都在这个柱面上，即方程（3）表示的柱面包含曲线 Γ 的投影柱面. 因此方程组

$$\begin{cases}H(x,y)=0\\ z=0\end{cases} \tag{4}$$

所表示的曲线必定包含了曲线 Γ 在 xOy 平面上的投影.

注意，曲线 Γ 在 xOy 平面上的投影可能只是方程组（4）所表示曲线的一部分，不一定是全部.

同理从方程组（1）消去 x，得 $R(y,z)=0$，则

$$\begin{cases}R(y,z)=0\\ x=0\end{cases}$$

包含了曲线 Γ 在 yOz 平面上的投影.

类似地，从方程组（1）消去 y，得 $P(x,z)=0$，则

$$\begin{cases} P(x,z)=0 \\ y=0 \end{cases}$$

包含了曲线 Γ 在 zOx 平面上的投影.

例 3 求两球面的交线 $\Gamma\begin{cases} x^2+y^2+z^2=1 \\ x^2+y^2+(z-1)^2=1 \end{cases}$ 在三坐标面上的投影.

解 将两个方程相减得 $2z=1$，即 $z=\dfrac{1}{2}$，说明交线 Γ 在 $z=\dfrac{1}{2}$ 的平面上.

（1）消去 z，将 $z=\dfrac{1}{2}$ 代入所给方程组，得 $x^2+y^2=\dfrac{3}{4}$，所以交线 Γ 在 xOy 平面上的投影曲线为 $\begin{cases} x^2+y^2=\dfrac{3}{4} \\ z=0 \end{cases}$. 它是以原点为圆心，半径为 $\dfrac{\sqrt{3}}{2}$ 的圆.

（2）消去 x，因为交线 Γ 在 $z=\dfrac{1}{2}$ 的平面上，所以交线 Γ 在 yOz 平面上的投影为线段 $\begin{cases} z=\dfrac{1}{2}, \\ x=0 \end{cases}$ $|y|\leqslant\dfrac{\sqrt{3}}{2}$.

（3）消去 y，因为交线 Γ 在 $z=\dfrac{1}{2}$ 的平面上，所以交线 Γ 在 zOx 平面上的投影为线段 $\begin{cases} z=\dfrac{1}{2}, \\ y=0 \end{cases}$ $|x|\leqslant\dfrac{\sqrt{3}}{2}$.

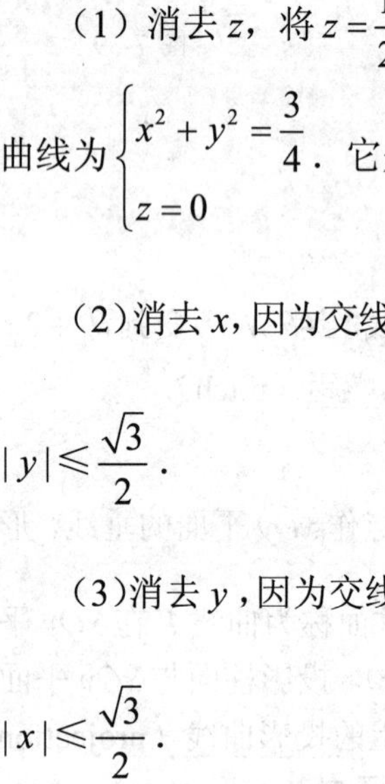

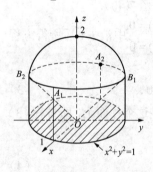

图 7-41

例 4 设一个立体由上半球面 $z=\sqrt{4-x^2-y^2}$ 和锥面 $z=\sqrt{3(x^2+y^2)}$ 所围成（见图 7-41），求它在 xOy 平面上的投影区域.

解 半球面与锥面的交线为

$$C：\begin{cases} z=\sqrt{4-x^2-y^2} \\ z=\sqrt{3(x^2+y^2)} \end{cases},$$

从方程组中消去 z，得到

$$x^2+y^2=1,$$

因此交线 C 在 xOy 平面上的投影曲线为

$$\begin{cases} x^2+y^2=1 \\ z=0 \end{cases},$$

所以此立体在 xOy 平面上的投影区域为

$$x^2+y^2\leqslant 1.$$

在多元函数积分学中，往往需要确定立体或曲面在坐标面上的投影，因此曲线在坐标面上的投影柱面和投影曲线要熟练掌握.

*习　题　7-7

1．指出下列方程所表示的曲线．

（1）$\begin{cases}x^2+y^2+z^2=25\\x=3\end{cases}$；（2）$\begin{cases}y^2+z^2-4x+8=0\\z=2\end{cases}$．

2．求曲线$\begin{cases}y^2+z^2-2x=0\\z=3\end{cases}$在 xOy 平面上投影曲线的方程．并指出原曲线是什么曲线．

3．求球面 $x^2+y^2+z^2=9$ 与平面 $x+z=1$ 的交线在 xOy 平面上的投影方程．

4．求下列曲线在 xOy 平面上的投影．

（1）$\begin{cases}x^2+y^2+4z^2=1\\x^2=y^2+z^2\end{cases}$；（2）$\begin{cases}\dfrac{x^2}{16}+\dfrac{y^2}{4}-\dfrac{z^2}{5}=1\\x-2z+3=0\end{cases}$；

（3）$\begin{cases}\dfrac{x^2}{a^2}+\dfrac{y^2}{b^2}+\dfrac{z^2}{c^2}=1\\\dfrac{x^2}{a^2}-\dfrac{y^2}{b^2}+\dfrac{z^2}{c^2}=-1\end{cases}$．

总　习　题　七

一、填空题

1．设 $A(-1,x,0)$ 与 $B(2,4,-2)$ 两点的距离为 $\sqrt{29}$，则 $x=$________．

2．已知点 $M_0(x_0,y_0,z_0)$ 和点 $M(x,y,z)$，则向量 $\overrightarrow{MM_0}$ 的坐标为________；向量 $\overrightarrow{OM}$ 的坐标为________．

3．已知 $\boldsymbol{m}=(1,-2,1)$，$\boldsymbol{n}=(2,-4,7)$，则向量 $\boldsymbol{a}=2\boldsymbol{m}-3\boldsymbol{n}$ 在 x 轴上的坐标为________；在 y 轴上的分向量为________．

4．在 y 轴上与点 $A(1,-3,0)$ 与 $B(-1,2,1)$ 等距离点的坐标为________．

5．平行于向量 $\boldsymbol{a}=(2,-2,1)$ 的单位向量为________．

6．向量 $\boldsymbol{a}$ 的方向角分别为 α,β,γ，且 $\alpha=\dfrac{\pi}{3},\beta=\dfrac{\pi}{4}$，则 $\gamma=$________．

7．设 $|\boldsymbol{a}|=2$，$|\boldsymbol{b}|=3$，且 $\boldsymbol{a}-k\boldsymbol{b}$ 与 $\boldsymbol{a}+k\boldsymbol{b}$ 相互垂直，则 $k=$________．

8．设 $\boldsymbol{a}=\boldsymbol{i}-2\boldsymbol{j}+3\boldsymbol{k}$，$\boldsymbol{b}=-2\boldsymbol{i}-\boldsymbol{j}+\boldsymbol{k}$，则 $\boldsymbol{a}\cdot\boldsymbol{b}=$________；$\boldsymbol{a}\times\boldsymbol{b}=$________．

9．设 $\boldsymbol{a}=\boldsymbol{i}+\boldsymbol{j}-4\boldsymbol{k}$，$\boldsymbol{b}=2\boldsymbol{i}+\lambda\boldsymbol{k}$，且 $\boldsymbol{a}\perp\boldsymbol{b}$，则 $\lambda=$________．

10．向量 $\boldsymbol{a}=(4,-3,4)$ 在向量 $\boldsymbol{b}=(2,2,1)$ 上的投影为________．

11．$\triangle ABC$ 的顶点分别为 $A(1,2,3)$、$B(0,1,2)$、$C(3,1,-1)$，则 $\triangle ABC$ 的面积为________．

12．球面方程 $x^2+y^2+z^2-2x+4y=0$ 的球心坐标为________；半径为________．

13．抛物线$\begin{cases}z^2=3x\\y=0\end{cases}$绕 x 轴旋转一周所得的旋转曲面方程为________．

14．过点 $M_0(1,2,3)$ 且与平面 $2x-3y+5z=1$ 平行的平面方程为________．

15．过点 $M_0(1,2,3)$ 且与平面 $2x-3y+5z=1$ 垂直的直线方程为________.

16．直线 $\begin{cases}x+2y+3z=1\\y+z=0\end{cases}$ 的对称式方程为________.

17．点 $(1,2,1)$ 到平面 $x+y+3z=5$ 的距离为________.

18．点 $(-1,2,0)$ 在平面 $x+2y-z+1=0$ 上的投影坐标为________.

二、选择题

1．设向量 $\boldsymbol{a}=(-1,1,2)$，$\boldsymbol{b}=(2,0,1)$，则向量 $\boldsymbol{a}$ 与 $\boldsymbol{b}$ 的夹角为（　　）.

（A）0　（B）$\frac{\pi}{2}$　（C）$\frac{\pi}{3}$　（D）$\frac{\pi}{4}$

2．同时垂直于向量 $\boldsymbol{a}=3\boldsymbol{i}+\boldsymbol{j}+4\boldsymbol{k}$ 及 $\boldsymbol{b}=\boldsymbol{i}+\boldsymbol{k}$ 的单位向量的是（　　）.

（A）$\frac{1}{\sqrt{3}}(\boldsymbol{i}+\boldsymbol{j}-\boldsymbol{k})$　（B）$\frac{1}{\sqrt{3}}(\boldsymbol{i}-\boldsymbol{j}+\boldsymbol{k})$　（C）$\boldsymbol{i}+\boldsymbol{j}-\boldsymbol{k}$　（D）$\boldsymbol{i}-\boldsymbol{j}+\boldsymbol{k}$

3．已知向量的模分别为 $|\boldsymbol{a}|=2$ 和 $|\boldsymbol{b}|=\sqrt{2}$，且 $\boldsymbol{a}\cdot\boldsymbol{b}=2$，则 $|\boldsymbol{a}\times\boldsymbol{b}|=$（　　）.

（A）2　（B）$2\sqrt{2}$　（C）$\frac{\sqrt{2}}{2}$　（D）1

4．已知 $\boldsymbol{a}$、$\boldsymbol{b}$、$\boldsymbol{c}$ 均为单位向量，且 $\boldsymbol{a}+\boldsymbol{b}+\boldsymbol{c}=\boldsymbol{0}$，则 $\boldsymbol{a}\cdot\boldsymbol{b}+\boldsymbol{b}\cdot\boldsymbol{c}+\boldsymbol{a}\cdot\boldsymbol{c}=$（　　）.

（A）$\frac{3}{2}$　（B）0　（C）$-\frac{3}{2}$　（D）1

5．两平面 $x+2y+3z-4=0$ 与 $x+2y+3z+4=0$ 的位置关系是（　　）.

（A）相交但不垂直　（B）相交且垂直

（C）平行但不重合　（D）重合

6．直线 $\frac{x-2}{3}=\frac{y+2}{1}=\frac{3-z}{4}$ 与平面 $x+y+z=3$ 的位置关系是（　　）.

（A）平行　（B）垂直

（C）相交　（D）直线在平面上

7．下列平面中通过坐标原点的平面是（　　）.

（A）$x=1$　（B）$x+3y+2z=3$

（C）$3(x-1)-y+(z+3)=0$　（D）$x+y+z=1$

8．过点 $A(3,-1,2),B(4,-1,-1),C(2,0,2)$ 的平面方程为（　　）.

（A）$2x+3y+8=0$　（B）$3x+3y+z-8=0$

（C）$3x+3y+z-7=0$　（D）$3x+3y-z-8=0$

9．设有直线 L_1：$\frac{x-1}{1}=\frac{5-y}{2}=\frac{z+8}{1}$ 与直线 L_2：$\begin{cases}x-y=6,\\2y+z=3\end{cases}$，则 L_1 与 L_2 的夹角为（　　）.

（A）$\frac{\pi}{2}$　（B）$\frac{\pi}{3}$　（C）$\frac{\pi}{4}$　（D）$\frac{\pi}{6}$

10．xOy 平面上的双曲线 $4x^2-9y^2=36$ 绕 x 轴旋转而成的曲面方程为（　　）.

（A）$4(x^2+z^2)=36$　（B）$4(x^2+z^2)-9(y^2+z^2)=36$

（C）$4x^2-9(y^2+z^2)=36$　（D）$4(x^2+z^2)-9y^2=36$

11．方程 $z^2=x^2+y^2$ 表示的二次曲面是（　　）.

（A）球面　　（B）旋转抛物面

（C）锥面　　（D）柱面

12．母线平行于 z 轴且通过曲线 $\begin{cases}2x^2+y^2+z^2=16\\x^2-y^2+z^2=0\end{cases}$ 的柱面方程是（　　）.

（A）$3x^2+2z^2=16$　　（B）$x^2+2y^2=16$

（C）$3x^2-z^2=16$　　（D）$3y^2-z=16$

13．下列曲面中表示柱面方程的是（　　）.

（A）$z=\sqrt{x^2+y^2}$　　（B）$x^2-y^2=1$

（C）$z=x^2-y^2$　　（D）$z=xy$

14．方程 $\begin{cases}x^2+4y^2+9z^2=36\\y=1\end{cases}$ 表示（　　）.

（A）椭球面　　（B）$y=1$ 平面上的椭圆

（C）椭圆柱面　　（D）椭圆柱面在 $y=0$ 上的投影

15．旋转曲面 $\frac{x^2}{2}+\frac{y^2}{2}-\frac{z^2}{3}=0$ 的旋转轴是（　　）.

（A）x 轴　　（B）y 轴

（C）z 轴　　（D）直线 $x=y=z$

16．双曲抛物面 $x^2-\frac{y^2}{3}=2z$ 与 xOy 平面上的交线是（　　）.

（A）双曲线　　（B）抛物线

（C）椭圆　　（D）相交于原点的两条直线

三、计算题

1．在空间直角坐标系中求点 (a,b,c) 关于：（1）各坐标面；（2）各坐标轴；（3）坐标原点对称点的坐标.

2．已知两点 $M_1(2,2,\sqrt{2})$ 和点 $M_2(1,3,0)$，计算向量 $\overrightarrow{M_1M_2}$ 的模、方向余弦和方向角.

3．已知 $\boldsymbol{a}$ 与 $\boldsymbol{b}$ 垂直，且 $|\boldsymbol{a}|=5$，$|\boldsymbol{b}|=12$，计算 $|\boldsymbol{a}-\boldsymbol{b}|$ 及 $|\boldsymbol{a}+\boldsymbol{b}|$.

4．求过点 $(2,0,1)$ 且与直线 $\begin{cases}x-2y+4z=7\\3x+5y-2z=1\end{cases}$ 垂直的平面方程.

5．求过点 $A(1,0,1)$ 且通过直线 $\frac{x-1}{3}=\frac{y+2}{2}=\frac{z-1}{1}$ 的平面方程.

6．求过两点 $(1,2,3)$，$(1,-2,5)$ 的直线方程.

7．求过点 $(0,2,4)$ 且与两平面 $x+2z=1$ 和 $y-3z=2$ 平行的直线方程.

8．求直线 $\begin{cases}2x+3y-z=4\\3x-5y+2z=-1\end{cases}$ 的对称式（即点向式）方程和参数方程.

9．求直线 L：$\begin{cases}x+y-z=1\\x-y+z=-1\end{cases}$ 在平面 Π：$x+y+z=0$ 上的投影直线方程.

10．求直线$\begin{cases}x+y+3z=0\\x-y-z=0\end{cases}$与平面$x-y-z+1=0$的夹角．

11．求过点$M_0(1,-2,3)$且与直线$\begin{cases}x=2t-1\\y=-t+2\\z=t+1\end{cases}$垂直的平面方程．

12．求半径为3，且与平面$x+2y+2z+3=0$相切于点$A(1,1,-3)$的球面方程．

13．设M_0是直线L外的一点，M是直线L上的任意一点，且直线L的方向向量为$\boldsymbol{s}$，证明：点M_0到直线L的距离为$d=\dfrac{|\overrightarrow{M_0M}\times\boldsymbol{s}|}{|\boldsymbol{s}|}$．

计算点$P(3,-1,2)$到直线$\begin{cases}x+y-z+1=0\\2x-y+z-4=0\end{cases}$的距离．

14．在三维空间中指出下列方程（或方程组）所表示的图形．

（1）$z=0$；

（2）$\dfrac{x}{1}+\dfrac{y}{2}+\dfrac{z}{3}=1$；

（3）$\begin{cases}\sqrt{4-x^2-y^2}=z\\x-y=0\end{cases}$；

（4）$\begin{cases}y=2x+1\\y=3x+2\end{cases}$；

（5）$x^2+y^2=4$；

（6）$\begin{cases}\dfrac{x^2}{4}+\dfrac{y^2}{9}=1\\y=2\end{cases}$；

（7）$z=x^2-y^2$；

（8）$z=x^2+y^2$；

（9）$z=-\sqrt{x^2+y^2}$；

（10）$\begin{cases}\dfrac{x^2}{4}+\dfrac{y^2}{9}=1\\y=3\end{cases}$；

（11）$\begin{cases}x^2+y^2+z^2=1\\\sqrt{x^2+y^2}=z\end{cases}$；

（12）$x^2-y^2+2z=0$；

（13）$x^2+\dfrac{y^2}{4}+\dfrac{z^2}{9}=1$；

（14）$x^2-\dfrac{y^2}{4}-\dfrac{z^2}{9}=1$；

（15）$x^2+\dfrac{y^2}{4}-\dfrac{z^2}{9}=1$．

15．分别求母线平行于x轴及y轴且通过曲线$\begin{cases}2x^2+y^2+z^2=16\\x^2-y^2+z^2=0\end{cases}$的柱面方程．

16．求锥面$z=\sqrt{x^2+y^2}$与柱面$z^2=2x$所围成的立体在xOy平面上的投影．

17．求球面$x^2+y^2+z^2=2z$与旋转抛物面$z=2(x^2+y^2)$的交线在xOy平面上的投影．

四、证明题

1．证明：向量$(\boldsymbol{a}\cdot\boldsymbol{c})\boldsymbol{b}-(\boldsymbol{b}\cdot\boldsymbol{c})\boldsymbol{a}$与$\boldsymbol{c}$垂直．

2．设原点到平面$\dfrac{x}{a}+\dfrac{y}{b}+\dfrac{z}{c}=1$的距离为$p$，试证明：$\dfrac{1}{a^2}+\dfrac{1}{b^2}+\dfrac{1}{c^2}=\dfrac{1}{p^2}$．

五、应用题

1. 设质量为 100kg 的物体从点 $M_1(3,1,8)$ 沿直线移动到点 $M_2(1,4,2)$，试计算重力所做的功（长度单位为 m）.

2. 若以地球的球心为坐标原点，赤道所在平面为 xOy 平面，以零点纬度方向为 x 轴正向建立空间直角坐标系，试建立以下假设情况下地球表面的曲面方程：

（1）设地球半径为 6370km；

（2）设地球为旋转的椭球体，赤道半径为 6378km，子午线短半轴为 6357km.

3. 在上题假设（2）下，若一架飞机以 5km 的高度飞行，飞行轨迹在赤道平面上，试求飞机飞行轨迹的曲线方程.

拓展阅读

解析几何的发展

16 世纪以后，由于生产和科学技术的发展，天文、力学、航海等方面都对几何学提出了新的需要. 例如，德国天文学家开普勒发现行星是绕着太阳沿着椭圆轨道运行的，太阳处在这个椭圆的一个焦点上；意大利科学家伽利略发现投掷物体是沿着抛物线运动的. 再如，钟表摆动、炮弹弹道、透镜形状等，所有这些，都已超出欧几里得几何学的范围. 这些发现都涉及圆锥曲线，要研究这些比较复杂的曲线，原先的一套方法显然已经不适应了，这就导致了解析几何的出现.

法国数学家笛卡尔由于亲自参加社会实践，重视对机械曲线的探讨，终于突破了用综合法研究静止图形的局限性. 1637 年，在他所著的《方法论》一书的附录《几何学》中引进了变数，开始用解析方法来研究变化的图形的性质.

解析几何学（analytic geometry）是借助坐标系，用代数方法研究集合对象之间的关系和性质的一门几何分支，也叫做坐标几何. 解析几何的实质在于变换—求解—反演的特性，即首先把一个几何问题变为一个相应的代数问题，然后求解这个代数问题，最后反演代数解而得到几何解. 因此，当代数学方法和代数学符号得到充分发展以后，解析几何才能具有高度实用的形式，这一阶段是 17 世纪完成的. 但解析几何的一些基本思想，如用坐标确定点的位置，因变量对自变量的依赖关系等，却可以上溯至更早的年代. 早在笛卡尔的《几何学》发表以前，费尔玛已经用解析几何的方法对阿波罗尼斯某些失传的关于轨迹的证明作出补充. 他通过引进坐标，以一种统一的方式把几何问题翻译为代数的语言——方程，从而通过对方程的研究来揭示图形的几何性质. 费尔玛所用的坐标系与现在常用的直角坐标系不同，它是斜坐标，而且也没有 y 轴.

笛卡尔提出，必须把逻辑、几何、代数三者的优点结合起来，而丢弃它们各自的缺点，从而建立一种“真正的数学”“普遍的数学”.《几何学》为此做了具体的尝试. 笛卡尔用这一新的方法得到了一系列新颖的想法与结果. 笛卡尔的成就为牛顿、莱布尼茨等人发明微积分开辟了道路.

解析几何的创立使数学（当时主要是代数和几何）研究有了行之有效的方法. 几何概念可以用代数表示，几何的目标可以通过代数去达到. 反过来，给代数语言以几何解释，可以直观地掌握语言的意义，又可以得到启发去提出新的结论. 18世纪，著名数学家拉格朗日这样评价解析几何："只要代数同几何分道扬镳，它们的进展就缓慢，它们的应用就狭窄. 但是当这两门科学结合成伴侣时，它们就互相吸取新鲜的活力. 从那以后，就以快速的步伐走向完善."

笛卡尔创立解析几何的思维构想，在于他采取了不同于欧几里得传统的全新思路. 他从解决几何作图问题出发，运用算术术语，巧妙地引入了变量思想和坐标观念，并用代数方程表示曲线，然后通过对方程的讨论来给出曲线的性质. 其要旨是把几何学的问题归结为代数形式的问题，用代数学的方法进行计算、证明，从而达到最终解决几何问题的目的，即几何代数化的方法. 他的基本思想是借助坐标法，把反映同一运动规律的空间图形（点、线、面）与数量关系（坐标和它们所满足的方程）统一起来，从而把几何问题归结为代数问题来处理，运用这种坐标法，可以研究比直线和圆复杂得多的曲线，而且使曲线第一次被看成动点的轨迹. 从此，由曲线或曲面求它的方程，以及由方程的讨论研究它所表示的曲线或曲面的性质，就成了解析几何学的两大基本问题. 为纪念笛卡尔为数学发展所作的贡献，把直角坐标系称为笛卡尔坐标系，把直角坐标系所表示的平面称为笛卡尔平面.

在解析几何中，首先是建立坐标系. 取定两条相互垂直的、具有一定方向和度量单位的直线，叫做平面上的一个直角坐标系 xOy. 利用坐标系可以把平面内的点和一对实数（x, y）建立起一一对应的关系. 除了直角坐标系外，还有斜坐标系、极坐标系、空间直角坐标系等. 在空间坐标系中还有球坐标和柱面坐标.

坐标系将几何对象和数、几何关系和函数之间建立了密切的联系，这样就可以对空间形式的研究归结成比较成熟，也容易驾驭的数量关系的研究了. 用这种方法研究几何学，通常就叫做解析法. 这种解析法不但对于解析几何是重要的，就是对于几何学的各个分支的研究也是十分重要的.

笛卡尔和费尔玛创立解析几何，在数学史上具有划时代的意义. 解析几何沟通了数学内数与形、代数与几何等最基本对象之间的联系，从此，代数与几何这两门学科互相吸取营养而得到迅速发展，并结合产生出许多新的学科，近代数学便很快发展起来了. 恩格斯高度评价了笛卡尔的革新思想. 他说："数学中的转折点是笛卡尔的变数. 有了变数，运动进入了数学；有了变数，辩证法进入了数学；有了变数，微分和积分也就立刻成为必要的了."

牛顿对二次和三次曲线理论进行了系统的研究，特别是，得到了关于"直径"的一般理论. 欧拉讨论了坐标轴的平移和旋转，对平面曲线做了分类. 拉格朗日把力、速度、加速度"算术化"，发展成"向量"的概念，成为解析几何的重要工具. 18世纪的前半期，克雷洛和拉盖尔将平面解析几何推广到空间，建立了空间解析几何.

解析几何已经发展得相当完备，但这并不意味着解析几何的活力已结束. 经典的解析几何在向近代数学的多个方向延伸. 例如：n 维空间的解析几何学、无穷维空间的解析几何（希尔伯特空间几何学）；20世纪以来迅速发展起来的两个新的宽广的数学分支——泛函分析和代数几何，也都是古典解析几何的直接延续. 微分几何的内容在很大程度上吸收了解析几何的成果.

解析几何应用举例

解析几何在各个领域有着广泛的应用和体现. 由于篇幅限制，这里仅列举人们较为熟知的几个代表性实例，也不展开讨论.

1. 空间曲线的应用

螺旋线有着广泛的应用. 例如:

(1) 平头螺钉 (圆柱螺旋线), 见图 7-42;

(2) 宽频带天线 (圆锥对数螺旋线), 见图 7-43;

(3) 景观建筑或室内建筑的旋转楼梯 (螺旋线), 见图 7-44;

图 7-42

图 7-43

图 7-44

(4) 植物中的对数螺旋线现象, 见图 7-45.

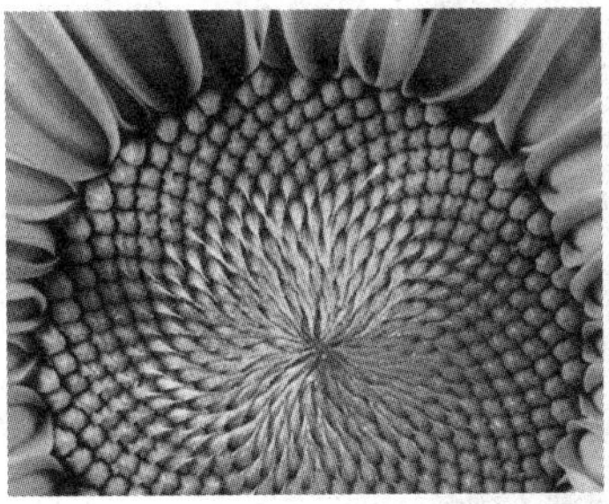

向日葵花盘上瘦果的排列

松树球果上果鳞的布局

菠萝果实上的分块

图 7-45

2. 曲面的应用

(1) 旋转抛物面: 天文望远镜的反射镜、卫星天线等, 见图 7-46.

聚焦太阳能灶

探照灯、汽车车灯的反射镜

图 7-46

(2) 旋转单页双曲面 (直纹面): 化工厂或热电厂的冷却塔外形, 特点为对流快、散热效能好、编织钢筋网的钢筋取为直材, 见图 7-47.

图 7-47

3. 建筑景观欣赏

（1）蒙特利尔世博会美国馆（1967 年，球体），见图 7-48.

图 7-48

（2）中国国家大剧院（椭球体），见图 7-49.

图 7-49

（3）佛罗伦萨大教堂（穹顶，椭圆抛物面），见图 7-50.

图 7-50

（4）广东星海音乐厅壳顶（双曲抛物面），见图 7-51.

图 7-51

（5）上海体育场（马鞍面），见图 7-52.

图 7-52

第八章　多元函数微分学

[本章导读]

在上册所研究的函数都为一元函数，只有一个自变量，即函数的取值只依赖于一个变量．但在许多实际问题中，常常需要讨论函数与多个变量的关系，即因变量的取值依赖于两个或更多个自变量．此时就需要引入多元函数的概念．本章将在一元函数微分学的基础上，讨论多元函数微分学及其相关问题．从一元函数过渡到二元函数，在内容和方法上都会出现一些新的实质性的变化；但从二元函数到二元以上的多元函数，许多概念和结论都可以类推，并没有本质上的改变．因此，为了简明起见，本章中将主要以二元函数为主．

在学习多元函数微分学时，以下三点值得注意：①运用一元微函数微分学中的思想、方法来研究多元函数．②注意多元函数中的许多性质和概念与一元函数有本质的区别，学习过程中切不可照搬．③一元化思想．在研究多元问题时，经常以某种方式把多元问题化为一元问题，最典型的两种方式为：只让一个变量变化，把其他变量看作常数，如偏导数；让 n 维空间中的点沿着某条曲线变化，如方向导数等．

第一节　多元函数的极限与连续

极限是一元函数微积分学的基础，由一元函数极限出发研究了一元函数的导数、微分、定积分等问题．同样，多元函数微积分学也是以多元函数极限为基础．然而对于多元函数来说，由于自变量的增加，其极限的存在要求变得更为复杂．本节将以二元函数为主要研究对象讨论多元函数的极限和连续等概念，首先研究平面区域上邻域等概念，然后给出二元函数的极限和连续等概念．

一、平面点集

多元函数的自变量不像一元函数那样只在数轴上变化，因此在研究多元函数之前需要对区间和邻域等概念加以推广．本节主要介绍二维平面上的点集及相关概念，至于更高维的情况只需平行推广二维情况下的结论即可．

1．邻域

在解析几何中，平面上的点可以用坐标 (x,y) 来表示，平面上任何两点 $P_1(x_1,y_1)$ 和 $P_2(x_2,y_2)$ 之间的距离为欧几里得距离（Euclid distance），即

$$|P_1P_2|=\sqrt{(x_1-x_2)^2+(y_1-y_2)^2}\ .$$

因此，可以定义邻域的概念如下：

定义 1　设 $P_0(x_0,y_0)$ 是 xOy 平面上的一个点，δ 是某一正数．与点 $P_0(x_0,y_0)$ 距离小于 δ 的点 $P(x,y)$ 的全体，称为点 P_0 的 δ 邻域（neighborhood），记为 $U(P_0,\delta)$，即

$$U(P_0,\delta)=\{P \mid |PP_0|<\delta\},$$

也就是

$$U(P_0,\delta)=\{(x,y) \mid \sqrt{(x-x_0)^2+(y-y_0)^2}<\delta\}.$$

邻域的几何意义：$U(P_0,\delta)$表示xOy平面上以点$P_0(x_0,y_0)$为中心，$\delta>0$为半径的圆内部（不包含圆周）的点$P(x,y)$的全体.

点P_0的去心δ邻域，记作$\overset{o}{U}(P_0,\delta)$，即$\overset{o}{U}(P_0,\delta)=\{P \mid 0<|PP_0|<\delta\}$.

当不需要强调邻域半径时，用$U(P_0)$和$\overset{o}{U}(P_0)$分别表示点P_0的邻域和去心邻域.

2. 内点、外点、边界点和聚点

有了邻域的概念，可以描述出点和点集之间的各种关系.

设E是xOy平面上的一个点集，则平面上任一点与点集E之间必有以下三种关系中的一种.

内点：设P_0是平面上的一点，如果存在点P_0的某一邻域$U(P_0)$使$U(P_0)\subset E$，则称点P_0为E的内点（interior point）（见图 8-1）. 显然E的内点必属于E.

外点：P_1是平面上的一点，如果存在点P_1的某一邻域$U(P_1)$使$U(P_1)$中无E的点，则称点P_1为E的外点（exterior point）（见图 8-1）. 显然E的外点必不属于E.

边界点：如果点P的任一邻域$U(P)$内既有属于E的点，也有不属于E的点（点P本身可以属于E，也可以不属于E），则称点P为E的边界点（boundary point）（见图 8-2）. E的边界点的全体称为E的边界（boundary），记作∂E.

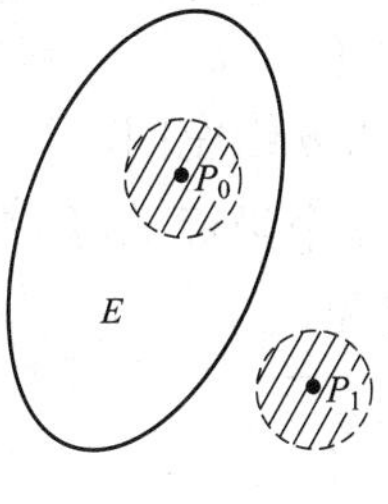

图 8-1

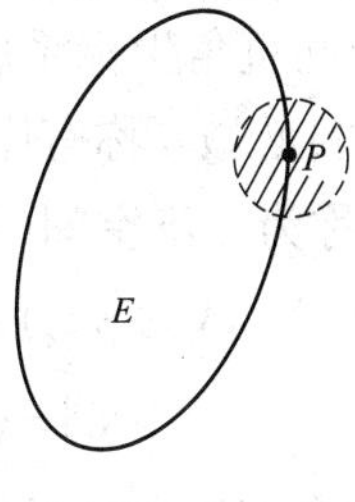

图 8-2

例如，设点集$E_1=\{(x,y) \mid 1\leqslant x^2+y^2<2\}$，则满足$1<x^2+y^2<2$的一切点$(x,y)$都是$E_1$的内点；满足$x^2+y^2<1$和$x^2+y^2>2$的一切点$(x,y)$都是$E_1$的外点；满足$x^2+y^2=1$的一切点$(x,y)$都是$E_1$的边界点，它们都属于$E_1$；满足$x^2+y^2=2$的一切点$(x,y)$也都是$E_1$的边界点，但它们都不属于$E_1$.

任一点P与点集E之间除了上述三种关系之外，还有另外一种关系，这就是聚点.

聚点：如果对于任意给定的$\delta>0$，点P的去心δ邻域$\overset{o}{U}(P,\delta)$内总有E中的点，则称点P是点集E的聚点（point of accumulation）. 由聚点定义可知，点集E的聚点P本身可以属于E，也可以不属于E. 内点和边界点都是聚点，而外点则不是聚点.

3. 开集和闭集

类似于实数轴上开区间和闭区间的定义，下面给出开集和闭集的概念.

开集：设集合$E\subset \mathbf{R}^2$，如果E中每一点都是它的内点，则称E是$\mathbf{R}^2$中的开集（open set）.

闭集：如果 E 的余集 E^c 是 $\mathbf{R}^2$ 中开集，则称 E 是 $\mathbf{R}^2$ 中的闭集（closed set）.

区域：如果对于点集 E 中的任意两点都能用位于 E 中的折线连接起来，则称 E 为连通的（connected），连通的开集称为区域或开区域（open region）.

例如，集合 $\{(x,y)|x+y>1\}$ 及 $\{(x,y)|x^2+y^2<1\}$ 都是区域.

闭区域：开区域连同它的边界一起，称为闭区域（closed region）.

例如，集合 $\{(x,y)|x+y\geqslant 1\}$ 及 $\{(x,y)|x^2+y^2\leqslant 1\}$ 都是闭区域.

有界区域：对于点集 E，如果存在正数 K，使对一切点 $P\in E$，都有 $|OP|\leqslant K$，则称 E 为有界区域（bounded region），否则称为无界区域（unbounded region），其中 O 为坐标原点.

例如，集合 $\{(x,y)|x+y>0\}$ 是无界开区域（见图 8-3），而集合 $\{(x,y)|x^2+y^2\leqslant 1\}$ 是有界闭区域（见图 8-4）.

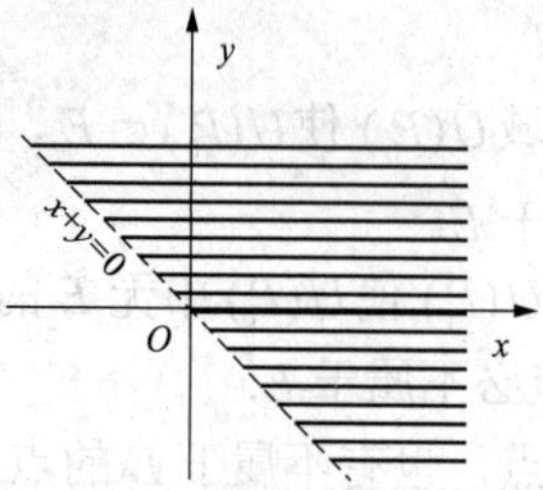

图 8-3

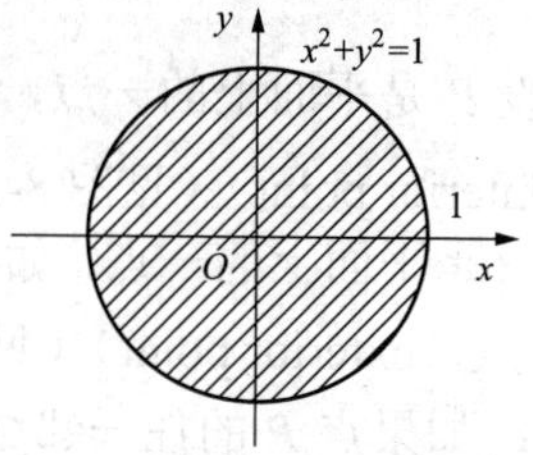

图 8-4

以上定义了平面上邻域及区域的概念，同样地可以定义空间中的相关概念．在空间解析几何中，引入空间直角坐标系后，空间中的点与有序三元数组 (x,y,z) 一一对应．一般地，设 n 为取定的一个自然数，称有序 n 元数组 $(x_1,x_2,\cdots,x_n)$ 的全体为 n 维空间，而每个有序 n 元数组 $(x_1,x_2,\cdots,x_n)$ 称为 n 维空间中的一个点，数 x_i 称为该点的第 i 个坐标，n 维空间记作 $\mathbf{R}^n$．而空间中任意两点 $P(x_1,x_2,\cdots,x_n)$ 和 $Q(y_1,y_2,\cdots,y_n)$ 之间距离规定为

$$|PQ|=\sqrt{(x_1-y_1)^2+(x_2-y_2)^2+\cdots+(x_n-y_n)^2}\ .$$

因此，前面的一系列概念就可以推广到 n 维空间中.

例如，设 P_0 是 n 维空间中的一个点，δ 是某一正数，则点集

$$U(P_0,\delta)=\{P\,|\,|PP_0|<\delta, P\in\mathbf{R}^n\}$$

就定义为点 P_0 的 δ 邻域.

二、多元函数

在许多实际问题中，经常会遇到多个变量之间的依赖关系，举例如下.

例 1　圆柱体的体积 V 和它的底半径 r、高 h 之间具有关系

$$V=\pi r^2 h\ .$$

这里，当 r、h 在集合 $\{r,h|r>0,h>0\}$ 内取定一对值 (r,h) 时，V 的对应值就随之确定.

例 2　一定量的理想气体的压强 p、体积 V 和绝对温度 T 之间具有关系

$$p=\frac{RT}{V}\ .$$

其中 R 为常数．这里，当 V、T 在集合 $\{(V,T)|V>0,T>T_0\}$ 内取定一对值 (V,T) 时，p 的对

应值就随之确定.

例 3 设 R 是电阻 R_1、R_2 并联后的总电阻，由电工学知识可知，它们之间具有关系

$$R=\frac{R_1R_2}{R_1+R_2}.$$

这里，当 R_1、R_2 在集合 $\{(R_1,R_2)|R_1>0,R_2>0\}$ 内取定一对值 (R_1,R_2) 时，R 的对应值就随之确定.

上面三个例子的具体意义虽各不相同，但它们却有共同的性质，抽出这些共性就可得出以下二元函数的定义.

定义 2 设 D 是 xOy 平面上的一个点集，如果对于 D 中每一点 $P(x,y)\in D$，变量 z 按照一定的法则 f 总有确定的值和它对应，则称 z 是变量 x、y 的二元函数（binary function），记为

$$z=f(x,y)\text{(或记为 } z=f(P)\text{)}.$$

点集 D 称为该函数的定义域，x、y 称为自变量，z 称为因变量．数集

$$\{z|z=f(x,y),(x,y)\in D\}$$

称为该函数的值域.

注:（1）将上述定义中的平面点集 D 换成 n 维空间 $\mathbf{R}^n$ 中的点集 D，则可类似地定义 n 元函数 $y=f(x_1,x_2,x_3,\cdots,x_n)$. n 元函数也可用点函数的形式表示为 $y=f(P)$，这里点 $P(x_1,x_2,\cdots,x_n)\in D$．当 $n\geqslant 2$ 时，n 元函数统称为多元函数（function of several variables）.

（2）关于多元函数的定义域，作如下的约定：如果用算式表达多元函数 $u=f(P)$，一般情况下就以使这个算式有意义的自变量所确定的点集为这个多元函数的定义域.

例如，函数 $z=\dfrac{1}{\sqrt{x-y}}$ 的定义域为 $\{(x,y)|x-y>0\}$；又如，函数 $z=\arcsin(x+y)$ 的函数的定义域为 $\{(x,y)|-1\leqslant x+y\leqslant 1\}$.

对于二元函数，可以在空间直角坐标系中比较直观地表示它的图形．设函数 $z=f(x,y)$ 的定义域为 xOy 平面上的某一点集 D，对于任意取定的点 $P(x,y)\in D$，对应的函数值为 $z=f(x,y)$．这样，以 x 为横坐标、y 为纵坐标、z 为竖坐标，在空间就确定一点 $M(x,y,z)$．当点 P 在点集 D 中变动时，点 $M(x,y,z)$ 就在空间相应地变动，当 $P(x,y)$ 取遍 D 上一切点时，点 M 得到一个空间点集 $S=\{(x,y,z)\,|\,z=f(x,y),(x,y)\in D\}$，这个点集 S 称为二元函数 $z=f(x,y)$ 的图形．这也就是二元函数的几何表示．通常也说二元函数的图形是空间中的一张曲面.

例如，由空间解析几何可知，线性函数 $z=x+y$ 的图形是空间中的一张过坐标原点的平面；而函数 $z=x^2+y^2$ 的图形是空间中的旋转抛物面.

三、多元函数的极限

现在来用“$\varepsilon-\delta$”语言定义二元函数 $z=f(x,y)$ 的极限．它能精确地刻画出二元函数极限的本质.

定义 3 设函数 $z=f(x,y)$ 的定义域为 D，$P_0(x_0,y_0)$ 是 D 的聚点，如果对于任意给定的正数 ε，总存在正数 δ，使得对于适合不等式

$$0<|PP_0|=\sqrt{(x-x_0)^2+(y-y_0)^2}<\delta$$

的一切点 $P(x,y)\in D$，都有

$$\left|f(x,y)-A\right|<\varepsilon$$

成立，则称 A 为函数 $z=f(x,y)$ 在 $x\to x_0$，$y\to y_0$ 时的极限，记为

$$\lim_{\substack{x\to x_0\\ y\to y_0}} f(x,y)=A,\quad \lim_{(x,y)\to(x_0,y_0)} f(x,y)=A$$

或 $$f(P)\to A(P\to P_0),\quad f(x,y)\to A((x,y)\to(x_0,y_0)).$$

由上面定义可知，二元函数极限与一元函数的极限概念相类似，即是说如果在 $P(x,y)\to P_0(x_0,y_0)$ 的过程中，对应的函数值 $f(x,y)$ 无限接近于一个确定的常数 A，则称 A 是函数 $z=f(x,y)$ 在 $P\to P_0$ 时的极限.

必须指出的是，这里 $P\to P_0$ 表示点 P 以任何方式趋于点 P_0，也就是点 P 与点 P_0 间的距离趋于零，即 $\left|PP_0\right|=\sqrt{(x-x_0)^2+(y-y_0)^2}\to 0$.

为了区别于一元函数的极限，通常把二元函数的极限称为二重极限（double limit）.

例 4 证明 $\lim\limits_{\substack{x\to 0\\ y\to 0}} xy\sin\dfrac{1}{xy}=0$.

证 因为

$$\left|xy\sin\frac{1}{xy}-0\right|=\left|xy\sin\frac{1}{xy}\right|\leqslant\left|xy\right|\leqslant\frac{x^2+y^2}{2}\leqslant x^2+y^2.$$

可见，对任给 $\varepsilon>0$，取 $\delta=\sqrt{\varepsilon}$，则当 $0<\sqrt{x^2+y^2}<\delta$ 时，总有

$$\left|xy\sin\frac{1}{xy}-0\right|\leqslant x^2+y^2<\delta^2=\varepsilon$$

成立，所以 $$\lim_{\substack{x\to 0\\ y\to 0}} xy\sin\frac{1}{xy}=0.$$

注：这里应当指出，二重极限存在是指点 $P(x,y)$ 以任何方式趋于点 $P_0(x_0,y_0)$ 时，总有 $f(x,y)\to A$. 当点 $P(x,y)$ 沿着某些特殊路线趋于点 $P_0(x_0,y_0)$ 时，都有 $f(x,y)\to A$，不能断定极限存在. 但是，如果点 $P(x,y)$ 沿某些不同路线趋于点 $P_0(x_0,y_0)$，$f(x,y)$ 趋于不同的数，二重极限必不存在. 这在判定二元函数极限不存在时往往比较常用，下面举例说明.

例 5 证明二元函数 $f(x,y)=\dfrac{xy}{x^2+y^2}$ 在 $(x,y)\to(0,0)$ 时极限不存在.

证 当点 $P(x,y)$ 沿直线 $y=kx$ 趋于 $(0,0)$ 时，有

$$\lim_{(x,y)\to(0,0)} f(x,y)=\lim_{\substack{(x,y)\to(0,0)\\ y=kx}}\frac{xy}{x^2+y^2}=\lim_{x\to 0}\frac{kx^2}{x^2+k^2x^2}=\frac{k}{1+k^2}.$$

显然它是随着 k 的变化而变化的. 因此，函数 $f(x,y)$ 在 $(0,0)$ 处极限不存在.

以上关于二元函数的极限概念，可相应地推广到 n 元函数 $y=f(x_1,x_2,\cdots,x_n)$ 上去.

多元函数极限的定义与一元函数极限的定义有着完全相同的形式，这使得有关一元函数的极限运算法则都可以平行地推广到多元函数上来. 如一元函数极限的四则运算法则、夹逼定理等基本法则等，然而一元函数的洛必达法则已不再适用. 下面举例说明.

例 6 求 $\lim\limits_{\substack{x\to 0\\ y\to 1}}\dfrac{\sin xy}{x}$.

解 因为

$$\lim_{\substack{x\to 0\\ y\to 1}}\frac{\sin xy}{x}=\lim_{\substack{x\to 0\\ y\to 1}}\frac{\sin xy}{xy}y=\lim_{\substack{x\to 0\\ y\to 1}}\frac{\sin xy}{xy}\cdot\lim_{\substack{x\to 0\\ y\to 1}}y .$$

令 $u=xy$，则当 $(x,y)\to(0,1)$ 时 $u\to 0$，从而有

$$\lim_{\substack{x\to 0\\ y\to 1}}\frac{\sin xy}{xy}=\lim_{u\to 0}\frac{\sin u}{u}=1 .$$

又 $\lim\limits_{\substack{x\to 0\\ y\to 1}}y=1$，由极限的四则运算法则，有

$$\lim_{\substack{x\to 0\\ y\to 1}}\frac{\sin xy}{x}=1\times 1=1 .$$

四、多元函数的连续性

有了二元函数极限的概念，就容易把函数的连续性从一元函数推广到二元函数及多元函数上．下面给出二元函数的连续性的定义．

定义 4 设函数 $z=f(x,y)$ 的定义域为 D，$P_0=(x_0,y_0)$ 是 D 的聚点，且点 $P_0\in D$．

如果

$$\lim_{\substack{x\to x_0\\ y\to y_0}}f(x,y)=f(x_0,y_0) \text{ 或 } \lim_{P\to P_0}f(P)=f(P_0),$$

则称函数 $f(x,y)$ 在点 $P_0(x_0,y_0)$ 连续．

如果函数 $f(x,y)$ 在区域 D 内的每一点都连续，就称函数 $f(x,y)$ 在区域 D 内连续，或者称 $f(x,y)$ 是 D 内的连续函数（continuous function）．

定义 5 设函数 $z=f(x,y)$ 的定义域为 D，$P_0(x_0,y_0)$ 是 D 的聚点．如果函数在点 $P_0(x_0,y_0)$ 不连续，则称点 $P_0(x_0,y_0)$ 为函数 $z=f(x,y)$ 的间断点（discontinuous point）．

例如，前面讨论过的函数 $f(x,y)=\begin{cases}\dfrac{xy}{x^2+y^2}, & x^2+y^2\neq 0\\ 0, & x^2+y^2=0\end{cases}$，从例 5 可知 $f(x,y)$ 在 $(0,0)$ 处极限不存在，所以 $f(x,y)$ 在 $(0,0)$ 处不连续，$(0,0)$ 为 $f(x,y)$ 的间断点．

与一元连续函数的运算性质类似，二元连续函数的和、差、积、商（分母不为零）还是连续函数，二元连续函数的复合函数还是连续函数．

与一元初等函数相类似，一切二元初等函数在其定义域内也都是连续函数．例如，函数 $f(x,y)=\dfrac{x+y}{1+y^2}$ 在 xOy 全平面上连续，函数 $f(x,y)=xy\sin\dfrac{1}{xy}$ 在 xOy 平面上除去两条坐标轴的点都连续．当 $f(x,y)$ 在点 (x_0,y_0) 连续时，求 $f(x,y)$ 在点 (x_0,y_0) 的极限只要计算 $f(x_0,y_0)$ 即可．

例 7 求 $\lim\limits_{\substack{x\to 0\\ y\to 0}}\dfrac{1-\sqrt{xy+1}}{xy}$．

解 首先要对原式变形，可得

$$\lim_{\substack{x\to 0\\ y\to 0}}\frac{1-\sqrt{xy+1}}{xy}=\lim_{\substack{x\to 0\\ y\to 0}}\frac{(1-\sqrt{xy+1})(1+\sqrt{xy+1})}{xy(1+\sqrt{xy+1})}=\lim_{\substack{x\to 0\\ y\to 0}}\frac{-1}{1+\sqrt{xy+1}}=-\frac{1}{2}.$$

与闭区间上一元连续函数的性质相类似，有界闭区域上的二元连续函数有如下几个性质，这些性质分别与有界闭区间上一元连续函数的性质相对应，在这里只给出结论，不予证明.

性质 1（有界性定理） 如果二元函数 $f(x,y)$ 在有界闭区域 $\boldsymbol{D}$ 上连续，则 $f(x,y)$ 在 $\boldsymbol{D}$ 上有界.

性质 2（最大值、最小值定理） 如果二元函数 $f(x,y)$ 在有界闭区域 $\boldsymbol{D}$ 上连续，则 $f(x,y)$ 在 $\boldsymbol{D}$ 上一定能取得最大值和最小值.

性质 3（介值定理） 如果二元函数 $f(x,y)$ 在有界闭区域 $\boldsymbol{D}$ 上连续，$\boldsymbol{M}$ 与 $\boldsymbol{m}$ 分别是 $f(x,y)$ 在 $\boldsymbol{D}$ 上的最大值和最小值，则对于介于 $\boldsymbol{M}$ 与 $\boldsymbol{m}$ 之间的任意数 $\boldsymbol{\mu}$，在 $\boldsymbol{D}$ 中至少存在一点 (ζ,η)，使 $f(\zeta,\eta)=\mu$.

性质 4（零点存在定理） 如果函数 $f(x,y)$ 在有界闭区域 $\boldsymbol{D}$ 上连续，且在 $\boldsymbol{D}$ 中两点 (x_1,y_1)，(x_2,y_2) 取值异号，即 $f(x_1,y_1)\cdot f(x_2,y_2)<0$，则在 $\boldsymbol{D}$ 中至少存在一点 (ζ,η)，使 $f(\zeta,\eta)=0$.

习　题　8-1

1．求下列函数的表达式：

（1）设函数 $f(x,y)=x^y+y^x$，求 $f(y,x)$ 和 $f\left(\dfrac{1}{x},\dfrac{1}{y}\right)$.

（2）设函数 $f(x+y,x-y)=x^2+y^2$，求 $f(x,y)$.

2．求下列函数的定义域：

（1）$z=\sqrt{1+x^2}+\sqrt{y^2-1}$；　　（2）$z=\arccos\dfrac{y}{x}$；

（3）$z=\dfrac{1}{\sqrt{2x^2+y^2-1}}$；　　（4）$z=\dfrac{\sqrt{4x-y^2}}{1-x^2-y^2}$.

3．设 $f(x,y)=\dfrac{x^2y}{x^2+y^2}$，证明 $\lim\limits_{\substack{x\to0\\y\to0}}f(x,y)=0$.

4．设 $f(x,y)=\begin{cases}\dfrac{xy}{x+y}, & x+y\neq0\\ 0, & x+y=0\end{cases}$，讨论 $f(x,y)$ 在点 $(0,0)$ 处的连续性.

5．求下列各极限：

（1）$\lim\limits_{\substack{x\to1\\y\to0}}\dfrac{\ln(x+\sin y)}{\sqrt{x^2+\cos y^2}}$；　　（2）$\lim\limits_{\substack{x\to0\\y\to0}}x\cos\dfrac{1}{y}$；

（3）$\lim\limits_{\substack{x\to1\\y\to0}}\dfrac{x^2+y^2-1}{x-\sqrt{1-y^2}}$；　　（4）$\lim\limits_{\substack{x\to1\\y\to0}}\dfrac{\ln(1+xy)}{y}$；

（5）$\lim\limits_{\substack{x\to0\\y\to0}}\dfrac{1-\cos(x^2+y^2)}{(x^2+y^2)^2\mathrm{e}^{x^2+y^2}}$；　　（6）$\lim\limits_{\substack{x\to\infty\\y\to2}}\left(1+\dfrac{y}{x}\right)^2$.

第二节　偏　导　数

在一元函数 $y=f(x)$ 中，如果自变量 x 有一增量 Δx，则函数也会有相应的增量 Δy，那

TYXZJ

么所谓的导数即函数关于自变量的变化率，即 $f'(x)=\lim\limits_{\Delta x\to 0}\dfrac{\Delta y}{\Delta x}$．然而在二元函数 $z=f(x,y)$ 中由于自变量的增多，此时如果给自变量 x 一增量 Δx 和给自变量 y 一增量 Δy 都有可能导致函数值也有相应的增量 Δz，此时函数关于这两个自变量的变化率又如何呢？这正是这一节所要研究的主要内容.

一、偏导数定义

一元函数的导数定义为函数增量与自变量增量的比值的极限，它刻画了函数对于自变量的变化率．对于多元函数，在实际应用中也常需要考虑它们的变化率问题．但由于多元函数的自变量个数的增多，因变量与自变量的关系要比一元函数复杂得多，但是有时需要考虑函数对于某一个自变量的变化率，也就是在其中一个自变量发生变化，而其余自变量都保持不变的情形下，考虑函数对于该自变量的变化率.

以二元函数 $z=f(x,y)$ 为例，令自变量 y 固定（即看作常量），只有自变量 x 变化，这时它可以看成是 x 的一元函数．x 取得改变量 Δx，则过点（x，y）的水平直线上有点 $(x+\Delta x,y)$，这时函数的增量称为函数关于 x 的偏增量（partial increment），记为

$$\Delta z_x=f(x+\Delta x,y)-f(x,y).$$

类似可得函数关于 y 的偏增量，记为 $\Delta z_y=f(x,y+\Delta y)-f(x,y)$．函数 $z=f(x,y)$ 对 x 求导所得导数就称为二元函数 $f(x,y)$ 对于 x 的偏导数（partial derivative），即有如下定义：

定义 1　设函数 $z=f(x,y)$ 在点 (x_0,y_0) 的某一邻域内有定义，当 y 固定在 y_0，而 x 在 x_0 处有增量 Δx 时，相应地函数有偏增量

$$\Delta z_x=f(x_0+\Delta x,y_0)-f(x_0,y_0),$$

如果

$$\lim_{\Delta x\to 0}\frac{\Delta z_x}{\Delta x}=\lim_{\Delta x\to 0}\frac{f(x_0+\Delta x,y_0)-f(x_0,y_0)}{\Delta x}$$

存在，则称此极限为函数 $z=f(x,y)$ 在点 (x_0,y_0) 处对 x 的偏导数，记作

$$\left.\frac{\partial z}{\partial x}\right|_{\substack{x=x_0\\y=y_0}},\quad \left.\frac{\partial f}{\partial x}\right|_{\substack{x=x_0\\y=y_0}},\quad \left.z_x\right|_{\substack{x=x_0\\y=y_0}}\text{ 或 }f_x(x_0,y_0).$$

类似地，如果

$$\lim_{\Delta y\to 0}\frac{f(x_0,y_0+\Delta y)-f(x_0,y_0)}{\Delta y}$$

存在，则称此极限为函数 $z=f(x,y)$ 在点 (x_0,y_0) 处对 y 的偏导数，记作

$$\left.\frac{\partial z}{\partial y}\right|_{\substack{x=x_0\\y=y_0}},\quad \left.\frac{\partial f}{\partial y}\right|_{\substack{x=x_0\\y=y_0}},\quad \left.z_y\right|_{\substack{x=x_0\\y=y_0}}\text{ 或 }f_y(x_0,y_0).$$

如果函数 $z=f(x,y)$ 在区域 D 内每一点都有对 x（或 y）的偏导数，这个偏导数就是 x（或 y）的函数，称为对 x（或 y）的偏导函数，简称为偏导数，记作

$$\frac{\partial z}{\partial x},\frac{\partial f}{\partial x},z_x,f_x\ \text{ 或 }\ \frac{\partial z}{\partial y},\frac{\partial f}{\partial y},z_y,f_y.$$

偏导数的概念可以推广到二元以上函数，例如，$u=f(x,y,z)$ 在点 (x,y,z) 处对 x,y,z 的偏导数分别定义为

$$f_x(x,y,z)=\lim_{\Delta x\to 0}\frac{f(x+\Delta x,y,z)-f(x,y,z)}{\Delta x},$$

$$f_y(x,y,z)=\lim_{\Delta y\to 0}\frac{f(x,y+\Delta y,z)-f(x,y,z)}{\Delta y},$$

$$f_z(x,y,z)=\lim_{\Delta z\to 0}\frac{f(x,y,z+\Delta z)-f(x,y,z)}{\Delta z}.$$

由偏导数的定义可知，求多元函数的偏导数并不需要新的方法，实际上还是求一元函数的导数问题，即只需在求偏导时将自变量中的被求偏导数者看成变量，其余的看成常量．这时用的就是一元函数的求导公式和运算法则．

例 1 求 $z=x^2+xy+y^3$ 在点(1，1)处的偏导数．

解 把 y 看作常量，对 x 求导，得

$$\frac{\partial z}{\partial x}=2x+y;$$

把 x 看作常量，对 y 求导，得

$$\frac{\partial z}{\partial y}=x+3y^2.$$

将(1,1)代入上面的结果，就得

$$\left.\frac{\partial z}{\partial x}\right|_{\substack{x=1\\y=1}}=2\times 1+1=3,$$

$$\left.\frac{\partial z}{\partial y}\right|_{\substack{x=1\\y=1}}=1+3\times 1=4.$$

例 2 设 $z=2xy\mathrm{e}^{2y}$，求$\frac{\partial z}{\partial x}$、$\frac{\partial z}{\partial y}$．

解 把 y 看作常量，对 x 求导，得

$$\frac{\partial z}{\partial x}=2y\mathrm{e}^{2y};$$

把 x 看作常量，对 y 求导，得

$$\frac{\partial z}{\partial y}=2x\mathrm{e}^{2y}+4xy\mathrm{e}^{2y}=2x(1+2y)\mathrm{e}^{2y}.$$

例 3 设 $z=x\mathrm{e}^{\frac{y}{x}}$，证明 $x\frac{\partial z}{\partial x}+y\frac{\partial z}{\partial y}=z$．

证 因为

$$\frac{\partial z}{\partial x}=\mathrm{e}^{\frac{y}{x}}+x\mathrm{e}^{\frac{y}{x}}\left(-\frac{y}{x^2}\right)=\mathrm{e}^{\frac{y}{x}}-\frac{y}{x}\mathrm{e}^{\frac{y}{x}},$$

$$\frac{\partial z}{\partial y}=x\mathrm{e}^{\frac{y}{x}}\frac{1}{x}=\mathrm{e}^{\frac{y}{x}},$$

代入整理，得到

$$x\frac{\partial z}{\partial x}+y\frac{\partial z}{\partial y}=x\left(\mathrm{e}^{\frac{y}{x}}-\frac{y}{x}\mathrm{e}^{\frac{y}{x}}\right)+y\mathrm{e}^{\frac{y}{x}}=z .$$

例 4　设 $z=x^y$，求 $\frac{\partial z}{\partial x}$、$\frac{\partial z}{\partial y}$.

解　这是多元幂指函数，可以考虑用对数公式求之．由于 $z=x^y=\mathrm{e}^{y\ln x}$，把 y 看作常量，对 x 求导，得

$$\frac{\partial z}{\partial x}=\mathrm{e}^{y\ln x}\cdot\frac{y}{x}=x^y\cdot\frac{y}{x}=y\cdot x^{y-1};$$

把 x 看作常量，对 y 求导，得

$$\frac{\partial z}{\partial y}=\mathrm{e}^{y\ln x}\cdot\ln x=x^y\cdot\ln x .$$

例 5　已知理想气体的状态方程 $pV=RT$（R 为常量），求证：$\frac{\partial p}{\partial V}\cdot\frac{\partial V}{\partial T}\cdot\frac{\partial T}{\partial p}=-1$.

证　因为

$$p=\frac{RT}{V},\quad \frac{\partial p}{\partial V}=-\frac{RT}{V^2};$$

$$V=\frac{RT}{p},\quad \frac{\partial V}{\partial T}=\frac{R}{p};$$

$$T=\frac{pV}{R},\quad \frac{\partial T}{\partial p}=\frac{V}{R};$$

所以

$$\frac{\partial p}{\partial V}\cdot\frac{\partial V}{\partial T}\cdot\frac{\partial T}{\partial p}=-\frac{RT}{V^2}\cdot\frac{R}{p}\cdot\frac{V}{R}=-\frac{RT}{pV}=-1 .$$

有了对二元函数求偏导的基础，很容易求得二元以上多元函数的偏导数．下面仅举一例加以说明.

例 6　设 $u=\arctan(x+2z)+\arcsin(2y-z)$，求 $\frac{\partial u}{\partial x}$、$\frac{\partial u}{\partial y}$、$\frac{\partial u}{\partial z}$.

解　把 y、z 看作常量，对 x 求导，得

$$\frac{\partial u}{\partial x}=\frac{1}{1+(x+2z)^2};$$

把 x、z 看作常量，对 y 求导，得

$$\frac{\partial u}{\partial y}=\frac{2}{\sqrt{1-(2y-z)^2}};$$

把 x、y 看作常量，对 z 求导，得

$$\frac{\partial u}{\partial z}=\frac{2}{1+(x+2z)^2}-\frac{1}{\sqrt{1-(2y-z)^2}} .$$

偏导数的几何意义　如果一元函数在一点有导数，那么这个导数就是函数所表示的曲线在对应点的切线的斜率．由此可以推出，二元函数 $z=f(x,y)$ 在一点 (x_0,y_0) 的偏导数有下述几何意义：

$z=f(x,y)$ 的图形是空间中的曲面，设 $M_0(x_0,y_0,z_0)=M_0(x_0,y_0,f(x_0,y_0))$ 是曲面上一点，

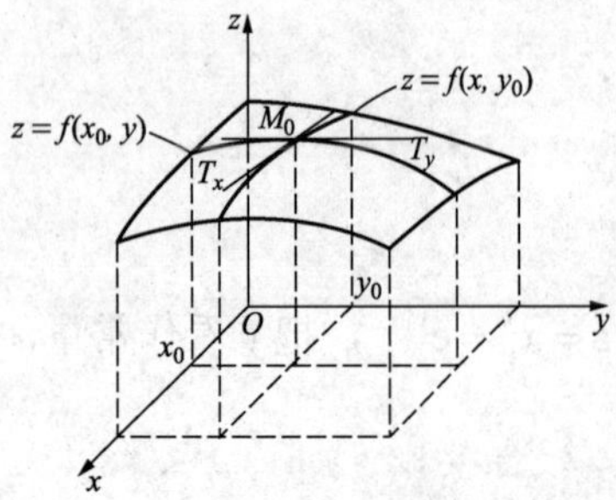

图 8-5

过点 M_0 作平面 $y=y_0$，截此曲面得一曲线，此曲线在平面 $y=y_0$ 上的方程为 $z=f(x,y_0)$，则导数 $\frac{\mathrm{d}}{\mathrm{d}x}f(x,y_0)\big|_{x=x_0}$，即偏导数 $f_x(x_0,y_0)$ 就是曲面被平面 $y=y_0$ 所截得的曲线在点 M_0 处的切线 M_0T_x 对 x 轴的斜率（见图 8-5）；同样，偏导数 $f_y(x_0,y_0)$ 就是曲面被平面 $x=x_0$ 所截得的曲线在点 M_0 处的切线 M_0T_y 对 y 轴的斜率.

对于一元函数来说，可导一定连续，但多元函数偏导数存在与连续之间没有必然联系，下面的例子说明，即使函数在某点的偏导数存在，也未必在该点连续.

例 7 设 $f(x,y)=\begin{cases}\dfrac{xy}{x^2+y^2}, & x^2+y^2\neq 0\\ 0, & x^2+y^2=0\end{cases}$，求 $f(x,y)$ 在点 $(0,0)$ 处的偏导数.

解 按定义可知

$$f_x(0,0)=\lim_{\Delta x\to 0}\frac{f(\Delta x,0)-f(0,0)}{\Delta x}=\lim_{\Delta x\to 0}\frac{0}{\Delta x}=0,$$

$$f_y(0,0)=\lim_{\Delta y\to 0}\frac{f(0,\Delta y)-f(0,0)}{\Delta y}=\lim_{\Delta y\to 0}\frac{0}{\Delta y}=0,$$

函数 $f(x,y)$ 在点(0，0)处的偏导数存在．但由上一节例 5 可知，$f(x,y)$ 在该点处极限不存在，因此不连续.

二、高阶偏导数

由偏导数定义可知，一个多元函数对某一自变量求完偏导之后，会得到一个新的多元函数，且不会因为求偏导使得自变量个数减少．所以，对于这个新的多元函数仍然可以对其各个自变量求偏导，而且求导方法没有变化．这就是接下来要讲的高阶偏导数（partial derivative of higher order）．下面仅就二元函数的高阶偏导数及其求法加以说明，更多元函数的方法类似.

设函数 $z=f(x,y)$ 在区域 D 内具有偏导数

$$\frac{\partial z}{\partial x}=f_x(x,y),\quad \frac{\partial z}{\partial y}=f_y(x,y),$$

那么在 D 内 $f_x(x,y)$、$f_y(x,y)$ 仍是 x、y 的二元函数．如果这两个函数的偏导数也存在，则称它们是函数 $z=f(x,y)$ 的二阶偏导数（second order partial derivative）．按照对变量求导次序的不同，有下列四个二阶偏导数

$$\frac{\partial}{\partial x}\left(\frac{\partial z}{\partial x}\right)=\frac{\partial^2 z}{\partial x^2}=f_{xx}(x,y),\quad \frac{\partial}{\partial y}\left(\frac{\partial z}{\partial x}\right)=\frac{\partial^2 z}{\partial x\partial y}=f_{xy}(x,y),$$

$$\frac{\partial}{\partial x}\left(\frac{\partial z}{\partial y}\right)=\frac{\partial^2 z}{\partial y\partial x}=f_{yx}(x,y),\quad \frac{\partial}{\partial y}\left(\frac{\partial z}{\partial y}\right)=\frac{\partial^2 z}{\partial y^2}=f_{yy}(x,y).$$

其中 $\frac{\partial}{\partial y}\left(\frac{\partial z}{\partial x}\right)=\frac{\partial^2 z}{\partial x\partial y}=f_{xy}(x,y)$，$\frac{\partial}{\partial x}\left(\frac{\partial z}{\partial y}\right)=\frac{\partial^2 z}{\partial y\partial x}=f_{yx}(x,y)$ 称为混合偏导数（hybrid partial derivative）.

同样，可得三阶、四阶及 n 阶偏导数．二阶及二阶以上的偏导数统称为高阶偏导数．

例 8　设 $z=x^4+y^4-4x^2y^3$，求 $\dfrac{\partial^2 z}{\partial x^2}$、$\dfrac{\partial^2 z}{\partial y\partial x}$、$\dfrac{\partial^2 z}{\partial x\partial y}$、$\dfrac{\partial^2 z}{\partial y^2}$ 及 $\dfrac{\partial^3 z}{\partial x^3}$

解
$$\frac{\partial z}{\partial x}=4x^3-8xy^3,\quad \frac{\partial z}{\partial y}=4y^3-12x^2y^2;$$
$$\frac{\partial^2 z}{\partial x^2}=12x^2-8y^3,\quad \frac{\partial^2 z}{\partial y\partial x}=-24xy^2;$$
$$\frac{\partial^2 z}{\partial x\partial y}=-24xy^2,\quad \frac{\partial^2 z}{\partial y^2}=12y^2-24x^2y,\quad \frac{\partial^3 z}{\partial x^3}=24x.$$

例 9　设 $u=\mathrm{e}^{ax}\sin by$，求二阶偏导数．

解
$$\frac{\partial u}{\partial x}=a\mathrm{e}^{ax}\sin by,\quad \frac{\partial u}{\partial y}=b\mathrm{e}^{ax}\cos by;$$
$$\frac{\partial^2 u}{\partial x^2}=a^2\mathrm{e}^{ax}\sin by,\quad \frac{\partial^2 u}{\partial y^2}=-b^2\mathrm{e}^{ax}\sin by;$$
$$\frac{\partial^2 u}{\partial x\partial y}=ab\mathrm{e}^{ax}\cos by,\quad \frac{\partial^2 u}{\partial y\partial x}=ab\mathrm{e}^{ax}\cos by.$$

例 10　设 $z=\arctan\dfrac{y}{x}$，求所有二阶偏导数．

解
$$\frac{\partial z}{\partial x}=\frac{-y}{x^2+y^2},\quad \frac{\partial z}{\partial y}=\frac{x}{x^2+y^2};$$
$$\frac{\partial^2 z}{\partial x^2}=\frac{2xy}{(x^2+y^2)^2},\quad \frac{\partial^2 z}{\partial y^2}=\frac{-2xy}{(x^2+y^2)^2};$$
$$\frac{\partial^2 z}{\partial x\partial y}=\frac{y^2-x^2}{(x^2+y^2)^2},\quad \frac{\partial^2 z}{\partial y\partial x}=\frac{y^2-x^2}{(x^2+y^2)^2}.$$

在前面三个例子中，两个二阶混合偏导数相等，即 $\dfrac{\partial^2 z}{\partial y\partial x}=\dfrac{\partial^2 z}{\partial x\partial y}$，也就是说，混合偏导数和先对 x 还是先对 y 求导的顺序无关，这不是偶然的．事实上，有下述定理，其证明在此略去．

定理 1　如果函数 $z=f(x,y)$ 的两个二阶混合偏导数 $\dfrac{\partial^2 z}{\partial y\partial x}$ 及 $\dfrac{\partial^2 z}{\partial x\partial y}$ 在区域 D 内连续，那么在该区域内这两个二阶混合偏导数必相等．

该定理表明，在二阶混合偏导数连续的条件下，二阶混合偏导数与先对 x 还是先对 y 求导的顺序无关．这个结论对高阶混合偏导数也成立．

例 11　证明函数 $z=\ln\sqrt{x^2+y^2}$ 满足方程 $\dfrac{\partial^2 z}{\partial x^2}+\dfrac{\partial^2 z}{\partial y^2}=0$．

证　因
$$\frac{\partial z}{\partial x}=\frac{x}{x^2+y^2},\quad \frac{\partial^2 z}{\partial x^2}=\frac{(x^2+y^2)-x\cdot 2x}{(x^2+y^2)^2}=\frac{y^2-x^2}{(x^2+y^2)^2},$$

由于函数关于自变量的对称性，所以

$$\frac{\partial z}{\partial y}=\frac{y}{x^2+y^2},\ \frac{\partial^2 z}{\partial y^2}=\frac{x^2-y^2}{(x^2+y^2)^2},$$

从而有

$$\frac{\partial^2 z}{\partial x^2}+\frac{\partial^2 z}{\partial y^2}=0 .$$

例 11 中的方程称为拉普拉斯（Laplace）方程，即满足

$$\frac{\partial^2 z}{\partial x^2}+\frac{\partial^2 z}{\partial y^2}=0$$

的方程，它是数学物理方程中的一种很重要的方程，在热传导、流体运动等问题中有着重要的作用.

习　题　8-2

1．求下列函数的一阶偏导数：

（1）$z=x^2y-y^4x$；（2）$z=xy^2+\dfrac{y}{x}$；

（3）$z=\dfrac{\sin(xy)}{\sqrt{x^2+y^2}}$；（4）$z=\ln\left(x+\sqrt{x^2+y^2}\right)$；

（5）$z=\arctan(xy)$；（6）$z=x^y y^x$；

（7）$u=\sqrt{x^2+y^2+z^2}$；（8）$u=x^{yz}$.

2．设 $f(x,y)=x\cos y+\mathrm{e}^{xy}$，求 $f_x(0,0)$ 和 $f_y\left(1,\dfrac{\pi}{2}\right)$.

3．设 $z=\ln(x^2+xy+y^2)$，求 $x\dfrac{\partial z}{\partial x}+y\dfrac{\partial z}{\partial y}$.

4．求曲线 $z=x^2+y^2$ 与平面 $y=1$ 的交线在点(1，1，2)处的切线与 x 轴正向所成的夹角.

5．求下列函数的所有二阶偏导数：

（1）$z=x^2y-3y^4+2x^2y^2$；（2）$z=x\ln(x+y)$；

（3）$z=\dfrac{xy}{x+y}$；（4）$z=x^y$.

6．设 $z=\ln(\mathrm{e}^x+\mathrm{e}^y)$，证明 $\dfrac{\partial^2 z}{\partial x^2}\dfrac{\partial^2 z}{\partial y^2}-\left(\dfrac{\partial^2 z}{\partial x\partial y}\right)^2=0$.

7．求下面函数指定的高阶偏导数：

（1）$u=x\ln(xy),u_{xxy},u_{xyy}$；（2）$u=\dfrac{x-y}{x+y},\ u_{xxx}$.

8．验证函数 $u=\arctan\dfrac{x}{y}$ 满足拉普拉斯方程 $\dfrac{\partial^2 z}{\partial x^2}+\dfrac{\partial^2 z}{\partial y^2}=0$.

第三节　全　微　分

在研究一元函数的微分时，对于一元函数 $y=f(x)$，若 $\Delta y=A\Delta x+o(\Delta x)$，则称 $f(x)$ 在 x 处可微分，其中 $A\Delta x$ 称为微分，记做 $\mathrm{d}y=A\mathrm{d}x$．一元函数 $f(x)$ 在 x 处可微分的充分必要条件是函数 $f(x)$ 在 x 处可导．那么如何把一元函数微分推广到二元函数呢？二元函数可微分和可导还等价吗？如何求二元函数的微分呢？这就是本节所要研究的主要内容．

一、全微分定义

多元函数偏导数，即对某个自变量的偏导数表示当另一个自变量固定时，因变量相对于该自变量的变化率．根据一元函数微分学中增量与微分的关系可得

$$f(x+\Delta x,y)-f(x,y)=f_x(x,y)\Delta x+o(\Delta x),$$

$$f(x,y+\Delta y)-f(x,y)=f_y(x,y)\Delta y+o(\Delta y).$$

上面两式的左端分别叫做二元函数对 x 和对 y 的偏增量，而右端第一项分别称为二元函数对 x 和对 y 的偏微分（partial differential）．然而在实际问题中，有时需要研究多元函数中各个自变量都取得增量时因变量所获得的增量，即所谓全增量（total increment）的问题．下面以二元函数为例进行讨论．

设函数 $z=f(x,y)$ 在点 $P(x,y)$ 的某个邻域内有定义，并设 $P'(x+\Delta x,y+\Delta y)$ 为这个邻域内的任意一点，则称这两个点的函数值之差 $f(x+\Delta x,y+\Delta y)-f(x,y)$ 为函数在点 P 对应于自变量增量 Δx、Δy 的全增量，记为 Δz，即

$$\Delta z=f(x+\Delta x,y+\Delta y)-f(x,y).$$

在一元函数 $y=f(x)$ 中，y 对 x 的微分 $\mathrm{d}x$ 是自变量改变量 Δx 的线性函数，且当 $\Delta x\to 0$ 时，$\mathrm{d}y$ 与函数改变量 Δy 的差是 Δx 的高阶无穷小量．类似地，下面来讨论二元函数在两个自变量都有增量 Δx、Δy 时，函数的全增量 Δz．

定义 1　设函数 $z=f(x,y)$ 在点 (x,y) 处的某个邻域内有定义，如果函数在点 (x,y) 处的全增量

$$\Delta z=f(x+\Delta x,y+\Delta y)-f(x,y)$$

可表示为

$$\Delta z=A\Delta x+B\Delta y+o(\rho),$$

其中 A、B 不依赖于 Δx 和 Δy，而仅与 x 和 y 有关，$\rho=\sqrt{(\Delta x)^2+(\Delta y)^2}$，则称函数 $z=f(x,y)$ 在点 (x,y) 处可微分（differentiable），$A\Delta x+B\Delta y$ 称为函数 $z=f(x,y)$ 在点 (x,y) 处的全微分（total differential），记作 $\mathrm{d}z$，即 $\mathrm{d}z=A\Delta x+B\Delta y$．

习惯上，自变量的增量 Δx 与 Δy 常写成 $\mathrm{d}x$ 与 $\mathrm{d}y$，并分别称为自变量 x 与 y 的微分，所以 $\mathrm{d}z$ 也常写成

$$\mathrm{d}z=A\mathrm{d}x+B\mathrm{d}y.$$

当函数 $z=f(x,y)$ 在某平面区域 D 内处处可微时，称函数 $z=f(x,y)$ 为 D 内的可微函数．

下面讨论函数 $z=f(x,y)$ 在点 (x,y) 处可微分的条件．

定理 1（必要条件）　如果函数 $z=f(x,y)$ 在点 $P(x_0,y_0)$ 处可微分，则

（1）函数 $z=f(x,y)$ 在点 $P(x_0,y_0)$ 处连续．

（2）函数 $z=f(x,y)$ 在点 $P(x_0,y_0)$ 处可偏导，而且函数 $z=f(x,y)$ 在点 $P(x_0,y_0)$ 处的全微分为

$$\mathrm{d}z=f_x(x_0,y_0)\mathrm{d}x+f_y(x_0,y_0)\mathrm{d}y\ .$$

证 （1）由全微分定义可知，如果函数 $z=f(x,y)$ 在点 $P(x_0,y_0)$ 可微分，则因为 $\Delta z=A\Delta x+B\Delta y+o(\rho)$，那么 $\lim\limits_{\rho\to 0}\Delta z=0$．所以

$$\lim_{(\Delta x,\Delta y)\to(0,0)} f(x_0+\Delta x,y_0+\Delta y)=\lim_{\rho\to 0}[f(x_0,y_0)+\Delta z]=f(x_0,y_0),$$

故函数 $z=f(x,y)$ 在点 $P(x_0,y_0)$ 处连续.

（2）由于函数 $z=f(x,y)$ 在点 $P(x_0,y_0)$ 处可微分，于是，对于点 $P(x_0,y_0)$ 的某个邻域内的任意一点 $P(x_0+\Delta x,y_0+\Delta y)$，有

$$\Delta z=A\Delta x+B\Delta y+o(\rho),$$

其中 $\rho=\sqrt{(\Delta x)^2+(\Delta y)^2}$，当 $\Delta x\to 0,\Delta y\to 0$ 时，$o(\rho)$ 是较 ρ 高阶的无穷小量. 因为 Δx、Δy 是任意改变量，所以上式当 $\Delta y=0$ 时也应成立，这时 $\rho=|\Delta x|$，故有 $\Delta z=A\Delta x+o(|\Delta x|)$ 成立，等式两端同除以 Δx，再取极限（当 $\Delta x\to 0$ 时），则得

$$f_x(x_0,y_0)=\lim_{\Delta x\to 0}\frac{\Delta z}{\Delta x}=\lim_{\Delta x\to 0}\frac{A\Delta x+o(|\Delta x|)}{\Delta x}=A,$$

从而偏导数 $f_x(x_0,y_0)$ 存在. 同理，可得 $f_y(x_0,y_0)=B$．因此有

$$\mathrm{d}z=f_x(x_0,y_0)\mathrm{d}x+f_y(x_0,y_0)\mathrm{d}y\ .$$

值得注意的是，与一元函数有所不同（一元函数中，可微与可导是等价的），二元函数偏导数的存在性只是可微的必要条件，但不是充分条件；也就是说，即使函数 $z=f(x,y)$ 在点 (x,y) 处连续且可偏导也不能保证函数在该点处可微.

例如，函数

$$z=f(x,y)=\begin{cases}\dfrac{xy}{\sqrt{x^2+y^2}}, & (x,y)\neq(0,0)\\ 0, & (x,y)=(0,0)\end{cases}$$

在点 $(0,0)$ 处连续且类似于第二节例 7 可知，偏导数 $f_x(0,0)=f_y(0,0)=0$，但由于

$$\Delta z-[f_x(0,0)\Delta x+f_y(0,0)\Delta y]=\frac{\Delta x\Delta y}{\sqrt{(\Delta x)^2+(\Delta y)^2}},$$

而

$$\frac{\Delta x\Delta y}{\sqrt{(\Delta x)^2+(\Delta y)^2}}\Big/\rho=\frac{\Delta x\Delta y}{(\Delta x)^2+(\Delta y)^2},$$

由第一节例 5 可知，当 $\rho\to 0$ 时，上式的极限不存在. 因此 $z=f(x,y)$ 在点 $P(x_0,y_0)$ 处不可微.

下面把条件再加强一些，给出函数 $z=f(x,y)$ 在点 (x,y) 处可微分的充分条件.

定理 2（充分条件） 如果函数 $z=f(x,y)$ 在点 (x,y) 的某一邻域内有连续的偏导 $f_x(x,y),f_y(x,y)$，则函数 $z=f(x,y)$ 在点 (x,y) 处可微分，并且 $\mathrm{d}z=f_x(x,y)\mathrm{d}x+f_y(x,y)\mathrm{d}y$.

证 因为

$$\begin{aligned}\Delta z&=f(x+\Delta x,y+\Delta y)-f(x,y)\\&=[f(x+\Delta x,y+\Delta y)-f(x,y+\Delta y)]+[f(x,y+\Delta y)-f(x,y)],\end{aligned}$$

由于 $f_x(x,y)$ 及 $f_y(x,y)$ 在点 (x,y) 的某邻域内都存在，所以当 Δx、Δy 充分小时，由微分中值定理得

$$\Delta z = f_x(x+\theta_1\Delta x, y+\Delta y)\Delta x + f_y(x, y+\theta_2\Delta y)\Delta y\,,$$

其中 $0<\theta_1<1,\ 0<\theta_2<1$．由于 $f_x(x,y)$ 及 $f_y(x,y)$ 连续，所以当 $\Delta x\to 0$ 且 $\Delta y\to 0$ 时有 $\rho=\sqrt{(\Delta x)^2+(\Delta y)^2}\to 0$，因此

$$\lim_{\rho\to 0} f_x(x+\theta_1\Delta x, y+\Delta y) = f_x(x,y),\quad \lim_{\rho\to 0} f_y(x, y+\theta_2\Delta y) = f_y(x,y),$$

即
$$f_x(x+\theta_1\Delta x, y+\Delta y) = f_x(x,y)+\alpha\,,\quad f_y(x, y+\theta_2\Delta y) = f_y(x,y)+\beta\,,$$

其中 α 和 β 当 $\rho\to 0$ 时趋于0，因而

$$\Delta z = f_x(x,y)\Delta x + f_y(x,y)\Delta y + \alpha\Delta x + \beta\Delta y\,.$$

再由

$$\frac{|\alpha\Delta x+\beta\Delta y|}{\rho} = \frac{|\alpha\Delta x+\beta\Delta y|}{\sqrt{(\Delta x)^2+(\Delta y)^2}} \leqslant \frac{|\alpha|\cdot|\Delta x|}{\sqrt{(\Delta x)^2+(\Delta y)^2}} + \frac{|\beta|\cdot|\Delta y|}{\sqrt{(\Delta x)^2+(\Delta y)^2}} \leqslant |\alpha|+|\beta|$$

可知，当 $\rho\to 0$ 时，$\alpha\Delta x+\beta\Delta y$ 是 ρ 的高阶无穷小量，因此

$$\Delta z = f_x(x,y)\mathrm{d}x + f_y(x,y)\mathrm{d}y + o(\rho)\,,$$

于是函数 $z=f(x,y)$ 在点 (x,y) 处可微，且

$$\mathrm{d}z = f_x(x,y)\mathrm{d}x + f_y(x,y)\mathrm{d}y\,.$$

由上面定理可知，函数 $z=f(x,y)$ 的全微分可以写为

$$\mathrm{d}z = \frac{\partial z}{\partial x}\mathrm{d}x + \frac{\partial z}{\partial y}\mathrm{d}y \quad \text{或} \quad \mathrm{d}z = z_x\mathrm{d}x + z_y\mathrm{d}y\,.$$

以上关于二元函数全微分的定义、可微分的条件，可以完全类似地推广到三元和三元以上的多元函数．例如，如果三元函数 $u=f(x,y,z)$ 可微分，那么它的全微分为

$$\mathrm{d}u = \frac{\partial u}{\partial x}\mathrm{d}x + \frac{\partial u}{\partial y}\mathrm{d}y + \frac{\partial u}{\partial z}\mathrm{d}z\,.$$

例 1 求函数 $z=\mathrm{e}^{xy}+xy^2$ 的全微分．

解 因为
$$\frac{\partial z}{\partial x} = y\mathrm{e}^{xy}+y^2\,,\quad \frac{\partial z}{\partial y} = x\mathrm{e}^{xy}+2xy\,,$$

所以
$$\mathrm{d}z = (y\mathrm{e}^{xy}+y^2)\mathrm{d}x + (x\mathrm{e}^{xy}+2xy)\mathrm{d}y\,.$$

例 2 求函数 $z=\mathrm{e}^{xy}$ 在点(1，1)处的全微分．

解 因为
$$\frac{\partial z}{\partial x} = y\mathrm{e}^{xy},\ \frac{\partial z}{\partial y} = x\mathrm{e}^{xy},$$

$$\left.\frac{\partial z}{\partial x}\right|_{(1,1)} = \mathrm{e},\ \left.\frac{\partial z}{\partial y}\right|_{(1,1)} = \mathrm{e},$$

所以
$$\mathrm{d}z = \mathrm{e}\mathrm{d}x + \mathrm{e}\mathrm{d}y\,.$$

例 3 计算函数 $u(x,y,z)=x\ln y+y\ln z+z\ln x-1$ 的全微分．

解 因为
$$\frac{\partial u}{\partial x} = \ln y+\frac{z}{x},\ \frac{\partial u}{\partial y} = \ln z+\frac{x}{y},\ \frac{\partial u}{\partial z} = \ln x+\frac{y}{z},$$

所以
$$\mathrm{d}u=\left(\ln y+\frac{z}{x}\right)\mathrm{d}x+\left(\ln z+\frac{x}{y}\right)\mathrm{d}y+\left(\ln x+\frac{y}{z}\right)\mathrm{d}z .$$

二、全微分在近似计算中的应用

与一元函数类似，多元函数全微分也可以处理一些近似计算问题．下面只介绍二元函数全微分近似计算．

由二元函数的全微分的定义及关于全微分存在的充分条件可知，当二元函数 $z=f(x,y)$ 在点 $P(x,y)$ 的两个偏导数 $f_x(x,y)$、$f_y(x,y)$ 连续，并且 $|\Delta x|$、$|\Delta y|$ 都较小时，有近似公式
$$\Delta z\approx \mathrm{d}z=f_x(x,y)\Delta x+f_y(x,y)\Delta y ,$$
或者可写成
$$f(x+\Delta x,y+\Delta y)\approx f(x,y)+f_x(x,y)\Delta x+f_y(x,y)\Delta y .$$
上述近似公式可用来计算 $f(x+\Delta x,y+\Delta y)$ 或 Δz 的近似值，也可用来处理误差问题．但是这种近似处理结果显得有些粗糙，有时不能满足精度要求，尤其是当 $|\Delta x|$、$|\Delta y|$ 都较大时，误差较大．

例 4 计算 $(1.04)^{2.01}$ 的近似值．

解 选取函数 $z=f(x,y)=x^y$．显然，要计算的值就是函数在 $x=1.04, y=2.01$ 时的函数值．令 $x=1, y=2, \Delta x=0.04, \Delta y=0.01$，因为
$$f_x(1,2)=yx^{y-1}\Big|_{(1,2)}=2,\ f_y(1,2)=x^y\ln x\Big|_{(1,2)}=0 ,$$
由近似公式，得到
$$(1.04)^{2.01}\approx 1^2+2\times 0.04+0\times 0.01=1.08 .$$

例 5 有一圆柱体零件，受压后发生变形，它的半径由 20cm 增大到 20.03cm，高度由 100cm 减少到 99.5cm，求此圆柱体体积变化的近似值．

解 设圆柱体的半径、高和体积依次为 r、h 和 V，则有
$$V=\pi r^2 h$$
记 r、h 和 V 的增量为 Δr、Δh 和 ΔV，应用近似公式，有
$$\Delta V\approx \mathrm{d}V=V_r\Delta r+V_h\Delta h=2\pi rh\Delta r+\pi r^2\Delta h,$$
把 $r=20, h=100, \Delta r=0.03, \Delta h=-0.5$ 带入上式，得
$$\Delta V\approx \mathrm{d}V=2\pi\times 20\times 100\times 0.03+\pi\times 20^2\times(-0.5)=-80\pi .$$
即此圆柱体在受压后体积约减少了 80π．

习 题 8-3

1．求下列函数的全微分．

（1）$z=x^2-4xy^4$；（2）$z=y\cos(x^2+2y)$；

（3）$z=xy\arctan\dfrac{y}{x}$；（4）$z=\arcsin(\mathrm{e}^{xy})$；

（5）$z=\arctan\dfrac{y}{x}+\arctan\dfrac{x}{y}$；（6）$z=\ln(1+xy)$；

（7）$u=\mathrm{e}^{xyz}$；（8）$u=x\sin(yz)$．

2．求函数 $z=\ln(x+y+1)$ 在点(1,2)处的全微分．

3．求函数 $u=\dfrac{z}{\sqrt{x+y}}$ 在点(1,2,3)处的全微分．

4．求函数 $z=\dfrac{y}{x}$，当 $x=2,\ y=1,\ \Delta x=0.1,\ \Delta y=-0.2$ 时的全增量和全微分．

5．计算 $(1.98)^{1.03}$ 的近似值（取 $\ln 2=0.693$）．

6．设有一无盖圆柱形容器，容器的壁与底的厚度均为 0.1cm，内高为 20cm，内半径为 4cm，求容器外壳体积的近似值．

第四节　多元复合函数求导法则

在研究一元复合函数导数的时候，若 $u=\varphi(x)$ 在点 x 可导，而 $y=f(u)$ 在 u 处可导，则复合函数 $y=f[\varphi(x)]$ 在点 x 可导，且有 $\dfrac{\mathrm{d}y}{\mathrm{d}x}=\dfrac{\mathrm{d}y}{\mathrm{d}u}\dfrac{\mathrm{d}u}{\mathrm{d}x}$．这就是一元复合函数求导的链式法则，本节就是要把这一法则推广到多元复合函数的情形．

多元函数链式法则在不同的复合情形下有不同的表达形式，将其归纳为以下三种情况．仍以二元函数为例进行讨论．

1．复合函数的中间变量均为一元函数的情形

定理 1　如果函数 $u=\varphi(t)$ 及 $v=\psi(t)$ 都在点 t 可导，函数 $z=f(u,v)$ 在对应点 (u,v) 具有连续偏导数，则复合函数 $z=f[\varphi(t),\psi(t)]$ 在对应点 t 可导，且其导数可用下列公式计算

$$\boxed{\frac{\mathrm{d}z}{\mathrm{d}t}=\frac{\partial z}{\partial u}\frac{\mathrm{d}u}{\mathrm{d}t}+\frac{\partial z}{\partial v}\frac{\mathrm{d}v}{\mathrm{d}t}}$$

证　设 t 获得增量 Δt 时，$u=\varphi(t)$ 和 $v=\psi(t)$ 的对应增量为 Δu 和 Δv，因此，函数 $z=f(u,v)$ 相应地获得增量 Δz．由 $z=f(u,v)$ 可微，即

$$\Delta z=\mathrm{d}z+o(\rho)=\frac{\partial z}{\partial u}\Delta u+\frac{\partial z}{\partial v}\Delta v+\alpha\rho\,,$$

其中 $\rho=\sqrt{(\Delta x)^2+(\Delta y)^2}$ 且当 $\rho\to 0$ 时有 $\alpha\to 0$．此时有

$$\frac{\Delta z}{\Delta t}=\frac{\partial z}{\partial u}\frac{\Delta u}{\Delta t}+\frac{\partial z}{\partial v}\frac{\Delta v}{\Delta t}+\alpha\sqrt{\left(\frac{\Delta u}{\Delta t}\right)^2+\left(\frac{\Delta v}{\Delta t}\right)^2}\,,$$

令 $\Delta t\to 0$，对上式两端同时取极限，由于 u、v 对 t 可导，从而 u、v 连续，故当 $\Delta t\to 0$ 时，有 $\Delta u\to 0,\Delta v\to 0$．于是 $\rho\to 0$，则 $\alpha\sqrt{\left(\frac{\Delta u}{\Delta t}\right)^2+\left(\frac{\Delta v}{\Delta t}\right)^2}\to 0$，且当 $\Delta t\to 0$ 时，有 $\dfrac{\Delta u}{\Delta t}\to\dfrac{\mathrm{d}u}{\mathrm{d}t}$，$\dfrac{\Delta v}{\Delta t}\to\dfrac{\mathrm{d}v}{\mathrm{d}t}$，所以证得 $\dfrac{\mathrm{d}z}{\mathrm{d}t}=\lim\limits_{\Delta t\to 0}\dfrac{\Delta z}{\Delta t}$ 存在，且有

$$\frac{\mathrm{d}z}{\mathrm{d}t}=\frac{\partial z}{\partial u}\frac{\mathrm{d}u}{\mathrm{d}t}+\frac{\partial z}{\partial v}\frac{\mathrm{d}v}{\mathrm{d}t}\,.$$

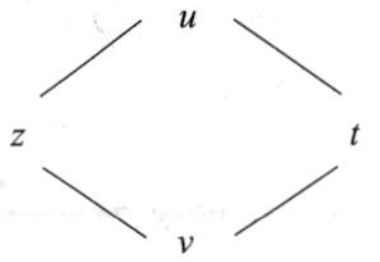

图 8-6

注：一般情况下在对中间变量均为一元函数的复合函数求导时可以根据图 8-6 所示的复合结构求导．

用同样的方法，可以把定理推广到复合函数的中间变量多于两个的情

形．例如，设函数 $z=f(u,v,w)$ ，$u=\varphi(t)$ ，$v=\psi(t)$ ，$w=\omega(t)$ 复合而得复合函数 $z=f(\varphi(t),\psi(t),\omega(t))$ ，则在与定理 1 类似的条件下，这个复合函数在点 t 可导，且其导数可用下列公式计算

$$\frac{\mathrm{d}z}{\mathrm{d}t}=\frac{\partial z}{\partial u}\frac{\mathrm{d}u}{\mathrm{d}t}+\frac{\partial z}{\partial v}\frac{\mathrm{d}v}{\mathrm{d}t}+\frac{\partial z}{\partial w}\frac{\mathrm{d}w}{\mathrm{d}t}.$$

这个公式称为复合函数偏导数的全导数公式，公式中的导数 $\frac{\mathrm{d}z}{\mathrm{d}t}$ 称为全导数（total derivative）.

例 1 设 $z=u^2v+3uv^4,u=\mathrm{e}^t,v=\sin t$ ，求全导数 $\frac{\mathrm{d}z}{\mathrm{d}t}$.

解 该题是中间变量为一元函数的情形，应用全导数公式得

$$\begin{aligned}\frac{\mathrm{d}z}{\mathrm{d}t}&=\frac{\partial z}{\partial u}\frac{\mathrm{d}u}{\mathrm{d}t}+\frac{\partial z}{\partial v}\frac{\mathrm{d}v}{\mathrm{d}t}\\&=(2uv+3v^4)\mathrm{e}^t+(u^2+12uv^3)\cos t\\&=(2\mathrm{e}^t\sin t+3\sin^4 t)\mathrm{e}^t+(\mathrm{e}^{2t}+12\mathrm{e}^t\sin^3 t)\cos t.\end{aligned}$$

例 2 设 $z=uv+\sin w,u=\mathrm{e}^t,v=\cos t,w=t$ ，求全导数 $\frac{\mathrm{d}z}{\mathrm{d}t}$.

解 应用全导数公式得

$$\begin{aligned}\frac{\mathrm{d}z}{\mathrm{d}t}&=\frac{\partial z}{\partial u}\frac{\mathrm{d}u}{\mathrm{d}t}+\frac{\partial z}{\partial v}\frac{\mathrm{d}v}{\mathrm{d}t}+\frac{\partial z}{\partial w}\frac{\mathrm{d}w}{\mathrm{d}t}\\&=v\cdot\mathrm{e}^t+u\cdot(-\sin t)+\cos w\cdot 1\\&=\mathrm{e}^t(\cos t-\sin t)+\cos t.\end{aligned}$$

定理 1 是中间变量是一元函数的情形，还可推广到中间变量是多元函数的情形.

2. 复合函数的中间变量均为多元函数的情形

定理 2 如果函数 $u=\varphi(x,y)$，$v=\psi(x,y)$都在点(x,y)具有对 x 及 y 的偏导数，函数 $z=f(u,v)$ 在对应点(u,v)具有连续偏导数，则复合函数 $z=f(\varphi(x,y),\psi(x,y))$在点$(x,y)$的两个偏导数存在，且可用下列公式计算

$$\boxed{\begin{aligned}\frac{\partial z}{\partial x}&=\frac{\partial z}{\partial u}\frac{\partial u}{\partial x}+\frac{\partial z}{\partial v}\frac{\partial v}{\partial x}\\\frac{\partial z}{\partial y}&=\frac{\partial z}{\partial u}\frac{\partial u}{\partial y}+\frac{\partial z}{\partial v}\frac{\partial v}{\partial y}\end{aligned}}$$

这两个公式称为求复合函数偏导数的链式法则.

注：对中间变量均为二元函数的复合函数求导时可以根据图 8-7 所示的复合结构求导.

这一结论的证明可以直接按照二元函数可微的定义来进行，这里从略. 事实上，求 $\frac{\partial z}{\partial x}$ 时，

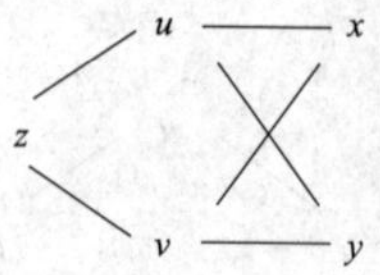

图 8-7

把 y 看作常量，因此中间变量 u、v 仍可看作一元函数而应用上述定理. 但由于 $z=f(\varphi(x,y),\psi(x,y))$ ，$u=\varphi(x,y)$ 和 $v=\psi(x,y)$ 都是 x、y 的二元函数，所以应把定理 1 公式中的记号 d 改成记号 ∂ . 这样便得到复合函数 $z=f(u,v)$ 对 x、y 的偏导数 $\frac{\partial z}{\partial x}$ 及 $\frac{\partial z}{\partial y}$.

类似地，如果函数 $u=\varphi(x,y)$ ，$v=\psi(x,y)$ ，$w=\omega(x,y)$ 都在点 (x,y) 具有对 x 及 y 的偏导

数，函数 $z=f(u,v,w)$ 在对应点 (u,v,w) 具有连续偏导数，则复合函数 $z=f(\varphi(x,y),\psi(x,y),\omega(x,y))$ 在点 (x,y) 的两个偏导数存在，且可用下列公式计算

$$\frac{\partial z}{\partial x}=\frac{\partial z}{\partial u}\frac{\partial u}{\partial x}+\frac{\partial z}{\partial v}\frac{\partial v}{\partial x}+\frac{\partial z}{\partial w}\frac{\partial w}{\partial x},$$

$$\frac{\partial z}{\partial y}=\frac{\partial z}{\partial u}\frac{\partial u}{\partial y}+\frac{\partial z}{\partial v}\frac{\partial v}{\partial y}+\frac{\partial z}{\partial w}\frac{\partial w}{\partial y}.$$

例 3　设 $z=\mathrm{e}^{xy}\sin(x+y)$，求 $\frac{\partial z}{\partial x}$ 和 $\frac{\partial z}{\partial y}$.

解　令 $u=xy,v=x+y$，则 $z=\mathrm{e}^u\sin v$．应用链式法则得

$$\frac{\partial z}{\partial x}=\frac{\partial z}{\partial u}\frac{\partial u}{\partial x}+\frac{\partial z}{\partial v}\frac{\partial v}{\partial x}=\mathrm{e}^u\sin v\cdot y+\mathrm{e}^u\cos v\cdot 1$$
$$=\mathrm{e}^{xy}\left[y\sin(x+y)+\cos(x+y)\right],$$

$$\frac{\partial z}{\partial y}=\frac{\partial z}{\partial u}\frac{\partial u}{\partial y}+\frac{\partial z}{\partial v}\frac{\partial v}{\partial y}=\mathrm{e}^u\sin v\cdot x+\mathrm{e}^u\cos v\cdot 1$$
$$=\mathrm{e}^{xy}\left[x\sin(x+y)+\cos(x+y)\right].$$

3. 复合函数的中间变量既有一元函数, 又有多元函数的情形

定理 3　如果函数 $z=f(u,x,y)$具有连续偏导数，其中 $u=\varphi(x,y)$在点(x,y)具有对 x 及 y 的偏导数，则复合函数 $z=f(\varphi(x,y),x,y)$在点(x,y)的两个偏导数存在，且可用下列公式计算

$$\boxed{\begin{aligned}\frac{\partial z}{\partial x}&=\frac{\partial f}{\partial u}\frac{\partial u}{\partial x}+\frac{\partial f}{\partial x}\\ \frac{\partial z}{\partial y}&=\frac{\partial f}{\partial u}\frac{\partial u}{\partial y}+\frac{\partial f}{\partial y}\end{aligned}}$$

注：复合函数的中间变量既有一元函数，又有多元函数的情形时可根据图 8-8 计算导数.

值得注意的是，$\frac{\partial z}{\partial x}$ 是把复合函数 $z=f(\varphi(x,y),x,y)$ 中的 y 看作不变而对 x 的偏导数；而 $\frac{\partial f}{\partial x}$ 则是把 $z=f(u,x,y)$ 中的 u 及 y 看作不变而对 x 的偏导数；$\frac{\partial z}{\partial y}$ 和 $\frac{\partial f}{\partial y}$ 也有类似的区别.

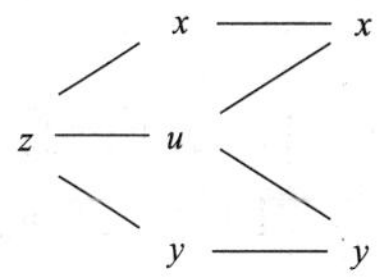

图 8-8

例 4　设 $z=f(u,x,y)$，$u=x\mathrm{e}^y$，其中 f 具有连续的一阶偏导数，求 $\frac{\partial z}{\partial x}$ 和 $\frac{\partial z}{\partial y}$.

解
$$\frac{\partial z}{\partial x}=\frac{\partial f}{\partial u}\frac{\partial u}{\partial x}+\frac{\partial f}{\partial x}=f_u\mathrm{e}^y+f_x,\quad \frac{\partial z}{\partial y}=\frac{\partial f}{\partial u}\frac{\partial u}{\partial y}+\frac{\partial f}{\partial y}=f_u x\mathrm{e}^y+f_y.$$

多元复合函数的链式法则在多元微分学中起着重要的作用．下面再举一个利用链式法则求二阶偏导数的例子.

例 5　设 $z=f(xy,x^2+y^2)$，其中 f 具有连续的二阶偏导数，求 $\frac{\partial^2 z}{\partial x^2}$ 和 $\frac{\partial^2 z}{\partial x\partial y}$.

解　$f(xy,x^2+y^2)$ 是复合函数的一种记法，其中间变量没有明显写出．为了便于运用求导公式，令 $u=xy$，$v=x^2+y^2$，则 $z=f(u,v)$.

为表达简便，记 $f_1'=\dfrac{\partial f(u,v)}{\partial u}$，$f_{12}''=\dfrac{\partial^2 f(u,v)}{\partial u\partial v}$，这里下标“1”表示对第一个变量求偏导数，下标“2”表示对第二个变量求偏导数．同理有 f_2'、f_{11}''、f_{22}'' 和 f_{21}''．

因为

$$\frac{\partial z}{\partial x}=\frac{\partial f}{\partial u}\frac{\partial u}{\partial x}+\frac{\partial f}{\partial v}\frac{\partial v}{\partial x}=yf_1'+2xf_2',$$

所以根据复合函数求导法则，有

$$\frac{\partial^2 z}{\partial x^2}=\frac{\partial}{\partial x}(yf_1'+2xf_2')=y\frac{\partial f_1'}{\partial x}+2f_2'+2x\frac{\partial f_2'}{\partial x},$$

$$\frac{\partial^2 z}{\partial x\partial y}=\frac{\partial}{\partial y}(yf_1'+2xf_2')=f_1'+y\frac{\partial f_1'}{\partial y}+2x\frac{\partial f_2'}{\partial y}.$$

此时，应注意 f_1' 及 f_2' 仍旧是复合函数，根据复合函数求导法则，有

$$\frac{\partial f_1'}{\partial x}=yf_{11}''+2xf_{12}'',\quad \frac{\partial f_2'}{\partial x}=yf_{21}''+2xf_{22}'',$$

于是

$$\begin{aligned}\frac{\partial^2 z}{\partial x^2}&=y(yf_{11}''+2xf_{12}'')+2f_2'+2x(yf_{21}''+2xf_{22}'')\\&=y^2f_{11}''+4xyf_{12}''+4x^2f_{22}''+2f_2'.\end{aligned}$$

又由于 $\dfrac{\partial f_1'}{\partial y}=xf_{11}''+2yf_{12}''$，$\dfrac{\partial f_2'}{\partial y}=xf_{21}''+2yf_{22}''$，于是

$$\begin{aligned}\frac{\partial^2 z}{\partial x\partial y}&=f_1'+y(xf_{11}''+2yf_{12}'')+2x(xf_{21}''+2yf_{22}'')\\&=f_1'+xyf_{11}''+2(x^2+y^2)f_{12}''+4xyf_{22}''.\end{aligned}$$

习　题　8-4

1．求下列复合函数的一阶导数．

（1）$z=x^3+y^3+xy, x=\cos t, y=\mathrm{e}^t$；

（2）$z=\arctan(xy^2), x=2t, y=t^2$；

（3）$u=\mathrm{e}^{3x}(y+z), y=\sin x, z=2\mathrm{e}^x$．

2．求下列复合函数的一阶导数．

（1）$z=x^3y+xy^3, x=s\cos t, y=s\mathrm{e}^t$；

（2）$z=x^2\ln y, x=s+t, y=s-t$；

（3）$z=\mathrm{e}^{3x}y, x=\sin t, y=s\mathrm{e}^t$．

3．设 $z=f(x^2+y^2,\mathrm{e}^{xy})$，且 $f(u,v)$ 具有二阶连续偏导数，求 $\dfrac{\partial z}{\partial x}$、$\dfrac{\partial z}{\partial y}$ 及 $\dfrac{\partial^2 z}{\partial x^2}$．

4．设 $z=f(x\cos y,x\sin y)$，且 $f(u,v)$ 具有二阶连续偏导数，求 $\dfrac{\partial z}{\partial x}$、$\dfrac{\partial z}{\partial y}$ 及 $\dfrac{\partial^2 z}{\partial x\partial y}$．

5．设 $u=f(x^2+y^2+z^2)$，且 $u=f(x)$ 可导，求 $\dfrac{\partial u}{\partial x}$、$\dfrac{\partial u}{\partial y}$ 和 $\dfrac{\partial u}{\partial z}$．

6．设$u=f(x,xy,xyz)$，且$f(u,v,w)$具有一阶连续偏导数，求$\frac{\partial u}{\partial x}$、$\frac{\partial u}{\partial y}$和$\frac{\partial u}{\partial z}$．

7．设$z=f\left(xy,\frac{y}{x}\right)$，且$f(x,y)$具有二阶连续偏导数，求$\frac{\partial^2 z}{\partial x^2}$、$\frac{\partial^2 z}{\partial x\partial y}$．

8．设$z=f(x^2+y^2)$，且f是可微的函数，证明$y\frac{\partial z}{\partial x}-x\frac{\partial z}{\partial y}=0$．

9．设$z=xy+xF(u)$，其中$u=\frac{y}{x}$，F是可微的函数，证明$x\frac{\partial z}{\partial x}+y\frac{\partial z}{\partial y}=xy+z$．

第五节 隐函数求导法则

在一元微分学中已经提出了隐函数的概念，并且通过举例的方式指出了不经过显化直接由方程$F(x,y)=0$求出它所确定的隐函数导数的方法．与一元隐函数类似，多元隐函数也是由方程来确定的函数．例如，由方程$F(x,y,z)=0$可确定出z是x、y的二元函数．然后根据多元复合函数的求导法则再得到隐函数的一般求导公式．

本节我们主要分两种情况加以讨论：

一、一个方程的情形

定理1 设函数$F(x,y)$在点(x_0,y_0)的某一邻域内具有连续偏导数且满足$F(x_0,y_0)=0$，$F_y(x_0,y_0)\neq 0$，则方程$F(x,y)=0$在点(x_0,y_0)的某一邻域内能唯一确定一个连续且具有连续导数的函数$y=f(x)$，它满足条件$y_0=f(x_0)$，并有

$$\frac{\mathrm{d}y}{\mathrm{d}x}=-\frac{F_x}{F_y}.$$

该公式证明比较繁琐，其简要推导公式如下：设方程$F(x,y)=0$在(x_0,y_0)的某一领域内确定了一个具有连续导数的隐函数，将$y=f(x)$代入$F(x,y)=0$可以得到$F(x,f(x))=0$，由一元函数链式法则等式两边对x求导得

$$\frac{\partial F}{\partial x}+\frac{\partial F}{\partial y}\frac{\mathrm{d}y}{\mathrm{d}x}=0,$$

由于F_y连续，且$F_y(x_0,y_0)\neq 0$，所以存在点(x_0,y_0)的一个邻域，使$F_y\neq 0$，于是得

$$\frac{\mathrm{d}y}{\mathrm{d}x}=-\frac{F_x}{F_y}.$$

这就是一元隐函数的求导公式．如果$F(x,y)$的二阶偏导数也连续，可以把公式的两端看作是x的复合函数而再一次求导，即得

$$\frac{\mathrm{d}^2y}{\mathrm{d}x^2}=\frac{\partial}{\partial x}\left(-\frac{F_x}{F_y}\right)+\frac{\partial}{\partial y}\left(-\frac{F_x}{F_y}\right)\frac{\mathrm{d}y}{\mathrm{d}x}.$$

例1 设$xy+\ln(xy)=1$，求$\frac{\mathrm{d}^2y}{\mathrm{d}x^2}$．

解 设$F(x,y)=xy+\ln(xy)-1$，则有

$$F_x = y + \frac{1}{x}, F_y = x + \frac{1}{y},$$

因为 $xy>0$，故 x 和 y 必同号，则 $F_y \neq 0$，所以

$$\frac{dy}{dx} = -\frac{F_x}{F_y} = -\frac{y+\frac{1}{x}}{x+\frac{1}{y}} = -\frac{y}{x},$$

$$\frac{d^2y}{dx^2} = -\frac{y'x-y}{x^2} = -\frac{-\frac{y}{x}x-y}{x^2} = \frac{2y}{x^2}.$$

定理 2 设函数 $F(x,y,z)$ 在点 (x_0,y_0,z_0) 的某一邻域内具有连续的偏导数，且 $F(x_0,y_0,z_0)=0$，$F_z(x_0,y_0,z_0)\neq 0$，则方程 $F(x,y,z)=0$ 在点 (x_0,y_0,z_0) 的某一邻域内恒能唯一确定一个连续且具有连续偏导数的函数 $z=f(x,y)$，它满足条件 $z_0=f(x_0,y_0)$，并有

$$\frac{\partial z}{\partial x} = -\frac{F_x}{F_z},\quad \frac{\partial z}{\partial y} = -\frac{F_y}{F_z}.$$

下面推导求导公式，设方程 $F(x,y,z)=0$ 隐式地确定了二元可微函数 $z=f(x,y)$，代入 $F(x,y,z)=0$ 可得

$$F(x,y,f(x,y))=0,$$

将上式两端分别对 x 和 y 求导，得

$$F_x + F_z\frac{\partial z}{\partial x}=0,\quad F_y + F_z\frac{\partial z}{\partial y}=0.$$

因为 F_z 连续，且 $F_z(x_0,y_0,z_0)\neq 0$，所以存在点 (x_0,y_0,z_0) 的一个邻域，使 $F_z\neq 0$，于是得

$$\frac{\partial z}{\partial x} = -\frac{F_x}{F_z},\quad \frac{\partial z}{\partial y} = -\frac{F_y}{F_z}.$$

这就是二元隐函数的求导公式．同样，当 $F(x,y,z)$ 具有连续的二阶偏导数时，可求出 $z=f(x,y)$ 的二阶偏导数．

例 2 求由方程 $e^z = xyz$ 所确定的函数 $z=f(x,y)$ 的一阶偏导数．

解 设 $F(x,y,z)=e^z - xyz$，将 y、z 看作常量，对 x 求偏导数得

$$F_x = -yz.$$

同样可得

$$F_y = -xz,\quad F_z = e^z - xy.$$

所以

$$\frac{\partial z}{\partial x} = \frac{yz}{e^z - xy},\quad \frac{\partial z}{\partial y} = \frac{xz}{e^z - xy}.$$

例 3 设 $z=f(xz,z-y)$，且 $f(u,v)$ 具有连续的一阶偏导数，求 dz．

解 设 $F(x,y,z)=f(xz,z-y)-z$，将 y、z 看作常量，对 x 求偏导数得

$$F_x = zf_u.$$

同样可得

$$F_y = -f_v,\quad F_z = xf_u + f_v - 1,$$

所以
$$\frac{\partial z}{\partial x}=-\frac{zf_u}{xf_u+f_v-1},\quad \frac{\partial z}{\partial y}=\frac{f_v}{xf_u+f_v-1},$$
从而
$$dz=-\frac{zf_u}{xf_u+f_v-1}dx+\frac{f_v}{xf_u+f_v-1}dy.$$

二、方程组的情形

隐函数不仅可以产生于单个方程，也可以产生于方程组中，而且由于在一般情况下由方程组所确定的隐函数未必能容易地显化，因此同样需要在不涉及显化的前提下来讨论方程组在什么条件下可以唯一地确定一对隐函数，并且给出直接从方程组出发求出它们的导数的方法.

下面将隐函数存在定理进一步推广到方程组的情形.

定理 3　设三元函数 $F(x,y,z)$、$G(x,y,z)$ 在点 (x_0,y_0,z_0) 的某一邻域内具有对各个变量的连续偏导数，且满足 $F(x_0,y_0,z_0)=0$、$G(x_0,y_0,z_0)=0$ 及偏导数所组成的函数行列式，即雅可比行列式

$$J=\left.\frac{\partial(F,G)}{\partial(y,z)}\right|_{(x_0,y_0,z_0)}=\left.\begin{vmatrix}F_y & F_z\\ G_y & G_z\end{vmatrix}\right|_{(x_0,y_0,z_0)}\neq 0,$$

则方程组 $\begin{cases}F(x,y,z)=0\\ G(x,y,z)=0\end{cases}$ 在点 (x_0,y_0,z_0) 的某一邻域内能唯一确定一组连续且具有连续偏导数的函数 $\begin{cases}y=y(x)\\ z=z(x)\end{cases}$，它们满足条件 $y_0=y(x_0)$、$z_0=z(x_0)$，并有

$$\frac{dy}{dx}=-\frac{\dfrac{\partial(F,G)}{\partial(x,z)}}{\dfrac{\partial(F,G)}{\partial(y,z)}}=-\frac{\begin{vmatrix}F_x & F_z\\ G_x & G_z\end{vmatrix}}{\begin{vmatrix}F_y & F_z\\ G_y & G_z\end{vmatrix}},\quad \frac{dz}{dx}=-\frac{\dfrac{\partial(F,G)}{\partial(y,x)}}{\dfrac{\partial(F,G)}{\partial(y,z)}}=-\frac{\begin{vmatrix}F_y & F_x\\ G_y & G_x\end{vmatrix}}{\begin{vmatrix}F_y & F_z\\ G_y & G_z\end{vmatrix}}.$$

略去证明仅对求导公式做如下推导：设方程组 $\begin{cases}F(x,y,z)=0\\ G(x,y,z)=0\end{cases}$ 隐式地确定了一对一元可微函数 $\begin{cases}y=y(x)\\ z=z(x)\end{cases}$，则可得一对恒等式

$$\begin{cases}F(x,y(x),z(x))\equiv 0\\ G(x,y(x),z(x))\equiv 0\end{cases}.$$

在上面方程组中每个等式两边对 x 求导，根据链式法则可得

$$\begin{cases}F_x+F_y\dfrac{dy}{dx}+F_z\dfrac{dz}{dx}=0\\ G_x+G_y\dfrac{dy}{dx}+G_z\dfrac{dz}{dx}=0\end{cases},$$

这是关于 $\dfrac{dy}{dx}$、$\dfrac{dz}{dx}$ 的线性方程组，如果系数行列式

$$J=\frac{\partial(F,G)}{\partial(y,z)}=\begin{vmatrix}F_y & F_z\\ G_y & G_z\end{vmatrix}\neq 0,$$

那么可以解得

$$\frac{\mathrm{d}y}{\mathrm{d}x}=-\frac{\dfrac{\partial(F,G)}{\partial(x,z)}}{\dfrac{\partial(F,G)}{\partial(y,z)}}=-\frac{\begin{vmatrix}F_x & F_z\\ G_x & G_z\end{vmatrix}}{\begin{vmatrix}F_y & F_z\\ G_y & G_z\end{vmatrix}},\quad \frac{\mathrm{d}z}{\mathrm{d}x}=-\frac{\dfrac{\partial(F,G)}{\partial(y,x)}}{\dfrac{\partial(F,G)}{\partial(y,z)}}=-\frac{\begin{vmatrix}F_y & F_x\\ G_y & G_x\end{vmatrix}}{\begin{vmatrix}F_y & F_z\\ G_y & G_z\end{vmatrix}}.$$

例 4 设 $y=y(x)$ 与 $z=z(x)$ 是由方程组 $\begin{cases}z=x^2+2y^2\\ y=2x^2+z^2\end{cases}$ 所确定的函数，求 $\dfrac{\mathrm{d}y}{\mathrm{d}x}$ 与 $\dfrac{\mathrm{d}z}{\mathrm{d}x}$.

解 设 $\begin{cases}F(x,y,z)=z-x^2-2y^2\\ G(x,y,z)=y-2x^2-z^2\end{cases}$，根据定理 3，在

$$J=\frac{\partial(F,G)}{\partial(y,z)}=\begin{vmatrix}F_y & F_z\\ G_y & G_z\end{vmatrix}=\begin{vmatrix}-4y & 1\\ 1 & -2z\end{vmatrix}=8yz-1\neq 0$$

处，方程组 $\begin{cases}F(x,y,z)=0\\ G(x,y,z)=0\end{cases}$ 确定了有连续导数的隐函数 $\begin{cases}y=y(x)\\ z=z(x)\end{cases}$.

在方程组 $\begin{cases}z=x^2+2y^2\\ y=2x^2+z^2\end{cases}$ 每个等式两边对 x 求导可得

$$\begin{cases}\dfrac{\mathrm{d}z}{\mathrm{d}x}=2x+4y\dfrac{\mathrm{d}y}{\mathrm{d}x}\\ \dfrac{\mathrm{d}y}{\mathrm{d}x}=4x+2z\dfrac{\mathrm{d}z}{\mathrm{d}x}\end{cases},$$

即

$$\begin{cases}4y\dfrac{\mathrm{d}y}{\mathrm{d}x}-\dfrac{\mathrm{d}z}{\mathrm{d}x}=-2x\\ \dfrac{\mathrm{d}y}{\mathrm{d}x}-2z\dfrac{\mathrm{d}z}{\mathrm{d}x}=4x\end{cases},$$

解得

$$\frac{\mathrm{d}y}{\mathrm{d}x}=\frac{4x(z+1)}{1-8yz},\quad \frac{\mathrm{d}z}{\mathrm{d}x}=\frac{2x(8y+1)}{1-8yz}\ \text{（其中}1-8yz\neq 0\text{）}.$$

定理 3 可以再做推广如下：

***定理 4** 设 $F(x,y,u,v)$、$G(x,y,u,v)$ 在点 (x_0,y_0,u_0,v_0) 的某一邻域内具有对各个变量的连续偏导数，又 $F(x_0,y_0,u_0,z_0)=0$、$G(x_0,y_0,u_0,v_0)=0$，且偏导数所组成的函数行列式，即雅可比行列式 $J=\dfrac{\partial(F,G)}{\partial(u,v)}=\begin{vmatrix}\dfrac{\partial F}{\partial u} & \dfrac{\partial F}{\partial v}\\ \dfrac{\partial G}{\partial u} & \dfrac{\partial G}{\partial v}\end{vmatrix}$ 在点 (x_0,y_0,u_0,v_0) 不等于零，则方程组 $F(x,y,u,v)=0$、$G(x,y,u,v)=0$ 在点 (x_0,y_0,u_0,v_0) 的某一邻域内恒能唯一确定一组连续且具有连续偏导数的函数 $u=u(x,y)$、$v=v(x,y)$，它们满足条件 $u_0=u(x_0,y_0)$、$v_0=v(x_0,y_0)$，并有

$$\frac{\partial u}{\partial x}=-\frac{1}{J}\frac{\partial(F,G)}{\partial(x,v)}=-\frac{\begin{vmatrix}F_x & F_v\\ G_x & G_v\end{vmatrix}}{\begin{vmatrix}F_u & F_v\\ G_u & G_v\end{vmatrix}},\quad \frac{\partial v}{\partial x}=-\frac{1}{J}\frac{\partial(F,G)}{\partial(u,x)}=-\frac{\begin{vmatrix}F_u & F_x\\ G_u & G_x\end{vmatrix}}{\begin{vmatrix}F_u & F_v\\ G_u & G_v\end{vmatrix}},$$

$$\frac{\partial u}{\partial y}=-\frac{1}{J}\frac{\partial(F,G)}{\partial(y,v)}=-\frac{\begin{vmatrix}F_y & F_v\\ G_y & G_v\end{vmatrix}}{\begin{vmatrix}F_u & F_v\\ G_u & G_v\end{vmatrix}},\quad \frac{\partial v}{\partial y}=-\frac{1}{J}\frac{\partial(F,G)}{\partial(u,y)}=-\frac{\begin{vmatrix}F_u & F_y\\ G_u & G_y\end{vmatrix}}{\begin{vmatrix}F_u & F_v\\ G_u & G_v\end{vmatrix}}.$$

该定理证明省略．只对求导公式加以推导：设方程组 $F(x,y,u,v)=0$、$G(x,y,u,v)=0$ 确定一对具有连续偏导数的二元函数 $u=u(x,y)$、$v=v(x,y)$，则：偏导数 $\frac{\partial u}{\partial x}$、$\frac{\partial v}{\partial x}$ 由方程组 $\begin{cases}F_x+F_u\frac{\partial u}{\partial x}+F_v\frac{\partial v}{\partial x}=0\\ G_x+G_u\frac{\partial u}{\partial x}+G_v\frac{\partial v}{\partial x}=0\end{cases}$ 确定；偏导数 $\frac{\partial u}{\partial y}$、$\frac{\partial v}{\partial y}$ 由方程组 $\begin{cases}F_y+F_u\frac{\partial u}{\partial y}+F_v\frac{\partial v}{\partial y}=0\\ G_y+G_u\frac{\partial u}{\partial y}+G_v\frac{\partial v}{\partial y}=0\end{cases}$ 确定．

实际计算中可以不必直接套用这些公式，关键要掌握求解方法．

例 5　设 $\begin{cases}xu-yv=1\\ yu+xv=1\end{cases}$，求 $\frac{\partial u}{\partial x}$、$\frac{\partial v}{\partial x}$、$\frac{\partial u}{\partial y}$ 和 $\frac{\partial v}{\partial y}$．

解法 1　两个方程两边分别对 x 求偏导，得关于 $\frac{\partial u}{\partial x}$ 和 $\frac{\partial v}{\partial x}$ 的方程组 $\begin{cases}u+x\frac{\partial u}{\partial x}-y\frac{\partial v}{\partial x}=0\\ y\frac{\partial u}{\partial x}+v+x\frac{\partial v}{\partial x}=0\end{cases}$，当 $x^2+y^2\neq 0$ 时，解得

$$\frac{\partial u}{\partial x}=-\frac{xu+yv}{x^2+y^2},\quad \frac{\partial v}{\partial x}=\frac{yu-xv}{x^2+y^2}.$$

两个方程两边分别对 y 求偏导，得关于 $\frac{\partial u}{\partial y}$ 和 $\frac{\partial v}{\partial y}$ 的方程组 $\begin{cases}x\frac{\partial u}{\partial y}-v-y\frac{\partial v}{\partial y}=0\\ u+y\frac{\partial u}{\partial y}+x\frac{\partial v}{\partial y}=0\end{cases}$，当 $x^2+y^2\neq 0$ 时，解得

$$\frac{\partial u}{\partial y}=\frac{xv-yu}{x^2+y^2},\quad \frac{\partial v}{\partial y}=-\frac{xu+yv}{x^2+y^2}.$$

解法 2　将两个方程的两边微分得

$$\begin{cases}u\mathrm{d}x+x\mathrm{d}u-v\mathrm{d}y-y\mathrm{d}v=0\\ u\mathrm{d}y+y\mathrm{d}u+v\mathrm{d}x+x\mathrm{d}v=0\end{cases}，即\begin{cases}x\mathrm{d}u-y\mathrm{d}v=v\mathrm{d}y-u\mathrm{d}x\\ y\mathrm{d}u+x\mathrm{d}v=-u\mathrm{d}y-v\mathrm{d}x\end{cases},$$

解得

$$\mathrm{d}u=-\frac{xu+yv}{x^2+y^2}\mathrm{d}x+\frac{xv-yu}{x^2+y^2}\mathrm{d}y,\quad \mathrm{d}v=\frac{yu-xv}{x^2+y^2}\mathrm{d}x-\frac{xu+yv}{x^2+y^2}\mathrm{d}y.$$

于是 $\dfrac{\partial u}{\partial x}=-\dfrac{xu+yv}{x^2+y^2}$，$\dfrac{\partial u}{\partial y}=\dfrac{xv-yu}{x^2+y^2}$，$\dfrac{\partial v}{\partial x}=\dfrac{yu-xv}{x^2+y^2}$，$\dfrac{\partial v}{\partial y}=-\dfrac{xu+yv}{x^2+y^2}$.

解法 3 由原方程组可以解出两个二元函数 $u=\dfrac{y}{x^2+y^2}$、$v=\dfrac{x}{x^2+y^2}$，以下解法省略．显然这种解法是直接将函数求出解析式再直接求导，但是有些时候函数是很难，甚至无法从方程组中得到解析式，所以这种方法只有在特殊情况下才可以使用，无法推广．

习　题　8-5

1．求下列方程所确定的隐函数 $y=y(x)$ 的一阶导数．

（1）$y=x+\ln y$；　　（2）$x\sin y+y\cos x=1$；

（3）$x^y=y^x$；　　（4）$\ln(x^2+y^2)=\arctan(x+y)$．

2．求下列方程所确定的隐函数 $z=z(x,y)$ 的一阶偏导数．

（1）$\mathrm{e}^{-xy}-2z+\mathrm{e}^z=0$；　　（2）$\dfrac{x^2}{a^2}+\dfrac{y^2}{b^2}+\dfrac{z^2}{c^2}=1$；

（3）$\dfrac{z}{x}=\ln\dfrac{y}{z}$；　　（4）$y^2z\mathrm{e}^{x+y}-\sin(xyz)=0$．

3．求下列方程所确定的隐函数的指定偏导数．

（1）$\mathrm{e}^z-xyz=0,\ \dfrac{\partial^2 z}{\partial x^2}$；　　（2）$z^2-xyz=0,\ \dfrac{\partial^2 z}{\partial x\partial y}$；

（3）$\mathrm{e}^{x+y}\cos(x+z)=2,\ \dfrac{\partial^2 z}{\partial x\partial y}$；　　（4）$z+\int_{xy}^{z}\mathrm{e}^t\mathrm{d}t=2,\ \dfrac{\partial^2 z}{\partial x\partial y}$．

4．设 $u=f(x,y,z)$，而二元函数 $z=g(x,y)$ 由方程 $z^5-5xy+5z=1$ 确定，其中 f（x，y，z）具有连续的一阶偏导数，求 $\dfrac{\partial u}{\partial x}$．

5．求由下列方程组所确定的函数的导数或偏导数：

（1）设 $\begin{cases}z=x^2+y^2\\x^2+2y^2+3z^2=20\end{cases}$，求 $\dfrac{\mathrm{d}y}{\mathrm{d}x}$、$\dfrac{\mathrm{d}z}{\mathrm{d}x}$；

（2）设 $\begin{cases}x+y+z=0\\x^2+y^2+z^2=1\end{cases}$，求 $\dfrac{\mathrm{d}y}{\mathrm{d}x}$、$\dfrac{\mathrm{d}z}{\mathrm{d}x}$；

（3）设 $\begin{cases}x=\mathrm{e}^u+u\sin v\\y=\mathrm{e}^u-u\cos v\end{cases}$，求 $\dfrac{\partial u}{\partial x}$、$\dfrac{\partial u}{\partial y}$、$\dfrac{\partial v}{\partial x}$、$\dfrac{\partial v}{\partial y}$．

第六节　方向导数与梯度

由偏导数的几何意义可知，$f_x(x_0,y_0)$ 就是曲面被平面 $y=y_0$ 所截得的曲线在点 (x_0,y_0) 处切线对 x 轴的斜率，而 $f_y(x_0,y_0)$ 就是曲面被平面 $x=x_0$ 所截得的曲线在点 (x_0,y_0) 处切线对 y 轴的斜率．以上都是函数沿着固定方向的变化率问题，然而在实际中如热力学中讨论热量在空气流动等问题时就往往需要确定温度在各个方向上的变化率．这一问题在数学上相当于要讨论多元函数在一点处沿某一方向的变化率问题，这就是本节所要说的方向导数和梯度．

一、方向导数与梯度

引例：设有一小山，取它的底面所在的平面为 xOy 坐标面，其底部所占的区域为 $D=\{(x,y)\big|x^2+y^2-xy\leqslant 75\}$，小山的高度函数为 $h(x,y)=75-x^2-y^2+xy$，现有一个登山协会组织活动，欲利用此小山展开攀岩活动，为此需要在山脚寻找一上山坡度最大的点作为攀登的起点，也就是说，要在 D 的边界线 $x^2+y^2-xy=75$ 上找出一个点 $M(x_0,y_0)$，同时还要确定前进方向，使得上山坡度最大，试确定攀登起点的位置.

分析：所谓前进的坡度，就是山的高度相对于前进方向的变化率．函数 $z=f(x,y)$ 的偏导数 f_x、f_y 表示了函数在某一点在 x、y 方向上的变化率，也就是沿着坐标轴上的单位向量 $\boldsymbol{i}$ 和 $\boldsymbol{j}$ 的变化率．现在希望知道函数 $z=f(x,y)$ 在一点 P 沿任一指定方向的变化率问题．这是在物理学、仿生学和工程技术领域中常见的问题.

1. 方向导数

定义 1　设 $z=f(x,y)$ 在点 $P(x_0,y_0)$ 的某邻域内有定义，以点 $P(x_0,y_0)$ 为起点作射线 l，$P(x_0+\Delta x,y_0+\Delta y)$ 是射线 l 上的任意一点，如图 8-9 所示，若极限

$$\lim_{\rho\to 0}\frac{\Delta z}{\rho}=\lim_{\rho\to 0}\frac{f(x_0+\Delta x,y_0+\Delta y)-f(x_0,y_0)}{\rho}\quad (\rho=\sqrt{(\Delta x)^2+(\Delta y)^2})$$

存在，称极限值为 $z=f(x,y)$ 在点 $P(x_0,y_0)$ 沿 l 方向的方向导数（directional derivative），记作

$$\left.\frac{\partial f}{\partial l}\right|_{(x_0,y_0)} \text{或} \left.\frac{\partial z}{\partial l}\right|_{(x_0,y_0)},$$

即

$$\left.\frac{\partial z}{\partial l}\right|_{(x_0,y_0)}=\left.\frac{\partial f}{\partial l}\right|_{(x_0,y_0)}=\lim_{\rho\to 0}\frac{f(x_0+\Delta x,y_0+\Delta y)-f(x_0,y_0)}{\rho}.$$

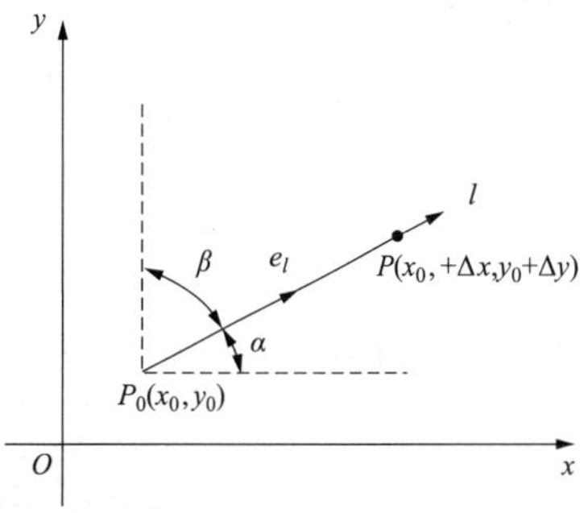

图 8-9

（1）方向导数的几何意义。$\dfrac{f(x_0+\Delta x,y_0+\Delta y)-f(x_0,y_0)}{\rho}=\dfrac{\Delta z}{\rho}$ 是割线相对于 l 方向的斜率，则 $\lim\limits_{\rho\to 0}\dfrac{\Delta z}{\rho}$ 是相对于 l 方向的切线的斜率；若切线与 l 方向的夹角是 θ，则 $\dfrac{\partial z}{\partial l}=\tan\theta$.

（2）方向导数与偏导数的关系。方向导数存在，偏导数未必存在. 例如，$z=\sqrt{x^2+y^2}$ 在点 $(0,0)$ 处沿 x 轴正方向和负方向的方向导数都为 1，但是 $z=\sqrt{x^2+y^2}$ 在点 $(0,0)$ 处对 x 的偏导数不存在.

偏导数存在，方向导数也未必存在．例如，$f(x,y)=\begin{cases}\dfrac{xy}{x^2+y^2}, & x^2+y^2\neq 0\\ 0, & x^2+y^2=0\end{cases}$ 在点 $(0,0)$ 处偏导数存在，方向导数不存在.

如果函数偏导数和方向导数都存在，考虑沿 x 轴正方向的方向导数记作 $\left.\dfrac{\partial z}{\partial x}\right|_{x}$，则 $\Delta y=0$，$\Delta x>0$，且 $\rho=\sqrt{(\Delta x)^2+(\Delta y)^2}=\Delta x$，由方向导数的定义有

$$\left.\frac{\partial z}{\partial x}\right|_{x^+}=\lim_{\Delta x\to 0^+}\frac{f(x+\Delta x,y)-f(x,y)}{\Delta x}=\frac{\partial z}{\partial x}.$$

沿 x 轴负方向的方向导数记作 $\left.\dfrac{\partial z}{\partial x}\right|_{x^-}$ ，则 $\rho=-\Delta x$ ，由方向导数定义有

$$\left.\frac{\partial z}{\partial x}\right|_{x^-}=\lim_{\Delta x\to 0^-}\frac{f(x+\Delta x,y)-f(x,y)}{-\Delta x}=-\frac{\partial z}{\partial x},$$

即
$$\left.\frac{\partial z}{\partial x}\right|_{x^+}=\frac{\partial z}{\partial x},\quad \left.\frac{\partial z}{\partial x}\right|_{x^-}=-\frac{\partial z}{\partial x};$$

同理

$$\left.\frac{\partial z}{\partial l}\right|_{y^+}=\frac{\partial z}{\partial y},\quad \left.\frac{\partial z}{\partial l}\right|_{y^-}=-\frac{\partial z}{\partial y}.$$

（3）方向导数的计算。

定理 1　设 $z=f(x,y)$ 在点 (x,y) 处可微，则对于任一单位向量 $e_l=(\cos\alpha,\cos\beta)$ ，函数 $f(x,y)$ 在点 (x,y) 沿方向 l 的方向导数存在，且有

$$\frac{\partial z}{\partial l}=\frac{\partial z}{\partial x}\cos\alpha+\frac{\partial z}{\partial y}\cos\beta .$$

证
$$\begin{aligned}\frac{\partial z}{\partial l}&=\lim_{\rho\to 0}\frac{f(x+\Delta x,y+\Delta y)-f(x,y)}{\rho}\\&=\lim_{\rho\to 0}\frac{\Delta z}{\rho}=\lim_{\rho\to 0}\frac{1}{\rho}\left[\frac{\partial z}{\partial x}\Delta x+\frac{\partial z}{\partial y}\Delta y+o(\rho)\right]\\&=\lim_{\rho\to 0}\left[\frac{\partial z}{\partial x}\frac{\Delta x}{\rho}+\frac{\partial z}{\partial y}\frac{\Delta y}{\rho}+\frac{o(\rho)}{\rho}\right],\end{aligned}$$

由于 $\rho=\sqrt{(\Delta x)^2+(\Delta y)^2}$ ，则 $\dfrac{\Delta x}{\rho}=\cos\alpha$ ，$\dfrac{\Delta y}{\rho}=\cos\beta$ ，故

$$\frac{\partial z}{\partial l}=\lim_{\rho\to 0}\left[\frac{\partial z}{\partial x}\frac{\Delta x}{\rho}+\frac{\partial z}{\partial y}\frac{\Delta y}{\rho}+\frac{o(\rho)}{\rho}\right]=\frac{\partial z}{\partial x}\cos\alpha+\frac{\partial z}{\partial y}\cos\beta .$$

例 1　求 $f(x,y)=x^2y^2$ 在点 $P_0(1,1)$ 沿方向 $\boldsymbol{l}=(2,3)$ 的方向导数.

解　由 $z=x^2y^2$ 可得 $\dfrac{\partial z}{\partial x}=2xy^2$ ，$\dfrac{\partial z}{\partial y}=2x^2y$ ；$\left.\dfrac{\partial z}{\partial x}\right|_{(1,1)}=2$ ，$\left.\dfrac{\partial z}{\partial y}\right|_{(1,1)}=2$ ；$\boldsymbol{l}=(2,3)$ ，$|\boldsymbol{l}|=\sqrt{2^2+3^2}=\sqrt{13}$ ，

故取单位向量 $\boldsymbol{e}_l=\left(\dfrac{2}{\sqrt{13}},\dfrac{3}{\sqrt{13}}\right)$ ，由此得出：$\cos\alpha=\dfrac{2}{\sqrt{13}}$ ，$\cos\beta=\dfrac{3}{\sqrt{13}}$ ，所以

$$\left.\frac{\partial z}{\partial l}\right|_{(1,1)}=\left.\frac{\partial z}{\partial x}\right|_{(1,1)}\cos\alpha+\left.\frac{\partial z}{\partial y}\right|_{(1,1)}\cos\beta=2\times\frac{2}{\sqrt{13}}+2\times\frac{3}{\sqrt{13}}=\frac{10}{\sqrt{13}}.$$

注：*以上求方向导数的方法可以推广到其他多元函数，如 $u=f(x,y,z)$ 沿 $\boldsymbol{l}$ 方向的方向导数（ $\boldsymbol{l}$ 方向的方向角为 α、β、γ ）为* $\dfrac{\partial u}{\partial l}=\dfrac{\partial u}{\partial x}\cos\alpha+\dfrac{\partial u}{\partial y}\cos\beta+\dfrac{\partial u}{\partial z}\cos\gamma$.

例 2　设 $u=xyz$ ，求在点 $P_0(1,1,1)$ 处沿从点 $P_0(1,1,1)$ 到点 $P_1(2,3,4)$ 方向的方向导数.

解　由于
$$\frac{\partial u}{\partial x}=yz,\ \frac{\partial u}{\partial y}=xz,\ \frac{\partial u}{\partial z}=xy,$$
故
$$\left.\frac{\partial u}{\partial x}\right|_{(1,1,1)}=\left.\frac{\partial u}{\partial y}\right|_{(1,1,1)}=\left.\frac{\partial u}{\partial y}\right|_{(1,1,1)}=1;$$
$$\boldsymbol{l}=\overrightarrow{P_0P_1}=(1,2,3),\ |\boldsymbol{l}|=\sqrt{1+4+9}=\sqrt{14},$$
取单位向量
$$\boldsymbol{e}_l=\left(\frac{1}{\sqrt{14}},\frac{2}{\sqrt{14}},\frac{3}{\sqrt{14}}\right),$$
则
$$\cos\alpha=\frac{1}{\sqrt{14}},\cos\beta=\frac{2}{\sqrt{14}},\cos\gamma=\frac{3}{\sqrt{14}},$$
所以
$$\begin{aligned}\left.\frac{\partial u}{\partial l}\right|_{(1,1,)}&=\left.\frac{\partial u}{\partial x}\right|_{(1,1,1)}\cos\alpha+\left.\frac{\partial u}{\partial y}\right|_{(1,1,1)}\cos\beta+\left.\frac{\partial u}{\partial z}\right|_{(1,1,1)}\cos\gamma\\&=1\times\frac{1}{\sqrt{14}}+1\times\frac{2}{\sqrt{14}}+1\times\frac{3}{\sqrt{14}}=\frac{6}{\sqrt{14}}.\end{aligned}$$

2. 梯度

一般来说，函数在一点处沿某一方向的方向导数反映了函数沿该方向的变化率．如果方向不同，则变化率也不同．然而在许多实际问题中需要讨论：函数沿什么方向的方向导数最大？为此，下面引入梯度（gradient）的概念．

定义 2　设函数 $z=f(x,y)$ 在平面区域 D 内具有一阶连续偏导数，则对于每一点 $P(x,y)\in D$ 都可确定一个向量
$$f_x(x,y)\boldsymbol{i}+f_y(x,y)\boldsymbol{j},$$
这个向量称为函数 $z=f(x,y)$ 在点 $P(x,y)$ 的梯度向量，简称为梯度，记作 $\mathrm{grad}\,f(x,y)$，即
$$\mathrm{grad}\,f(x,y)=f_x(x,y)\boldsymbol{i}+f_y(x,y)\boldsymbol{j}=\left(\frac{\partial f}{\partial x},\frac{\partial f}{\partial y}\right).$$

如果函数 $z=f(x,y)$ 在点 $P(x,y)$ 处可微分，$(\cos\alpha,\cos\beta)=\boldsymbol{e}_l$ 是与 l 同方向的单位向量，则运用方向导数定义及内积可知
$$\begin{aligned}\frac{\partial z}{\partial l}&=\frac{\partial f}{\partial x}\cos\alpha+\frac{\partial f}{\partial y}\cos\beta=\mathrm{grad}\,f(x,y)\cdot\boldsymbol{e}_l\\&=|\mathrm{grad}\,f(x,y)|\cdot|\boldsymbol{e}_l|\cos\theta=|\mathrm{grad}\,f(x,y)|\cos\theta,\end{aligned}$$
其中 θ 为 $\mathrm{grad}\,f(x,y)$ 与 $\boldsymbol{e}_l$ 的夹角．

根据上面公式有：

（1）当 $\cos\theta=1$ 时，$\left.\frac{\partial z}{\partial l}\right|_{\max}=|\mathrm{grad}\,f(x,y)|$；$\cos\theta=1$ 即 $\theta=0$，表明当 l 方向与梯度方向一致时，方向导数最大；或沿梯度方向的方向导数值最大，梯度方向是函数增长的最快的方向．

（2）当 $\cos\theta=-1$ 时，$\left.\dfrac{\partial z}{\partial l}\right|_{\min}=-|\mathrm{grad}\, f(x,y)|$；$\cos\theta=-1$ 即 $\theta=-\pi$，表明当 l 方向与梯度方向相反时，方向导数最小；或沿梯度反方向的方向导数值最小，梯度方向是函数减少的最快的方向.

（3）当 $\cos\theta=0$ 时，$\dfrac{\partial z}{\partial l}=0$；$\cos\theta=0$ 即 $\theta=\dfrac{\pi}{2}$，此时 l 方向与梯度方向垂直，表明在垂直于梯度的方向上方向导数为零，即在此方向上函数的变化率 $\dfrac{\partial z}{\partial l}$ 为零.

综上所述，函数在一点处的梯度是：它的方向是函数在这点的方向导数取得最大值的方向，它的模就等于该点处方向导数的最大值.

例 3 设 $f(x,y,z)=x^2+2y^2+3z^2+xy+3x-2y-6z$，求 $\mathrm{grad}\ f(0,0,0)$、$\mathrm{grad}\ f(1,1,1)$.

解 $\dfrac{\partial f}{\partial x}=2x+y+3$，$\dfrac{\partial f}{\partial y}=4y+x-2$，$\dfrac{\partial f}{\partial z}=6z-6$，故

$$\mathrm{grad}\ f(0,0,0)=\left(\frac{\partial f}{\partial x},\frac{\partial f}{\partial y},\frac{\partial f}{\partial z}\right)_{(0,0,0)}=(3,-2,-6);$$

$$\mathrm{grad}\ f(1,1,1)=\left(\frac{\partial f}{\partial x},\frac{\partial f}{\partial y},\frac{\partial f}{\partial z}\right)_{(1,1,1)}=(6,3,0).$$

例 4 问函数 $u=xy^2z$ 在点 $P(1,-1,2)$ 处沿什么方向的方向导数最大，并求方向导数的最大值.

解 由于

$$\left.\frac{\partial f}{\partial x}\right|_P=(y^2z)_P=2,\quad \left.\frac{\partial f}{\partial y}\right|_P=(2xyz)_P=-4,\quad \left.\frac{\partial f}{\partial z}\right|_P=(xy^2)_P=1,$$

则

$$\mathrm{grad}\ f(1,-1,2)=\left(\left.\frac{\partial f}{\partial x}\right|_{(1,-1,2)},\left.\frac{\partial f}{\partial y}\right|_{(1,-1,2)},\left.\frac{\partial f}{\partial z}\right|_{(1,-1,2)}\right)=(2,-4,1).$$

已知函数 $u=xy^2z$ 在点 $P(1,-1,2)$ 处沿梯度方向的方向导数最大，且

$$\max\left.\left(\frac{\partial z}{\partial l}\right)\right|_{(1,-1,2)}=|\mathrm{grad}\, f(1,-1,2)|$$

$$=|(2,-4,1)|=\sqrt{4+16+1}=\sqrt{21}.$$

作为数学物理方程中的一个重要的应用通过下面的例子给出傅里叶热传导定律.

例 5 假设在房间中有一个热源，那么在同一时刻，房间里每个位置都对应着一个确定的温度，即

$$T=\varphi(x,y,z),$$

其中 $\varphi(x,y,z)$ 表示点 (x,y,z) 处的温度.

为了描述房间中热的流动，就需要弄清两点：①热的流动方向；②热的流动量. 由热力学知识可知，在任一点处热是向着温度降落最大的方向流动. 利用梯度，此方向就可表示为 $-\mathrm{grad}\,\varphi$；又知单位时间内流过单位截面积的热量 q 与温度 T 的变化率成正比. 利用梯度，

可将此关系式表达为 $q=k|\mathrm{grad}\,\varphi|$，其中 k 称为传导率.

以上两点可合并表述为一个向量等式

$$q=-k|\mathrm{grad}\,\varphi| \quad (q\text{称为热流量向量}),$$

这就是傅里叶热传导定律.

*3. 等量面与等高线

一般来说，二元函数 $z=f(x,y)$ 在几何上表示一个曲面，这个曲面被平面 $z=c$（c 是常数）所截得的曲线 L 的方程为 $\begin{cases} z=f(x,y) \\ z=c \end{cases}$.

这条曲线 L 在 xOy 平面上的投影是一条平面曲线 L^*，它在 xOy 平面上的方程为 $f(x,y)=c$．对于曲线 L^* 上的一切点，已给函数的函数值都是 c，所以称平面曲线 L^* 为函数 $z=f(x,y)$ 的等值线或等高线（contour line），如图 8-10 所示.

对于函数 $z=f(x,y)$，等高线的方程为 $f(x,y)=c$，或 $f(x,y)-c=0$；若此曲线可以写为 $\begin{cases} x=x \\ y=y(x) \end{cases}$，则曲线上任一点处切线向量 $\boldsymbol{s}=(1,\ y')$，或 $\boldsymbol{s}=\left(1,\dfrac{\mathrm{d}y}{\mathrm{d}x}\right)=\dfrac{1}{\mathrm{d}x}(\mathrm{d}x,\mathrm{d}y)$，或 $\boldsymbol{s}=(\mathrm{d}x,\mathrm{d}y)$.

对方程 $f(x,y)=c$ 微分可得 $\dfrac{\partial f}{\partial x}\mathrm{d}x+\dfrac{\partial f}{\partial y}\mathrm{d}y=0$，即 $\left(\dfrac{\partial f}{\partial x},\dfrac{\partial f}{\partial y}\right)\cdot(\mathrm{d}x,\mathrm{d}y)=0$．该式表明梯度向量与等高线上的切线向量垂直．这表明梯度 $\mathrm{grad}\,f(x_0,y_0)$ 的方向与等值线上这点的一个法线方向相同．又因为梯度方向是函数增长最快的方向，梯度向量应指向函数增长的方向，从而梯度向量从数值较低的等高线指向数值较高的等高线，梯度的模就等于函数在这个法线方向的方向导数．如图 8-11 所示，粗箭头所示即为梯度方向.

几何解释：如果曲面 $z=f(x,y)$ 为凸曲面，形如山，一登山者到达某一位置时，若沿梯度方向攀登，则山路一定最陡峭；若垂直于梯度方向攀登，总是行走在同一等高线上，永远不可能到达山顶，见图 8-12.

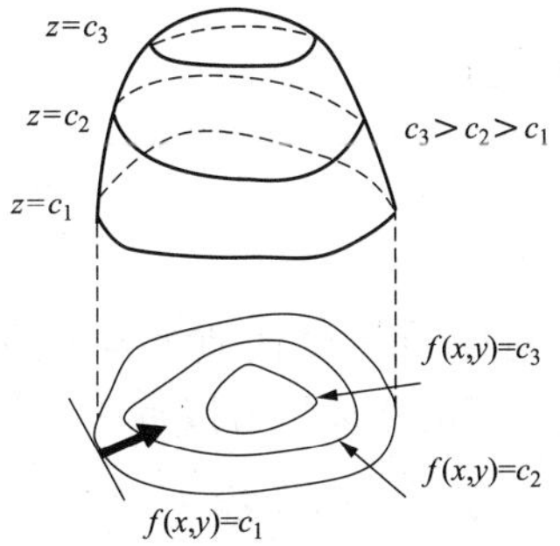

图 8-10

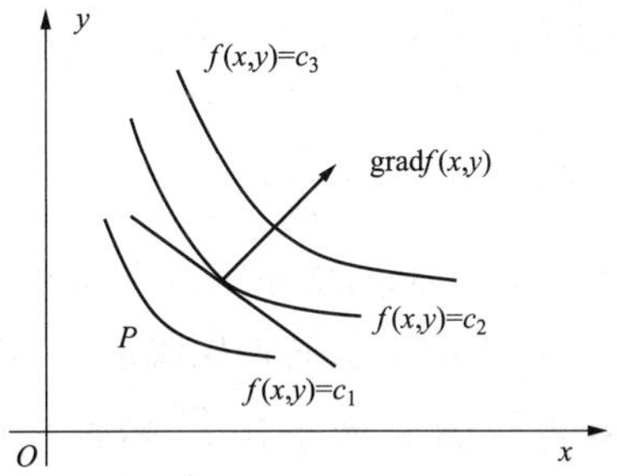

图 8-11

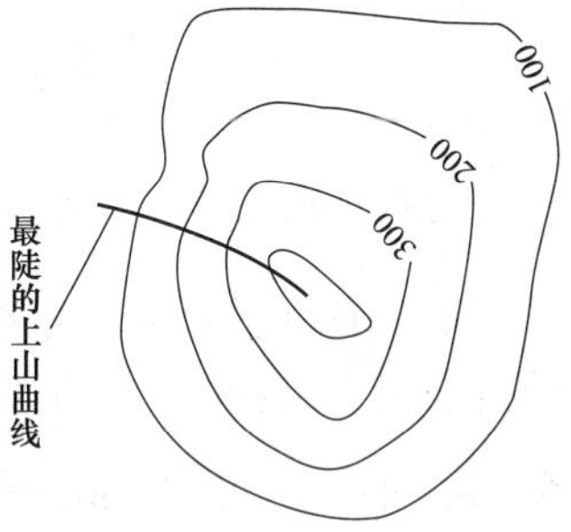

图 8-12

梯度概念可以推广到三元函数的情形．设函数 $f(x,y,z)$ 在空间区域 G 内具有一阶连续偏导数，则对于每一点 $P_0(x_0,y_0,z_0)\in G$ 都可定出一个向量

$$f_x(x_0,y_0,z_0)\boldsymbol{i}+f_y(x_0,y_0,z_0)\boldsymbol{j}+f_z(x_0,y_0,z_0)\boldsymbol{k},$$

这个向量称为函数 $f(x,y,z)$ 在点 $P_0(x_0,y_0,z_0)$ 的梯度，记为 $\mathrm{grad}\,f(x_0,y_0,z_0)$，即

$$\mathrm{grad}\,f(x_0,y_0,z_0)=f_x(x_0,y_0,z_0)\boldsymbol{i}+f_y(x_0,y_0,z_0)\boldsymbol{j}+f_z(x_0,y_0,z_0)\boldsymbol{k}.$$

结论：三元函数的梯度也是这样一个向量，它的方向与取得最大方向导数的方向一致，而它的模为方向导数的最大值.

如果引进曲面 $f(x,y,z)=c$ 为函数的等量面（isosurface）的概念，则可得函数 $f(x,y,z)$ 在点 $P_0(x_0,y_0,z_0)$ 的梯度方向与过点 P_0 的等量面 $f(x,y,z)=c$ 在这点法线的一个方向相同. 且从数值较低的等量面指向数值较高的等量面. 而梯度的模等于函数在这个法线方向的方向导数.

*4. 数量场与向量场

如果对于空间区域 G 内的任一点 M 都有一个确定的数量 $f(M)$，则称在这空间区域 G 内确定了一个数量场（scalar field）（如温度场、密度场等）. 一个数量场可用一个数量函数 $f(M)$ 来确定. 如果与点 M 相对应的是一个向量 $\boldsymbol{F}(M)$，则称在这个空间区域 G 内确定了一个向量场（vector field）（如力场、速度场等）. 一个向量场可用一个向量函数 $\boldsymbol{F}(M)$ 来确定. 而

$$\boldsymbol{F}(M)=P(M)\boldsymbol{i}+Q(M)\boldsymbol{j}+R(M)\boldsymbol{k},$$

其中 $P(M)$、$Q(M)$、$R(M)$ 是点 M 的数量函数.

利用场的概念，可以说向量函数 $\operatorname{grad} f(M)$ 确定了一个向量场——梯度场（gradient field）. 它是由数量场 $f(M)$ 产生的. 通常称函数 $f(M)$ 为这个向量场的势，而这个向量场又称为势场（potential field）. 必须注意：任意一个向量场不一定是势场，因为它不一定是某个数量函数的梯度场.

例 6 试求数量场 $\dfrac{m}{r}$ 所产生的梯度场，其中常数 $m>0$，$r=\sqrt{x^2+y^2+z^2}$ 为原点 O 与点 $M(x,y,z)$ 间的距离.

解 容易算得

$$\frac{\partial}{\partial x}\left(\frac{m}{r}\right)=-\frac{m}{r^2}\frac{\partial r}{\partial x}=-\frac{mx}{r^3},$$

同理

$$\frac{\partial}{\partial y}\left(\frac{m}{r}\right)=-\frac{my}{r^3},\quad \frac{\partial}{\partial z}\left(\frac{m}{r}\right)=-\frac{mz}{r^3}.$$

从而

$$\operatorname{grad}\frac{m}{r}=-\frac{m}{r^2}\left(\frac{x}{r}\boldsymbol{i}+\frac{y}{r}\boldsymbol{j}+\frac{z}{r}\boldsymbol{k}\right),\text{ 记 }\boldsymbol{e}_r=\frac{x}{r}\boldsymbol{i}+\frac{y}{r}\boldsymbol{j}+\frac{z}{r}\boldsymbol{k},$$

它是与 $\overrightarrow{OM}$ 同方向的单位向量，则 $\operatorname{grad}\dfrac{m}{r}=-\dfrac{m}{r^2}\boldsymbol{e}_r$.

上式右端在力学上可解释为：位于原点 O 而质量为 m 的质点对位于点 M 而质量为 1 的质点的引力. 这个引力的大小与两质点的质量的乘积成正比，而与它们的距离平方成反比. 这个引力的方向由点 M 指向原点. 因此数量场 $\dfrac{m}{r}$ 的势场即梯度场 $\operatorname{grad}\dfrac{m}{r}$ 称为引力场（gravitational field），而函数 $\dfrac{m}{r}$ 称为引力势（gravitational potential）.

习 题 8-6

1. 求函数 $z=x^2+y^2$ 在点 $(1,1)$ 处沿从点 $(1,1)$ 到点 $(2,3)$ 方向的方向导数.

2. 求函数 $z=\ln(x^2+y^2)$ 在点 $(1,2)$ 处沿与 x 轴正向夹角 $60°$ 与 y 轴正向夹角 $45°$ 方向的方向导数.

3．求函数 $u = xy^2 + z^3 - xyz$ 在点 $(1,1,2)$ 处沿方向角为 $\alpha = \frac{\pi}{3}$、$\beta = \frac{\pi}{4}$、$\gamma = \frac{\pi}{3}$ 的方向导数.

4．求函数 $u = x^2 + y^2 + z^2$ 在点 $(5,1,2)$ 处沿从点 $(5,1,2)$ 到点 $(9,4,14)$ 方向的方向导数.

5．问函数 $u = xy^2z$ 在点 $P(1,-1,2)$ 处沿什么方向的方向导数最大？并求此方向导数的最大值.

第七节　多元函数微分学的应用

在一元函数微分学中研究了平面曲线的切线和法线问题，即如果一元函数 $y = f(x)$ 在 D 上可导，且函数在某点 $x_0 \in D$ 处的导数 $k = f'(x_0) \neq 0$，则切线方程为 $y - y_0 = k(x - x_0)$，法线方程为 $(x - x_0) + k(y - y_0) = 0$．如何把这一几何概念推广到二元函数中是本节所要研究的主要内容．作为多元函数微分学的应用，本节主要讲述两个方面的应用：一个是空间曲线的切线与法平面；另一个是曲面的切平面与法线.

一、空间曲线的切线与法平面

类似于平面曲线上过定点的切线与法线的定义，可以给出空间曲线上过定点的切线与法平面的定义．具体来说，设 $M_0(x_0, y_0, z_0)$ 是空间曲线 Γ 上一点，如果 Γ 上的动点 $M(x, y, z)$ 沿曲线 Γ 趋于点 $M_0(x_0, y_0, z_0)$，割线 M_0M 的极限位置存在，则把割线 M_0M 的极限位置 M_0T 称为曲线 Γ 在点 $M_0(x_0, y_0, z_0)$ 的切线（见图 8-13）．切线的方向向量称为曲线的切向量（tangent vector of a curve）．经过切点且垂直于切线的平面（即以切线为其法向量的平面）称为曲线在该点的法平面（normal plane）.

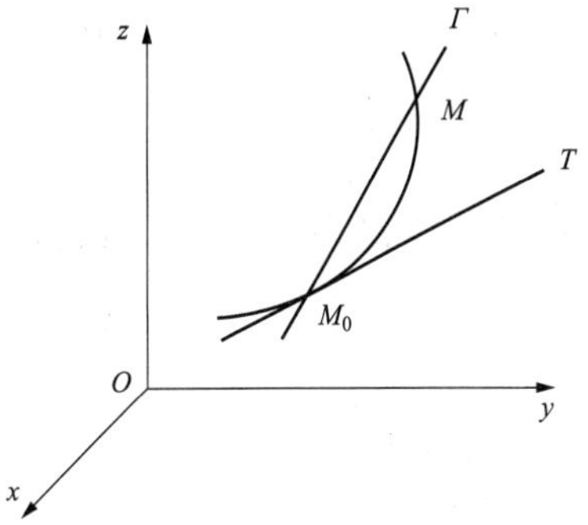

图 8-13

下面研究由参数方程给出的空间曲线的切线与法平面．根据参数方程的不同形式给出如下几个结论：

（1）设空间曲线 Γ 由参数方程组

$$\begin{cases} x = x(t) \\ y = y(t), \quad a \leqslant t \leqslant b \\ z = z(t) \end{cases}$$

给出，其中函数 $x(t)$、$y(t)$ 和 $z(t)$ 都有连续导数且导数不同时为零．考虑曲线 Γ 上对应于参数 $t = t_0$ 的点 $M_0(x_0, y_0, z_0)$ 及在点 M_0 附近对应于 $t = t_0 + \Delta t$ 的一点 $M(x_0 + \Delta x, y_0 + \Delta y, z_0 + \Delta z)$，其中

$$x_0 = x(t_0),\ \ y_0 = y(t_0),\ \ z_0 = z(t_0),$$

$$\Delta x = x(t_0 + \Delta t) - x(t_0), \Delta y = y(t_0 + \Delta t) - y(t_0), \Delta z = z(t_0 + \Delta t) - z(t_0),$$

则曲线 Γ 的割线 M_0M 的方程是

$$\frac{x - x_0}{\Delta x} = \frac{y - y_0}{\Delta y} = \frac{z - z_0}{\Delta z}.$$

用 Δt 除上式各分母，得

$$\frac{x-x_0}{\Delta x/\Delta t}=\frac{y-y_0}{\Delta y/\Delta t}=\frac{z-z_0}{\Delta z/\Delta t},$$

令 $\Delta t\to 0$，因 $x(t)$、$y(t)$ 和 $z(t)$ 都连续，所以有 $\Delta x\to 0,\Delta y\to 0,\Delta z\to 0$，从而曲线 Γ 上的点 $M_0\to M$，于是得到曲线 Γ 在点 M_0 的切线 M_0T 的方程为

$$\frac{x-x_0}{x'(t_0)}=\frac{y-y_0}{y'(t_0)}=\frac{z-z_0}{z'(t_0)}.$$

由于切线的方向向量 $(x'(t_0),y'(t_0),z'(t_0))$ 也是法平面的法向量，所以曲线 Γ 在点 M_0 的法平面方程是

$$x'(t_0)(x-x_0)+y'(t_0)(y-y_0)+z'(t_0)(z-z_0)=0.$$

例 1 求曲线 Γ：$\begin{cases}x=\int_0^t \mathrm{e}^u\cos u\mathrm{d}u\\ y=2\sin t+\cos t\\ z=1+\mathrm{e}^{3t}\end{cases}$，在点 $M_0(0,1,2)$ 处的切线和法平面方程.

解 点 $M_0(0,1,2)$ 所对应的参数 $t_0=0$，因为

$$x'(t)=\mathrm{e}^t\cos t,\ y'(t)=2\cos t-\sin t,\ z'(t)=3\mathrm{e}^{3t},$$

从而有

$$x'(0)=1,\ y'(0)=2,\ z'(0)=3,$$

所以曲线 Γ 在点 M_0 的切线方程为

$$\frac{x-0}{1}=\frac{y-1}{2}=\frac{z-2}{3},$$

法平面方程为

$$x+2(y-1)+3(z-2)=0$$

即

$$x+2y+3z-8=0.$$

（2）如果空间曲线 Γ 是由方程组

$$\begin{cases}y=\varphi(x)\\ z=\psi(x)\end{cases}$$

给出，$M_0(x_0,y_0,z_0)$ 是曲线 Γ 上的一个点．取 x 为参数，则得到参数方程组为

$$\begin{cases}x=x\\ y=\varphi(x)\\ z=\psi(x)\end{cases}.$$

若 $y=\varphi(x)$、$z=\psi(x)$ 都在 $x=x_0$ 处可导，那么根据上面的讨论可知，曲线 Γ 在点 $M_0(x_0,y_0,z_0)$ 处切线的方向向量为 $(1,\varphi'(x_0),\psi'(x_0))$，从而，曲线 Γ 在点 $M_0(x_0,y_0,z_0)$ 的切线方程为

$$\frac{x-x_0}{1}=\frac{y-y_0}{\varphi'(x_0)}=\frac{z-z_0}{\psi'(x_0)},$$

法平面方程为

$$(x-x_0)+\varphi'(x_0)(y-y_0)+\psi'(x_0)(z-z_0)=0.$$

例 2 设空间曲线 Γ 的方程为

$$\begin{cases} y = x^2 \\ z = \sqrt{1+x^2} \end{cases},$$

求该曲线在点 $M(1,1,\sqrt{2})$ 处的切线与法平面方程.

解 由于点 $M(1,1,\sqrt{2}) \in \varGamma$，且对应于 $x=1$，则曲线 $\varGamma$ 在点 $M(1,1,\sqrt{2})$ 处切线的方向向量为

$$(1, y'(x_0), z'(x_0)) = \left(1, 2x, \frac{x}{\sqrt{1+x^2}}\right)_{x=1} = \left(1, 2, \frac{\sqrt{2}}{2}\right),$$

得到切线方程为

$$x-1 = \frac{y-1}{2} = \sqrt{2}(z-\sqrt{2}),$$

法平面方程为

$$x-1+2(y-1)+\frac{\sqrt{2}}{2}(z-\sqrt{2}) = 0,$$

即

$$x+2y+\frac{\sqrt{2}}{2}z = 4.$$

（3）如果空间曲线 $\varGamma$ 是由方程组

$$\begin{cases} F(x,y,z) = 0 \\ G(x,y,z) = 0 \end{cases}$$

给出，$M_0(x_0,y_0,z_0)$ 是曲线 $\varGamma$ 上的一个点．又设 F、G 有对各个变量的连续偏导数，且 $F_yG_z - F_zG_y\big|_{(x_0,y_0,z_0)} \neq 0$．这时方程组在点的某一邻域内确定了一组函数

$$\begin{cases} y = \varphi(x) \\ z = \psi(x) \end{cases},$$

从而可得两个恒等式

$$\begin{cases} F(x,\varphi(x),\psi(x)) = 0 \\ G(x,\varphi(x),\psi(x)) = 0 \end{cases},$$

两边分别对 x 求导数，得

$$\begin{cases} F_x + F_y\dfrac{\mathrm{d}y}{\mathrm{d}x} + F_z\dfrac{\mathrm{d}z}{\mathrm{d}x} = 0 \\ G_x + G_y\dfrac{\mathrm{d}y}{\mathrm{d}x} + G_z\dfrac{\mathrm{d}z}{\mathrm{d}x} = 0 \end{cases},$$

可解得 $\dfrac{\mathrm{d}y}{\mathrm{d}x}$ 和 $\dfrac{\mathrm{d}z}{\mathrm{d}x}$．那么曲线 $\varGamma$ 在点 $M_0(x_0,y_0,z_0)$ 处切线的方向向量为

$$\left(1,\ \frac{\mathrm{d}y}{\mathrm{d}x}\bigg|_{(x_0,y_0,z_0)},\ \frac{\mathrm{d}z}{\mathrm{d}x}\bigg|_{(x_0,y_0,z_0)}\right).$$

由此可求出切线方程和法平面方程.

例 3 求曲面 $x^2+y^2+z=0$ 与平面 $x+y+z=0$ 的交线在点 $(1,0,-1)$ 处的切线及法平面方程.

解 交线方程为

$$\begin{cases} x^2+y^2+z=0 \\ x+y+z=0 \end{cases},$$

两边对 x 求导数，得

$$\begin{cases} 2x+2y\dfrac{\mathrm{d}y}{\mathrm{d}x}+\dfrac{\mathrm{d}z}{\mathrm{d}x}=0 \\ 1+\dfrac{\mathrm{d}y}{\mathrm{d}x}+\dfrac{\mathrm{d}z}{\mathrm{d}x}=0 \end{cases},$$

可解得

$$\frac{\mathrm{d}y}{\mathrm{d}x}=\frac{-2x+1}{2y-1}，\quad \frac{\mathrm{d}z}{\mathrm{d}x}=\frac{2x-2y}{2y-1}$$

因此有

$$\left.\frac{\mathrm{d}y}{\mathrm{d}x}\right|_{(1,0,-1)}=1,\quad \left.\frac{\mathrm{d}z}{\mathrm{d}x}\right|_{(1,0,-1)}=-2 .$$

由此得切向量为 $(1,1,-2)$．所以切线方程为

$$\frac{x-1}{1}=\frac{y-0}{1}=\frac{z+1}{-2},$$

法平面方程为

$$(x-1)+1(y-0)-2(z+1)=0,$$

即

$$x+y-2z=3 .$$

二、曲面的切平面与法线

（1）设曲面 Σ 由方程 $F(x,y,z)=0$ 所确定，$F(x,y,z)$ 的偏导数 F_x、F_y、F_z 连续且不同时为零，点 $M_0(x_0,y_0,z_0)$ 是曲面 Σ 上一点，曲线 Γ 是曲面 Σ 上经过点 M_0 的任意一条曲线（见图 8-14）.

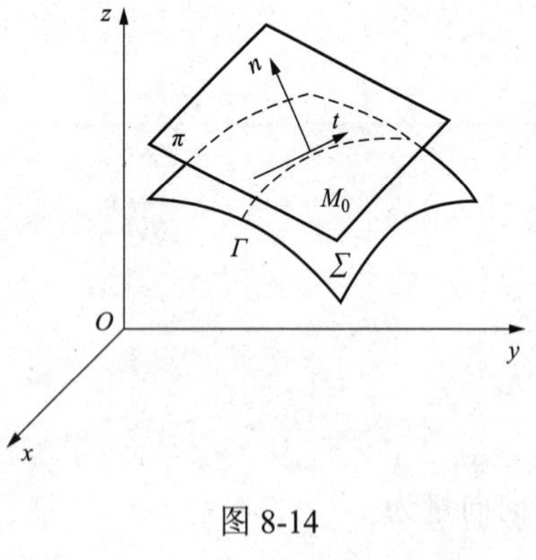

图 8-14

曲线 Γ 方程为

$$\begin{cases} x=x(t) \\ y=y(t)，\quad a\leqslant t\leqslant b, \\ z=z(t) \end{cases}$$

点 M_0 所对应的参数为 $t=t_0$，即 $x_0=x(t_0)$, $y_0=y(t_0)$，$z_0=z(t_0)$，因为曲线 Γ 在曲面 Σ 上，所以有恒等式 $F(x(t),y(t),z(t))\equiv 0$．假设函数 $F(x,y,z)$ 在点 M_0 处可微，那么曲线 Γ 在点 M_0 的切线存在，即函数 $x(t)$、$y(t)$ 和 $z(t)$ 在点 t_0 处可导，求复合函数 F 对 t 的全导数，得到

$$F_x\frac{\mathrm{d}x}{\mathrm{d}t}+F_y\frac{\mathrm{d}y}{\mathrm{d}t}+F_z\frac{\mathrm{d}z}{\mathrm{d}t}=0 .$$

上式中各个导数在点 $M_0(x_0,y_0,z_0)$ 及相应的参数 t_0 处取值，所以上式即为

$$F_x(x_0,y_0,z_0)x'(t_0)+F_y(x_0,y_0,z_0)y'(t_0)+F_z(x_0,y_0,z_0)z'(t_0)=0,$$

记向量

$$\boldsymbol{n}=(F_x(x_0,y_0,z_0),F_y(x_0,y_0,z_0),F_z(x_0,y_0,z_0)),$$

$$\boldsymbol{l}=(x'(t_0),y'(t_0),z'(t_0)),$$

则向量$\boldsymbol{l}$就是曲线$\varGamma$在点$M_0(x_0,y_0,z_0)$处切线的方向向量，与向量$\boldsymbol{n}$垂直．换句话说，如果曲面$\varSigma$上任意一条经过点M_0的曲线在该点有切线，则此切线必定在过M_0点且以向量$\boldsymbol{n}$为法向量的平面上．把这个平面称为曲面$\varSigma$在点M_0的切平面（tangent plane），切平面的法向量称为曲面$\varSigma$在点M_0的法线（normal line），由以上讨论可知，曲面$\varSigma$在点$M_0(x_0,y_0,z_0)$的切平面方程为

$$F_x(x_0,y_0,z_0)(x-x_0)+F_y(x_0,y_0,z_0)(y-y_0)+F_z(x_0,y_0,z_0)(z-z_0)=0,$$

法线方程为

$$\frac{x-x_0}{F_x(x_0,y_0,z_0)}=\frac{y-y_0}{F_y(x_0,y_0,z_0)}=\frac{z-z_0}{F_z(x_0,y_0,z_0)}.$$

例 4 求曲面$x^2+y^2+z^2=3$在点$(1,1,1)$处的切平面及法线方程.

解 令$F(x,y,z)=x^2+y^2+z^2-3$，所以

$$\boldsymbol{n}\big|_{(1,1,1)}=(F_x,F_y,F_z)\big|_{(1,1,1)}=(2x,2y,2z)\big|_{(1,1,1)}=(2,2,2),$$

因此，曲面在点$(1,1,1)$处的切平面方程为

$$2(x-1)+2(y-1)+2(z-1)=0，即 x+y+z=3,$$

法线方程为

$$x-1=y-1=z-1.$$

（2）如果空间曲面的方程为

$$z=f(x,y),$$

令

$$F(x,y,z)=f(x,y)-z,$$

则

$$F_x(x,y,z)=f_x(x,y),\ F_y(x,y,z)=f_y(x,y),\ F_z(x,y,z)=-1.$$

当函数$f_x(x,y)$、$f_y(x,y)$的偏导数在点(x_0,y_0)处连续时，曲面在$M_0(x_0,y_0,z_0)$处的法向量为

$$\boldsymbol{n}=(f_x(x,y),f_y(x,y),-1).$$

则曲面在点M_0处的切平面方程为

$$z-z_0=f_x(x_0,y_0)(x-x_0)+f_y(x_0,y_0)(y-y_0),$$

曲面在点M_0处的法线方程为

$$\frac{x-x_0}{f_x(x_0,y_0)}=\frac{y-y_0}{f_y(x_0,y_0)}=\frac{z-z_0}{-1}.$$

例 5 求旋转抛物面$z=x^2+y^2$在点$(1,1,2)$处的切平面及法线方程.

解 $f(x,y,z)=x^2+y^2-z$，所以

$$\boldsymbol{n}\big|_{(1,1,2)}=(f_x,f_y,f_z)\big|_{(1,1,2)}=(2x,2y,-1)\big|_{(1,1,2)}=(2,2,-1),$$

因此，旋转抛物面在点$(1,1,2)$处的切平面方程为

$$2(x-1)+2(y-1)-(z-2)=0，即 2x+2y-z-2=0,$$

法线方程为

$$\frac{x-1}{2}=\frac{y-1}{2}=\frac{z-2}{-1}.$$

利用曲面的切平面概念，可以讨论用一般方程表示的空间曲线的切线．事实上，如果空间曲线$\varGamma$用一般方程

$$\begin{cases}F(x,y,z)=0\\G(x,y,z)=0\end{cases}$$

（其中F和G都有连续偏导数，且偏导数不同时为零）表示，由于曲线$\varGamma$是两张曲面$\varSigma_1(F(x,y,z=0))$和$\varSigma_2(G(x,y,z=0))$的交线，故在曲线$\varGamma$上的点$M(x_0,y_0,z_0)$处，曲线$\varGamma$的切线T同时位于曲面$\varSigma_1$在点M处的切平面$\varPi_1$和曲面$\varSigma_2$在点M处的切平面$\varPi_2$上，从而切线T的方程就是切平面$\varPi_1$和$\varPi_2$的联立式，而切向量$\boldsymbol{\tau}$可取曲面$\varSigma_1$和$\varSigma_2$在点M处的法向量$\boldsymbol{n}_1$和$\boldsymbol{n}_2$的向量积，即$\boldsymbol{\tau}=\boldsymbol{n}_1\times\boldsymbol{n}_2$．

例 6 求曲线$\begin{cases}x^2+y+z=2\\x+y^2+z^2=0\end{cases}$在点$(-1,1,0)$处的切线方程和切向量．

解 记$F(x,y,z)=x^2+y+z-2$，$G(x,y,z)=x+y^2+z^2$，则在点$(-1,1,0)$处

$$\boldsymbol{n}_1=(F_x,F_y,F_z)\big|_{(-1,1,0)}=(2x,1,1)\big|_{(-1,1,0)}=(-2,1,1),$$

$$\boldsymbol{n}_2=(G_x,G_y,G_z)\big|_{(-1,1,0)}=(1,2y,2z)\big|_{(-1,1,0)}=(1,2,0).$$

故所求切线方程为

$$\begin{cases}-2(x+1)+(y-1)+z=0\\(x+1)+2(y-1)=0\end{cases},$$

即

$$\begin{cases}-2x+y+z-3=0\\x+2y-1=0\end{cases},$$

切向量

$$\boldsymbol{\tau}=\boldsymbol{n}_1\times\boldsymbol{n}_2=\begin{vmatrix}\boldsymbol{i}&\boldsymbol{j}&\boldsymbol{k}\\-2&1&1\\1&2&0\end{vmatrix}=(-2,1,-5).$$

习　题　8-7

1．求曲线$x=t-\sin t,y=1-\cos t,z=4\sin\dfrac{t}{2}$在点$\left(\dfrac{\pi}{2}-1,1,2\sqrt{2}\right)$处的切线及法平面方程．

2．求出曲线$x=t,y=t^2,z=t^3$上的点，使在该点的切线平行于平面$x+2y+z=4$．

3．求曲线$y=x^2,z=x^2y$在点$x=2$处的切线方程和法平面方程．

4．求球面$x^2+y^2+z^2=1$在点$(1,2,3)$处的切平面方程和法线方程．

5．求旋转抛物面$z=x^2+y^2-2$在点$(1,1,0)$处的切平面方程和法线方程．

6．求椭球面$x^2+2y^2+z^2=1$上平行于平面$x-y+2z=0$的切平面方程．

7．求曲线$\begin{cases}x^2+y^2+z^2=6\\x^2+y+z^2=0\end{cases}$在点$(1,-2,1)$处的切线方程和切向量．

第八节 多元函数极值及求法

在一元函数中学习了极值和最值的求法．具体来说，就是先求函数 $y=f(x)$ 的驻点，然后根据单调区间去判断极值．在实际问题中，多元函数的极值、最值问题在工程技术、经济数学、优化理论等领域有着广泛的应用．与一元函数类似，多元函数的最值与极值有密切联系，而多元函数的极值与多元函数的微分法有密切关系．本节就以二元函数为例，首先讨论多元函数的极值问题，最后给出多元函数最值的求法．

一、多元函数的极值

类似于一元函数，先给出二元函数极值的定义．

定义 1 设函数 $z=f(x,y)$ 的定义域为 D，$P_0(x_0,y_0)$ 为 D 的内点，若存在点 P_0 的某个邻域 $U(P_0)\subset D$，使对于该邻域内异于点 P_0 的任何点 (x,y)，都有

$$f(x,y)<f(x_0,y_0),$$

则称函数 $f(x,y)$ 在点 (x_0,y_0) 有极大值 $f(x_0,y_0)$；点 (x_0,y_0) 称为函数 $f(x,y)$ 的极大值点；若对于该邻域内异于点 P_0 的任何点 (x,y)，都有

$$f(x,y)>f(x_0,y_0),$$

则称函数 $f(x,y)$ 在点 (x_0,y_0) 有极小值 $f(x_0,y_0)$，点 (x_0,y_0) 称为函数 $f(x,y)$ 的极小值点．

极大值、极小值统称为极值．使函数取得极值的点称为极值点．

以上关于二元函数的极值概念，可推广到 n 元函数与一元函数的极值．

例如，根据解析几何知识容易知道，函数 $z=x^2+2y^2$ 在点 $(0,0)$ 有极小值 0，它同时是函数的最小值；函数 $z=1-\sqrt{x^2+y^2}$ 在点 $(0,0)$ 有极大值 0，它同时是函数的最大值．然而很多函数的极值及最值是不容易直接判断的，这就需要一些判定条件对极值及最值进行判断．

为此，先给出二元函数取得极值的必要条件．

定理 1（必要条件）设函数 $z=f(x,y)$ 在点 (x_0,y_0) 具有偏导数，且在点 (x_0,y_0) 处有极值，则它在该点的偏导数必然为零，即

$$f_x(x_0,y_0)=0,\quad f_y(x_0,y_0)=0.$$

证 不妨设 $z=f(x,y)$ 在点 (x_0,y_0) 处有极大值．依极大值的定义，在点 (x_0,y_0) 的某邻域内异于点 (x_0,y_0) 的点 (x,y) 都适合不等式

$$f(x,y)<f(x_0,y_0),$$

特别地，在该邻域内取 $y=y_0$，则函数 $z=f(x,y_0)$ 就是 x 的一元函数，对于 $x\neq x_0$ 的点，也应适合不等式

$$f(x,y_0)<f(x_0,y_0),$$

这表明一元函数 $f(x,y_0)$ 在 $x=x_0$ 处取得极大值，所以 $f_x(x_0,y_0)=0$．

同理可证 $$f_y(x_0,y_0)=0.$$

如果三元函数 $u=f(x,y,z)$ 在点 $P(x_0,y_0,z_0)$ 具有偏导数，则它在点 $P(x_0,y_0,z_0)$ 有极值的必要条件为

$$f_x(x_0,y_0,z_0)=0,\quad f_y(x_0,y_0,z_0)=0,\quad f_z(x_0,y_0,z_0)=0.$$

仿照一元函数，凡能使 $f_x(x_0,y_0)=0$ ，$f_y(x_0,y_0)=0$ 同时成立的点 (x_0,y_0) 称为函数 $z=f(x,y)$ 的驻点．由定理 1 可知，具有偏导数的函数的极值点必定是驻点．但函数的驻点不一定是极值点．例如，点 $(0,0)$ 是函数 $z=-xy$ 的驻点，但该点并不是 z 的极值点．怎样判定一个驻点是否是极值点，不加证明地给出下面的定理．

定理 2（充分条件） 设函数 $z=f(x,y)$ 在点 (x_0,y_0) 的某邻域内连续且有一阶及二阶连续偏导数，且 $f_x(x_0,y_0)=0$ ，$f_y(x_0,y_0)=0$ ，令 $f_{xx}(x_0,y_0)=A$ ，$f_{xy}(x_0,y_0)=B$ ，$f_{yy}(x_0,y_0)=C$ ，则 $f(x,y)$ 在点 (x_0,y_0) 处是否取得极值的条件如下：

（1）$AC-B^2>0$ 时具有极值，当 $A<0$ 时有极大值，当 $A>0$ 时有极小值．

（2）$AC-B^2<0$ 时没有极值．

（3）$AC-B^2=0$ 时可能有极值，也可能没有极值，还需另作讨论．

综上所述，把求函数 $z=f(x,y)$ 极值的步骤归纳如下：

第一步　解方程组

$$\begin{cases} f_x(x,y)=0 \\ f_y(x,y)=0 \end{cases},$$

求出 $z=f(x,y)$ 的所有驻点．

第二步　对于每一个驻点 (x_0,y_0)，求出二阶偏导数的值 A、B 和 C．

第三步　定出 $AC-B^2$ 的符号，并按照定理 2 来判定 $f(x_0,y_0)$ 是极值、极大值，还是极小值．

例 1　求函数 $f(x,y)=x^3-4x^2+2xy-y^2$ 的极值．

解　先解方程组 $\begin{cases} f_x(x,y)=3x^2-8x+2y=0 \\ f_y(x,y)=2x-2y=0 \end{cases}$，求得驻点为 $(0,0)$、$(2,2)$．

再求出二阶偏导数

$$f_{xx}(x,y)=6x-8, f_{yy}(x,y)=-2, f_{xy}(x,y)=2 .$$

在点 $(0,0)$ 处

$$A=f_{xx}(0,0)=-8, C=f_{yy}(0,0)=-2, B=f_{xy}(0,0)=2 .$$

因此 $AC-B^2=12>0$，而 $A=-8<0$．所以，函数在点 $(0,0)$ 取得极大值 $f(0,0)=0$．

在点 $(2,2)$ 处

$$A=f_{xx}(0,0)=4, C=f_{yy}(0,0)=-2, B=f_{xy}(0,0)=2 .$$

因此 $AC-B^2=-12<0$．所以，点 $(2,2)$ 不是函数的极值点．

讨论函数的极值问题时，如果函数在所讨论的区域内具有偏导数，则由定理 1 可知，极值只可能在驻点取得．然而，如果函数在个别点处的偏导数不存在，这些点当然不是驻点，但也可能是极值点．例如，函数 $z=\sqrt{x^2+y^2}$ 在点 $(0,0)$ 处的偏导数不存在，但该函数在点 $(0,0)$ 处却具有极小值．因此在考虑函数的极值问题时，除了考虑函数的驻点外，如果有偏导数不存在的点，那么对这些点也应当考虑．

二、多元函数的最值

在一元函数微分学中，可以利用函数的极值来求函数的最大值和最小值．与一元函数类似，也可利用二元函数的极值来求最值．在本章第一节中已经指出，在有界闭区域上连续的二元函数具有与闭区间上一元连续函数类似的性质．如果 $f(x,y)$ 在有界闭区域 D 上连续，则 $f(x,y)$ 在 D 上必定能取得最大值和最小值．这种使函数取得最大值或最小值的点既可能在 D 的内部，也可能在 D 的边界上．假定函数在 D 上连续、在 D 内可微分且只有有限个驻点，这时如果函数在 D 的内部取得最大值（最小值），那么这个最大值（最小值）也是函数的极大值（极小值）．因此，在上述假定下，求函数的最大值和最小值的一般方法是：将函数 $f(x,y)$ 在 D 内的所有驻点处的函数值及在 D 的边界上的最大值和最小值相互比较，其中最大的就是最大值，最小的就是最小值．但这种做法，由于需要求出 $f(x,y)$ 在 D 的边界上的最大值和最小值，所以往往相当复杂．但在实际问题中，如果事先已知或能够判定 $f(x,y)$ 在区域 D 的内部一定能取得最大值（最小值），且函数在区域 D 内只有一个驻点，那么就可以认定该驻点处的函数值就是函数 $f(x,y)$ 在 D 上的最大值（最小值）．

例 2　某工厂生产两种产品Ⅰ与Ⅱ，出售单价分别为 10 万元和 9 万元．生产 x 单位的产品和生产 y 单位的产品的总费用为

$$400+2x+3y+0.01(3x^2+xy+3y^2)\ （万元）.$$

问这两种产品的产量各为多少时才能获得最大利润？

解　设 $L(x,y)$ 表示产品Ⅰ与Ⅱ分别生产 x 与 y 单位产品时所取得的总利润．因为总利润等于总收入减去总费用，所以

$$\begin{aligned}L(x,y)&=(10x+9y)-[400+2x+3y+0.01(3x^2+xy+3y^2)]\\&=8x+6y-0.01(3x^2+xy+3y^2)-400.\end{aligned}$$

对 x、y 求偏导数，并令其为零，得方程组

$$\begin{cases}L_x(x,y)=8-0.01(6x+y)=0\\L_y(x,y)=6-0.01(x+6y)=0\end{cases},$$

求出驻点 $(120,80)$．根据实际问题可知，$L(x,y)$ 一定存在最大值，且驻点唯一，所以，当 $x=120$ 与 $y=80$ 时，$L(120,80)=320$（万元）是最大值，即生产 120 件产品Ⅰ、80 件产品Ⅱ时获得的利润最大．

三、条件极值及拉格朗日乘子法

前面所研究的极值问题，对于函数的自变量除了限制在函数的定义域内以外，没有其他附加条件，通常称为无条件极值（unconditional extreme values）．但在一些实际问题中，函数的自变量还要受到其他条件的限制．

例如，求表面积为 a^2 而体积为最大的长方体的体积问题．设长方体的三棱长为 x、y、z，则体积为 $V=xyz$．又因假定表面积为 a^2，所以自变量 x、y、z 还必须满足约束条件 $2(xy+yz+xz)=a^2$．像这种对自变量有约束条件的极值称为条件极值（conditional extreme values）．对于有些实际问题，可以把条件极值化为无条件极值，然后加以解决．上述问题，可由条件 $2(xy+yz+xz)=a^2$，将 z 表示成 x、y 的函数

$$z=\frac{a^2-2xy}{2(x+y)}.$$

再把它代入 $V=xyz$ 中，于是问题就化为求

$$V=\frac{xy(a^2-2xy)}{2(x+y)}$$

的无条件极值.

但在很多情形下，将条件极值化为无条件极值并不这样简单．另有一种直接寻求条件极值的方法，可以不必先把问题化为无条件极值的问题，这就是下面所述的拉格朗日乘子法（Lagrange multiplier method）.

现在先来寻求函数

$$z=f(x,y)$$

在条件

$$\varphi(x,y)=0$$

下取得极值的必要条件.

如果函数 $z=f(x,y)$ 在点 (x_0,y_0) 取得所求的极值，那么首先有

$$\varphi(x_0,y_0)=0\ .$$

假定点 (x_0,y_0) 的某一邻域内 $f(x,y)$ 与 $\varphi(x,y)$ 均有连续的一阶偏导数，而 $\varphi_y(x_0,y_0)\neq 0$．由隐函数存在定理可知，方程 $\varphi(x,y)=0$ 确定一个连续且具有连续导数的函数 $y=\psi(x)$，将其代入 $z=f(x,y)$，结果得到一个自变量为 x 的函数

$$z=f(x,\psi(x))\ .$$

于是函数 $z=f(x,y)$ 在点 (x_0,y_0) 取得所求的极值，也就相当于函数 $z=f(x,\psi(x))$ 在 $x=x_0$ 处取得极值．由一元可导函数取得极值的必要条件知道

$$\left.\frac{\mathrm{d}z}{\mathrm{d}x}\right|_{x=x_0}=f_x(x_0,y_0)+f_y(x_0,y_0)\left.\frac{\mathrm{d}y}{\mathrm{d}x}\right|_{x=x_0}=0\ ,$$

而由 $\varphi(x,y)=0$ 用隐函数求导公式，有

$$\left.\frac{\mathrm{d}y}{\mathrm{d}x}\right|_{x=x_0}=-\frac{\varphi_x(x_0,y_0)}{\varphi_y(x_0,y_0)}\ .$$

把上式代入，得

$$f_x(x_0,y_0)-f_y(x_0,y_0)\frac{\varphi_x(x_0,y_0)}{\varphi_y(x_0,y_0)}=0,$$

即

$$\frac{f_x(x_0,y_0)}{\varphi_x(x_0,y_0)}=\frac{f_y(x_0,y_0)}{\varphi_y(x_0,y_0)}\ .$$

设 $\dfrac{f_y(x_0,y_0)}{\varphi_y(x_0,y_0)}=-\lambda$，则条件极值点须满足方程组

$$\begin{cases}f_x(x_0,y_0)+\lambda\varphi_x(x_0,y_0)=0\\ f_y(x_0,y_0)+\lambda\varphi_y(x_0,y_0)=0\ ,\\ \varphi(x_0,y_0)=0\end{cases}$$

若引进辅助函数

$$L(x,y)=f(x,y)+\lambda\varphi(x,y)\ ,$$

则不难看出上述方程组的前两式就是

$$L_x(x_0,y_0)=0，\ L_y(x_0,y_0)=0 .$$

函数 $L(x,y)$ 称为拉格朗日函数，参数 λ 称为拉格朗日乘子（Lagrange multiplier）.

用拉格朗日乘子法求函数 $z=f(x,y)$ 在约束条件 $\varphi(x,y)=0$ 下的极值的步骤.

第一步：先构造拉格朗日函数

$$L(x,y)=f(x,y)+\lambda\varphi(x,y) .$$

第二步：求函数 $L(x,y)$ 对 x、y 的偏导数，令它们都为零，然后与方程 $\varphi(x,y)=0$ 联立，即

$$\begin{cases}L_x=f_x(x,y)+\lambda\varphi_x(x,y)=0\\ L_y=f_y(x,y)+\lambda\varphi_y(x,y)=0\\ \varphi(x,y)=0\end{cases},$$

求出此方程组的所有解 (x_0,y_0) .

第三步：点 (x_0,y_0) 就是函数 $z=f(x,y)$ 在条件 $\varphi(x,y)=0$ 下的可能的极值点．判断点 (x_0,y_0) 是否为极值点，一般可由具体问题的性质得出.

同样，求三元函数 $f(x,y,z)$ 在约束条件 $\varphi(x,y,z)=0$ 及 $\psi(x,y,z)=0$ 下的极值，作拉格朗日函数

$$L(x,y,z)=f(x,y,z)+\alpha\varphi(x,y,z)+\beta\psi(x,y,z) ,$$

其中 α 和 β 是拉格朗日乘子．求 x、y、z 一阶偏导数，使之为零，然后与方程 $\varphi(x,y,z)=0$ 及 $\psi(x,y,z)=0$ 联立，求出驻点，再判断这些点是否为二元函数的极值点.

例 3　用拉格朗日乘子法求表面积为 a^2 而体积为最大的长方体的体积.

解　设长方体的三棱边长为 x、y、z，则问题就是在条件

$$\varphi(x,y,z)=2xy+2yz+2xz-a^2=0$$

下求函数 $V=xyz$ 的最大值．作拉格朗日函数

$$F(x,y,z,\lambda)=xyz+\lambda(2xy+2yz+2xz-a^2)，\ x>0,y>0,z>0$$

求其对 x、y、z、λ 的偏导数，并使之为零，得到

$$\begin{cases}yz+2\lambda(y+z)=0\\ xz+2\lambda(x+z)=0\\ xy+2\lambda(y+x)=0\\ 2xy+2yz+2xz-a^2=0\end{cases},$$

解得

$$x=y=z=\frac{\sqrt{6}}{6}a ,$$

这是唯一可能的极值点．因为由问题本身可知最大值一定存在，所以最大值就在这个可能的极值点处取得；也就是说，在表面积为 a^2 的长方体中，以边长为 $\frac{\sqrt{6}}{6}a$ 的正方体的体积最大，最大体积 $V=\frac{\sqrt{6}}{36}a^3$.

例 4　求曲面 $4z=3x^2-2xy+3y^2$ 到平面 $x+y-4z=1$ 的最短距离.

解　曲面上任一点 (x,y,z) 到平面的距离为

$$d=\frac{|x+y-4z-1|}{\sqrt{18}},$$

设$F(x,y,z)=9d^2=\frac{1}{2}(x+y-4z-1)^2$，则本题即是求函数$F(x,y,z)$在约束条件

$$\varphi(x,y,z)=3x^2-2xy+3y^2-4z=0$$

下的最小值．作拉格朗日函数

$$F(x,y,z,\lambda)=\frac{1}{2}(x+y-4z-1)^2+\lambda(3x^2-2xy+3y^2-4z).$$

求其对x、y、z、λ的偏导数，并使之为零，得到

$$\begin{cases}F_x=x+y-4z-1+\lambda(6x-2y)=0\\F_y=x+y-4z-1+\lambda(6y-2x)=0\\F_z=-4(x+y-4z-1)-4\lambda=0\\F_\lambda=3x^2-2xy+3y^2-4z=0\end{cases},$$

上面方程组中由第一个方程和第二个方程可得$\lambda=0$或$x=y$．

如果$\lambda=0$，则代入方程组可得

$$\begin{cases}x+y-4z-1=0\\3x^2-2xy+3y^2-4z=0\end{cases},$$

上面方程组可以合成一个方程

$$3x^2-2xy+3y^2+1-x-y=0$$

对上式配方得到

$$(x-y)^2+x^2+\left(x-\frac{1}{2}\right)^2+y^2+\left(y-\frac{1}{2}\right)^2+\frac{1}{2}=0,$$

上面方程无解，所以$\lambda=0$不成立．

如果$x=y$，带入原方程组解得$x=y=\frac{1}{4}$，$z=\frac{1}{16}$．由题意知最短距离一定存在，且驻点唯一，所以最短距离为

$$d_{\min}=\frac{\left|\frac{1}{4}+\frac{1}{4}-\frac{4}{16}-1\right|}{\sqrt{18}}=\frac{\sqrt{2}}{8}.$$

习 题 8-8

1．求下列函数的极值．

（1）$f(x,y)=x^3+y^3-3xy$；（2）$f(x,y)=-x^4-y^4+4xy-1$；

（3）$f(x,y)=e^x(x+y^2+2y)$；（4）$f(x,y)=xy-\frac{4}{y}+\frac{1}{x}$.

2．求函数$z=xy$在条件$x+y=1$下的最大值．

3．求函数$z=x^2+y^2$在附加条件$\frac{x}{a}+\frac{y}{b}=1$下的最小值．

4．求函数$u=xyz$在附加条件$\frac{1}{x}+\frac{1}{y}+\frac{1}{z}=\frac{1}{a}(x>0,y>0,z>0)$下的最小值．

5．求平面$x+y+z=1$上到原点的距离最短的点，并求此最短距离．

6．要造一个容积为定值 a 的长方体无盖水池，应如何选择水池的尺度，方可使它的表面积最小？

7．在平面 xOy 上求一点，使它到 $x=0$、$y=0$ 及 $x+2y-16=0$ 三直线的距离平方之和为最小．

*第九节　多元函数的泰勒公式

若函数 $f(x)$ 在含有 x_0 的某个开区间 (a,b) 内具有直到 $n+1$ 阶的导数，则当 x 在 (a,b) 内时，有下面的 n 阶泰勒公式

$$\begin{aligned}f(x)&=f(x_0)+f'(x_0)(x-x_0)\\&+\frac{f''(x_0)}{2!}(x-x_0)^2+\cdots+\frac{f^{(n)}(x_0)}{n!}(x-x_0)^n\\&+\frac{f^{(n+1)}(x_0+\theta(x-x_0))}{(n+1)!}(x-x_0)^{n+1}(0<\theta<1)\end{aligned}$$

成立．利用一元函数的泰勒公式，可用 n 次多项式来近似表达函数 $f(x)$，且误差是当 $x\to x_0$ 时比 $(x-x_0)^n$ 高阶的无穷小．对于多元函数，有必要考虑用多个变量的多项式来近似表达一个给定的多元函数，并能具体地估算出误差的大小．本节以二元函数为例，设 $z=f(x,y)$ 在点 (x_0,y_0) 的某一邻域内连续且具有直到 $n+1$ 阶的连续偏导数，(x_0+h,y_0+k) 为此邻域内的任一点，问题就是要把函数 $f(x_0+h,y_0+k)$ 近似地表达为 $h=x-x_0$，$k=y-y_0$ 的 n 次多项式，而由此所产生的误差是当 $\rho=\sqrt{h^2+k^2}\to 0$ 时比 ρ^n 高阶的无穷小．为了解决这个问题，就要把一元函数的泰勒中值定理推广到多元函数的情形．

定理 1　设 $z=f(x,y)$ 在点 (x_0,y_0) 的某一邻域内连续且具有直到 $n+1$ 阶的连续偏导数，(x_0+h,y_0+k) 为此邻域内的任一点，则有

$$\begin{aligned}f(x_0+h,y_0+k)&=f(x_0,y_0)+\left(h\frac{\partial}{\partial x}+k\frac{\partial}{\partial y}\right)f(x_0,y_0)\\&+\frac{1}{2!}\left(h\frac{\partial}{\partial x}+k\frac{\partial}{\partial y}\right)^2 f(x_0,y_0)+\cdots+\frac{1}{n!}\left(h\frac{\partial}{\partial x}+k\frac{\partial}{\partial y}\right)^n f(x_0,y_0)\\&+\frac{1}{(n+1)!}\left(h\frac{\partial}{\partial x}+k\frac{\partial}{\partial y}\right)^{n+1} f(x_0+\theta h,y_0+\theta k)(0<\theta<1).\end{aligned}$$

其中

$\left(h\frac{\partial}{\partial x}+k\frac{\partial}{\partial y}\right)f(x_0,y_0)$ 表示 $hf_x(x_0,y_0)+kf_y(x_0,y_0)$，

$\left(h\frac{\partial}{\partial x}+k\frac{\partial}{\partial y}\right)^2 f(x_0,y_0)$ 表示 $h^2f_{xx}(x_0,y_0)+2hkf_{xy}(x_0,y_0)+k^2f_{yy}(x_0,y_0)$，

一般地

$$\left(h\frac{\partial}{\partial x}+k\frac{\partial}{\partial y}\right)^m f(x_0,y_0)\text{ 表示 }\sum_{p=0}^{m}C_m^p h^p k^{m-p}\left.\frac{\partial^m f}{\partial x^p\partial y^{m-p}}\right|_{(x_0,y_0)}.$$

证 为了利用一元函数的泰勒公式来进行证明，引入函数

$$\varphi(t)=f(x_0+ht,y_0+kt)(0\leqslant t\leqslant 1).$$

显然 $\varphi(0)=f(x_0,y_0)$，$\varphi(1)=f(x_0+h,y_0+k)$．由 $\varphi(t)$ 的定义及多元多项式复合函数求导法则，可得

$$\begin{aligned}\varphi'(t)&=hf_x(x_0+ht,y_0+kt)+kf_y(x_0+ht,y_0+kt)\\&=\left(h\frac{\partial}{\partial x}+k\frac{\partial}{\partial y}\right)f(x_0+ht,y_0+kt),\end{aligned}$$

$$\begin{aligned}\varphi''(t)&=h^2f_{xx}(x_0+ht,y_0+kt)+2hkf_{xy}(x_0+ht,y_0+kt)\\&\quad+k^2f_{yy}(x_0+ht,y_0+kt)\\&=\left(h\frac{\partial}{\partial x}+k\frac{\partial}{\partial y}\right)^2f(x_0+ht,y_0+kt),\end{aligned}$$

$$\cdots$$

$$\begin{aligned}\varphi^{(n+1)}(t)&=\sum_{p=0}^{n+1}C_{n+1}^p h^p k^{n+1-p}\left.\frac{\partial^{n+1}f}{\partial x^p\partial y^{n+1-p}}\right|_{(x_0+ht,y_0+kt)}\\&=\left(h\frac{\partial}{\partial x}+k\frac{\partial}{\partial y}\right)^{n+1}f(x_0+ht,y_0+kt).\end{aligned}$$

利用一元函数的麦克劳林公式，得

$$\varphi(1)=\varphi(0)+\varphi'(0)+\frac{1}{2!}\varphi''(t)+\cdots+\frac{1}{n!}\varphi^{(n)}(t)+\frac{1}{(n+1)!}\varphi^{(n+1)}(t)(0<\theta<1).$$

将 $\varphi(0)=f(x_0,y_0)$ 和 $\varphi(1)=f(x_0+h,y_0+k)$ 及上面求得的 $\varphi(t)$ 直到 n 阶导数在 $t=0$ 的值，以及 $\varphi^{(n+1)}(t)$ 在 $t=\theta$ 的值代入上式，即得

$$\begin{aligned}f(x_0+h,y_0+k)&=f(x_0,y_0)+\left(h\frac{\partial}{\partial x}+k\frac{\partial}{\partial y}\right)f(x_0,y_0)+\frac{1}{2!}\left(h\frac{\partial}{\partial x}+k\frac{\partial}{\partial y}\right)^2f(x_0,y_0)+\cdots\\&\quad+\frac{1}{n!}\left(h\frac{\partial}{\partial x}+k\frac{\partial}{\partial y}\right)^nf(x_0,y_0)+R_n,\end{aligned}\tag{1}$$

其中

$$R_n=\frac{1}{(n+1)!}\left(h\frac{\partial}{\partial x}+k\frac{\partial}{\partial y}\right)^{n+1}f(x_0+\theta h,y_0+\theta k)(0<\theta<1).\tag{2}$$

定理证毕．

式（1）称为二元函数 $f(x,y)$ 在点 (x_0,y_0) 的 n 阶泰勒公式，而 R_n 的表达式（2）称为拉格朗日型余项．

由二元函数的泰勒公式可知，以式（1）右端 h 及 k 的 n 次多项式近似表达函数 $f(x_0+h,y_0+k)$ 时，其误差为 $|R_n|$．由假设，函数的各 n+1 阶偏导数都连续，故它们的绝对值在点 (x_0,y_0) 的某一邻域内都不超过某一正常数 M．于是，有下面的误差估计式

$$|R_n|\leqslant\frac{M}{(n+1)!}(|h|+|k|)^{n+1}=\frac{M}{(n+1)!}\rho^{n+1}\left(\frac{|h|}{\rho}+\frac{|k|}{\rho}\right)^{n+1},$$

令 $\dfrac{|h|}{\rho}=\cos\alpha$，$\dfrac{|k|}{\rho}=\sin\alpha$，则 $\cos\alpha+\sin\alpha=\sqrt{2}\sin\left(\alpha+\dfrac{\pi}{4}\right)\leqslant\sqrt{2}$，故有

$$|R_n|\leqslant\frac{M}{(n+1)!}(\sqrt{2})^{n+1}\rho^{n+1},\tag{3}$$

其中

$$\rho=\sqrt{h^2+k^2}$$

由式（3）可知，误差 $|R_n|$ 是当 $\rho=\sqrt{h^2+k^2}\to 0$ 时比 ρ^n 高阶的无穷小.

当 $n=0$ 时，式（1）成为

$$f(x_0+h,y_0+k)=f(x_0+y_0)+hf_x(x_0+\theta h,y_0+\theta k)+kf_y(x_0+\theta h,y_0+\theta k).\tag{4}$$

例 1 求函数 $f(x,y)=\ln(1+x+y)$ 在点 $(0,0)$ 的三阶泰勒公式.

解 因为

$$f_x(x,y)=f_y(x,y)=\frac{1}{1+x+y},$$

$$f_{xx}(x,y)=f_{xy}(x,y)=f_{yy}(x,y)=-\frac{1}{(1+x+y)^2},$$

$$\frac{\partial^3 f}{\partial x^p\partial y^{3-p}}=\frac{2!}{(1+x+y)^3}\quad(p=0,1,2,3),$$

$$\frac{\partial^4 f}{\partial x^p\partial y^{4-p}}=-\frac{3!}{(1+x+y)^4}\quad(p=0,1,2,3,4),$$

所以

$$\left(h\frac{\partial}{\partial x}+k\frac{\partial}{\partial y}\right)f(0,0)=hf_x(0,0)+kf_y(0,0)=h+k,$$

$$\begin{aligned}\left(h\frac{\partial}{\partial x}+k\frac{\partial}{\partial y}\right)^2 f(0,0)&=h^2f_{xx}(0,0)+2hkf_{xy}(0,0)+k^2f_{yy}(0,0)\\&=-(h+k)^2,\end{aligned}$$

$$\begin{aligned}\left(h\frac{\partial}{\partial x}+k\frac{\partial}{\partial y}\right)^3 f(0,0)&=h^3f_{xxx}(0,0)+3h^2kf_{xxy}(0,0)+3hk^2f_{xyy}(0,0)+k^3f_{yyy}(0,0)\\&=2(h+k)^3.\end{aligned}$$

又 $f(0,0)=0$，并将 $h=x$ 和 $k=y$ 代入，由三阶泰勒公式可得

$$\ln(1+x+y)=x+y-\frac{1}{2}(x+y)^2+\frac{1}{3}(x+y)^3+R_3,$$

其中

$$R_3=\frac{1}{4!}\left[\left(h\frac{\partial}{\partial x}+k\frac{\partial}{\partial y}\right)^4 f(\theta h,\theta k)\right]_{h=x,k=y}=-\frac{1}{4}\frac{(x+y)^4}{(1+\theta x+\theta y)^3}\quad(0<\theta<1).$$

*习 题 8-9

1．求函数 $f(x,y)=x^y$ 在点 $(1,4)$ 的二阶泰勒公式并用它计算 $(1.08)^{3.96}$.

2．求函数 $f(x,y)=2x^2-xy-y^2-6x-3y+5$ 在点 $(1,-2)$ 的泰勒公式.

3．求函数 $f(x,y)=\ln(1+x+y)$ 在点 $(0,0)$ 的泰勒公式．

4．求函数 $f(x,y)=\sin x\sin y$ 在点 $\left(\dfrac{\pi}{4},\dfrac{\pi}{4}\right)$ 的二阶泰勒公式．

总 习 题 八

一、判断题

1．若 $f(x,y)$ 在点 $M(x_0,y_0)$ 处可偏导，则 $f(x,y)$ 在点 $M(x_0,y_0)$ 处连续．（　　）

2．若 $f(x,y)$ 在点 $M(x_0,y_0)$ 处可偏导，则 $f(x,y)$ 在点 $M(x_0,y_0)$ 处可微分．（　　）

3．若 $f(x,y)$ 在点 $M(x_0,y_0)$ 处连续，则 $f(x,y)$ 在点 $M(x_0,y_0)$ 处可偏导．（　　）

4．若 $f(x,y)$ 在点 $M(x_0,y_0)$ 处连续，则 $f(x,y)$ 在点 $M(x_0,y_0)$ 处可微分．（　　）

5．若 $f(x,y)$ 在点 $M(x_0,y_0)$ 处可微分，则 $f(x,y)$ 在点 $M(x_0,y_0)$ 处连续．（　　）

6．若 $f(x,y)$ 在点 $M(x_0,y_0)$ 处可微分，则 $f(x,y)$ 在点 $M(x_0,y_0)$ 处可偏导．（　　）

7．若 $z=f(x,y)$ 在 $M(x_0,y_0)$ 处的二阶偏导数都存在，则 $f_x'(x,y)$、$f_y'(x,y)$ 在 $M(x_0,y_0)$ 处连续．（　　）

8．二元函数的二阶混合偏导数相等的充分条件是 f_{xy} 与 f_{yx} 都连续．（　　）

9．若 $f(x,y)$ 在点 M_0 有连续偏导数，则 $f(x,y)$ 在点 M_0 处任意方向上的方向导数存在．（　　）

二、填空题

1．函数 $z=\dfrac{\arccos(3-x^2-y^2)}{\sqrt{x^2+y^2}}$ 的定义域为________．

2．$\lim\limits_{(x,y)\to(0,1)}\dfrac{\sin xy}{xy}=$________；$\lim\limits_{(x,y)\to(\infty,1)}\dfrac{\sin xy}{x}=$________；$\lim\limits_{(x,y)\to(0,0)}\dfrac{\sin xy}{x}=$________．

3．设 $f\left(\dfrac{y}{x}\right)=\dfrac{\sqrt{x^2+y^2}}{x}$，$x>0$，则 $f(x)=$________．

4．设 $f(x,y)=\dfrac{x^2+y^2}{xy}$，则 $f\left(\dfrac{1}{x},\dfrac{1}{y}\right)=$________．

5．设 $f(x,y)=\mathrm{e}^{-x}\cos(x+y^2)$，则 $f_x(0,0)=$________．

6．设 $f(x,y)=\sin 2x\cos y$，则 $f_x\left(\dfrac{\pi}{2},\pi\right)=$________．

7．设 $z=x\mathrm{e}^{(x^2+y^2)}$，则 $\mathrm{d}z=$________．

8．设 $u=\ln(3x^2-2y^3+z^4)$，则 $\mathrm{d}u=$________．

9．设 $z=\mathrm{e}^{xy}+\sin(x^2y)$，则 $\left.\dfrac{\partial z}{\partial x}\right|_{(1,1)}=$________；$\left.\dfrac{\partial z}{\partial y}\right|_{(1,1)}=$________．

10．设方程 $x^2+2y^2+3z^2-yz=0$ 确定了隐函数 $z=f(x,y)$，则 $\dfrac{\partial z}{\partial y}=$________．

11．设 $z=x^2+\sin y$，$x=\sin t$，$y=t^2$，则 $\dfrac{\mathrm{d}z}{\mathrm{d}t}=$________．

12．已知函数 $z=\ln(x^2+y^2)$，$\mathrm{d}z|_{(1,0)}=$________.

13．设 $u=x^4+y^4-4x^2y^2$，则在点(1,1)处的全微分 $\mathrm{d}u=$________.

14．若曲面 $xyz=6$ 在点 M 处的切平面平行于平面 $6x-2y+2z+1=0$，则切点 M 的坐标为________.

15．设 $z=\arctan(x+y)$，则 $\left.\dfrac{\partial z}{\partial y}\right|_{(1,1)}=$________.

16．设 $u=x^3y^2+xy$，则 $u_{xy}(0,0)=$________.

17．设 $u=\ln(x+\sqrt{y^2+z^2})$，点 $M(1,0,1)$，则 $\mathrm{grad}\,u\,|_M=$________.

18．$f(x,y)=xy+\sin(x+2y)$ 在点（0，0）沿方向 $\vec{l}=(1,2)$ 的方向导数为________.

19．设 $u=x^2y+xy^2z$，则在点 $M(2,1,0)$ 处的梯度为________.

三、选择题

1．函数 $z=f(x,y)$ 在点 (x_0,y_0) 处方向导数存在的充分条件是________.

（A）$f(x,y)$ 在 (x_0,y_0) 处连续　　（B）$f(x,y)$ 在 (x_0,y_0) 处可偏导

（C）$f(x,y)$ 在 (x_0,y_0) 处可微　　（D）$f(x,y)$ 在 (x_0,y_0) 处极限存在

2．函数 $z=\sqrt{x-\sqrt{y}}$ 的定义域为________.

（A）$x>0,y>0$　　（B）$x\geqslant\sqrt{y},y\geqslant 0$

（C）$x>\sqrt{y},y>0$　　（D）$x\geqslant 0,y\geqslant 0$

3．$\lim\limits_{(x,y)\to(0,0)}\dfrac{3xy}{x^2+y^2}=$________.

（A）$\dfrac{2}{3}$　　（B）0　　（C）$\dfrac{6}{5}$　　（D）不存在

4．有且仅有一个间断点的函数为________.

（A）$\dfrac{x}{y^2}$　　（B）$\mathrm{e}^{-2x}\ln(x^2+y^2)$　　（C）$\dfrac{x}{x+y}$　　（D）$\arctan(xy)$

5．已知 $f(x,y)=x+(y-1)\arcsin\sqrt{\dfrac{x}{y}}$，则 $f_x(x,1)=$________.

（A）x　　（B）1　　（C）-1　　（D）$x+1$

6．函数 $f(x,y)=\begin{cases}\dfrac{xy}{x^2+y^2}, & (x,y)\neq 0\\ 0, & (x,y)=0\end{cases}$ 在点 $(0,0)$ 处________.

（A）连续但不可偏导　　（B）可偏导但不连续

（C）连续且可偏导但不可微　　（D）可微分

7．若 $z=\arctan\left(xy+\dfrac{\pi}{4}\right)$，则 $\dfrac{\partial z}{\partial x}=$________.

（A）$\dfrac{xy}{1+\left(xy+\dfrac{\pi}{4}\right)}$　　（B）$\dfrac{x+1}{1+\left(xy+\dfrac{\pi}{4}\right)^2}$

（C）$\dfrac{xy\sec^2\left(xy+\dfrac{\pi}{4}\right)}{1+\left(xy+\dfrac{\pi}{4}\right)^2}$ （D）$\dfrac{y}{1+\left(xy+\dfrac{\pi}{4}\right)^2}$

8．$z=F(x,y,z)$ 的一个法向量为________.

（A）(F_x,F_y,F_z-1) （B）(F_x-1,F_y-1,F_z-1)

（C）(F_x,F_y,F_z) （D）$(-F_x,-F_y,-F_z)$

四、计算题

1．求下列极限.

（1）$\lim\limits_{(x,y)\to(0,0)}\dfrac{\sqrt{x^2y^2+1}-1}{x^2y^2}$； （2）$\lim\limits_{(x,y)\to(1,0)}\dfrac{\ln(x+e^y)}{\sqrt{x^2+y^2}}$；

（3）$\lim\limits_{(x,y)\to(0,0)}(1+xy)^{\frac{1}{y}}$； （4）$\lim\limits_{(x,y)\to(0,0)}\dfrac{\sin xy}{x}$；

（5）$\lim\limits_{(x,y)\to(0,0)}\dfrac{\ln(1+x^2+y^2)}{\arcsin(x^2+y^2)}$； （6）$\lim\limits_{(x,y)\to(1,0)}\dfrac{\ln(1+xy)}{3y}$；

（7）$\lim\limits_{(x,y)\to(0,0)}\dfrac{4xy}{\sqrt{x^2+y^2}}$； （8）$\lim\limits_{(x,y)\to(0,0)}\dfrac{xy}{\sqrt{xy+1}-1}$；

（9）$\lim\limits_{(x,y)\to(0,0)}\dfrac{\ln(x^2+y^2+1)}{x^2+y^2}$； （10）$\lim\limits_{(x,y)\to(0,0)}\dfrac{2-\sqrt{xy+4}}{xy}$.

2．求下列函数的一阶偏导数.

（1）$z=x^4+y^4-4xy^2$； （2）$z=x^3\sin y-ye^x+\dfrac{x}{y}$；

（3）$z=e^{xy}\sin(x+y)$； （4）$z=(1+xy)^y$；

（5）$u=x^{\frac{y}{z}}$； （6）$z=e^{xy}$.

3．求由下列方程所确定的隐函数的一阶偏导数 $\dfrac{\partial z}{\partial x}$、$\dfrac{\partial z}{\partial y}$.

（1）$z=e^{\frac{x+y}{z}}$； （2）$z^3-2xz+y=0$；

（3）$e^{-xy}=2z-e^z$； （4）$x^3+y^3+z^3+xyz=6$.

4．求下列函数的一阶偏导数.

（1）$z=u^3v-uv^2$，其中 $u=x\cos y$，$v=x\sin y$；

（2）$z=e^u\sin v$，其中 $u=xy$，$v=x+y$；

（3）$z=\ln(u^2+v)$，其中 $u=e^{x+y},v=2x+y$；

（4）$z=x^y$，其中 $x=\sin t,y=\cos t$；

（5）$z=f(u,x)=x\sin u+2x^2+e^u$，其中 $u=x^2+y^2$.

5．求曲线 $\begin{cases} x=1-\sin t \\ y=1-\cos t \\ z=2\sin\dfrac{t}{2} \end{cases}$ 在点 $(0,1,\sqrt{2})$ 处的切线方程．

6．求下列函数的二阶导数 $\dfrac{\partial^2 z}{\partial x^2}$ 与 $\dfrac{\partial^2 z}{\partial x \partial y}$．

（1）$z=\dfrac{x}{y^2}$；（2）$x^2+y^2+z^2-4z=0$；

（3）$z=\sin x+x^2y-e^y$；（4）$z=x^3y^2-3xy^2-xy+1$．

7．求下列曲面（曲线）在指定点的切平面（切线）与法线（法平面）方程．

（1）椭球面 $x^2+2y^2+3z^2=6$ 在点(1,1,1)处的切平面与法线方程；

（2）曲面 $z=2x^2+4y^2$ 在点(1,1,6)处的切平面及法线方程；

（3）曲面 $e^z-3z+xy=5$ 在点 $(2,1,0)$ 处的切平面及法线方程；

（4）曲线 $x=2t, y=t^2, z=4t^4$ 在点 $(2,1,4)$ 处的切线及法平面方程．

8．求复合函数 $\omega=f(x^2z+y, y^2z)$ 的一阶及二阶偏导数，其中 f 具有二阶连续偏导数．

9．求下列函数的全微分．

（1）$z=\sin\dfrac{x}{y}$；（2）$z=e^{x^2+y^2}$；

（3）$z=yx^y$；（4）$u=e^{xy}\ln z$．

10．设 $u=x^2y-xyz$，$\boldsymbol{e}_l=\left(\dfrac{1}{2},\dfrac{\sqrt{2}}{2},\dfrac{1}{2}\right)$，求 $\left.\dfrac{\partial u}{\partial l}\right|_{(1,1,1)}$．

11．求下列函数极值．

（1）$f(x,y)=x^2+5y^2-6x+10y+6$；

（2）$z=x^3-4x^2+2xy-y^2$；

（3）$f(x,y)=4(x-y)-x^2-y^2$；

（4）$z=x^3+y^3-2xy$；

（5）$z=x^3-y^3+3x^2+3y^2-9x$．

五、证明题

1．证明下列极限不存在．

（1）$\lim\limits_{\substack{x\to 0\\ y\to 0}}\dfrac{x^2y}{x^4+y^3}$；（2）$\lim\limits_{(x,y)\to(0,0)}\dfrac{x^2y^2}{x^2y^2+(x-y)^2}$．

2．设 $z=\dfrac{y}{f(x^2+y^2)}$，其中 f 可微，证明：$\dfrac{1}{x}\dfrac{\partial z}{\partial x}+\dfrac{1}{y}\dfrac{\partial z}{\partial y}=\dfrac{z}{y^2}$．

3．函数 $z=z(x,y)$ 由方程 $x^2+y^2+z^2=a^2$（a 为非零常数）所确定，证明：$xz_x+yz_y=z-\dfrac{a^2}{z}$．

六、应用题

1．求平面$\frac{x}{3}+\frac{y}{4}+\frac{z}{5}=1$和柱面$x^2+y^2=1$的交线上与$xOy$平面距离最短的点．

2．已知坐标平面上两个点$M_1(x_1,y_1)$、$M_2(x_2,y_2)$，在此平面上找点$M(x,y)$，使其到两点的距离平方和为最小．

3．从斜边之长为a的一切直角三角形中，利用条件极值求有最大周长的直角三角形．

4．将周长为$2p$的矩形绕它的一边旋转得一圆柱体，问矩形的边长各为多少时，所得的圆柱体的体积为最大？（要求用条件极值计算）

5．要造一个表面积为 $108\,\mathrm{m}^2$ 的长方形敞口水池，应如何选择水池的尺寸（设水池长、宽、高分别为x、y、z）才能使其容积最大？（要求用条件极值计算）

6．设矩形的长为x，宽为y，且$x+y=1$．问长、宽各为多少时，才能使矩形的面积最大？

7．在内接于半径为R的圆的一切长方形中，求有最大面积的长方形（设长方形的面积为S，长宽分别为$2x$、$2y$）．

拓展阅读

费马大定理

17 世纪法国数学家费马提出：当整数$n>2$时，关于x、y、z的不定方程$x^n+y^n=z^n$无正整数解．

人们称为“费马大定理”，并不是真的相信费马已经证明了它．虽然费马宣称他已找到一个绝妙证明，德国佛尔夫斯克宣布以 10 万马克作为奖金奖给在他逝世后 100 年内，第一个证明该定理的人，吸引了不少人尝试并递交他们的“证明”．在第一次世界大战之后，马克大幅贬值，该定理的魅力也大大地下降．但经过 3.5 个世纪的努力，20 世纪数论难题才由普林斯顿大学英国数学家安德鲁·怀尔斯和他的学生理查·泰勒于 1994 年成功证明．其证明利用了很多新的数学，包括代数几何中的椭圆曲线和模形式，以及伽罗华理论和 Hecke 代数等，令人怀疑费马是否真的找到了正确证明．而安德鲁·怀尔斯（Andrew Wiles）由于成功证明此定理，获得了 1998 年的菲尔兹奖特别奖及 2005 年度邵逸夫奖的数学奖．

哥德巴赫猜想

哥德巴赫在 1742 年给欧拉的信中提出了以下猜想：任一大于 2 的偶数都可写成两个质数之和．但是哥德巴赫自己无法证明它，于是就写信请教赫赫有名的大数学家欧拉帮忙证明，但是一直到死，欧拉也无法证明．因现今数学界已经不使用“1 也是素数”这个约定，原初猜想的现代陈述为：任一大于 5 的整数都可写成三个质数之和．欧拉在回信中也提出另一等价版本，即任一大于 2 的偶数都可写成两个质数之和．今日常

见的猜想陈述为欧拉的版本. 把命题任一充分大的偶数都可以表示成为一个素因子个数不超过a个的数与另一个素因子不超过b个的数之和，记作“$a+b$”.

1966 年，陈景润证明了“1+2”成立，即任一充分大的偶数都可以表示成二个素数的和，或是一个素数和一个半素数的和.

今日常见的猜想陈述为欧拉的版本，即任一大于 2 的偶数都可写成两个素数之和，也称为“强哥德巴赫猜想”或“关于偶数的哥德巴赫猜想”.

从关于偶数的哥德巴赫猜想，可推出：任一大于 7 的奇数都可写成三个质数之和的猜想. 后者称为“弱哥德巴赫猜想”或“关于奇数的哥德巴赫猜想”. 若关于偶数的哥德巴赫猜想是对的，则关于奇数的哥德巴赫猜想也会是对的. 弱哥德巴赫猜想尚未完全解决，但 1937 年时苏联数学家维诺格拉多夫已经证明，充分大的奇质数都能写成三个质数的和，也称为“哥德巴赫-维诺格拉多夫定理”或“三素数定理”.

克莱因瓶

在数学领域中，克莱因瓶（Klein Bottle）是指一种无定向性的平面，如维平面，就没有“内部”和“外部”之分. 在拓扑学中，克莱因瓶是一个不可定向的拓扑空间. 克莱因瓶最初由德国几何学大家菲立克斯·克莱因（Felix Klein）提出. 在 1882 年，菲立克斯 · 克莱因发现了后来以他的名字命名的著名“瓶子”. 克莱因瓶的结构（见图 8-15）可表述为：一个瓶子底部有一个洞，现在延长瓶子的颈部，并且扭曲地进入瓶子内部，然后和底部的洞相连接. 与平时用来喝水的杯子不一样，这个物体没有“边”，它的表面不会终结. 它和球面不同，一只苍蝇可以从瓶子的内部直接飞到外部而不用穿过表面（即它没有内外之分）. 或者可以说，这个瓶子不能装水.

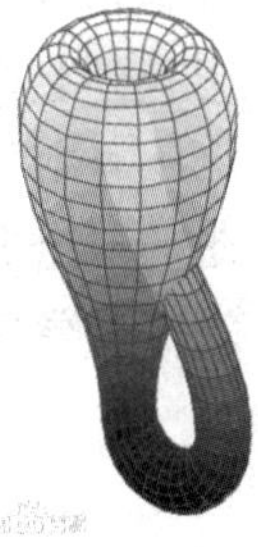

图 8-15

黎曼猜想

黎曼猜想是关于黎曼ζ函数$\zeta(s)$的零点分布的猜想，由数学家黎曼于 1859 年提出. 希尔伯特在第二届国际数学家大会上提出了 20 世纪数学家应当努力解决的 23 个数学问题，被认为是 20 世纪数学的制高点，其中便包括黎曼假设. 现今克雷数学研究所悬赏的世界七大数学难题中也包括黎曼猜想.

与费尔马猜想时隔三个半世纪以上才被解决，哥德巴赫猜想历经 2.5 个世纪以上屹立不倒相比，黎曼猜想只有一个半世纪的纪录还差得很远，但它在数学上的重要性要远远超过这两个大众知名度更高的猜想. 黎曼猜想是当今数学界最重要的数学难题. 目前有消息指尼日利亚教授奥派耶米伊诺克（Opeyemi Enoch）成功解决黎曼猜想，然而克雷数学研究所既不证实也不否认伊诺克博士正式解决了这一问题.

历史上关于黎曼猜想被证实的闹剧时常传出，近日所谓黎曼猜想被尼日利亚籍教授证明的网文中并没有说明克雷数学研究所已经承认并授予奖金，克雷数学研究所官网目前并无任何表态，而学界专业评价趋于消极.

孪生素数猜想

孪生素数猜想是数论中的著名未解决问题. 这个猜想产生已久；在数学家希尔伯特在1900年国际数学家大会的著名报告中，它位列23个“希尔伯特问题”中的第8个问题，可以被描述为“存在无穷多个素数p，并且对每个p而言，有$p+2$这个数也是素数”.

孪生素数即相差2的一对素数. 例如，3和5，5和7，11和13，…，10016957和10016959等都是孪生素数.

素数定理说明了素数在趋于无穷大时变得稀少的趋势. 而孪生素数，与素数一样，也有相同的趋势，并且这种趋势比素数更为明显.

由于孪生素数猜想的高知名度及它与哥德巴赫猜想的联系，因此不断有学术共同体外的数学爱好者试图证明它. 有些人声称已经证明了孪生素数猜想. 然而，尚未出现能够通过专业数学工作者审视的证明.

1849年，波利尼亚克（Alphonse de Polignac）提出了更一般的猜想：对所有自然数k，存在无穷多个素数对$(p, p+2k)$. $k=1$的情况就是孪生素数猜想. 素数对$(p, p+2k)$称为孪生素数. 数学家们相信这个猜想是成立的.

目前，关于素数理论最接近的结论是中国数学家张益唐于2013年5月证明了孪生素数猜想的一个弱化形式，发现存在无穷多差小于7000万的素数对，从而在孪生素数猜想这个此前没有数学家能实质推动的著名问题的道路上迈出了革命性的一大步.

四色定理

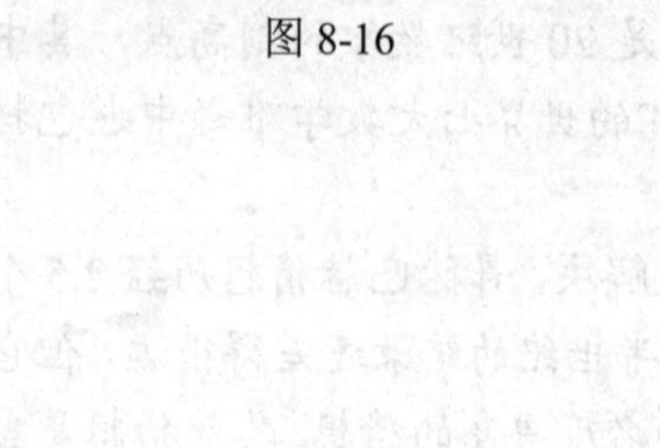

图 8-16

四色定理又称四色猜想、四色问题，是世界三大数学猜想之一. 四色定理是一个著名的数学定理，通俗的说法是：每个平面地图都可以只用四种颜色来染色，而且没有两个邻接的区域颜色相同. 1976年春季借助电子计算机证明了四色问题，问题也终于成为定理，这是第一个借助计算机证明的定理. 四色定理的本质就是在平面或者球面无法构造五个或者五个以上两两相连的区域，见图8-16.

第九章　重　积　分

［本章导读］

在讨论非均匀分布在某区间$[a,b]$上的一些几何量（如曲边梯形的面积等）、物理量（变力沿直线段作功等）的计算时，引入了定积分概念，并用微元法介绍了定积分的应用．在一元函数积分学中，定积分是某种确定形式的和的极限．其基本思想是“整体由局部构成，局部用线性逼近（以常代变、以直代曲），无限累加求精确（取极限）．”具体的方法步骤是：“分割、近似、求和、逼近”．这种和的极限的概念可以推广到定义在区域、曲线及曲面上的多元函数的情形，从而得到重积分、曲线积分及曲面积分的概念．在自然科学、经济理论与工程技术中，这些积分有着十分广泛的应用．

本章主要是将定积分的思想和方法推广到几何形体Ω上，建立Ω上函数的黎曼（Riemann）积分概念，并介绍重积分（包括二重积分和三重积分）的计算方法及其在求物体的体积、质量、质心等问题上的应用．

第一节　黎曼（Riemann）积分的概念与性质

一、黎曼积分的概念

在一元函数积分学中，定积分是某种确定形式的和式的极限．把积分概念从积分范围为数轴上的一个区间推广到积分范围是平面、空间内的一个闭区域，或者一段曲线弧、一片曲面的情形，便得到重积分、曲线积分及曲面积分的概念．将函数在这些区域、曲线及曲面上的积分统称为黎曼积分．

1．非均匀物体的质量计算

设有一质量非均匀分布的物体，其密度是点M的函数$\mu=f(M)$．如果函数f已知，怎样求物体的质量？

在定积分中，一根细直棒AB，线密度为$\mu=f(M)=f(x)$，它的质量可通过分割、近似、求和、逼近四个步骤化为定积分

$$m=\lim_{\lambda\to 0}\sum_{i=1}^{n}f(\xi_i)\Delta x_i=\int_a^b f(x)\mathrm{d}x .$$

下面应用这种思想来求平面或空间非均匀物体的质量，从而引出数量值函数积分的概念——黎曼积分．

（1）平面薄片的质量．设薄片所占的平面区域为D，其面密度为$\mu=f(M)=f(x,y)>0$在D上连续，类似于对直棒的处理，可以“化整为零”，按如下步骤计算它的质量：

分割　用一组曲线网把D任意划分为n个子域$\Delta\sigma_i$（也表示面积，$i=1,2,\cdots,n$），如图9-1所示．

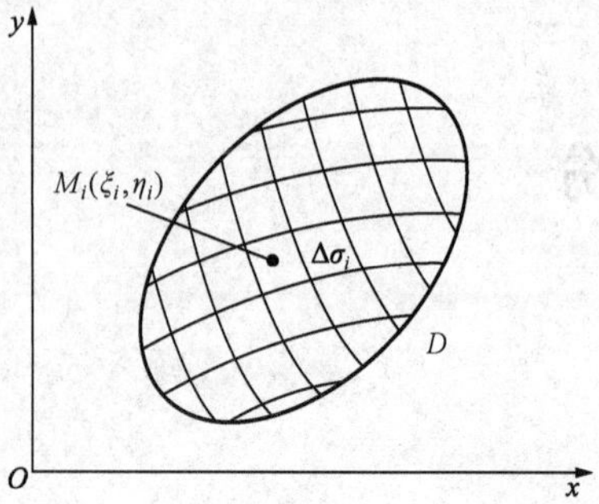

图 9-1

近似　由于 $f(x,y)$ 连续，每个子域可以近似地看作均匀薄片，$\forall M_i(\xi_i,\eta_i)\in\Delta\sigma_i$，每个小块的质量 Δm_i 的近似值为 $\Delta m_i \approx f(M_i)\Delta\sigma_i$.

求和　通过求和即得平面薄片质量的近似值 $m=\sum_{i=1}^{n}\Delta m_i \approx \sum_{i=1}^{n} f(M_i)\Delta\sigma_i$.

逼近　通过求极限得到所求平面薄片的质量，令 $\lambda=\max\{\Delta\sigma_i \text{ 的直径}\}$，$m=\lim_{\lambda\to 0}\sum_{i=1}^{n} f(M_i)\Delta\sigma_i$.

前面提到的细直棒的质量 $m=\lim_{\lambda\to 0}\sum_{i=1}^{n} f(\xi_i)\Delta x_i$，薄片的质量 $m=\lim_{\lambda\to 0}\sum_{i=1}^{n} f(M_i)\Delta\sigma_i$，均可由相同形式的和式极限来确定.

（2）空间物体的质量. 设一非均匀分布的物体占有空间区域 Ω，在 Ω 上任一点 $M(x,y,z)$ 的体积密度为 $f(M)=f(x,y,z)$，这里 $f(x,y,z)>0$ 且在 Ω 上连续. 将 Ω 任意地划分成 n 个子域 $\Delta\Omega_1,\Delta\Omega_2,\cdots,\Delta\Omega_n$，用 $\Delta V_1,\Delta V_2,\cdots,\Delta V_n$ 表示每个子域的体积，在每个 $\Delta\Omega_i$ 上任取一点 $M_i(\xi_i,\eta_i,\zeta_i)$，那么每个子域 $\Delta\Omega_i$ 的质量近似为 $\Delta m_i = f(\xi_i,\eta_i,\zeta_i)\Delta V_i$（$i=1,2,\cdots,n$）. 因而整个物体质量的近似值为 $m=\sum_{i=1}^{n}\Delta m_i \approx \sum_{i=1}^{n} f(M_i)\Delta V_i$.

记 $\lambda=\max\{\Delta V_i \text{ 的直径}\}$，于是物体的总质量为 $m=\lim_{\lambda\to 0}\sum_{i=1}^{n} f(M_i)\Delta V_i$.

（3）曲线形物体的质量. 设一非均匀分布的有质量的曲线 Γ，在曲线 Γ 上任一点 $M(x,y,z)$ 的线密度为 $f(M)=f(x,y,z)$，这里点 $M(x,y,z)$ 为曲线 Γ 上的点，$f(x,y,z)>0$ 且在曲线 Γ 上连续. 将曲线 Γ 任意地分成 n 个小弧段 $\Delta s_1,\Delta s_2,\cdots,\Delta s_n$，并且仍用 Δs_i 记它们的弧长，在每个小弧段 Δs_i 上任取一点 $M_i(\xi_i,\eta_i,\zeta_i)$，那么每个小弧段的质量近似为 $\Delta m_i = f(\xi_i,\eta_i,\zeta_i)\Delta s_i\,(i=1,2,\cdots,n)$，因而曲线 Γ 的总质量近似地等于 $m=\sum_{i=1}^{n}\Delta m_i \approx \sum_{i=1}^{n} f(M_i)\Delta s_i$.

记 $\lambda=\max\{\Delta s_i \text{ 的长度}\}$，于是曲线 Γ 的总质量为 $m=\lim_{\lambda\to 0}\sum_{i=1}^{n} f(M_i)\Delta s_i$.

（4）曲面形物体的质量. 设一非均匀分布的有质量的曲面 Σ，在曲面 Σ 上任一点 $M(x,y,z)$ 处的面密度为 $f(M)=f(x,y,z)$，这里 $M(x,y,z)$ 为曲面 Σ 上的点，$f(x,y,z)>0$ 且在曲面 Σ 上连续. 将曲面 Σ 任意地分成 n 个小块 $\Delta S_1,\Delta S_2,\cdots,\Delta S_n$，它们的面积仍然用 ΔS_i 表示，在每个小块 ΔS_i 上任取一点 $M_i(\xi_i,\eta_i,\zeta_i)$，那么每个小块 ΔS_i 的质量近似为 $f(\xi_i,\eta_i,\zeta_i)\Delta S_i$，因而整个曲面 Σ 的质量近似地等于 $m=\sum_{i=1}^{n}\Delta m_i \approx \sum_{i=1}^{n} f(M_i)\Delta S_i$.

记 $\lambda=\max\{\Delta S_i \text{ 的直径}\}$，于是曲面 Σ 的总质量为 $m=\lim_{\lambda\to 0}\sum_{i=1}^{n} f(M_i)\Delta S_i$.

综上，尽管质量分布的几何形体可以不同，但求质量问题都归结为同一形式的和式的极限. 在科学技术中还有大量类似的问题都可归结为这种类型和式的极限. 为了从数学关系上给出解决这类问题的一般方法，下面抽象出其数学结构的特征，给出多元数量值函数积分的概念.

2. 黎曼积分的概念

设Ω表示一个有界的可度量几何形体，函数$f(M)$在Ω上有界. 将Ω任意划分为n个小部分$\Delta\Omega_i$，$(i=1,2,\cdots,n)$，$\Delta\Omega_i$也表示其度量. 任取$M_i\in\Delta\Omega_i$，作乘积$f(M_i)\Delta\Omega_i\,(i=1,2,\cdots,n)$，再作和式$\sum\limits_{i=1}^{n}f(M_i)\Delta\Omega_i$. 不论对$\Omega$怎样划分，也不论点$M_i$在$\Delta\Omega_i$中怎样选取，当所有$\Delta\Omega_i$的直径的最大值$\lambda\to 0$时，和式都趋于同一常数，那么，称函数$f$在$\Omega$上可积，且此常数称为函数$f$在$\Omega$上的黎曼积分，记作：$\int\limits_{\Omega}f(M)\mathrm{d}\Omega=\lim\limits_{\lambda\to 0}\sum\limits_{i=1}^{n}f(M_i)\Delta\Omega_i$，其中记号$\int$叫做积分号，$\Omega$叫做积分区域，$f(M)$叫做被积函数，$f(M)\mathrm{d}\Omega$叫做被积表达式，$\mathrm{d}\Omega$叫做元素，$\sum\limits_{i=1}^{n}f(M_i)\Delta\Omega_i$叫做积分和（黎曼和）.

当Ω为不同的几何形体时，对应的积分有不同的名称和表达式：

（1）当Ω是x轴上的闭区间$[a,b]$时，$f(M)=f(x)$，$x\in[a,b]$，称为定积分，$\int_a^b f(x)\mathrm{d}x=\lim\limits_{\lambda\to 0}\sum\limits_{i=1}^{n}f(\xi_i)\Delta x_i$，$[a,b]$称为积分区间；

（2）当Ω为平面有界闭区域（常记为D）时，$f(M)=f(x,y)$，$(x,y)\in D$，称为二重积分（double integral），$\iint\limits_{D}f(x,y)\mathrm{d}\sigma=\lim\limits_{\lambda\to 0}\sum\limits_{i=1}^{n}f(\xi_i,\eta_i)\Delta\sigma_i$，$D$就是积分区域，$\mathrm{d}\sigma$称为面积元素（area element）；

（3）当Ω为空间有界闭区域（常记为Ω）时，$f(M)=f(x,y,z)$，$(x,y,z)\in\Omega$，称为三重积分（triple integral），$\iiint\limits_{\Omega}f(x,y,z)\mathrm{d}V=\lim\limits_{\lambda\to 0}\sum\limits_{i=1}^{n}f(\xi_i,\eta_i,\zeta_i)\Delta V_i$，$V$就是积分区域，$\mathrm{d}V$称为体积元素（volume element）；

（4）当Ω为平面有限曲线段（常记为L）或空间有限曲线段（常记为Γ）时，$f(M)=f(x,y)$，$(x,y)\in L$或$f(M)=f(x,y,z)$，$(x,y,z)\in\Gamma$，称为第一类曲线积分（line integrals of the first type）或对弧长的曲线积分（line integrals with respect to arc hength），$\int\limits_{L}f(x,y)\mathrm{d}s=\lim\limits_{\lambda\to 0}\sum\limits_{i=1}^{n}f(\xi_i,\eta_i)\Delta s_i$，$\int\limits_{\Gamma}f(x,y,z)\mathrm{d}s=\lim\limits_{\lambda\to 0}\sum\limits_{i=1}^{n}f(\xi_i,\eta_i,\zeta_i)\Delta s_i$，$L$（或$\Gamma$）称为积分弧，$\mathrm{d}s$叫做弧长元素（arc hength element）；

（5）当Ω为空间有限曲面片（常记为Σ）时，$f(M)=f(x,y,z)$，$(x,y,z)\in\Sigma$，称为第一类曲面积分（surface integrals of the first type）或对面积的曲面积分（surface integrals with respect to area），$\iint\limits_{\Sigma}f(x,y,z)\mathrm{d}S=\lim\limits_{\lambda\to 0}\sum\limits_{i=1}^{n}f(\xi_i,\eta_i,\zeta_i)\Delta S_i$，$\Sigma$称为积分曲面，$\mathrm{d}S$称为曲面面积元素（surface area element）.

二、黎曼积分的性质

多元积分学的存在性与定积分类似：若函数f在有界闭集Ω上连续，则f在Ω上可积.

当函数 $f(M)$、$g(M)$ 可积时，多元函数积分有与定积分类似的性质.

性质 1 （线性性质）α、β 为常数，则

$$\int_{\Omega}\alpha f(M)\mathrm{d}\Omega=\alpha\int_{\Omega}f(M)\mathrm{d}\Omega,$$

$$\int_{\Omega}[\alpha f(M)\pm\beta g(M)]\mathrm{d}\Omega=\alpha\int_{\Omega}f(M)\mathrm{d}\Omega\pm\beta\int_{\Omega}g(M)\mathrm{d}\Omega.$$

性质 2 （区域可加性）若 Ω 分为两部分，$\Omega=\Omega_1\cup\Omega_2$，且 $\Omega_1\cap\Omega_2=\varnothing$，则

$$\int_{\Omega}f(M)\mathrm{d}\Omega=\int_{\Omega_1}f(M)\mathrm{d}\Omega+\int_{\Omega_2}f(M)\mathrm{d}\Omega.$$

性质 3 $\int_{\Omega}\mathrm{d}\Omega=\Omega$ 的度量（如面积、体积、弧长等）.

性质 4 （单调性）如果在 Ω 上，$f(M)\leqslant g(M)$，则

$$\int_{\Omega}f(M)\mathrm{d}\Omega\leqslant\int_{\Omega}g(M)\mathrm{d}\Omega,$$

特别地，有 $\left|\int_{\Omega}f(M)\mathrm{d}\Omega\right|\leqslant\int_{\Omega}|f(M)|\mathrm{d}\Omega$.

性质 5 （估值性质）若 M、m 分别是 $f(M)$ 在 Ω 上的最大值和最小值，则

$$m\cdot(\Omega\text{的度量})\leqslant\int_{\Omega}f(M)\mathrm{d}\Omega\leqslant M\cdot(\Omega\text{的度量}).$$

性质 6 （积分中值定理）设 $f(M)$ 在有界连通闭集 Ω 上连续，则 $\exists\xi\in\Omega$，使得

$$\int_{\Omega}f(M)\mathrm{d}\Omega=f(\xi)\cdot(\Omega\text{的度量}).$$

性质 7 （对称性）当积分域 Ω 关于 x=0（在平面直角坐标系中表示 y 轴，在空间直角坐标系中表示 yOz 平面）对称时：

若被积函数 $f(M)$关于变量 x 为奇函数，则 $\int_{\Omega}f(M)\mathrm{d}\Omega=0$；

若被积函数 $f(M)$关于变量 x 为偶函数，则 $\int_{\Omega}f(M)\mathrm{d}\Omega=2\int_{\Omega_1}f(M)\mathrm{d}\Omega$，其中 Ω_1 为 Ω 位于 x>0 的部分.

注：上述结论中积分区域中的 x=0 可换为 y=0 或 z=0，相应地被积函数 $f(M)$中的变量就改为关于 y 或 z 的奇偶性.

这些性质的证明与定积分的证明完全类似，这里就不再重复了.

例 1 比较二重积分 $\iint_D(x+y)^2\mathrm{d}\sigma$ 与 $\iint_D(x+y)^3\mathrm{d}\sigma$ 的大小，其中 D 是由圆周 $(x-2)^2+(y-1)^2=2$ 围成的闭区域.

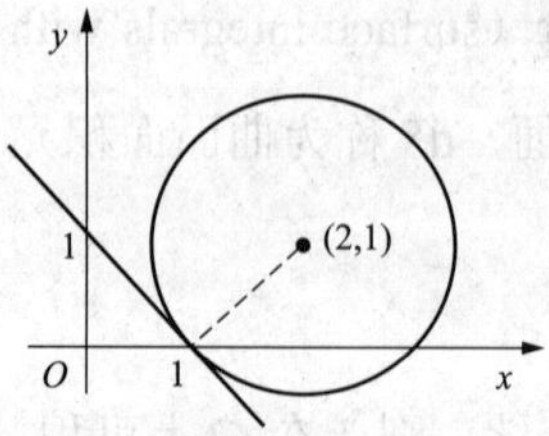

图 9-2

解 考虑 x+y 在 D 上的取值与 1 的关系．由于圆心(2,1)到直线 $x+y=1$ 的距离等于 $\sqrt{2}$，恰好是圆的半径，所以直线 $x+y=1$ 为圆的切线（见图 9-2）．因此在 D 上处处有 $x+y\geqslant 1$，于是 $(x+y)^2\leqslant(x+y)^3$.

根据性质 4，有 $\iint_D(x+y)^2\mathrm{d}\sigma\leqslant\iint_D(x+y)^3\mathrm{d}\sigma$.

例 2 计算$I=\iint\limits_D[y\mathrm{e}^{(1-y^2)\cos x}+2]\mathrm{d}\sigma$，其中$D=\{(x,y)||x|\leqslant a,|y|\leqslant b\}$，$a>0,b>0$.

解 积分区域是矩形

$$I=\iint\limits_D y\mathrm{e}^{(1-y^2)\cos x}\mathrm{d}\sigma+2\iint\limits_D\mathrm{d}\sigma,$$

由于D关于y=0（即x轴）对称，被积函数$y\mathrm{e}^{(1-y^2)\cos x}$关于$y$为奇函数，所以

$$\iint\limits_D y\mathrm{e}^{(1-y^2)\cos x}\mathrm{d}\sigma=0.$$

由于第二个积分的被积函数$f(x,y)=1$，所以$\iint\limits_D\mathrm{d}\sigma$等于积分区域$D$的面积，即

$$\iint\limits_D\mathrm{d}\sigma=4ab,$$

故
$$I=\iint\limits_D(y\mathrm{e}^{(1-y^2)\cos x}+2)\mathrm{d}\sigma=8ab$$

习　题　9-1

1．比较下列积分的大小．

（1）$I_1=\iint\limits_D(x+y)^2\mathrm{d}\sigma$与$I_2=\iint\limits_D(x+y)^3\mathrm{d}\sigma$，其中$D$是由$x$、$y$轴及直线$x+y=1$所围成；

（2）$I_1=\iint\limits_D\ln(x+y)\mathrm{d}\sigma$与$I_2=\iint\limits_D[\ln(x+y)]^2\mathrm{d}\sigma$，其中$D=\{(x,y)|3\leqslant x\leqslant 5,0\leqslant y\leqslant 1\}$；

（3）$I_1=\int_L(x+2y)\mathrm{d}s$与$I_2=\int_L(x^2+y^2)\mathrm{d}s$，其中$L$为$xOy$平面上的直线$x+y=1$位于第一象限的部分．

2．估计下列二重积分的值．

（1）$I=\iint\limits_D(x^2+4y^2+9)\mathrm{d}\sigma$，其中$D=\{(x,y)|x^2+y^2\leqslant 4\}$；

（2）$I=\iint\limits_D\sin^2x\sin^2y\mathrm{d}\sigma$，其中$D=\{(x,y)|0\leqslant x\leqslant\pi,0\leqslant y\leqslant\pi\}$；

（3）$I=\int_L(x+y)\mathrm{d}s$，其中L为圆周$x^2+y^2=1$位于第一象限的部分；

（4）$I=\iint\limits_\Sigma\frac{1}{x^2+y^2+z^2}\mathrm{d}S$，其中$\Sigma$为柱面$x^2+y^2=1$被平面$z=0$和$z=1$所截下的部分．

第二节　二　重　积　分

在本章第一节已经知道，当有界闭几何形体Ω是平面有界闭区域D时，二元函数$f(x,y)$在D上的积分称为二重积分，记为$\iint\limits_D f(x,y)\mathrm{d}\sigma$，其物理意义为以$f(x,y)$为面密度的非均匀薄片的质量．二重积分也有明确的几何意义，下面就从它的几何意义入手，讨论二重积分的计算．

一、二重积分的几何意义

设有一柱体，它的底是 xOy 平面上的闭区域 D，它的侧面是以 D 的边界曲线为准线而母线平行于 z 轴的柱面，它的顶是曲面 $z=f(x,y)$，$(x,y)\in D$，这里 $f(x,y)\geqslant 0$ 且在 D 上连续. 这种立体称为曲顶柱体.

现在来讨论如何计算曲顶柱体的体积．众所周知，平顶柱体的体积可以用公式

$$体积＝高×底面积$$

来定义和计算．而曲顶柱体的体积不能直接用上式来计算，因为当点 (x,y) 在区域 D 上变动时，曲顶柱体的高度 $f(x,y)$ 是个变量．因此仍需要用“分割、近似、求和、逼近”的方法来求其体积，同时进一步加深理解黎曼积分的概念．具体分析及计算步骤如下：

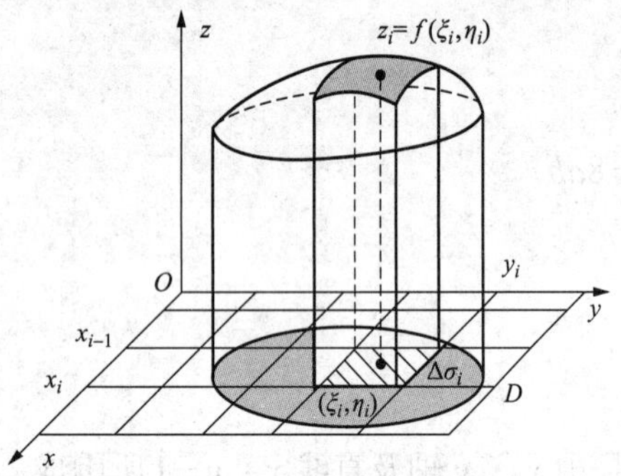

图 9-3

分割 用一组平面曲线网把 D 分成 n 个小闭区域

$$\Delta\sigma_1,\Delta\sigma_2,\cdots,\Delta\sigma_n,$$

分别以这些小闭区域的边界曲线为准线，作母线平行于 z 轴的柱面，这些柱面把原来的曲顶柱体分为 n 个细曲顶柱体（见图 9-3）

$$\Delta V_1,\Delta V_2,\cdots,\Delta V_i,\cdots,\Delta V_n.$$

其中 ΔV_i 表示第 i 个小曲顶柱体，也表示该柱体的体积，则 $V=\sum\limits_{i=1}^{n}\Delta V_i$.

近似 当这些小闭区域的直径很小时，由于 $f(x,y)$ 连续，对同一个小闭区域来说，$f(x,y)$ 变化很小，这时细曲顶柱体可近似地看作平顶柱体.

在每个 $\Delta\sigma_i$ 中任取一点 (ξ_i,η_i)，以 $f(\xi_i,\eta_i)$ 为高而底为 $\Delta\sigma_i$ 的平顶柱体的体积为

$$\Delta V_i\approx f(\xi_i,\eta_i)\Delta\sigma_i,\quad i=1,2,\cdots,n.$$

求和 这 n 个平顶柱体体积之和

$$V\approx\sum_{i=1}^{n}f(\xi_i,\eta_i)\Delta\sigma_i.$$

可以认为是整个曲顶柱体体积的近似值.

逼近 记 $\lambda=\max\{\Delta\sigma_i 的直径\}$，即 λ 是各个小区域的直径中的最大值，为求得曲顶柱体体积的精确值，只需取极限，即

$$V=\lim_{\lambda\to 0}\sum_{i=1}^{n}f(\xi_i,\eta_i)\Delta\sigma_i=\iint_D f(x,y)\Delta\sigma_i .$$

该极限就是所讨论的曲顶柱体的体积.

一般地，如果 $f(x,y)\geqslant 0$，被积函数 $f(x,y)$ 可解释为曲顶柱体的顶在点 (x,y) 处的竖坐标．二重积分 $\iint\limits_D f(x,y)\Delta\sigma$ 的几何意义就是以 D 为底，$f(x,y)$ 为曲顶的曲顶柱体的体积．如果 $f(x,y)$ 是负的，柱体就在 xOy 平面的下方，二重积分的绝对值仍等于曲顶柱体的体积，但二重积分的值是负的.

如果 $f(x,y)$ 在 D 的若干部分区域上是正的，而在其他部分区域上是负的，可以把 xOy 平面上方的柱体体积取成正，xOy 平面下方的柱体体积取成负，那么 $f(x,y)$ 在 D 上的二重积分

就等于这些部分区域上的柱体体积的代数和.

关于二重积分的性质，只要将黎曼积分的性质具体化即可，这里就不再一一赘述. 下面重点来看一下二重积分的中值定理及其几何意义：

设 $f(x,y)$ 在有界闭区域 D 上连续，则 $\exists(\xi,\eta)\in D$，使得

$$\iint_D f(x,y)\mathrm{d}\sigma = f(\xi,\eta)\cdot\sigma_D,$$

其中 σ_D 为区域 D 的面积.

如果 $f(x,y)\geqslant 0$，则二重积分 $\iint_D f(x,y)\mathrm{d}\sigma$ 的几何意义就是以 D 为底，$f(x,y)$ 为曲顶的曲顶柱体的体积. 中值定理的意义是，存在一个与之体积相同的同底的平顶柱体，该平顶柱体的高 $f(\xi,\eta)$ 一定介于曲顶柱体高的最大值与最小值之间.

二、二重积分的计算

若只是利用二重积分的定义来计算二重积分，则只有少数被积函数和积分区域都特别简单的二重积分才能直接计算. 而对一般的函数和区域，二重积分的计算需要考虑其他方法，这里通过把二重积分转化为累次积分（即两次定积分）来实现.

1. 利用直角坐标计算二重积分

在二重积分的定义中对闭区域 D 的划分是任意的. 如果在直角坐标系中用平行于坐标轴的直线网来划分 D，那么除了包含边界点的一些小闭区域外，其余的小闭区域都是矩形闭区域. 设矩形闭区域 $\Delta\sigma_i$ 的边长为 Δx_i 和 Δy_i，则 $\Delta\sigma_i=\Delta x_i\Delta y_i$，因此在直角坐标系中，有时也把面积元素 $\mathrm{d}\sigma$ 记作 $\mathrm{d}x\mathrm{d}y$，而把二重积分记作

$$\iint_D f(x,y)\mathrm{d}x\mathrm{d}y,$$

其中 $\mathrm{d}x\mathrm{d}y$ 称为直角坐标系中的面积元素.

下面用几何观点来讨论二重积分 $\iint_D f(x,y)\mathrm{d}\sigma$ 的计算问题. 讨论中，假定 $f(x,y)\geqslant 0$.

设积分区域 D 是 xOy 平面上的一个有界闭区域，如果 D 可以表示为：$D=\{(x,y)\mid\varphi_1(x)\leqslant y\leqslant\varphi_2(x),a\leqslant x\leqslant b\}$（见图 9-4），其中函数 $\varphi_1(x)$、$\varphi_2(x)$ 在区间 $[a,b]$ 上连续，则称 D 为 X 型区域.

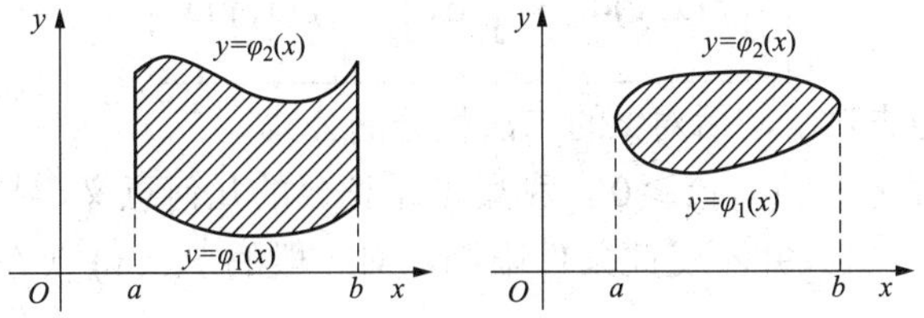

图 9-4

容易看出，X 型区域的特点是，穿过 D 内部且垂直于 x 轴的直线与 D 的边界相交不多于两点.

由二重积分的几何意义可知，当 $f(x,y)\geqslant 0$，$(x,y)\in D$ 时，$\iint_D f(x,y)\mathrm{d}\sigma$ 等于以 D 为底，以曲面 $z=f(x,y)$ 为顶的曲顶柱体（见图 9-5）的体积.

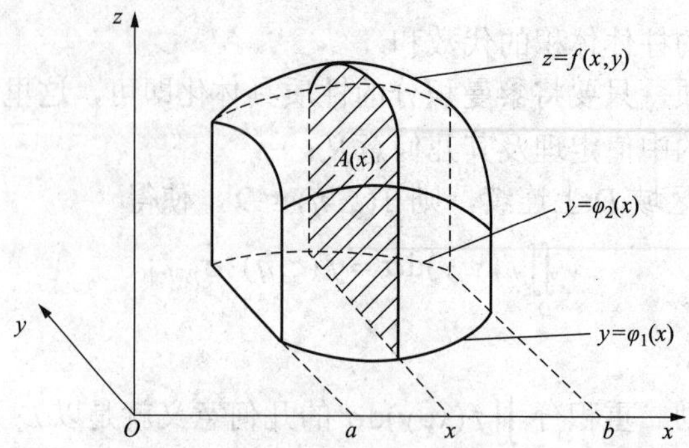

图 9-5

另外，这个曲顶柱体的体积又可按“平行截面面积为已知的立体体积”的计算方法求得：在区间$[a,b]$上任意取定一点x，过点$(x,0,0)$作平行于yOz平面的平面. 此平面截曲顶柱体得一曲边梯形，则其面积$A(x)$可用定积分计算如下（积分时把x看作常数）

$$A(x)=\int_{\varphi_1(x)}^{\varphi_2(x)}f(x,y)\mathrm{d}y,$$

于是得曲顶柱体体积V为

$$V=\int_a^b A(x)\mathrm{d}x=\int_a^b\left[\int_{\varphi_1(x)}^{\varphi_2(x)}f(x,y)\mathrm{d}y\right]\mathrm{d}x. \tag{1}$$

从而得等式

$$\iint\limits_D f(x,y)\mathrm{d}\sigma=\int_a^b\left[\int_{\varphi_1(x)}^{\varphi_2(x)}f(x,y)\mathrm{d}y\right]\mathrm{d}x.$$

上式右端的积分称为先对y、后对x的二次积分. 也就是说，先把x看作常数，把$f(x,y)$只看作y的函数，并对y计算从$\varphi_1(x)$到$\varphi_2(x)$的定积分；然后把算得的结果（是x的函数）对x计算在区间$[a,b]$上的定积分. 这个先对y后对x的二次积分也常记作

$$\int_a^b\mathrm{d}x\int_{\varphi_1(x)}^{\varphi_2(x)}f(x,y)\mathrm{d}y,$$

于是，式（1）也可写成

$$\boxed{\iint\limits_D f(x,y)\mathrm{d}\sigma=\int_a^b\mathrm{d}x\int_{\varphi_1(x)}^{\varphi_2(x)}f(x,y)\mathrm{d}y} \tag{2}$$

这就是把二重积分化为先对y、后对x的二次积分的公式.

在上述讨论中，假定了$f(x,y)\geqslant 0$，利用二重积分的几何意义，导出了二重积分的计算式（1）. 但实际上，式（1）并不受此条件限制，对一般的$f(x,y)$（在D上连续），式（1）总是成立的.

类似地，如果积分区域D可以表示为：$D=\{(x,y)\,|\,\psi_1(y)\leqslant x\leqslant\psi_2(y),c\leqslant y\leqslant d\}$（见图9-6），其中函数$\psi_1(y)$、$\psi_2(y)$在区间$[c,d]$上连续，则称$D$为$Y$型区域.

容易看出，Y型区域的特点是，穿过D内部且垂直于y轴的直线与D的边界相交不多于两点. 那么就有

$$\iint\limits_D f(x,y)\mathrm{d}\sigma=\int_c^d\left[\int_{\psi_1(y)}^{\psi_2(y)}f(x,y)\mathrm{d}x\right]\mathrm{d}y. \tag{3}$$

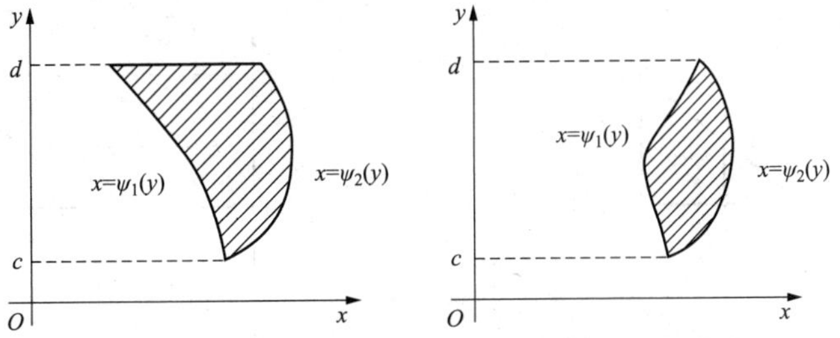

图 9-6

上式右端的积分叫做先对 x 、后对 y 的二次积分，这个积分也常记作

$$\int_c^d \mathrm{d}y \int_{\psi_1(y)}^{\psi_2(y)} f(x,y)\mathrm{d}x .$$

因此，式（3）也写成

$$\boxed{\iint_D f(x,y)\mathrm{d}\sigma = \int_c^d \mathrm{d}y \int_{\psi_1(y)}^{\psi_2(y)} f(x,y)\mathrm{d}x} \tag{4}$$

这就是把二重积分化为先对 x 、后对 y 的二次积分的公式.

如果积分区域 D 既不是 X 型的，又不是 Y 型的，可以用平行于坐标轴的线段将它分割为几个 X 型或 Y 型区域的和. 例如，图 9-7 中 D 既不是 X 型又不是 Y 型区域，但 $D = D_1 \cup D_2 \cup D_3$，其中，$D_1$ 既是 X 型又是 Y 型区域，D_2、D_3 是 X 型区域.

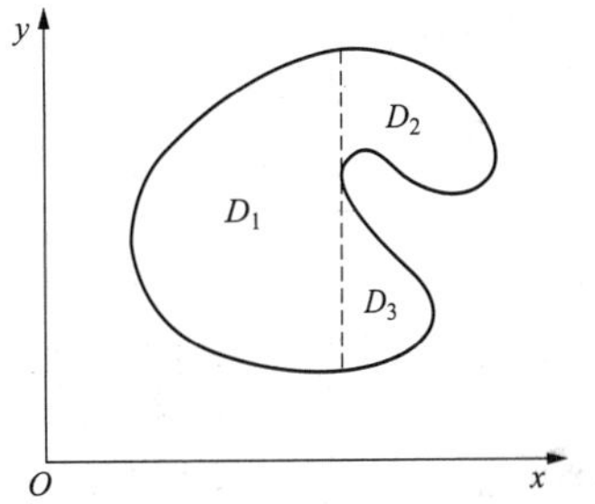

图 9-7

如果积分区域 D 既是 X 型的［可用不等式组 $\varphi_1(x) \leqslant y \leqslant \varphi_2(x),\ a \leqslant x \leqslant b$ 来表示］，又是 Y 型的［可用不等式组 $\psi_1(y) \leqslant x \leqslant \psi_2(y), c \leqslant y \leqslant d$ 来表示］，则由式（2）及式（4）得

$$\iint_D f(x,y)\mathrm{d}\sigma = \int_a^b \mathrm{d}x \int_{\varphi_1(x)}^{\varphi_2(x)} f(x,y)\mathrm{d}y = \int_c^d \mathrm{d}y \int_{\psi_1(y)}^{\psi_2(y)} f(x,y)\mathrm{d}x.$$

将二重积分化为二次积分来计算时，采用不同的积分次序，往往会对计算过程带来不同的影响，应注意根据具体情况，选择恰当的积分次序. 在计算时，确定二次积分的积分限是一个关键. 一般可以先画一个积分区域的草图，然后根据区域的类型确定二次积分的次序，并定出相应的积分上下限. 下面结合例题来说明具体方法.

例 1　计算 $\iint_D x\mathrm{d}\sigma$，其中 D 是由直线 $y=1$， $x=2$ 及 $y=x$ 所围成的闭区域.

解法 1　首先画出区域 D . 把 D 看成是 X 型区域：$D=\{(x,y)\,|\,1\leqslant y\leqslant x, 1\leqslant x\leqslant 2\}$，如图 9-8 所示. 于是

$$\iint_D x\mathrm{d}\sigma = \int_1^2 \mathrm{d}x \int_1^x x\mathrm{d}y = \int_1^2 x(x-1)\,\mathrm{d}x = \left[\frac{x^3}{3} - \frac{x^2}{2}\right]_1^2 = \frac{5}{6}.$$

解法 2　把 D 看成是 Y 型区域：$D=\{(x,y)\,|\,y\leqslant x\leqslant 2, 1\leqslant y\leqslant 2\}$，如图 9-9 所示. 于是

$$\iint_D x\mathrm{d}\sigma = \int_1^2 \mathrm{d}y \int_y^2 x\mathrm{d}x = \int_1^2 \frac{1}{2}(4-y^2)\,\mathrm{d}y = \left[2y - \frac{y^3}{6}\right]_1^2 = \frac{5}{6}.$$

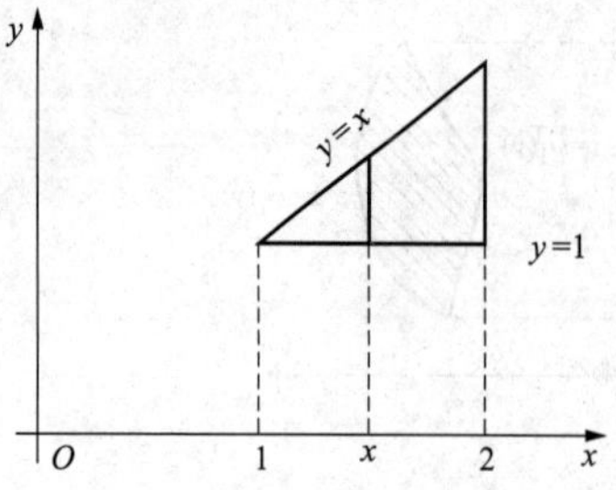

图 9-8

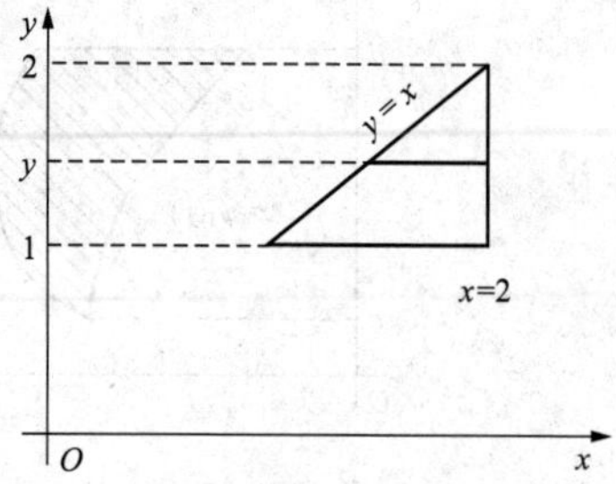

图 9-9

例 2 计算 $\iint\limits_D xy\mathrm{d}\sigma$，其中 D 是由直线 $y=x-2$ 及抛物线 $y^2=x$ 所围成的闭区域.

解 把积分区域 D 看成 Y 型区域：$D=\{(x,y)\mid y^2\leqslant x\leqslant y+2,-1\leqslant y\leqslant 2\}$，如图 9-10（a）所示．于是

$$\begin{aligned}\iint\limits_D xy\mathrm{d}\sigma&=\int_{-1}^{2}\mathrm{d}y\int_{y^2}^{y+2}xy\mathrm{d}x\\&=\int_{-1}^{2}\left[\frac{x^2}{2}y\right]_{y^2}^{y+2}\mathrm{d}y=\frac{1}{2}\int_{-1}^{2}[y(y+2)^2-y^5]\mathrm{d}y\\&=\frac{1}{2}\left[\frac{y^4}{4}+\frac{4}{3}y^3+2y^2-\frac{y^6}{6}\right]_{-1}^{2}=\frac{45}{8}.\end{aligned}$$

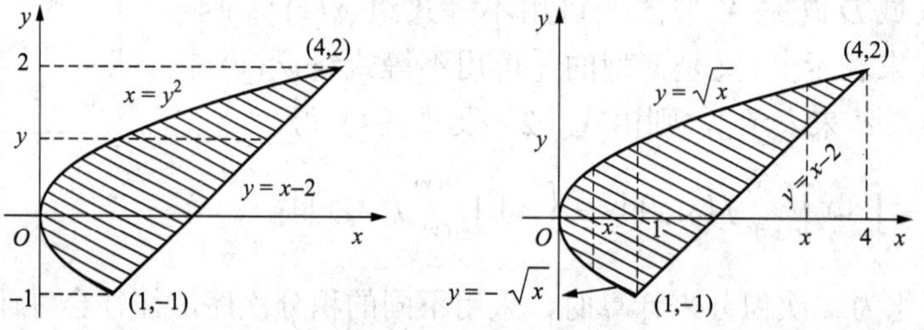

（a）（b）

图 9-10

积分区域 D 也可以表示为两个 X 型区域之和，$D=D_1\cup D_2$，如图 9-10（b）所示．其中 $D_1=\{(x,y)\mid -\sqrt{x}\leqslant y\leqslant\sqrt{x},0\leqslant x\leqslant 1\}$，$D_2=\{(x,y)\mid x-2\leqslant y\leqslant\sqrt{x},1\leqslant x\leqslant 4\}$．于是

$$\begin{aligned}\iint\limits_D xy\mathrm{d}\sigma&=\int_0^1\mathrm{d}x\int_{-\sqrt{x}}^{\sqrt{x}}xy\mathrm{d}y+\int_1^4\mathrm{d}x\int_{x-2}^{\sqrt{x}}xy\mathrm{d}y\\&=\int_0^1 0x\mathrm{d}x+\int_1^4\left(-\frac{x^3}{2}+\frac{5}{2}x^2-2x\right)\mathrm{d}x=\frac{45}{8}.\end{aligned}$$

显然以上两种方法的计算量有所区别，将 D 作为 Y 型区域更方便些，体现出合理选择二次积分的次序的重要性．积分次序的选择既要看积分区域的形状，也要看被积函数的特性．

例 3 计算二重积分 $\iint\limits_D\mathrm{d}x\mathrm{d}y$，其中 D 是由直线 $y=2x$，$x=2y$ 和 $x+y=3$ 所围成的三角

形区域（见图 9-11）.

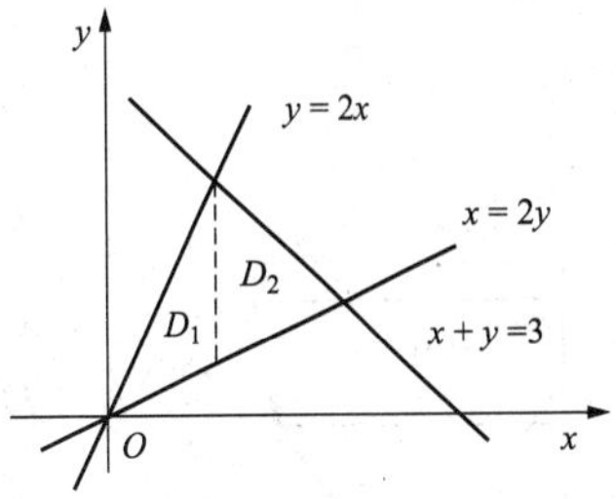

图 9-11

分析 把 D 看作 X 型区域，则其边界 $\varphi_1(x)=\dfrac{x}{2},\varphi_2(x)=\begin{cases}2x,0\leqslant x\leqslant 1\\3-x,1\leqslant x\leqslant 2\end{cases}$，因此需要过两直线的交点 $(1,2)$ 作 x 轴的垂线，把 D 分为 D_1、D_2 两个区域分别积分.

解 如图 9-11 所示，过直线 $y=2x$ 与 $x+y=3$ 的交点 $(1,2)$ 作 y 轴的平行线，将 D 分为 D_1、D_2 两个区域，其中

$$D_1=\{(x,y)\mid \frac{x}{2}\leqslant y\leqslant 2x,0\leqslant x\leqslant 1\},$$

$$D_2=\{(x,y)\mid \frac{x}{2}\leqslant y\leqslant 3-x,1\leqslant x\leqslant 2\},$$

则

$$\iint_D \mathrm{d}x\mathrm{d}y=\iint_{D_1}\mathrm{d}x\mathrm{d}y+\iint_{D_2}\mathrm{d}x\mathrm{d}y=\int_0^1\mathrm{d}x\int_{\frac{x}{2}}^{2x}\mathrm{d}y+\int_1^2\mathrm{d}x\int_{\frac{x}{2}}^{3-x}\mathrm{d}y$$
$$=\int_0^1\left(2x-\frac{x}{2}\right)\mathrm{d}x+\int_1^2\left(3-x-\frac{x}{2}\right)\mathrm{d}x=\left[\frac{3}{4}x^2\right]_0^1+\left[3x-\frac{3}{4}x^2\right]_1^2=\frac{3}{2}.$$

把二重积分化为二次积分进行计算时，首先应判定区域 D 的类型并用不等式把它表示出来，由此正确确定两个二次积分的积分限，尤其是第一次积分的积分限．一般地，当 D 是 X 型区域时，作平行于 y 轴的直线由下向上穿过 D，穿入的边界曲线就是对 y 的积分下限 $\varphi_1(x)$，穿出的边界曲线就是积分上限 $\varphi_2(x)$．当 D 是 Y 型区域时，作平行于 x 轴的直线由左向右穿过 D，穿入的边界曲线就是对 x 的积分下限 $\psi_1(y)$，穿出的边界曲线就是积分上限 $\psi_2(y)$．

例 4 计算积分 $\iint_D \mathrm{e}^{x^2}\mathrm{d}x\mathrm{d}y$，$D$ 由 $x=2$，$y=x$ 及 x 轴围成.

解 如图 9-12 所示，将 D 看成 X 型区域，$D=\{(x,y)\mid 0\leqslant y\leqslant x,0\leqslant x\leqslant 2\}$，则

$$\iint_D \mathrm{e}^{x^2}\mathrm{d}x\mathrm{d}y=\int_0^2\mathrm{d}x\int_0^x\mathrm{e}^{x^2}\mathrm{d}y$$
$$=\int_0^2\mathrm{e}^{x^2}\mathrm{d}x\int_0^x\mathrm{d}y=\int_0^2 x\mathrm{e}^{x^2}\mathrm{d}x$$
$$=\frac{1}{2}\int_0^2\mathrm{e}^{x^2}\mathrm{d}x^2=\frac{\mathrm{e}^4-1}{2}.$$

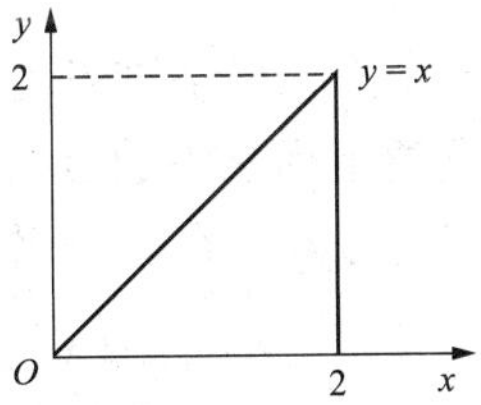

图 9-12

本题若将 D 看成 Y 型区域，$D=\{(x,y)\mid y\leqslant x\leqslant 2,0\leqslant y\leqslant 2\}$，则

$$\iint_D \mathrm{e}^{x^2}\mathrm{d}x\mathrm{d}y=\int_0^2\mathrm{d}y\int_y^2\mathrm{e}^{x^2}\mathrm{d}x$$

此积分无法用牛顿-莱布尼兹公式计算．由此可知，二次积分的次序选择得是否适当，有时直接关系到能否算出二重积分的结果.

例 5 交换二次积分 $I=\int_0^1\mathrm{d}x\int_{x^2}^1\dfrac{xy}{\sqrt{1+y^3}}\mathrm{d}y$ 的积分顺序，并求其值.

解 由二次积分可知，与它对应的二重积分

$$\iint_D \frac{xy}{\sqrt{1+y^3}}\,\mathrm{d}\sigma$$

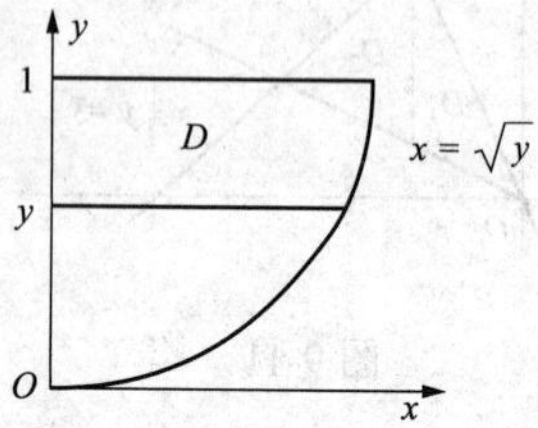

图 9-13

的积分区域 $D=\{(x,y)\,|\,x^2\leqslant y\leqslant 1, 0\leqslant x\leqslant 1\}$，即为由 $y=x^2, y=1$ 与 $x=0$ 所围成的区域，如图 9-13 所示．要交换积分次序，可将 D 表为 $D=\{(x,y)\,|\,0\leqslant x\leqslant \sqrt{y}, 0\leqslant y\leqslant 1\}$，于是

$$I=\int_0^1 \mathrm{d}y\int_0^{\sqrt{y}}\frac{xy}{\sqrt{1+y^3}}\mathrm{d}x$$

$$=\frac{1}{2}\int_0^1\frac{y^2}{\sqrt{1+y^3}}\,\mathrm{d}y=\left[\frac{1}{3}\sqrt{1+y^3}\right]_0^1=\frac{1}{3}(\sqrt{2}-1).$$

若积分区域存在对称性，被积函数关于某变量具有奇偶性，可以简化二重积分的计算，有结论如下：

对于积分区域 D，$D_1=\{(x,y)\,|\,(x,y)\in D, x\geqslant 0\}$，$D_2=\{(x,y)\,|\,(x,y)\in D, y\geqslant 0\}$：

（1）如果积分区域 D 关于 y 轴对称，则：

若 $f(-x,y)=-f(x,y),(x,y)\in D$，有 $\iint\limits_D f(x,y)\mathrm{d}x\mathrm{d}y=0$；

若 $f(-x,y)=f(x,y),(x,y)\in D$，有 $\iint\limits_D f(x,y)\mathrm{d}x\mathrm{d}y=2\iint\limits_{D_1} f(x,y)\mathrm{d}x\mathrm{d}y$．

（2）如果积分区域 D 关于 x 轴对称，则：

若 $f(x,-y)=-f(x,y),(x,y)\in D$，有 $\iint\limits_D f(x,y)\mathrm{d}x\mathrm{d}y=0$；

若 $f(x,-y)=f(x,y),(x,y)\in D$，有 $\iint\limits_D f(x,y)\mathrm{d}x\mathrm{d}y=2\iint\limits_{D_2} f(x,y)\mathrm{d}x\mathrm{d}y$．

*2. 二重积分的换元法

把平面上同一个点 M 既用直角坐标 (x,y) 表示，又用极坐标 (r,θ) 表示，它们的关系为

$$\begin{cases} x=r\cos\theta \\ y=r\sin\theta \end{cases}. \tag{5}$$

实际上，由式（5）联系的点 (x,y) 和 (r,θ) 看成是同一平面上的同一个点，只不过采用不同的坐标而已．现在用另一种观点来解释：就是把 (r,θ) 看作是另一个直角坐标系中的点，即通过变换式（5）将 $rO\theta$ 坐标系的点 $M'(r,\theta)$ 转换成 xOy 坐标系中的点 $M(x,y)$．在两个平面各自限定的某个范围中，这种变换是一对一的（即是一一映射）．

下面就一般情况来讨论二重积分的换元法．

定理 设 $f(x,y)$ 在 xOy 平面上的闭区域 D 上连续，若变换

$$T: x=x(u,v), y=y(u,v),$$

将 uOv 平面上的闭区域 D' 变为 xOy 平面上的 D，且满足：

（1）$x(u,v)$，$y(u,v)$ 在 D' 上具有一阶连续偏导数；

（2）在 D' 上雅可比行列式 $J(u,v)=\dfrac{\partial(x,y)}{\partial(u,v)}\neq 0$；

（3）变换 $T: D'\to D$ 是一对一的，则有

$$\iint_D f(x,y)\mathrm{d}x\mathrm{d}y = \iint_{D'} f[x(u,v),y(u,v)]\,|\,J(u,v)\,|\,\mathrm{d}u\mathrm{d}v \tag{6}$$

式（6）称为二重积分的换元公式.

证明略.

这里要说明的是，如果雅可比行列式在 D' 的个别点处，或者某条曲线上为零，而在其他点上均不等于零，则式（6）仍成立.

在变换为极坐标 $x = r\cos\theta$， $y = r\sin\theta$ 的特殊情况下，雅可比行列式

$$J = \begin{vmatrix} \dfrac{\partial x}{\partial r} & \dfrac{\partial x}{\partial \theta} \\ \dfrac{\partial y}{\partial r} & \dfrac{\partial y}{\partial \theta} \end{vmatrix} = \begin{vmatrix} \cos\theta & -r\sin\theta \\ \sin\theta & r\cos\theta \end{vmatrix} = r\cos^2\theta + r\sin^2\theta = r$$

仅在 $r = 0$ 处为零，故不论闭区域 D' 是否含有极点，换元公式总成立，即有

$$\iint_D f(x,y)\mathrm{d}x\mathrm{d}y = \iint_{D'} f(r\cos\theta, r\sin\theta) r\mathrm{d}r\mathrm{d}\theta\,, \tag{7}$$

这里 D' 是 D 在直角坐标 $rO\theta$ 平面上的对应区域，所以式（7）是式（6）的一个特例.

在具体运用式（6）计算二重积分 $\iint_D f(x,y)\mathrm{d}x\mathrm{d}y$ 时，选择何种变换一般取决于积分区域 D 的形状和被积函数 $f(x,y)$ 的表达式，归根到底取决于变换后的二重积分是否易于计算.

特别地，后面将要学习的利用极坐标计算二重积分、利用柱面坐标和球面坐标计算三重积分就是特殊的换元法.

例 6 求由抛物线 $y^2 = px$， $y^2 = qx$ $(q > p > 0)$ 与双曲线 $xy = a$， $xy = b$ $(b > a > 0)$ 所围成的平面区域 D 的面积，如图 9-14（a）所示.

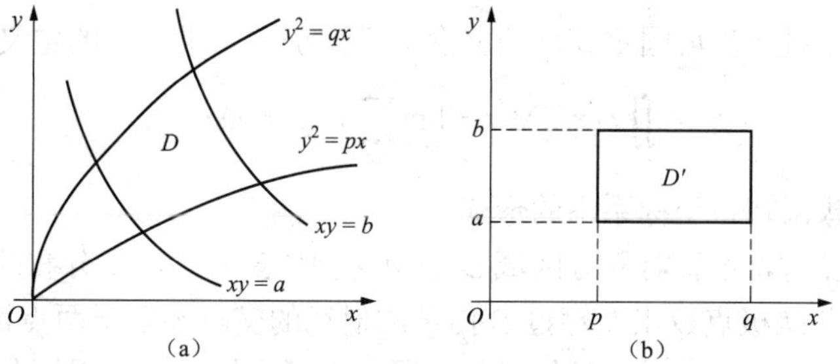

图 9-14

解 令 $u = \dfrac{y^2}{x}$ $(p \leqslant u \leqslant q)$， $v = xy$ $(a \leqslant v \leqslant b)$，则 $x = \dfrac{v-u}{2}$， $y = \dfrac{v+u}{2}$. 由于

$$\frac{\partial(u,v)}{\partial(x,y)} = \begin{vmatrix} -\dfrac{y^2}{x^2} & \dfrac{2y}{x} \\ y & x \end{vmatrix} = -\frac{3y^2}{x} \neq 0 \quad (x \neq 0, y \neq 0)\,,$$

因此这个变换 $T:(x,y) \to (u,v)$ 是可逆的，其逆变换 $T^{-1}:(u,v) \to (x,y)$，即

$$x = x(u,v),\ y = y(u,v)$$

的雅可比行列式

$$\frac{\partial(x,y)}{\partial(u,v)}=\frac{1}{\dfrac{\partial(u,v)}{\partial(x,y)}}=-\frac{x}{3y^2}=-\frac{1}{3u}\neq 0,$$

变换 T 把 xOy 平面上的区域 D 变为 uOv 平面上的区域 D'，如图 9-14（b）所示，于是得区域 D 的面积

$$A=\iint\limits_D \mathrm{d}x\mathrm{d}y=\iint\limits_{D'}\left|\frac{\partial(x,y)}{\partial(u,v)}\right|\mathrm{d}u\mathrm{d}v=\int_a^b \mathrm{d}v\int_p^q\frac{1}{3u}\mathrm{d}u=\frac{1}{3}(b-a)\ln\frac{q}{p}.$$

例 7 计算 $\iint\limits_D\sqrt{1-\dfrac{x^2}{a^2}-\dfrac{y^2}{b^2}}\mathrm{d}x\mathrm{d}y$，其中 D 为椭圆 $\dfrac{x^2}{a^2}+\dfrac{y^2}{b^2}=1\ (a,b>0)$所围成的闭区域.

解 作广义极坐标变换 $\begin{cases}x=ar\cos\theta\\ y=br\sin\theta\end{cases}$，其中 $a>0$，$b>0$，$r\geqslant 0$，$0\leqslant\theta\leqslant 2\pi$. 在此变换下，与 D 对应的闭区域为 $D'=\{(r,\theta)\,|\,0\leqslant r\leqslant 1,0\leqslant\theta\leqslant 2\pi\}$，雅可比行列式 $J=\dfrac{\partial(x,y)}{\partial(r,\theta)}=abr$，仅当 $r=0$ 时 J 为零，故由式（6），得

$$\iint\limits_D\sqrt{1-\frac{x^2}{a^2}-\frac{y^2}{b^2}}\mathrm{d}x\mathrm{d}y=\iint\limits_{D'}\sqrt{1-r^2}\,abr\mathrm{d}r\mathrm{d}\theta=\frac{2}{3}\pi ab.$$

3．利用极坐标计算二重积分

部分二重积分，其积分区域 D 的边界曲线用极坐标方程来表示比较方便，例如，圆弧或过原点的射线，且被积函数用极坐标变量 r、θ 表达比较简单，如 $f(x^2+y^2)$、$f\left(\dfrac{x}{y}\right)$、$f\left(\dfrac{y}{x}\right)$ 等. 这时可以考虑利用极坐标来计算二重积分 $\iint\limits_D f(x,y)\mathrm{d}\sigma$. 运用式（7），就可以得到极坐标下的计算公式. 为了进一步巩固重积分的概念，下面仍按二重积分的定义

$$\iint\limits_D f(x,y)\mathrm{d}\sigma=\lim_{\lambda\to 0}\sum_{i=1}^n f(\xi_i,\eta_i)\Delta\sigma_i$$

来研究这个和式的极限在极坐标系中的形式.

当二重积分存在时，不管对积分区域 D 采用何种分割方式，积分和的极限不会改变，假定闭区域 D 的边界与从极点 O 出发穿过 D 内部的射线的交点不多于两点，或者边界的一部分是射线的一段. 在极坐标系中，采用从极点 O 出发的一簇射线（$\theta=$常数）及以极点为圆心的一簇同心圆（$r=$常数），把 D 分为 n 个小闭区域（见图 9-15），除了包含边界点的一些小闭区域外，小闭区域的面积为

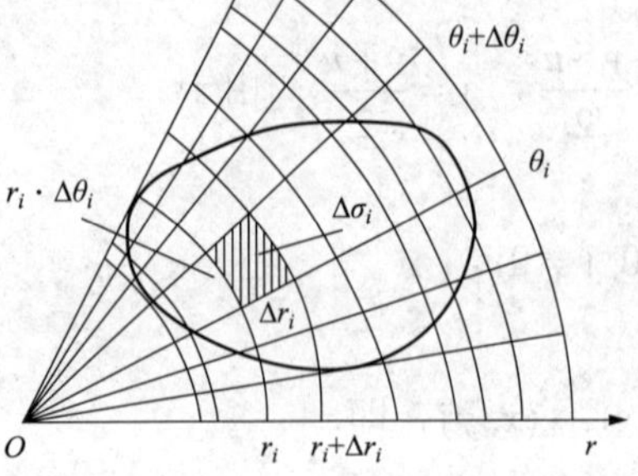

图 9-15

$$\begin{aligned}\Delta\sigma_i&=\frac{1}{2}(r_i+\Delta r_i)^2\cdot\Delta\theta_i-\frac{1}{2}\cdot r_i^2\cdot\Delta\theta_i\\&=\frac{1}{2}(2r_i+\Delta r_i)\Delta r_i\cdot\Delta\theta_i\\&=\frac{r_i+(r_i+\Delta r_i)}{2}\cdot\Delta r_i\cdot\Delta\theta_i\\&=\overline{r}_i\cdot\Delta r_i\cdot\Delta\theta_i.\end{aligned}$$

其中 $\overline{r_i}$ 表示相邻两圆弧的半径的平均值.

在小闭区域 $\Delta\sigma_i$ 内取点 $(\overline{r_i},\overline{\theta_i})$，设其直角坐标为 (ξ_i,η_i)，则由直角坐标与极坐标之间的关系有 $\xi_i=\overline{r_i}\cos\overline{\theta}_i,\eta_i=\overline{r_i}\sin\overline{\theta_i}$. 于是

$$\lim_{\lambda\to 0}\sum_{i=1}^{n}f(\xi_i,\eta_i)\Delta\sigma_i=\lim_{\lambda\to 0}\sum_{i=1}^{n}f(\overline{r_i}\cos\overline{\theta}_i,\overline{r_i}\sin\overline{\theta}_i)\overline{r_i}\cdot\Delta r_i\cdot\Delta\theta_i,$$

即

$$\iint_D f(x,y)\mathrm{d}\sigma=\iint_D f(r\cos\theta,r\sin\theta)r\mathrm{d}r\mathrm{d}\theta,$$

由于在直角坐标系中，$\iint_D f(x,y)\mathrm{d}\sigma$ 也常记作 $\iint_D f(x,y)\mathrm{d}x\mathrm{d}y$，所以得到二重积分的积分变量从直角坐标变换为极坐标的变换公式为

$$\boxed{\iint_D f(x,y)\mathrm{d}x\mathrm{d}y=\iint_D f(r\cos\theta,r\sin\theta)r\mathrm{d}r\mathrm{d}\theta} \tag{8}$$

其中 $r\mathrm{d}r\mathrm{d}\theta$ 是极坐标系中的面积元素.

式（7）与式（8）的区别在于等式右端的积分区域. 将点 (r,θ) 看作同一平面上点 (x,y) 的极坐标，所以积分区域仍然记作 D.

式（8）表明，要把二重积分中的变量从直角坐标变换为极坐标除了把被积函数中的 x、y 分别转换成 $r\cos\theta$、$r\sin\theta$ 外，还要把直角坐标系中的面积元素 $\mathrm{d}x\mathrm{d}y$ 换成极坐标系中的面积元素 $r\mathrm{d}r\mathrm{d}\theta$.

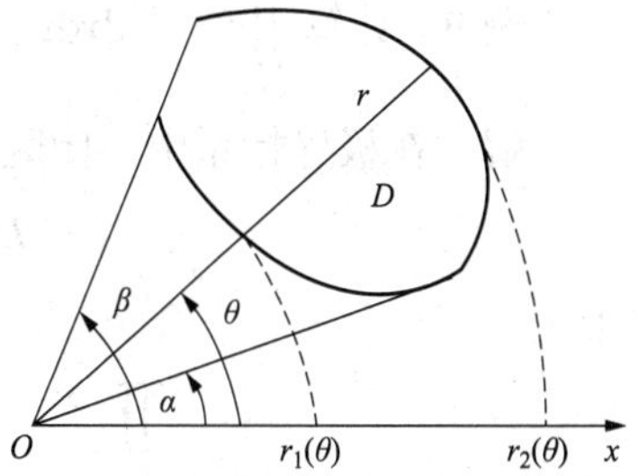

图 9-16

极坐标系中的二重积分，同样可以化为二次积分来计算.

（1）若从极点发出的射线与积分区域 D 的边界上至多有两个交点（见图 9-16），区域 D 可表示为 $r_1(\theta)\leqslant r\leqslant r_2(\theta)$，$\alpha\leqslant\theta\leqslant\beta$，其中函数 $r_1(\theta)$、$r_2(\theta)$ 在区间 $[\alpha,\beta]$ 上连续，$0\leqslant r_1(\theta)\leqslant r_2(\theta)$，且 $0\leqslant\beta-\alpha\leqslant 2\pi$. 这样就可看出，极坐标系中的二重积分化为二次积分的公式为

$$\iint_D f(r\cos\theta,r\sin\theta)r\mathrm{d}r\mathrm{d}\theta=\int_\alpha^\beta\left[\int_{r_1(\theta)}^{r_2(\theta)}f(r\cos\theta,r\sin\theta)r\mathrm{d}r\right]\mathrm{d}\theta. \tag{9}$$

式（9）一般写成

$$\boxed{\iint_D f(r\cos\theta,r\sin\theta)r\mathrm{d}r\mathrm{d}\theta=\int_\alpha^\beta\mathrm{d}\theta\int_{r_1(\theta)}^{r_2(\theta)}f(r\cos\theta,r\sin\theta)r\mathrm{d}r} \tag{10}$$

（2）当极点位于区域 D 的边界上时（见图 9-17）

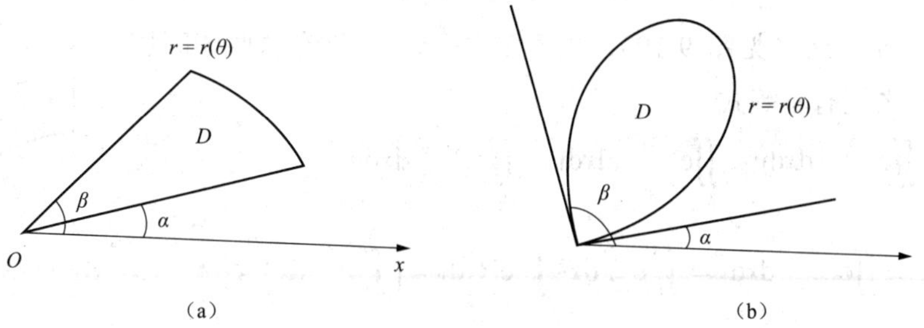

图 9-17

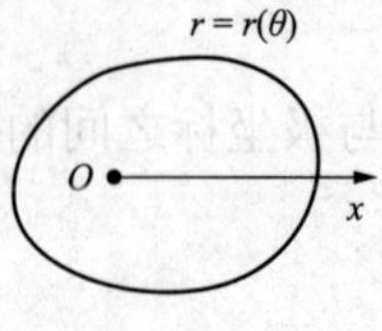

图 9-18

$$\iint\limits_{D} f(r\cos\theta, r\sin\theta) r\mathrm{d}r\mathrm{d}\theta = \int_{\alpha}^{\beta}\mathrm{d}\theta\int_{0}^{r(\theta)} f(r\cos\theta, r\sin\theta) r\mathrm{d}r \tag{11}$$

（3）当极点位于区域 D 内部时（见图 9-18）

$$\iint\limits_{D} f(r\cos\theta, r\sin\theta) r\mathrm{d}r\mathrm{d}\theta = \int_{0}^{2\pi}\mathrm{d}\theta\int_{0}^{r(\theta)} f(r\cos\theta, r\sin\theta) r\mathrm{d}r \tag{12}$$

例 8 计算二重积分 $I = \iint\limits_{D}\sin\sqrt{x^2+y^2}\,\mathrm{d}\sigma$，其中 D 是环形区域：$\pi^2 \leqslant x^2+y^2 \leqslant 4\pi^2$.

解 在极坐标系中，积分区域为 $D = \{(r,\theta) \mid \pi \leqslant r \leqslant 2\pi, 0 \leqslant \theta \leqslant 2\pi\}$，

$$\begin{aligned} I &= \iint\limits_{D}\sin\sqrt{x^2+y^2}\,\mathrm{d}\sigma = \iint\limits_{D}\sin r\cdot r\mathrm{d}r\mathrm{d}\theta \\ &= \int_0^{2\pi}\mathrm{d}\theta\int_{\pi}^{2\pi} r\sin r\mathrm{d}r \\ &= \int_0^{2\pi}\left[-r\cos r + \sin r\right]_{\pi}^{2\pi}\mathrm{d}\theta \\ &= -\int_0^{2\pi} 3\pi\mathrm{d}\theta = -6\pi^2. \end{aligned}$$

例 9 计算 $\iint\limits_{D}\mathrm{e}^{-x^2-y^2}\mathrm{d}x\mathrm{d}y$，其中 D 是由中心在原点、半径为 a 的圆周所围成的闭区域.

解 在极坐标系中，闭区域 D 可表示为

$$D = \{(r,\theta) \mid 0 \leqslant r \leqslant a, 0 \leqslant \theta \leqslant 2\pi\}.$$

于是

$$\begin{aligned} \iint\limits_{D}\mathrm{e}^{-x^2-y^2}\mathrm{d}x\mathrm{d}y &= \iint\limits_{D}\mathrm{e}^{-r^2} r\mathrm{d}r\mathrm{d}\theta \\ &= \int_0^{2\pi}\mathrm{d}\theta\int_0^{a}\mathrm{e}^{-r^2} r\mathrm{d}r = \int_0^{2\pi}\frac{1}{2}(1-\mathrm{e}^{-a^2})\,\mathrm{d}\theta \\ &= \frac{1}{2}(1-\mathrm{e}^{-a^2})\int_0^{2\pi}\mathrm{d}\theta = \pi(1-\mathrm{e}^{-a^2}). \end{aligned}$$

可以利用上面的结果来计算工程上与概率论中常用的广义积分 $\int_0^{+\infty}\mathrm{e}^{-x^2}\mathrm{d}x$.

设

$$\begin{aligned} D_1 &= \{(x,y) \mid x^2+y^2 \leqslant R^2, x \geqslant 0, y \geqslant 0\}, \\ D_2 &= \{(x,y) \mid x^2+y^2 \leqslant 2R^2, x \geqslant 0, y \geqslant 0\}, \\ S &= \{(x,y) \mid 0 \leqslant x \leqslant R, 0 \leqslant y \leqslant R\}. \end{aligned}$$

显然 $D_1 \subset S \subset D_2$（见图 9-19）. 由于 $\mathrm{e}^{-x^2-y^2} > 0$，则在这些闭区域上的二重积分之间有不等式

$$\iint\limits_{D_1}\mathrm{e}^{-x^2-y^2}\mathrm{d}x\mathrm{d}y < \iint\limits_{S}\mathrm{e}^{-x^2-y^2}\mathrm{d}x\mathrm{d}y < \iint\limits_{D_2}\mathrm{e}^{-x^2-y^2}\mathrm{d}x\mathrm{d}y.$$

因为
$$\iint\limits_{S}\mathrm{e}^{-x^2-y^2}\mathrm{d}x\mathrm{d}y = \int_0^R\mathrm{e}^{-x^2}\mathrm{d}x\cdot\int_0^R\mathrm{e}^{-y^2}\mathrm{d}y = \left(\int_0^R\mathrm{e}^{-x^2}\mathrm{d}x\right)^2,$$

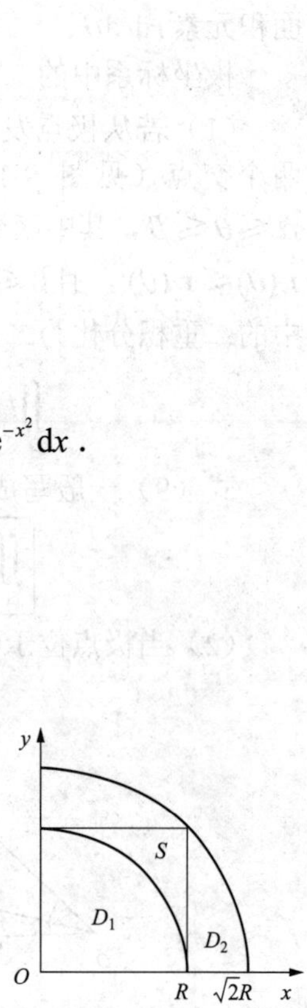

图 9-19

又应用上面已得的结果有

$$\iint_{D_1} e^{-x^2-y^2}\mathrm{d}x\mathrm{d}y = \frac{\pi}{4}(1-e^{-R^2}), \iint_{D_2} e^{-x^2-y^2}\mathrm{d}x\mathrm{d}y = \frac{\pi}{4}(1-e^{-2R^2}),$$

于是上面的不等式可写成

$$\frac{\pi}{4}(1-e^{-R^2}) < \left(\int_0^R e^{-x^2}\mathrm{d}x\right)^2 < \frac{\pi}{4}(1-e^{-2R^2}).$$

令 $R\to+\infty$，上式两端趋于同一极限 $\frac{\pi}{4}$，从而 $\int_0^{+\infty} e^{-x^2}\mathrm{d}x = \frac{\sqrt{\pi}}{2}$.

例 10 求球体 $x^2+y^2+z^2 \leqslant a^2$ 被圆柱面 $x^2+y^2=ax\ (a>0)$ 所截得的（含在圆柱面内的部分）立体体积（见图 9-20）.

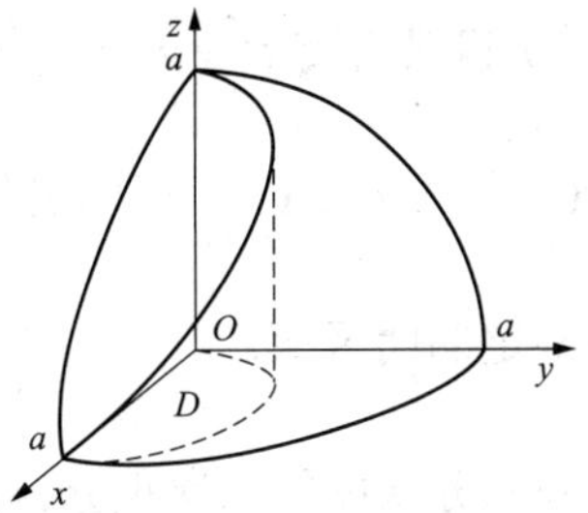

（a）

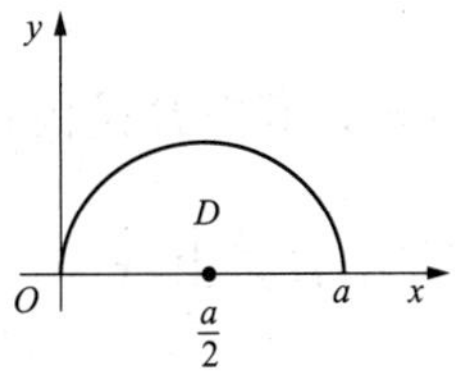

（b）

图 9-20

解 由对称性，立体体积为第一卦限部分的四倍，即

$$V = 4\iint_D \sqrt{a^2-x^2-y^2}\,\mathrm{d}x\mathrm{d}y,$$

其中 D 为半圆周 $y=\sqrt{ax-x^2}$ 与 x 轴所围成的闭区域.

在极坐标系中 D 可表示为 $D=\left\{(r,\theta)\,|\,0\leqslant r\leqslant a\cos\theta, 0\leqslant\theta\leqslant\frac{\pi}{2}\right\}$. 于是

$$V = 4\iint_D \sqrt{a^2-r^2}\,r\mathrm{d}r\mathrm{d}\theta = 4\int_0^{\frac{\pi}{2}}\mathrm{d}\theta\int_0^{a\cos\theta}\sqrt{a^2-r^2}\,r\mathrm{d}r$$
$$= \frac{4}{3}a^3\int_0^{\frac{\pi}{2}}(1-\sin^3\theta)\,\mathrm{d}\theta = \frac{2}{3}a^3\left(\pi-\frac{4}{3}\right).$$

习 题 9-2

1．试用二重积分表示旋转抛物面 $z=2-x^2-y^2$，柱面 $x^2+y^2=1$ 与 xy 平面所围的立体体积.

2．设 $I_1=\iint_{D_1}(x^2+y^2)^3\mathrm{d}\sigma$，其中 $D_1=\{(x,y)\,|\,-1\leqslant x\leqslant 1, -2\leqslant y\leqslant 2\}$；又 $I_2=\iint_{D_2}(x^2+y^2)^3\mathrm{d}\sigma$，其中 $D_2=\{(x,y)\,|\,0\leqslant x\leqslant 1, 0\leqslant y\leqslant 2\}$. 试利用二重积分的几何意义说明 I_1 与 I_2 之间的关系.

3．计算下列二重积分.

（1）$\iint\limits_{D}(x+2y)\mathrm{d}\sigma$，其中$D=\{(x,y)\mid -1\leqslant x\leqslant 1,0\leqslant y\leqslant 2\}$；

（2）$\iint\limits_{D}(x^2+y^2)\mathrm{d}\sigma$，其中$D$是矩形闭区域：$|x|\leqslant 1,|y|\leqslant 1$；

（3）$\iint\limits_{D}xy\mathrm{e}^{x^2+y^2}\mathrm{d}\sigma$，其中$D=\{(x,y)\mid a\leqslant x\leqslant b,c\leqslant y\leqslant d\}$；

（4）$\iint\limits_{D}x\cos(x+y)\mathrm{d}\sigma$，其中$D$是顶点分别为$(0,0)$、$(\pi,0)$和$(\pi,\pi)$的三角形闭区域．

4．画出积分区域，并计算下列二重积分．

（1）$\iint\limits_{D}x\sqrt{y}\mathrm{d}\sigma$，其中$D$是由两条抛物线$y=\sqrt{x}$，$y=x^2$所围成的闭区域；

（2）$\iint\limits_{D}x^2y\mathrm{d}\sigma$，其中$D$是由直线$y=0$，$y=1$和双曲线$x^2-y^2=1$所围成的闭区域；

（3）$\iint\limits_{D}\cos(x+y)\mathrm{d}\sigma$，其中$D$是由直线$x=0$，$y=\pi$及$y=x$所围成的闭区域；

（4）$\iint\limits_{D}\mathrm{e}^{x+y}\mathrm{d}\sigma$，其中$D$是由$|x|+|y|\leqslant 1$所确定的闭区域．

5．将二重积分$I=\iint\limits_{D}f(x,y)\mathrm{d}\sigma$分别化为不同积分次序的二次积分，其中积分区域$D$是：

（1）由直线$x+y=1$，$x-y=1$，$x=0$所围成的区域；

（2）由曲线$y=\ln x$，直线$x=2$及x轴所围成的闭区域；

（3）由抛物线$y=x^2$与$y=4-x^2$所围成的区域．

6．改变下列二次积分的次序．

（1）$\int_0^1\mathrm{d}y\int_y^{\sqrt{y}}f(x,y)\mathrm{d}x$；　　（2）$\int_0^1\mathrm{d}y\int_{\mathrm{e}^y}^{\mathrm{e}}f(x,y)\mathrm{d}x$；

（3）$\int_0^1\mathrm{d}x\int_{\sqrt{2+x^2}}^{\sqrt{4-x^2}}f(x,y)\mathrm{d}y$；　　（4）$\int_0^{\pi}\mathrm{d}x\int_{-\sin\frac{x}{2}}^{\sin x}f(x,y)\mathrm{d}y$；

（5）$\int_0^1\mathrm{d}x\int_0^{x^2}f(x,y)\mathrm{d}y+\int_1^2\mathrm{d}x\int_0^{2-x}f(x,y)\mathrm{d}y$．

7．设边长为a的正方形平面薄板的各点处的面密度与该点到正方形中心的距离的平方成正比，求该薄片的质量．

8．画出积分区域，把积分$\iint\limits_{D}f(x,y)\,\mathrm{d}x\mathrm{d}y$表示为极坐标形式的二次积分，其中积分区域是：

（1）$\{(x,y)\mid 1\leqslant x^2+y^2\leqslant 4\}$；

（2）$\{(x,y)\mid x^2+y^2\leqslant 2y\}$；

（3）$\{(x,y)\mid 2x\leqslant x^2+y^2\leqslant 4\}$；

（4）$\{(x,y)\mid x^2+y^2\leqslant 2(x+y)\}$．

9．化下列二次积分为极坐标形式的二次积分，并计算积分值：

（1）$\int_0^{2a}\mathrm{d}x\int_0^{\sqrt{2ax-x^2}}(x^2+y^2)\,\mathrm{d}y$；

（2） $\int_0^1 \mathrm{d}x \int_{x^2}^{x} (x^2+y^2)^{-\frac{1}{2}} \mathrm{d}y$；

（3） $\int_1^2 \mathrm{d}x \int_0^x \dfrac{y\sqrt{x^2+y^2}}{x} \mathrm{d}y$．

10．利用极坐标计算下列二重积分．

（1） $\iint\limits_D \ln(1+x^2+y^2)\mathrm{d}\sigma$，其中 D 是由圆周 $x^2+y^2=1$ 及坐标轴所围成的位于第一象限的闭区域．

（2） $\iint\limits_D \arctan\dfrac{y}{x}\mathrm{d}\sigma$，其中 D 是由圆周 $x^2+y^2=1$，$x^2+y^2=4$ 及直线 $y=0$，$y=x$ 所围成的在第一象限内的闭区域．

11．选用适当的坐标计算下列各题．

（1） $\iint\limits_D \sin\sqrt{x^2+y^2}\mathrm{d}\sigma$，其中 D 是由圆环形区域 $\pi^2 \leqslant x^2+y^2 \leqslant 4\pi^2$．

（2） $\iint\limits_D (x^2+y^2)\,\mathrm{d}\sigma$，其中 D 是由直线 $y=x$，$y=x+a$，$y=a$，$y=3a(a>0)$ 所围成的闭区域．

12．计算以 xOy 平面上的圆周 $x^2+y^2=ax$ 所围成的闭区域为底，而以曲面 $z=x^2+y^2$ 为顶的曲顶柱体的体积．

13．某水池呈圆形，半径为 5m，以中心为坐标原点，距中心距离为 r 处的水深为 $\dfrac{5}{1+r^2}$，试求该水池的蓄水量．

第三节 三 重 积 分

在本章第一节已经知道，当有界闭几何形体是空间有界闭区域 Ω 时，三元函数 $f(x,y,z)$ 在 Ω 上的积分称为三重积分，记为 $\iiint\limits_\Omega f(x,y,z)\mathrm{d}V$．三重积分定义为

$$\iiint\limits_\Omega f(x,y,z)\,\mathrm{d}V = \lim_{\lambda\to 0}\sum_{i=1}^{n} f(\xi_i,\eta_i,\zeta_i)\Delta V_i,$$

它的物理意义是非均匀空间立体 Ω 的质量．在被积函数连续的条件下，计算三重积分的基本方法是将三重积分化为三次积分来计算．

一、直角坐标系下计算三重积分

当三重积分 $\iiint\limits_\Omega f(x,y,z)\mathrm{d}V$ 存在时，由于和式的极限与区域 Ω 的分法无关，所以在空间直角坐标系下，可以分别用平行于三个坐标面的三簇平面去分割 Ω．于是，体积元素可表示为 $\mathrm{d}V=\mathrm{d}x\mathrm{d}y\mathrm{d}z$，从而

$$\iiint\limits_\Omega f(x,y,z)\mathrm{d}V = \iiint\limits_\Omega f(x,y,z)\,\mathrm{d}x\mathrm{d}y\mathrm{d}z.$$

假设平行于 z 轴的任何直线与 Ω 的边界曲面 S 的交点不多于两个．把闭区域 Ω 投影到

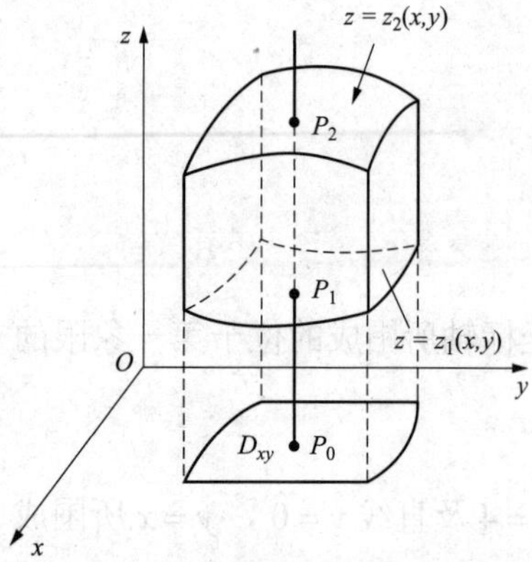

图 9-21

xOy 平面上，得到平面闭区域 D_{xy}（见图 9-21）.

以 D_{xy} 的边界为准线作母线平行于 z 轴的柱面，它与 Ω 的边界曲面 S 的交线把 S 分成上、下两部分 S_2 和 S_1，其方程分别为 $z=z_2(x,y)$ 和 $z=z_1(x,y)$．其中 $z_1(x,y)$、$z_2(x,y)$ 为 D_{xy} 上的连续函数，且 $z_1(x,y)\leqslant z_2(x,y)$.

此时，闭区域 Ω 可表示为

$$\Omega=\{(x,y,z,)\mid z_1(x,y)\leqslant z\leqslant z_2(x,y),(x,y)\in D_{xy}\},$$

将 x、y 看成定值，将 $f(x,y,z)$ 看做 z 的函数，在区间 $[z_1(x,y),z_2(x,y)]$ 上对 z 积分，积分的结果是 x、y 的函数，记做

$$F(x,y)=\int_{z_1(x,y)}^{z_2(x,y)} f(x,y,z)\mathrm{d}z,$$

则三重积分计算为

$$\begin{aligned}\iiint\limits_{\Omega} f(x,y,z)\mathrm{d}V&=\iint\limits_{D_{xy}}F(x,y)\mathrm{d}\sigma\\&=\iint\limits_{D_{xy}}\left[\int_{z_1(x,y)}^{z_2(x,y)} f(x,y,z)\mathrm{d}z\right]\mathrm{d}\sigma\\&=\iint\limits_{D_{xy}}\mathrm{d}\sigma\int_{z_1(x,y)}^{z_2(x,y)} f(x,y,z)\mathrm{d}z.\end{aligned}$$

若投影区域 D_{xy} 可表示为

$$D_{xy}=\{(x,y)\mid y_1(x)\leqslant y\leqslant y_2(x),a\leqslant x\leqslant b\},$$

即闭区域 Ω 可表示为

$$\Omega=\{(x,y,z)\mid z_1(x,y)\leqslant z\leqslant z_2(x,y),y_1(x)\leqslant y\leqslant y_2(x),a\leqslant x\leqslant b\},$$

则得到三重积分的计算公式

$$\boxed{\begin{aligned}\iiint\limits_{\Omega} f(x,y,z)\mathrm{d}V&=\iint\limits_{D_{xy}}\mathrm{d}\sigma\int_{z_1(x,y)}^{z_2(x,y)} f(x,y,z)\mathrm{d}z\\&=\int_a^b\mathrm{d}x\int_{y_1(x)}^{y_2(x)}\mathrm{d}y\int_{z_1(x,y)}^{z_2(x,y)} f(x,y,z)\mathrm{d}z\end{aligned}}\qquad(1)$$

该方法先考虑把空间积分区域投影到 xOy 平面上，进而将三重积分的计算分解为先进行一个定积分计算，再进行一个二重积分的计算，故称为坐标面投影法（coordinate projecting method）.

类似地，如果平行于 x 轴或 y 轴的任何直线与 Ω 的边界曲面 S 相交不多于两点，也可以把 Ω 投影到 yOz 或 zOx 坐标面上，得到相应的三重积分计算公式.

如果平行于坐标轴的某些直线与 Ω 的边界曲面 S 相交多于两点，则可把 Ω 分成若干部分，利用区域的可加性来进行计算.

例 1 计算三重积分 $\iiint\limits_{\Omega} x^2\mathrm{d}x\mathrm{d}y\mathrm{d}z$，其中 Ω 为三个坐标面及平面 $x+2y+z=1$ 所围成的闭区域.

解 如图 9-22 所示，区域Ω可表示为

$$\Omega=\left\{(x,y,z)\,|\,0\leqslant z\leqslant 1-x-2y,0\leqslant y\leqslant\frac{1}{2}(1-x),0\leqslant x\leqslant 1\right\}.$$

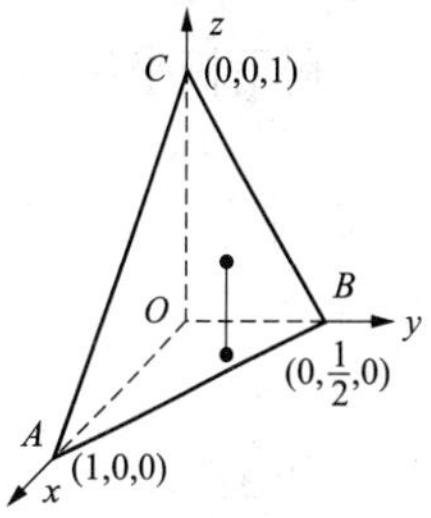

图 9-22

于是
$$\iiint\limits_{\Omega}x^2\mathrm{d}x\mathrm{d}y\mathrm{d}z=\int_0^1\mathrm{d}x\int_0^{\frac{1-x}{2}}\mathrm{d}y\int_0^{1-x-2y}x^2\mathrm{d}z$$
$$=\int_0^1 x^2\mathrm{d}x\int_0^{\frac{1-x}{2}}(1-x-2y)\mathrm{d}y$$
$$=\frac{1}{4}\int_0^1(x^2-2x^3+x^4)\mathrm{d}x=\frac{1}{120}.$$

有时候，计算三重积分也可以把空间积分区域投影到 z 轴上，化为先计算一个二重积分，再计算一个定积分，也称坐标轴投影法（截面法）．设空间闭区域Ω可表示为

$$\Omega=\{(x,y,z)\,|\,(x,y)\in D_z,p\leqslant z\leqslant q\},$$

其中 D_z 是竖坐标为 z 的平面截空间闭区域Ω所得到的一个平面闭区域，则有

$$\boxed{\iiint\limits_{\Omega}f(x,y,z)\mathrm{d}V=\int_p^q\mathrm{d}z\iint\limits_{D_z}f(x,y,z)\mathrm{d}x\mathrm{d}y}\tag{2}$$

例 2 计算三重积分 $\iiint\limits_{\Omega}z\mathrm{d}x\mathrm{d}y\mathrm{d}z$，其中$\Omega$是由椭球面 $\frac{x^2}{a^2}+\frac{y^2}{b^2}+\frac{z^2}{c^2}=1$ 所围成的空间闭区域.

解 如图 9-23 所示，空间区域Ω可表为

$$\Omega=\left\{(x,y,z)\,|\,\frac{x^2}{a^2}+\frac{y^2}{b^2}\leqslant 1-\frac{z^2}{c^2},-c\leqslant z\leqslant c\right\}.$$

于是
$$\iiint\limits_{\Omega}z\mathrm{d}x\mathrm{d}y\mathrm{d}z=\int_{-c}^{c}z\mathrm{d}z\iint\limits_{D_z}\mathrm{d}x\mathrm{d}y=\pi ab\int_{-c}^{c}\left(1-\frac{z^2}{c^2}\right)z\mathrm{d}z=0.$$

二、柱面坐标系下计算三重积分

设 $P(x,y,z)$ 为空间内一点，并设点 P 在 xOy 平面上的投影点 Q 的极坐标为 $Q(r,\theta)$，则点 P 也可由数组 (r,θ,z) 来表示（见图 9-24），称数组 (r,θ,z) 为点 P 的柱面坐标（cylindrical coordinates），这里规定 r、θ、z 的变化范围为 $0\leqslant r<+\infty,0\leqslant\theta\leqslant 2\pi,-\infty<z<+\infty$.

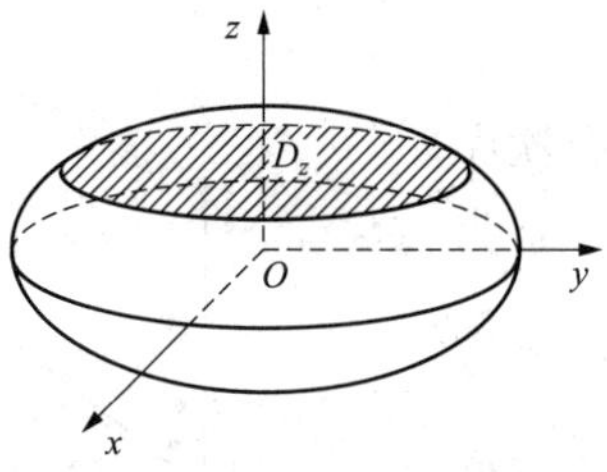

图 9-23

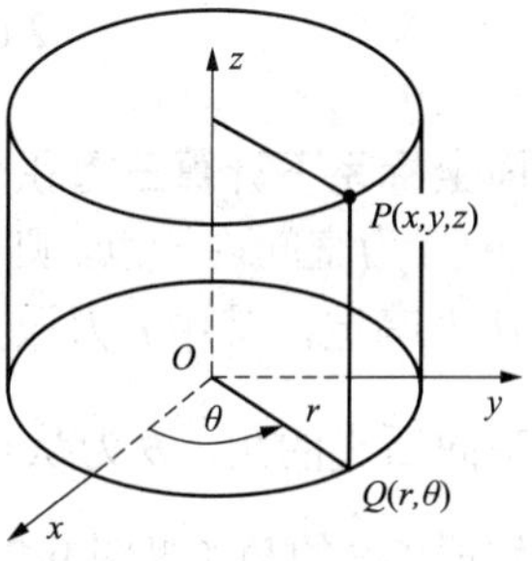

图 9-24

三组坐标面分别为：

$r=$常数，即以 z 轴为中心轴的圆柱面；

$\theta=$常数，即过 z 轴的半平面；

$z=$常数，即与 xOy 平面平行的平面．

利用极坐标知识，点 M 的直角坐标与柱面坐标的关系为

$$\begin{cases} x = r\cos\theta \\ y = r\sin\theta \\ z = z \end{cases}.$$

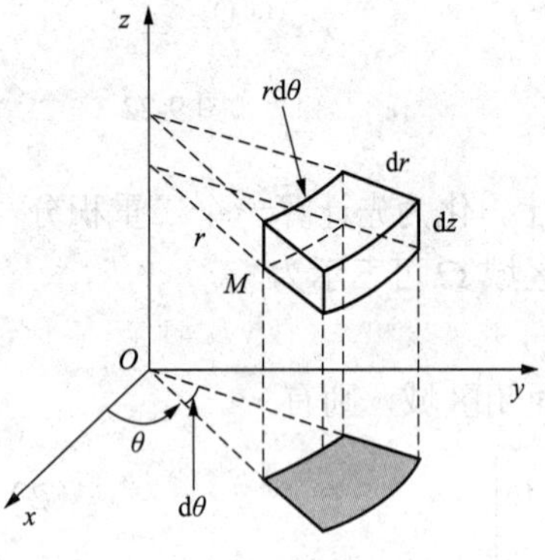

图 9-25

现在要把三重积分 $\iiint\limits_{\Omega} f(x,y,z)\,\mathrm{d}V$ 化为柱面坐标下的三重积分．为此，用上述三组坐标面将 Ω 分割成许多小区域，除了 Ω 含的边界外，这种小闭区域都是柱体．现在考虑 r、θ、z 各取微小增量 $\mathrm{d}r$、$\mathrm{d}\theta$、$\mathrm{d}z$ 时所成的柱体体积（见图 9-25）．在不计高阶无穷小时，该体积可近似地看作边长分别为 $\mathrm{d}r$、$r\mathrm{d}\theta$、$\mathrm{d}z$ 的长方体体积．故可得柱面坐标中体积元素 $\mathrm{d}V = r\mathrm{d}r\mathrm{d}\theta\mathrm{d}z$．

所以柱面坐标系中的三重积分为

$$\boxed{\iiint\limits_{\Omega} f(x,y,z)\mathrm{d}x\mathrm{d}y\mathrm{d}z = \iiint\limits_{\Omega} f(r\cos\theta, r\sin\theta, z)r\mathrm{d}r\mathrm{d}\theta\mathrm{d}z}$$

例 3 利用柱面坐标计算三重积分 $\iiint\limits_{\Omega} \mathrm{e}^{z}\mathrm{d}x\mathrm{d}y\mathrm{d}z$，其中 Ω 是由曲面 $z = x^2 + y^2$ 与平面 $z = 4$ 所围成的闭区域．

解 闭区域 Ω 可表示为

$$\Omega = \{(r,\theta,z) \mid r^2 \leqslant z \leqslant 4, 0 \leqslant r \leqslant 2, 0 \leqslant \theta \leqslant 2\pi\}.$$

于是

$$\begin{aligned}\iiint\limits_{\Omega} \mathrm{e}^{z}\mathrm{d}x\mathrm{d}y\mathrm{d}z &= \iiint\limits_{\Omega} \mathrm{e}^{z} r\mathrm{d}r\mathrm{d}\theta\mathrm{d}z = \int_0^{2\pi}\mathrm{d}\theta\int_0^2 r\mathrm{d}r\int_{r^2}^4 \mathrm{e}^{z}\mathrm{d}z \\ &= \int_0^{2\pi}\mathrm{d}\theta\int_0^2(\mathrm{e}^4 - \mathrm{e}^{r^2})r\mathrm{d}r = 2\pi\left[\frac{1}{2}\mathrm{e}^4 r^2 - \frac{1}{2}\mathrm{e}^{r^2}\right]_0^2 \\ &= 2\pi\left(\frac{3}{2}\mathrm{e}^4 + \frac{1}{2}\right) = \pi(3\mathrm{e}^4 + 1).\end{aligned}$$

三、球面坐标系下计算三重积分

设 $M(x,y,z)$ 为空间内一点，则点 M 也可用这样三个有次序的数 r、φ、θ 来确定，其中 r 为原点 O 与点 M 间的距离，φ 为 $\overrightarrow{OM}$ 与 z 轴正向所夹的角，θ 为从正 z 轴来看自 x 轴按逆时针方向转到有向线段 $\overrightarrow{OP}$ 的角（见图 9-26），这里点 P 为点 M 在 xOy 平面上的投影，这样的三个数 r、φ、θ 称为点 M 的球面坐标（spherical coordinates），这里 r、φ、θ 的变化范围为

$$0 \leqslant r \leqslant +\infty, 0 \leqslant \varphi \leqslant \pi, 0 \leqslant \theta \leqslant 2\pi.$$

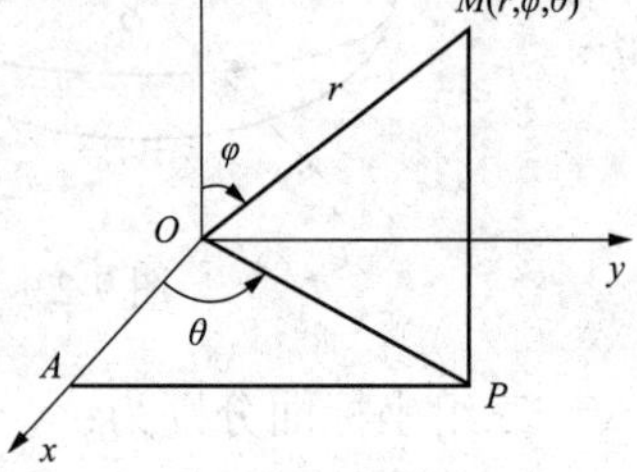

图 9-26

点 M 的直角坐标与球面坐标的关系为

$$\begin{cases} x = r\sin\varphi\cos\theta \\ y = r\sin\varphi\sin\theta \\ z = r\cos\varphi \end{cases}.$$

球坐标系下的坐标面如下：

$r=$常数，表示中心在原点的球面；

$\varphi=$常数，表示以原点为顶点、z轴为轴的圆锥面；

$\theta=$常数，表示过z轴的半平面.

用球面坐标系中的曲面网分割空间区域Ω（见图 9-27），除去边缘部分外，均有$\Delta V_i \approx (r_i\Delta\varphi_i)\cdot(r_i\sin\varphi_i\Delta\theta_i)\cdot\Delta r_i = r_i^2\sin\varphi_i\Delta r_i\Delta\varphi_i\Delta\theta_i$，则球面坐标系中的体积元素$\mathrm{d}V = r^2\sin\varphi\mathrm{d}r\mathrm{d}\varphi\mathrm{d}\theta$.

于是球坐标系下的三重积分为

$$\boxed{\iiint\limits_{\Omega} f(x,y,z)\mathrm{d}V = \iiint\limits_{\Omega} f(r\sin\varphi\cos\theta, r\sin\varphi\sin\theta, r\cos\varphi)r^2\sin\varphi\mathrm{d}r\mathrm{d}\theta\mathrm{d}\varphi}$$

例 4 计算$\iiint\limits_{\Omega}(x^2+y^2+z^2)\mathrm{d}x\mathrm{d}y\mathrm{d}z$，其中$\Omega: x^2+y^2+z^2=2z$与$z=\sqrt{x^2+y^2}$所围成的立体.

解 积分域如图 9-28 所示.

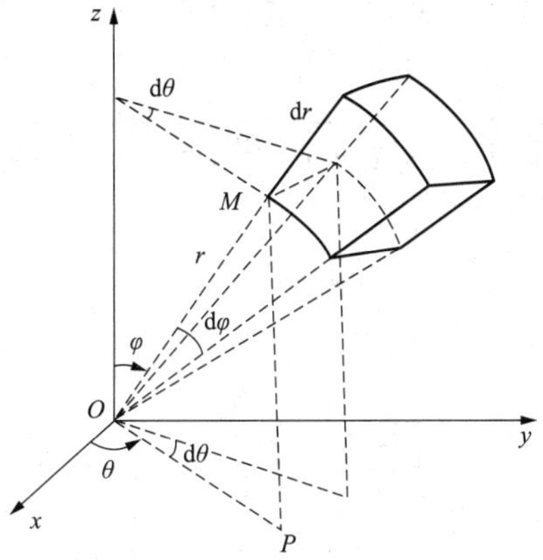

图 9-27

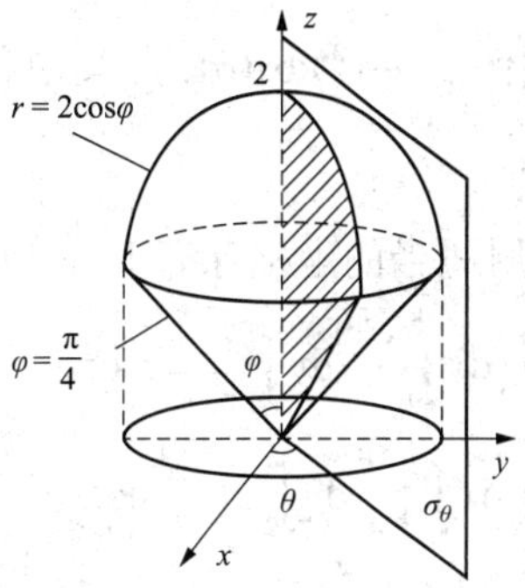

图 9-28

在球面坐标系中，锥面$z=\sqrt{x^2+y^2}$的方程为$\varphi=\dfrac{\pi}{4}$，球面$x^2+y^2+z^2=2z$的方程为$r=2\cos\varphi$. 易见，$0\leqslant\theta\leqslant 2\pi$. 作以$z$轴为棱、极角为$\theta$的半平面截$\Omega$所得的截面$\sigma_\theta$，可确定$r$、$\varphi$的范围. 积分变量$r$、$\theta$、$\varphi$在$\Omega$内的变化范围分别为

$$\Omega = \left\{(r,\varphi,\theta)\,|\,0\leqslant r\leqslant 2\cos\varphi, 0\leqslant\theta\leqslant 2\pi, 0\leqslant\varphi\leqslant\frac{\pi}{4}\right\}.$$

于是

$$\iiint\limits_{\Omega}(x^2+y^2+z^2)\mathrm{d}x\mathrm{d}y\mathrm{d}z = \int_0^{2\pi}\mathrm{d}\theta\int_0^{\frac{\pi}{4}}\mathrm{d}\varphi\int_0^{2\cos\varphi}r^2\cdot r^2\sin\varphi\mathrm{d}r = \int_0^{2\pi}\mathrm{d}\theta\int_0^{\frac{\pi}{4}}\sin\varphi\mathrm{d}\varphi\int_0^{2\cos\varphi}r^4\mathrm{d}r$$

$$= \int_0^{2\pi}\mathrm{d}\theta\int_0^{\frac{\pi}{4}}\frac{32}{5}\cos^5\varphi\sin\varphi\mathrm{d}\varphi = \frac{64}{5}\pi\int_0^{\frac{\pi}{4}}(-\cos^5\varphi)\mathrm{d}(\cos\varphi) = \frac{28}{15}\pi.$$

习　题　9-3

1．化三重积分 $\iiint\limits_{\Omega} f(x,y,z)\mathrm{d}V$ 为三次积分，其中积分区域 Ω 分别是：

（1）由平面 $z=0$，$z=y$ 及柱面 $y=\sqrt{1-x^2}$ 所围成的闭区域；

（2）由曲面 $z=xy$，$x^2+y^2=1$，$z=0$ 所围成的位于第一象限的闭区域；

（3）由椭圆抛物面 $z=x^2+2y^2$ 及抛物柱面 $z=2-x^2$ 所围成的闭区域．

2．计算三重积分 $\iiint\limits_{\Omega} z\mathrm{d}x\mathrm{d}y\mathrm{d}z$，其中积分区域 Ω 是由平面 $x=0$，$y=1$，$z=0$，$y=x$ 和曲面 $z=xy$ 所围成的闭区域．

3．利用柱面坐标计算下列积分．

（1）$\iiint\limits_{\Omega} \sqrt{x^2+y^2}\mathrm{d}x\mathrm{d}y\mathrm{d}z$，$\Omega$ 是由曲面 $z=9-x^2-y^2$ 与 $z=0$ 所围成的闭区域；

（2）$\iiint\limits_{\Omega} x^2\mathrm{d}x\mathrm{d}y\mathrm{d}z$，$\Omega$ 是由曲面 $z=2\sqrt{x^2+y^2}$，$x^2+y^2=1$ 与 $z=0$ 所围成的闭区域．

4．利用球面坐标计算下列积分．

（1）$\iiint\limits_{\Omega} y^2\mathrm{d}x\mathrm{d}y\mathrm{d}z$，其中积分区域 Ω 为介于两球面 $x^2+y^2+z^2=a^2$ 与 $x^2+y^2+z^2=b^2$ 之间的部分 $(0\leqslant a<b)$；

（2）$\iiint\limits_{\Omega} (x^2+y^2)\mathrm{d}x\mathrm{d}y\mathrm{d}z$，其中积分区域 Ω 是由曲面 $z=\sqrt{x^2+y^2}$ 和 $z=\sqrt{1-x^2-y^2}$ 所围成的闭区域．

5．选用适当的坐标计算下列三次积分．

（1）$\int_{-1}^{1}\mathrm{d}x\int_{0}^{\sqrt{1-x^2}}\mathrm{d}y\int_{\sqrt{x^2+y^2}}^{1} z^3\mathrm{d}z$；

（2）$\int_{0}^{1}\mathrm{d}x\int_{0}^{\sqrt{1-x^2}}\mathrm{d}y\int_{0}^{\sqrt{1-x^2-y^2}}\mathrm{d}z$．

第四节　重积分的应用

由前面的讨论可知，曲顶柱体的体积、平面薄片的质量都可用二重积分计算．对于此类求总量的问题，可以考虑定积分的元素法．本节将把定积分的元素法推广到重积分的应用中．如果所要计算的某个量 U 对于闭区域 D 具有可加性（就是说，当闭区域 D 分成许多小闭区域时，所求量 U 相应地分成许多部分量，且 U 等于部分量之和），并且在闭区域 D 内任取一个直径很小的闭区域 $\mathrm{d}\sigma$ 时，相应的部分量可近似地表示为 $f(x,y)\mathrm{d}\sigma$ 的形式，其中 (x,y) 在 $\mathrm{d}\sigma$ 内，则称 $f(x,y)\mathrm{d}\sigma$ 为所求量 U 的元素，记为 $\mathrm{d}U$，以它为被积表达式，在闭区域 D 上积分：$U=\iint\limits_{D} f(x,y)\mathrm{d}\sigma$，这就是所求量的积分表达式．

一、平面图形的面积和几何体的体积

1．平面图形的面积

由二重积分性质可知，当被积函数为 1 时，平面区域 D 的面积 $A=\iint\limits_{D}\mathrm{d}\sigma$．

例 1　求由曲线 $y^2=x$，$x^2=y$ 围成的第一象限的图形的面积.

解　积分区域为 $D=\{(x,y)\mid x^2\leqslant y\leqslant\sqrt{x},0\leqslant x\leqslant 1\}$，则

$$A=\iint_D \mathrm{d}x\mathrm{d}y=\int_0^1\mathrm{d}x\int_{x^2}^{\sqrt{x}}\mathrm{d}y$$

$$=\int_0^1(\sqrt{x}-x^2)\mathrm{d}x=\frac{1}{3}.$$

当某些平面图形的边界适用于极坐标方程表示时，可以考虑直接用极坐标来计算这些平面图形的面积.

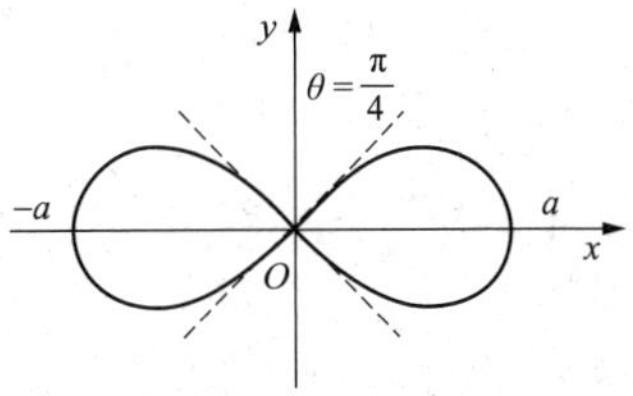

图 9-29

例 2　求双纽线 $r^2=a^2\cos 2\theta$ 所围成的平面区域（见图 9-29）的面积.

解　如图 9-29 所示，利用图形的对称性，所求面积为 $A=4\iint_D \mathrm{d}\sigma$，其中积分区域为第一象限：$D=\left\{(r,\theta)\mid 0\leqslant r\leqslant a\sqrt{\cos 2\theta},0\leqslant\theta\leqslant\dfrac{\pi}{4}\right\}$. 于是

$$A=4\iint_D \mathrm{d}\sigma=4\int_0^{\frac{\pi}{4}}\mathrm{d}\theta\int_0^{a\sqrt{\cos 2\theta}}r\mathrm{d}r=4\int_0^{\frac{\pi}{4}}\frac{a^2}{2}\cos 2\theta\mathrm{d}\theta=\left[a^2\sin 2\theta\right]_0^{\frac{\pi}{4}}=a^2 .$$

2. 立体体积

利用重积分可以计算更一般的立体的体积. 设空间立体 Ω 由下式表示

$$\Omega=\{z_1(x,y)\leqslant z\leqslant z_2(x,y),(x,y)\in D\},$$

则由二重积分的几何意义，立体 Ω 的体积（用 V 表示）为

$$V=\iint_D[z_2(x,y)-z_1(x,y)]\mathrm{d}\sigma . \tag{1}$$

特别地，当 $z_1(x,y)=0$ 时，式（1）就是曲顶柱体的体积公式.

另外，由于 $\iiint_\Omega \mathrm{d}V$ 也表示 Ω 的体积，因此通过三重积分也可求得空间立体的体积.

例 3　求柱面 $x+y=4,x=0,y=0$ 与平面 $z=0$ 及曲面 $z=x^2+y^2$ 所围立体的体积.

解法 1　这是一个曲顶柱体，它的顶面是曲面 $z=x^2+y^2$，立体图形及底面 D 的平面图如图 9-30 所示，可表示为

$$D=\{(x,y)\mid 0\leqslant y\leqslant 4-x,0\leqslant x\leqslant 4\},$$

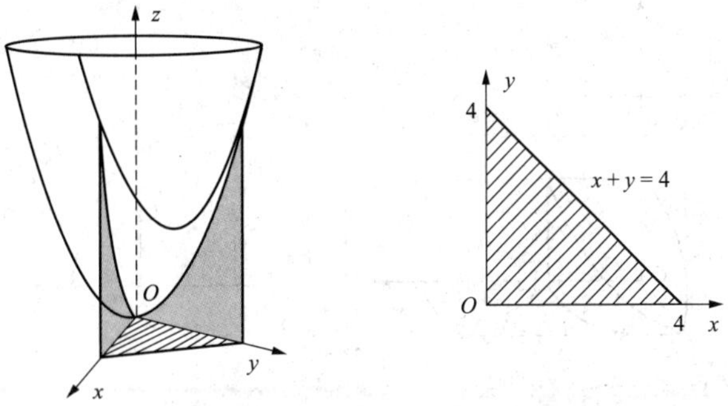

图 9-30

所以，曲顶柱体体积为

$$\begin{aligned}V&=\iint_D(x^2+y^2)\mathrm{d}\sigma\\&=\int_0^4\mathrm{d}x\int_0^{4-x}(x^2+y^2)\mathrm{d}y\\&=\int_0^4\left[x^2y+\frac{1}{3}y^3\right]_0^{4-x}\mathrm{d}x\\&=\int_0^4\left[x^2(4-x)+\frac{1}{3}(4-x)^3\right]\mathrm{d}x\\&=\int_0^4\left(-\frac{4}{3}x^3+8x^2-16x+\frac{64}{3}\right)\mathrm{d}x=\frac{128}{3}.\end{aligned}$$

解法 2 利用三重积分来计算. 立体 Ω 所占有的空间闭区域可表示为 $0\leqslant z\leqslant x^2+y^2$，$(x,y)\in D$，则

$$\begin{aligned}V&=\iiint_\Omega\mathrm{d}V=\iint_D\mathrm{d}x\mathrm{d}y\int_0^{x^2+y^2}\mathrm{d}z\\&=\iint_D(x^2+y^2-0)\mathrm{d}x\mathrm{d}y=\int_0^4\mathrm{d}x\int_0^{4-x}(x^2+y^2)\mathrm{d}y\\&=\int_0^4\left(-\frac{4}{3}x^3+8x^2-16x+\frac{64}{3}\right)\mathrm{d}x=\frac{128}{3}.\end{aligned}$$

例 4 求两个底圆半径都等于 R 的直交圆柱面所围成的立体的体积 V.

解 设这两个圆柱面的方程分别为 $x^2+y^2=R^2$ 及 $x^2+z^2=R^2$，由对称可知，所求体积 V 是两圆柱公共部分在第一象限中部分体积 V_1 的 8 倍，如图 9-31 所示. 立体位于第一象限的部分可以看成一曲顶柱体，它的底为

$$D=\{(x,y)\,|\,0\leqslant y\leqslant\sqrt{R^2-x^2},0\leqslant x\leqslant R\},$$

顶为柱面 $z=\sqrt{R^2-x^2}$ 的一部分. 于是

$$\begin{aligned}V&=8\iint_D\sqrt{R^2-x^2}\,\mathrm{d}\sigma=8\int_0^R\mathrm{d}x\int_0^{\sqrt{R^2-x^2}}\sqrt{R^2-x^2}\,\mathrm{d}y\\&=8\int_0^R(R^2-x^2)\mathrm{d}x=\frac{16}{3}R^3.\end{aligned}$$

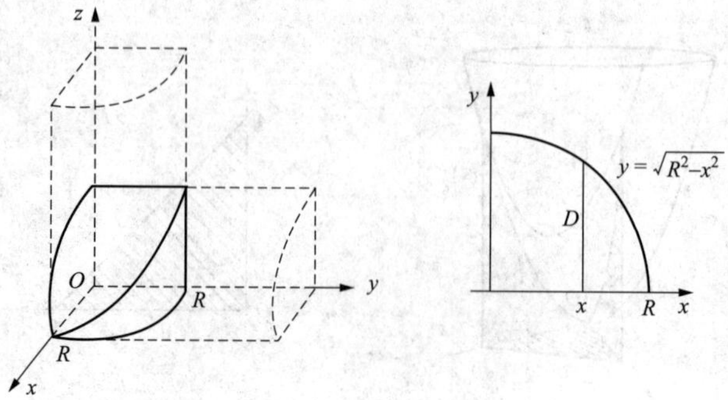

图 9-31

二、曲面的面积

设曲面 S 由方程 $z=f(x,y)$ 给出，D 为曲面 S 在 xOy 平面上的投影区域，函数 $f(x,y)$ 在 D 上具有连续偏导数 $f_x(x,y)$ 和 $f_y(x,y)$，现求曲面的面积 A.

将 S 分成 n 个小块 $\Delta S_1,\Delta S_2,\cdots,\Delta S_n$，$\Delta S_i$ 在 xOy 平面上的投影为 $\Delta\sigma_i$，在 ΔS_i 上任取一点 $M_i(\xi_i,\eta_i,z(\xi_i,\eta_i))$，通过点 M_i 作 S 的切平面 π_i，以 $\Delta\sigma_i$ 的边界曲线为准线作母线平行于 z 轴的柱面，此柱面在 π_i 上截下一小块平面 ΔA_i（见图 9-32）. 当 $\Delta\sigma_i$ 的直径很小时，在点 M_i 的附近，切平面相当逼近曲面. 令 $\lambda=\max\limits_{1\leqslant i\leqslant n}\{\Delta\sigma_i\}$，显然曲面的面积为

$$S=\sum_{i=1}^{n}\Delta S_i=\lim_{\lambda\to 0}\sum_{i=1}^{n}\Delta A_i .$$

按照上述确定曲面面积的方法，来建立曲面面积的计算公式.

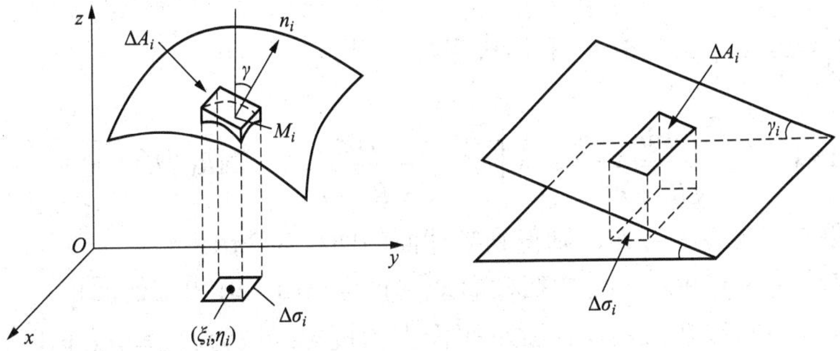

图 9-32

由于切平面 π_i 的法向量就是曲面 S 在点 M_i 处的法向量，设法向量指向与 z 轴正向的夹角为锐角，这时

$$\boldsymbol{n}_i=(-f_x,-f_y,1)\big|_{M_i},$$

记该法向量与 z 轴的夹角为 γ_i，则

$$\cos\gamma_i=\frac{1}{\sqrt{1+f_x^2(\xi_i,\eta_i)+f_y^2(\xi_i,\eta_i)}}.$$

因为 ΔA_i 在 xOy 平面上的投影面积为 $\Delta\sigma_i$，所以

$$\Delta A_i=\frac{\Delta\sigma_i}{\cos\gamma_i}=\sqrt{1+f_x^2(\xi_i,\eta_i)+f_y^2(\xi_i,\eta_i)}\,\Delta\sigma_i,$$

于是

$$\sum_{i=1}^{n}\Delta A_i=\sum_{i=1}^{n}\sqrt{1+f_x^2(\xi_i,\eta_i)+f_y^2(\xi_i,\eta_i)}\Delta\sigma_i .$$

当 $\lambda\to 0$ 时，上式右端的极限就是函数 $\sqrt{1+f_x^2(x,y)+f_y^2(x,y)}$ 在闭区域 D 上的二重积分，于是曲面 S 的面积为

$$\boxed{A=\iint\limits_D\sqrt{1+f_x^2(x,y)+f_y^2(x,y)}\mathrm{d}\sigma} \tag{2}$$

若曲面方程为 $x=g(y,z)$ 或 $y=h(z,x)$，可将曲面分别投影到 yOz 坐标面及 zOx 坐标面

上，则曲面的面积分别为

$$A=\iint\limits_{D_{yz}}\sqrt{1+g_y^{\ 2}(y,z)+g_z^{\ 2}(y,z)}\mathrm{d}y\mathrm{d}z,$$

$$A=\iint\limits_{D_{zx}}\sqrt{1+h_z^{\ 2}(z,x)+h_x^{\ 2}(z,x)}\mathrm{d}z\mathrm{d}x,$$

其中 D_{yz} 是曲面在 yOz 坐标面上的投影区域，D_{zx} 是曲面在 zOx 坐标面上的投影区域.

例 5 求半径为 R、高为 $h(h\leqslant R)$ 的球冠的表面积.

解 如图 9-33 所示，上半球面方程为 $z=\sqrt{R^2-x^2-y^2},x^2+y^2\leqslant R^2$，则它在 xOy 平面上的投影区域为 $D=\{(x,y)\,|\,x^2+y^2\leqslant 2Rh-h^2\}$.

由 $z_x=\dfrac{-x}{\sqrt{R^2-x^2-y^2}}$，$z_y=\dfrac{-y}{\sqrt{R^2-x^2-y^2}}$ 得 $\sqrt{1+z_x^{\ 2}+z_y^{\ 2}}=\dfrac{R}{\sqrt{R^2-x^2-y^2}}$. 于是球冠的表面积为 $A=\iint\limits_D\dfrac{R}{\sqrt{R^2-x^2-y^2}}\mathrm{d}\sigma$，利用极坐标，得

$$A=R\int_0^{2\pi}\mathrm{d}\theta\int_0^{\sqrt{2Rh-h^2}}\frac{r\mathrm{d}r}{\sqrt{R^2-r^2}}=2\pi R\int_0^{\sqrt{2Rh-h^2}}\frac{r\mathrm{d}r}{\sqrt{R^2-r^2}}=-2\pi R(\sqrt{R^2-r^2})\Big|_0^{\sqrt{2Rh-h^2}}=2\pi Rh.$$

在以上结果中，若令 $h\to R$，则得到半球面的面积为 $2\pi R^2$.

例 6 求球面 $x^2+y^2+z^2=a^2$ 含在柱面 $x^2+y^2=ax(a>0)$ 内部的面积.

解 如图 9-34 所示，所求曲面在 xOy 平面上的投影区域为 $D_{xy}=\{(x,y)\,|\,x^2+y^2\leqslant ax\}$. 曲面方程应取为 $z=\sqrt{a^2-x^2-y^2}$，则

$$z_x=\frac{-x}{\sqrt{a^2-x^2-y^2}},\quad z_y=\frac{-y}{\sqrt{a^2-x^2-y^2}},\quad \sqrt{1+z_x^2+z_y^2}=\frac{a}{\sqrt{a^2-x^2-y^2}}.$$

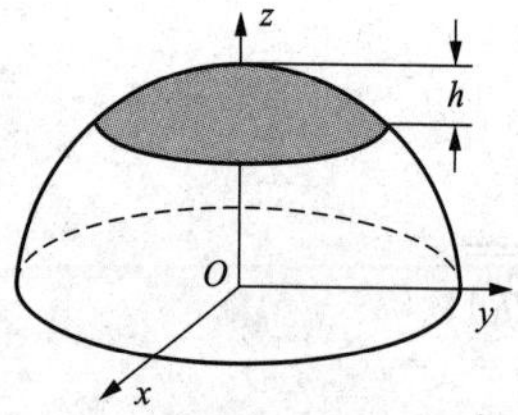

图 9-33

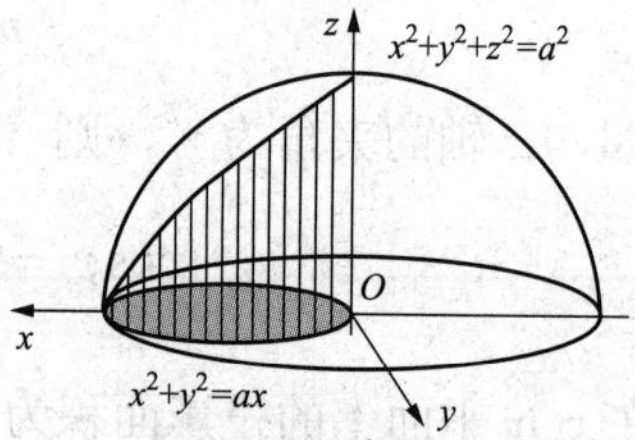

图 9-34

曲面在 xOy 平面上的投影区域为 $D_{xy}=\left\{(r,\theta)\,|\,0\leqslant r\leqslant a\cos\theta,-\dfrac{\pi}{2}\leqslant\theta\leqslant\dfrac{\pi}{2}\right\}$，根据曲面的对称性，有

$$A=2\iint\limits_{D_{xy}}\frac{a}{\sqrt{a^2-x^2-y^2}}\mathrm{d}x\mathrm{d}y=2\int_{-\frac{\pi}{2}}^{\frac{\pi}{2}}\mathrm{d}\theta\int_0^{a\cos\theta}\frac{a}{\sqrt{a^2-r^2}}r\mathrm{d}r$$

$$=2a\int_{-\frac{\pi}{2}}^{\frac{\pi}{2}}\left[-\sqrt{a^2-r^2}\right]_0^{a\cos\theta}\mathrm{d}\theta=2a\int_{-\frac{\pi}{2}}^{\frac{\pi}{2}}(a-a\,|\sin\theta\,|)\mathrm{d}\theta$$

$$=4a^2\int_0^{\frac{\pi}{2}}(1-\sin\theta)\mathrm{d}\theta=2a^2(\pi-2).$$

例 7 设有一颗地球同步轨道通信卫星，距地面的高度为 $h=36000\text{km}$，运行的角速度与地球自转的角速度相同．试计算该通信卫星的覆盖面积与地球表面积的比值（地球半径 $R=6400\text{km}$）．

解 取地心为坐标原点，地心到通信卫星中心的连线为 z 轴，建立坐标系，如图 9-35 所示．

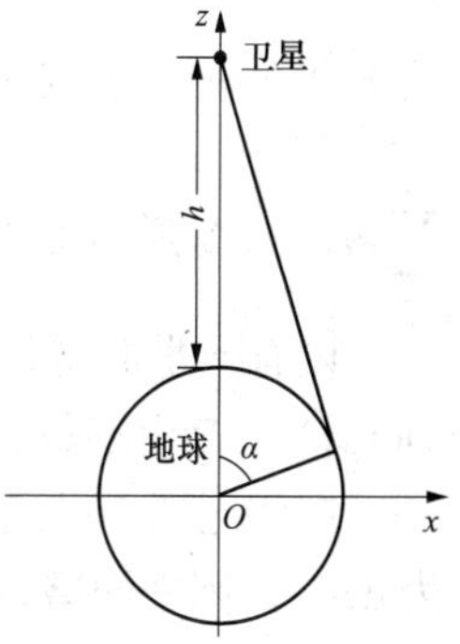

图 9-35

通信卫星覆盖的曲面 Σ 是上半球面被半顶角为 α 的圆锥面所截得的部分．Σ 的方程为

$$z=\sqrt{R^2-x^2-y^2}, x^2+y^2\leqslant R^2\sin^2\alpha,$$

于是通信卫星的覆盖面积为

$$A=\iint_{D_{xy}}\sqrt{1+{z_x}^2+{z_y}^2}\mathrm{d}x\mathrm{d}y=\iint_{D_{xy}}\frac{R}{\sqrt{R^2-x^2-y^2}}\mathrm{d}x\mathrm{d}y,$$

其中 $D_{xy}=\{(x,y)\,|\,x^2+y^2\leqslant R^2\sin^2\alpha\}$ 是曲面 Σ 在 xOy 平面上的投影区域．

利用极坐标，得

$$\begin{aligned}A&=\int_0^{2\pi}\mathrm{d}\theta\int_0^{R\sin\alpha}\frac{R}{\sqrt{R^2-r^2}}r\mathrm{d}r\\&=2\pi R\int_0^{R\sin\alpha}\frac{r}{\sqrt{R^2-r^2}}\mathrm{d}r=2\pi R^2(1-\cos\alpha).\end{aligned}$$

由于 $\cos\alpha=\dfrac{R}{R+h}$，代入上式得

$$A=2\pi R^2\left(1-\frac{R}{R+h}\right)=2\pi R^2\frac{h}{R+h}.$$

由此得这颗通信卫星的覆盖面积与地球表面积之比为

$$\frac{A}{4\pi R^2}=\frac{h}{2(R+h)}=\frac{36\cdot 10^3}{2(36+6.4)\cdot 10^3}\approx 42.5\%.$$

由以上结果可知，卫星覆盖了全球 1/3 以上的面积，故使用三颗相隔 $\dfrac{2}{3}\pi$ 角度的通信卫星就可以覆盖几乎地球全部表面．

三、质量与质心

1．平面薄片的质量

设平面薄片占有平面区域 D，面密度函数为 $\rho=\rho(x,y)$，则质量微元为 $\mathrm{d}M=\rho(x,y)\mathrm{d}\sigma$，故平面薄片的质量为

$$M=\iint_D\mathrm{d}M=\iint_D\rho(x,y)\mathrm{d}\sigma.$$

2．平面薄片的质心

设在 xOy 平面上有 n 个离散的质点 (x_i,y_i)，质量为 m_i，$i=1,2,\cdots,n$，由力学知识可知其质心坐标为

$$\overline{x}=\frac{\sum_{i=1}^{n}x_im_i}{\sum_{i=1}^{n}m_i}，\quad \overline{y}=\frac{\sum_{i=1}^{n}y_im_i}{\sum_{i=1}^{n}m_i}.$$

其中 $\sum_{i=1}^{n}x_im_i=m_y$ 是质点系相对于 y 轴的静力矩，$\sum_{i=1}^{n}y_im_i=m_x$ 是质点系相对于 x 轴的静力矩，$\sum_{i=1}^{n}m_i=m$ 是质点系的总质量，即 $\overline{x}=\frac{m_y}{m}$，$\overline{y}=\frac{m_x}{m}$.

设有一平面薄片，占有 xOy 平面上的闭区域 D，在点 $P(x,y)$ 处的面密度为 $\rho(x,y)$，假定 $\rho(x,y)$ 在 D 上连续．现在要求该薄片的质心坐标．

在闭区域 D 上任取一点 $P(x,y)$ 及包含点 $P(x,y)$ 的一直径很小的闭区域 $\mathrm{d}\sigma$（其面积也记为 $\mathrm{d}\sigma$），则平面薄片对 x 轴和对 y 轴的力矩（仅考虑大小）元素分别为

$$\mathrm{d}m_x=y\rho(x,y)\mathrm{d}\sigma,\mathrm{d}m_y=x\rho(x,y)\mathrm{d}\sigma.$$

平面薄片对 x 轴和 y 轴的力矩分别为 $m_x=\iint\limits_D y\rho(x,y)\mathrm{d}\sigma$ 和 $m_y=\iint\limits_D x\rho(x,y)\mathrm{d}\sigma$.

设平面薄片的质心坐标为 $(\overline{x},\overline{y})$，平面薄片的质量为 m，则有

$$\overline{x}\cdot m=m_y，\quad \overline{y}\cdot m=m_x，$$

于是
$$\overline{x}=\frac{m_y}{m}=\frac{\iint\limits_D x\rho(x,y)\mathrm{d}\sigma}{\iint\limits_D \rho(x,y)\mathrm{d}\sigma}，\quad \overline{y}=\frac{m_x}{m}=\frac{\iint\limits_D y\rho(x,y)\mathrm{d}\sigma}{\iint\limits_D \rho(x,y)\mathrm{d}\sigma}.$$

如果平面薄片是均匀的，即面密度是常数，则平面薄片的质心，也称为形心．平面图形的形心公式为

$$\overline{x}=\frac{\iint\limits_D x\mathrm{d}\sigma}{\iint\limits_D \mathrm{d}\sigma}，\quad \overline{y}=\frac{\iint\limits_D y\mathrm{d}\sigma}{\iint\limits_D \mathrm{d}\sigma}.$$

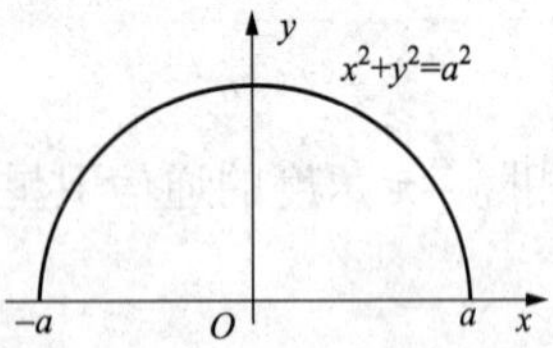

图 9-36

例 8 一个半径为 a 的半圆薄片，其上任一点密度与该点到圆心距离成正比，求此薄片的质心．

解 以圆心为原点，半圆边界上的直径为 x 轴建立平面直角坐标系．由题意可知，密度函数 $\mu(x,y)=k\sqrt{x^2+y^2}$，其中 k 为比例系数．

因为区域 D 对称于 y 轴，所以质心位于 y 轴上，于是

$$\overline{x}=0，\quad \overline{y}=\frac{m_x}{m}=\frac{\iint\limits_D y\mu(x,y)\mathrm{d}\sigma}{\iint\limits_D \mu(x,y)\mathrm{d}\sigma}，$$

其中
$$m_x=k\iint\limits_D y\sqrt{x^2+y^2}\mathrm{d}\sigma=k\int_0^{\pi}\mathrm{d}\theta\int_0^a r^3\sin\theta\mathrm{d}r=\frac{ka^4}{2}，$$

$$m=k\iint\limits_D \sqrt{x^2+y^2}\mathrm{d}\sigma=k\int_0^{\pi}\mathrm{d}\theta\int_0^a r^2\mathrm{d}r=\frac{\pi ka^3}{3}.$$

因此
$$\overline{y}=\frac{m_x}{m}=\frac{ka^4}{2}\cdot\frac{3}{\pi ka^3}=\frac{3a}{2\pi}.$$
所以质心坐标为$\left(0,\ \dfrac{3a}{2\pi}\right)$.

四、转动惯量

设有一平面薄片，占有 xOy 平面上的闭区域 D，在点 $P(x,y)$ 处的面密度为 $\rho(x,y)$，假定 $\rho(x,y)$ 在 D 上连续．现在要求该薄片对于 x 轴的转动惯量和 y 轴的转动惯量．

在闭区域 D 上任取一点 $P(x,y)$ 及包含点 $P(x,y)$ 的一直径很小的闭区域 $\mathrm{d}\sigma$（其面积也记为 $\mathrm{d}\sigma$），则平面薄片对于 x 轴的转动惯量和 y 轴的转动惯量的元素分别为
$$\mathrm{d}I_x=y^2\rho(x,y)\mathrm{d}\sigma,\mathrm{d}I_y=x^2\rho(x,y)\mathrm{d}\sigma .$$
整片平面薄片对于 x 轴的转动惯量和 y 轴的转动惯量分别为
$$I_x=\iint_D y^2\rho(x,y)\mathrm{d}\sigma,\quad I_y=\iint_D x^2\rho(x,y)\mathrm{d}\sigma .$$

例 9 求半径为 a 的均匀半圆薄片（面密度为常量 μ）对于其直径边的转动惯量．

解 取坐标系如图 9-37 所示，则薄片所占闭区域可表示为 $D=\{(x,y)\,|\,x^2+y^2\geqslant a^2,y\geqslant 0\}$，而所求转动惯量即半圆薄片对于 x 轴的转动惯量 I_x 为
$$\begin{aligned}I_x&=\iint_D \mu y^2\mathrm{d}\sigma=\mu\iint_D r^2\sin^2\theta\cdot r\mathrm{d}r\mathrm{d}\theta\\&=\mu\int_0^{\pi}\sin^2\theta\,\mathrm{d}\theta\int_0^a r^3\mathrm{d}r=\mu\cdot\frac{a^4}{4}\int_0^{\pi}\sin^2\theta\,\mathrm{d}\theta\\&=\frac{1}{4}a^4\mu\cdot\frac{\pi}{2}=\frac{1}{4}ma^2,\end{aligned}$$

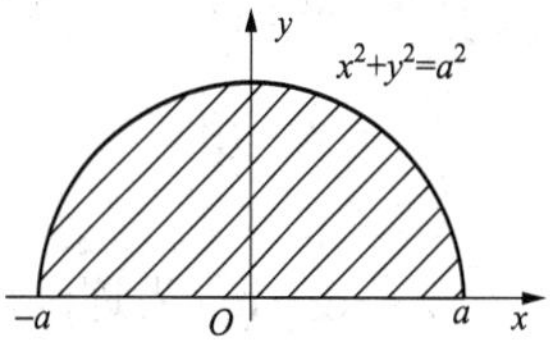

图 9-37

其中 $m=\dfrac{1}{2}\pi a^2\mu$ 为半圆薄片的质量．

习 题 9-4

1．利用二重积分求体积．

（1）平面 $x+y+z=1$ 与三个坐标面所围立体的体积；

（2）由平面 $x=0$，$y=0$，$z=1$，$x+y=1$ 及 $z=1+x+y$ 所围立体的体积；

（3）锥面 $z=\sqrt{x^2+y^2}$，圆柱面 $x^2+y^2=1$ 及平面 $z=0$ 所围立体的体积；

（4）锥面 $z=\sqrt{x^2+y^2}$ 和半球面 $z=\sqrt{1-x^2-y^2}$ 所围立体的体积．

2．求下列曲面的面积．

（1）平面 $3x+2y+z=1$ 被椭圆柱面 $2x^2+y^2=1$ 截下的部分；

（2）锥面 $z=\sqrt{x^2+y^2}$ 被柱面 $z^2=2x$ 截下的部分．

3．求下列图形的面积．

（1）三叶玫瑰线 $\rho=\cos 3\theta$ 的一叶；

（2）位于圆周 $\rho=3\cos\theta$ 的内部及心形线 $\rho=1+\cos\theta$ 的外部的区域．

4．利用三重积分求体积．

（1）$\Omega=\{(x,y,z)\mid x^2+z^2\leqslant 1,|x|+|y|\leqslant 1\}$；

（2）$\Omega=\{(x,y,z)\mid x^2+y^2+z^2\leqslant 1,0\leqslant y\leqslant ax\},a>0$．

5．求由心形线 $\rho=1+\cos\theta$ 所围成平面图形的质心．

6．求边长为 a 与 b 的矩形薄片对两条边的转动惯量．

总 习 题 九

一、填空题

1．设闭区域 $D=\{(x,y)\mid x^2+y^2\leqslant R^2\}$，则 $\iint\limits_D\left(\dfrac{x^2}{a^2}+\dfrac{y^2}{b^2}\right)\mathrm{d}x\mathrm{d}y$ 的值是________；

2．交换二次积分次序后，$\int_0^2\mathrm{d}y\int_{-\sqrt{2y-y^2}}^{\sqrt{2y-y^2}}f(x,y)\mathrm{d}x=$________________；

3．$\int_0^2\mathrm{d}x\int_x^{\sqrt{3}x}f(x^2+y^2)\mathrm{d}y$ 转换为极坐标形式下的二次积分____________．

二、选择题

1．设平面区域 $D=\{(x,y)\mid x\leqslant y\leqslant a,-a\leqslant x\leqslant a\}$，$D_1=\{(x,y)\mid x\leqslant y\leqslant a,0\leqslant x\leqslant a\}$，则 $\iint\limits_D y\mathrm{e}^{x^2}\mathrm{d}x\mathrm{d}y$ 等于下列选项中的（　　）．

（A）0　　（B）$\iint\limits_{D_1}y\mathrm{e}^{x^2}\mathrm{d}x\mathrm{d}y$　　（C）$2\iint\limits_{D_1}y\mathrm{e}^{x^2}\mathrm{d}x\mathrm{d}y$　　（D）$4\iint\limits_{D_1}y\mathrm{e}^{x^2}\mathrm{d}x\mathrm{d}y$

2．设 $f(x)$ 为连续函数，$F(t)=\int_1^t\mathrm{d}y\int_y^t f(x)\mathrm{d}x$，则 $F'(2)=$（　　）．

（A）$2f(2)$　　（B）$f(2)$　　（C）$-f(2)$　　（D）0

3．$I_1=\iint\limits_D(x+y)^3\mathrm{d}x\mathrm{d}y,I_2=\iint\limits_D(x+y)^2\mathrm{d}x\mathrm{d}y$，其中 D：$(x-2)^2+(y-1)^2\leqslant 2$，则 I_1、I_2 的大小关系为（　　）．

（A）$I_1=I_2$　　（B）$I_1>I_2$　　（C）$I_1<I_2$　　（D）无法判断

三、计算题

1．化二重积分 $\iint\limits_D f(x,y)\mathrm{d}x\mathrm{d}y$ 为二次积分（写出两种积分次序），其中积分区域 D 是：

（1）由 x 轴、$x=\mathrm{e}$ 及 $y=\ln x$ 围成的区域；

（2）由 $y=x$ 及 $y^2=4x$ 围成的区域．

2．把下列积分化为极坐标形式，并计算积分值：

（1）$\int_{-a}^a\mathrm{d}x\int_{-\sqrt{a^2-x^2}}^{\sqrt{a^2-x^2}}\mathrm{e}^{-(x^2+y^2)}\mathrm{d}y$；（2）$\int_0^2\mathrm{d}x\int_0^{\sqrt{2x-x^2}}(x^2+y^2)\mathrm{d}y$．

3．选择适当的坐标系计算下列二重积分．

（1）$\iint\limits_D\dfrac{x^2}{y^2}\mathrm{d}\sigma$，其中 D 是由直线 $y=2$、$y=x$ 及曲线 $xy=1$ 所围的区域；

（2）$\iint\limits_D\dfrac{\sin x}{x}\mathrm{d}\sigma$，其中 D 是由直线 $y=x$ 及抛物线 $y=x^2$ 所围的区域；

（3）$\iint\limits_D \ln(1+x^2+y^2)\mathrm{d}\sigma$，其中 D 是由 $x^2+y^2\leqslant 1$ 及 $y\geqslant 0$ 所围的区域；

（4）$\iint\limits_D \arctan\dfrac{y}{x}\mathrm{d}\sigma$，其中 D 是由圆周 $x^2+y^2=1$、$x^2+y^2=4$ 及 $y=0$，$y=x$ 围成的第一象限内的区域.

4．把积分 $\iint\limits_D f(x,y)\mathrm{d}x\mathrm{d}y$ 化为二次积分，其中积分区域 D 是：

（1）$x^2+y^2\leqslant 4, y\geqslant 0$；（2）$x^2+y^2\leqslant 2x$.

5．求由曲面 $z=6-x^2-y^2$ 及平面 $z=0$ 所围立体的体积.

6．求由锥面 $z=2-\sqrt{x^2+y^2}$ 及旋转抛物面 $z=x^2+y^2$ 所围立体的体积.

7．计算下列三重积分.

（1）$\iiint\limits_\Omega xy^2\mathrm{d}V$，$\Omega$ 是由平面 $z=0$、$x+y-z=0$、$x-y-z=0$、$x=1$ 所围的区域；

（2）$\iiint\limits_\Omega (x^2+y^2)\mathrm{d}V$，$\Omega$ 是由柱面 $y=\sqrt{x}$ 及平面 $y+z=1$、$x=0$、$z=0$ 所围的区域；

（3）$\iiint\limits_\Omega |xyz|\mathrm{d}V$，$\Omega$ 为椭球体 $\dfrac{x^2}{a^2}+\dfrac{y^2}{b^2}+\dfrac{z^2}{c^2}\leqslant 1$.

8．把积分 $\iiint\limits_\Omega f(x,y,z)\mathrm{d}x\mathrm{d}y\mathrm{d}z$ 化为三次积分，其中积分区域 Ω 是由曲面 $z=x^2+y^2$、$y=x^2$ 及平面 $y=1$、$z=0$ 所围的闭区域.

9．设有一圆心在原点、半径为 R 的圆形薄片，它在点 (x,y) 处的面密度与该点到圆心的距离成正比，且薄片边缘处的面密度为 ρ，求薄片的质量.

10．求由抛物线 $y^2=4x$、直线 $y=2$ 及 y 轴所围成的均匀薄片的重心.

四、解答题

1．如果 $f(x,y)=f_1(x)\cdot f_2(y)$，积分区域 $D=\{(x,y)\,|\,a\leqslant x\leqslant b, c\leqslant y\leqslant d\}$，试证明：

$$\iint\limits_D f(x,y)\mathrm{d}x\mathrm{d}y=\int_a^b f_1(x)\mathrm{d}x\cdot\int_c^d f_2(y)\mathrm{d}y.$$

2．证明：$\int_0^a \mathrm{d}y\int_0^y f(x)g'(y)\mathrm{d}x=\int_0^a f(x)[g(a)-g(x)]\,\mathrm{d}x$.

拓展阅读

勒贝格传

亨利·勒贝格（Henri Léon Lebesgue），数学家，1875 年 6 月 28 日生于法国的博韦；1941 年 7 月 26 日卒于巴黎.

勒贝格的父亲是一名印刷厂职工，酷爱读书，很有教养. 在父亲的影响下，勒贝格从小勤奋好学，成绩优秀，特别擅长计算. 不幸，父亲去世过早，家境衰落. 在学校老师的帮助下进入中学，后又转学巴黎. 1894 年考入高等师范学校，是数学家波莱尔的学生.

1897年大学毕业后，勒贝格在该校图书馆工作了两年. 在这期间，出版了E. 波莱尔(Borel)关于点集测度的新方法的《函数论讲义》(Lecons sur la théorie des functions 1898)，特别是研究生R. 贝尔(Baire)发表了关于不连续实变函数理论的第一篇论文. 这些成功的研究工作说明在这些崭新的领域中进行开拓将会获得何等重要的成就，从而激发了勒贝格的热情. 1899～1902年，勒贝格在南锡的一所中学任教，虽然工作繁忙，但仍孜孜不倦地研究实变函数理论，并于1902年发表了博士论文《积分、长度、面积》(Intégrale，longueur，aire). 在这篇文章中，勒贝格创立了后来以他的名字命名的积分理论. 此后，他开始在大学任教(1902～1906年在雷恩；1906～1910年在普瓦蒂埃)，在此期间，他进一步出版了一些重要著作：《积分法和原函数分析的讲义》(Leconssur l'intégration et la recherche des fonctions primitives，1904)；《三角级数讲义》(Lecons sur les séries trigonométriques，1906). 接着，勒贝格又于1910～1919年在巴黎（韶邦）大学担任讲师，1920年转聘为教授，这时他又陆续发表了许多关于函数的微分、积分理论的研究成果. 勒贝格于1921年获得法兰西学院教授称号，翌年作为C. 若尔当（Jordan）的后继人被选为巴黎科学院院士.

勒贝格的一生都献给了数学事业，在1922年被推举为院士时，他的著作和论文已达90种之多，内容除积分理论外，还涉及集合与函数的构造[后来由俄国数学家H. 鲁金(ЛуэиН)及其他学者进一步作出发展]、变分学、曲面面积及维数理论等重要结果. 在勒贝格生前最后20年中，研究工作仍然十分活跃并反映出广泛的兴趣，不过作品内容大都涉及教育、历史及初等几何.

勒贝格的工作是对20世纪科学领域的一个重大贡献，但和科学史上所有新思想运动一样，并不是没有遇到阻力. 其原因是在勒贝格的研究中扮演了重要角色的那些不连续函数和不可微函数被人认为违反了所谓的完美性法则，是数学中的变态和不健康部分，从而受到了某些数学家的冷淡，甚至有人曾企图阻止他关于一篇讨论不可微曲面的论文的发表. 勒贝格曾感叹地说："我被称为一个没有导数的函数的那种人了！"然而，不论人们的主观愿望如何，这些具有种种奇异性质的对象都自动地进入了研究者曾企图避开的问题之中. 勒贝格充满信心地指出："使得自己在这种研究中变得迟钝了的那些人，是在浪费他们的时间，而不是在从事有用的工作."

由于在实变函数理论方面的杰出成就，勒贝格相继获得胡勒维格(Houllevigue)奖(1912年)；彭赛列（Poncelet）奖（1914年）和赛恩吐（Saintour）奖（1917年）. 许多国家和地区（如伦敦、罗马、丹麦、比利时、罗马尼亚和波兰）的科学院都聘他为院士，许多大学授予他名誉学位，以表彰他的贡献.

黎曼积分与勒贝格积分

1854年，黎曼（德，1826—1866年）引入了以他名字命名的积分——黎曼积分，黎曼积分本质上是"和"的概念，即将东西加起来，所以黎曼积分早期是从面积、路程等计算中发展起来，例如，曲边梯形所围成图形的面积计算，就是将x轴的区间分成若干小区间，将小区间的高度(y值)乘以小区间的长度，然后加起来，最后用极限法就可以求得精确的面积. 这就是传统的积分概念(黎曼积分). 这一理论的应用范围主要是连续函数，只要相应的函数性质良好，用黎曼积分来计算曲边形面积、物体重心、物理学上的功、能等，是很方便的.

然而，随着认识的深入，人们越来越经常地需要处理复杂的函数，例如，由一列性质良好的函数组成级数所定义出来的函数，两个变元的函数对一个变元积分后所得到的一元函数等. 在讨论它们的可积性、连续性、可微性时，经常遇到积分与极限能否交换顺序的问题. 通常只有在很强的假设下才能对这些问题作出肯定的回答. 同时随着 K. 魏尔斯特拉斯（Weier-strass）和 G. 康托尔（Cantor）工作的问世，在数学中出现了许多“奇怪”的函数与现象，致使黎曼积分理论暴露出较大的局限性. 而且随着分析的严格化迫使许多数学家认真考虑所谓“病态函数”，特别是不连续函数、不可微函数的积分问题，例如，狄利克雷函数 $D(x)=\begin{cases}1 & x\in \mathrm{Q},\\ 0 & x\in \mathrm{Q}^{\mathrm{c}}\end{cases}$，这个函数图形是无法画出的，而且要用黎曼积分计算 $\int_0^1 D(x)\mathrm{d}x$ 是办不到的. 那么人们自然会考虑如下问题：积分的概念可以怎样推广到更广泛的函数类上呢？

此后人们逐渐开展了对积分理论的改造工作. 当时，关于积分论的工作主要集中于无穷集合性质的探讨，而无处稠密的集合具有正的外“容度”性质的发现，使集合的测度概念在积分论的研究中占有重要地位. 积分的几何意义是曲线围成的面积，黎曼积分的定义是建立在对区间长度分割的基础上的. 因此，人们自然会考虑如何把长度、面积等概念扩充到更广泛的集合类上，从而把积分概念置于集合测度理论的框架之中. 这一思想的重要性在于使人们认识到：集合的测度与可测性的推广将意味着函数的积分与可积性的推广. 勒贝格积分正是建立在勒贝格测度理论的基础上的，它是黎曼积分的扩充. 勒贝格对数学的主要贡献属于积分论领域，这是实变函数理论的中心课题.

为勒贝格积分理论的创立作出重要贡献的首先应推若尔当，他在《分析教程》（Cours d’analyse，1893）一书中阐述了后人称谓的若尔当测度论，并讨论了定义在有界若尔当可测集上的函数，采用把定义域分割为有限个若尔当可测集的办法来定义积分. 虽然若尔当的测度论存在着严重的缺陷（如存在着不可测的开集、有理数集不可测等），而且积分理论也并没有作出实质性的推广，但这一工作极大地影响着勒贝格研究的视野. 在这一方向上迈出第二步的杰出人物是波莱尔，1898 年在他的《函数论讲义》中向人们展示了“波莱尔集”的理论. 他从 R^1 中开集是构成区间的长度总和出发，允许对可列个开集作并与补的运算，构成了所谓以波莱尔可测集为元素的 σ 代数类，并在其上定义了测度. 这一成果的要点是使测度具备完全可加性（若尔当测度只具备有限可加性），即对一列互不相交的波莱尔集，若其并集是有界的，则其并集的测度等于每个 E_n 的测度的和. 此外，他还指出，集合的测度和可测性是两个不同的概念. 但在波莱尔的测度思想中，却存在着不是波莱尔集的若尔当可测集（这一点很可能是使他没有进一步开创积分理论的原因之一）. 特别是其中存在着零测度的稠密集，引起了一些数学家的不快. 然而勒贝格却洞察了这一思想的深刻意义并接受了它. 他突破了若尔当对集合测度的定义中所作的有限覆盖的限制，以更加一般的形式发展和完善了波莱尔的测度观念，给予了集合测度的分析定义：

设 $E=[a,b]$，考虑可数多个区间对 E 作覆盖. 定义数值

$$m^*(E)+m^*([a,b]\backslash E)=b-a\ ,$$

则称 E 为可测集（即 E 是勒贝格可测的）. 在此基础上，勒贝格引入了新的积分定义：对于一个定义在 $[a,b]$ 上的有界实值函数 $f(x)$ $(m\leqslant f(x)\leqslant M)$，作 $[m,M]$ 的分割 $\varDelta$

$$m=y_0<y_1<\cdots<y_{n-1}<y_n=M\ .$$

令

$$E_i=\{x\in[a,b]:y_{i-1}\leqslant f(x)\leqslant y_i\},\quad (i=1,2,\cdots,n),$$

并假定这些集合是可测的［即 $f(x)$ 是勒贝格可测函数］. 考虑和式

$$s_{\Delta}=\sum_{i=1}^{\infty}y_{i-1}\cdot m(E_i),\quad S_{\Delta}=\sum_{i=1}^{\infty}y_i\cdot m(E_i),$$

如果当 $\max\{y_i-y_{i-1}\}\to 0$ 时，s_{Δ} 与 S_{Δ} 趋于同一极限值，则称此值为 $f(x)$ 在 $[a,b]$ 上的积分.

由上面的定义可以看出，勒贝格积分是从另一个角度来考虑积分概念，从而出现了勒贝格积分和测度的概念. 例如计算面积，其基本思想是：可以将小区间的高度（y 值）乘以对应所有小区间的长度的和（测度），然后加起来. 在他的这一新概念中，凡若尔当可测集、波莱尔可测集都是勒贝格可测集. 勒贝格积分的范围包括了由贝尔引入的一切不连续函数.

勒贝格曾对他的这一积分思想作过一个生动有趣的描述："我必须偿还一笔钱. 如果我从口袋中随意地摸出来各种不同面值的钞票，逐一地还给债主直到全部还清，这就是黎曼积分；不过，我还有另外一种做法，就是把钱全部拿出来并把相同面值的钞票放在一起，然后再一起付给应还的数目，这就是我的积分".

例如要计算下面 8 个数的和：$25, 25, 10, 5, 10, 1, 5, 25$. 用黎曼积分来求和：$25+25+10+5+10+1+5+25=106$. 用勒贝格积分来求和：$25\times3+10\times2+5\times2+1=106$. 虽然结果是一样的，但对于一些黎曼积分解决不了的函数，勒贝格积分却是可以解决的. 例如上面提到的 $\int_0^1 D(x)\mathrm{d}x$，运用勒贝格积分可以由下面的方法办到

$$\int_{[0,1]}D(x)\mathrm{d}x=1\times0+0\times1=0$$

事实上，$[0,1]$ 闭区间的长度（测度）是 1，有限点集的长度（测度）是 0，无限可数点集（如有理数）的长度（测度）是 0，而 $[0,1]$ 闭区间的长度（测度）=有理数集的长度+无理数集的长度. 所以，$[0,1]$ 闭区间无理数集的长度（测度）是 1. 因此，上面的积分是成立的.

从数学发展的历史角度看，新的积分理论的建立是水到渠成的事情. 但是可贵的是，与同时代的一些数学家不同，在勒贝格看来，积分定义的推广只是他对积分理论研究的出发点，他深刻地认识到，在这一理论中蕴含着一种新的分析工具，使人们能在相当大范围内克服黎曼积分中产生的许多理论困难. 而正是这些困难所引起的问题是促使勒贝格获得这一巨大成就的动力.

由此可见，勒贝格积分比黎曼积分广义. 但必须指出，勒贝格积分无法完全代替黎曼积分，问题出在黎曼可积函数具有绝对可积的性质，导致条件收敛的黎曼广义可积函数不是黎曼可积函数.

第十章　曲线积分与曲面积分

［本章导读］

本章主要介绍曲线积分和曲面积分. 本章内容与重积分内容有很大的不同，一般来说曲线积分和曲面积分可分为数量值函数的积分（第一类积分）和向量值函数的积分（第二类积分），这些积分概念的提出都有着各自不同的背景，而且每一种积分都在相关的问题中有着广泛的应用.

数量值函数的曲线积分和曲面积分仍属于黎曼积分的范畴，它们与定积分、重积分的概念无本质区别，只是积分分别取在曲线和曲面上而已. 为了便于对照分析，将其内容纳入本章进行介绍.

向量值函数的曲线积分和曲面积分分别是由变力做功和流场流量为背景的，这两类积分和数量值的各种积分有所不同，这主要体现在：积分的定义域计算均与积分区域的“定向”有关.

在本章中，主要讨论数量值函数与向量值函数的曲线积分和曲面积分的概念及其计算方法，并介绍格林公式、高斯公式和斯托克斯公式.

第一节　数量值函数的曲线积分与曲面积分

一、数量值函数的曲线积分（第一类曲线积分）

若有界闭几何形体Ω是空间曲线Γ，则三元函数$f(x,y,z)$在曲线Γ上的积分称为第一类曲线积分，也称为对弧长的曲线积分，记为$\int\limits_{\Gamma} f(x,y,z)\mathrm{d}s$，它是一个和式的极限，即

$$\int\limits_{\Gamma} f(x,y,z)\mathrm{d}s = \lim_{\lambda\to 0}\sum_{i=1}^{n} f(\xi_i,\eta_i,\zeta_i)\Delta s_i ,$$

它的物理意义是以$f(x,y,z)$为线密度的非均匀有质曲线的质量.

若曲线Γ是封闭曲线，将第一类曲线积分写成$\oint\limits_{\Gamma} f(x,y,z)\mathrm{d}s$.

第一类曲线积分的计算，主要方法是利用参数方程将曲线积分化为定积分. 为了简单起见，先讨论平面曲线积分的计算公式. 若曲线L的参数方程为

$$x=\varphi(t),\ y=\psi(t)\ (\alpha\leqslant t\leqslant\beta),$$

则弧长元素为

$$\mathrm{d}s=\sqrt{\varphi'^2(t)+\psi'^2(t)}\mathrm{d}t ,$$

于是有如下定理：

定理 1　设$f(x,y)$在曲线弧L上有定义且连续，L的参数方程为

$$\begin{cases} x=\varphi(t) \\ y=\psi(t) \end{cases} \quad (\alpha \leqslant t \leqslant \beta),$$

其中 $\varphi(t)$、$\psi(t)$ 在 $[\alpha,\beta]$ 上具有一阶连续导数，且 $\varphi'^2(t)+\psi'^2(t)\neq 0$，则第一类曲线积分 $\int_L f(x,y)\mathrm{d}s$ 存在，且

$$\boxed{\int_L f(x,y)\mathrm{d}s=\int_\alpha^\beta f(\varphi(t),\psi(t))\sqrt{\varphi'^2(t)+\psi'^2(t)}\mathrm{d}t \quad (\alpha<\beta)} \tag{1}$$

证明 略.

需要指出，这里定积分的下限 $\boldsymbol{\alpha}$ 必小于上限 $\boldsymbol{\beta}$.

（1）若曲线 L 的方程表示为 $y=y(x)$，$a\leqslant x\leqslant b$，则可认为 L 的参数方程为

$$x=x, y=y(x)\ (a\leqslant x\leqslant b),$$

则有

$$\boxed{\int_L f(x,y)\mathrm{d}s=\int_a^b f\left(x,y(x)\right)\sqrt{1+[y'(x)]^2}\mathrm{d}x} \tag{2}$$

同理，若曲线 L 的方程表示为 L：$x=x(y)$，$c\leqslant y\leqslant d$，则有

$$\boxed{\int_L f(x,y)\,\mathrm{d}s=\int_c^d f(x(y),y)\sqrt{1+[x'(y)]^2}\mathrm{d}y} \tag{3}$$

（2）若曲线 L 的方程为 $r=r(\theta)$，$\alpha\leqslant\theta\leqslant\beta$，则

$$\boxed{\int_L f(x,y)\mathrm{d}s=\int_\alpha^\beta f(r(\theta)\cos\theta,r(\theta)\sin\theta)\sqrt{r^2(\theta)+r'^2(\theta)}\mathrm{d}\theta} \tag{4}$$

（3）定理 1 的结论可以推广到空间曲线弧 Γ 上，若曲线弧 Γ 的参数方程为

$$x=\varphi(t), y=\psi(t), z=\omega(t), \alpha\leqslant t\leqslant\beta,$$

则

$$\boxed{\int_\Gamma f(x,y,z)\mathrm{d}s=\int_\alpha^\beta f(\varphi(t),\psi(t),\omega(t))\sqrt{\varphi'^2(t)+\psi'^2(t)+\omega'^2(t)}\mathrm{d}t} \tag{5}$$

第一类曲线积分的几何意义也是明显的. ①若被积函数 $f(x,y,z)=1$，则积分值表示积分曲线的弧长；②若积分曲线 L 为 xOy 平面上的曲线段，被积函数为二元函数 $f(x,y)\geqslant 0$，则曲线积分 $\int_L f(x,y)\mathrm{d}s$ 表示曲面 Σ 的侧面积：其中 Σ 是以 xOy 平面上的曲线 L 为准线、母线平行于 z 轴的柱面的一部分，其高度为 $f(x,y)\,[(x,y)\in L]$.

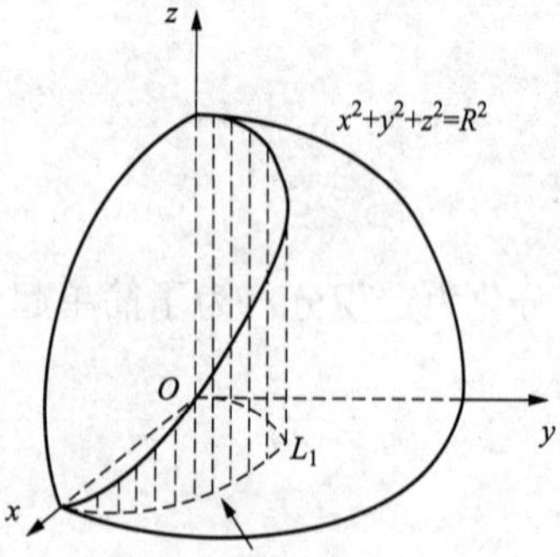

图 10-1

例 1 求圆柱面 $x^2+y^2=Rx$ 位于球面 $x^2+y^2+z^2=R^2$ 内柱面的面积.

解 由于题中的圆柱面、球面都关于 zOx、xOy 平面对称，要求的那部分柱面在第一卦限内的图形如图 10-1 所示.

被积函数是圆柱面 $x^2+y^2=Rx$ 与球面 $x^2+y^2+z^2=R^2$ 的交线（第一卦限部分），积分曲线为 xOy 平面上的半圆 $L_1: x^2+y^2=Rx\ (y>0)$，则

$$S=4S_1=4\int_{L_1}\sqrt{R^2-x^2-y^2}\mathrm{d}s.$$

L_1 的极坐标方程为 $r=R\cos\theta, 0\leqslant\theta\leqslant\dfrac{\pi}{2}$，由式（4）

$$S=4\int_0^{\frac{\pi}{2}}\sqrt{R^2-(R\cos\theta\cdot\cos\theta)^2-(R\cos\theta\sin\theta)^2}\cdot\sqrt{(R\cos\theta)^2+(-R\sin\theta)^2}\mathrm{d}\theta$$

$$=4R\int_0^{\frac{\pi}{2}}\sqrt{R^2-R^2\cos^2\theta}\mathrm{d}\theta$$

$$=4R^2\int_0^{\frac{\pi}{2}}\sin\theta\mathrm{d}\theta=4R^2.$$

例 2　求星形线 $x=a\cos^3 t, y=a\sin^3 t$ 的全长.

解　如图 10-2 所示，利用图形的对称性，由参数方程的弧长公式得

$$s=4\int_0^{\frac{\pi}{2}}\sqrt{x'^2(t)+y'^2(t)}\mathrm{d}t=4\int_0^{\frac{\pi}{2}}3a\sin t\cdot\cos t\mathrm{d}t=6a.$$

例 3　计算曲线积分 $\int_L |y|\mathrm{d}s$，其中 L 是第一象限内从点 $A(0,1)$ 到点 $B(1,0)$ 的单位圆弧.

解　如图 10-3 所示，曲线方程为 L： $y=\sqrt{1-x^2}$　$(0\leqslant x\leqslant 1)$，则

$$\mathrm{d}s=\sqrt{1+\frac{x^2}{1-x^2}}\mathrm{d}x=\frac{\mathrm{d}x}{\sqrt{1-x^2}},$$

所以

$$\int_L |y|\mathrm{d}s=\int_0^1\sqrt{1-x^2}\cdot\frac{\mathrm{d}x}{\sqrt{1-x^2}}$$

$$=\int_0^1\mathrm{d}x=1.$$

例 4　计算曲线积分 $\oint_L \mathrm{e}^{\sqrt{x^2+y^2}}\mathrm{d}s$，其中 L 是由 $r=a$、$\theta=0$、$\theta=\dfrac{\pi}{4}$ 所围成的边界.

解　如图 10-4 所示，此时 $L=OA+\overset{\frown}{AB}+BO$.

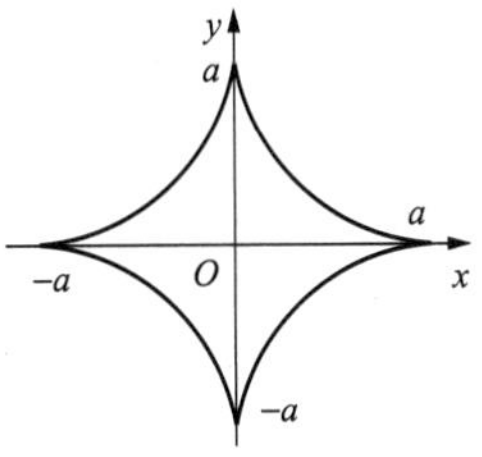

图 10-2

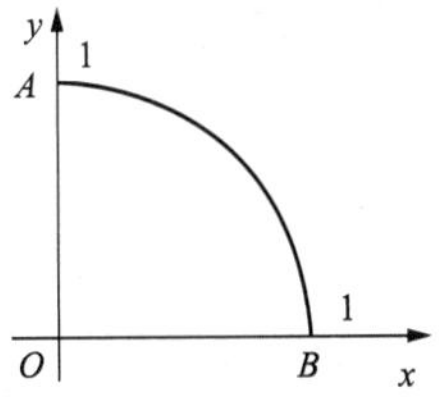

图 10-3

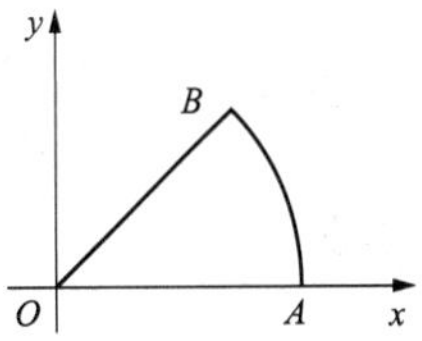

图 10-4

在 OA 上，$y=0$，$0\leqslant x\leqslant a$，$\mathrm{d}s=\mathrm{d}x$，则

$$\int_{OA}\mathrm{e}^{\sqrt{x^2+y^2}}\mathrm{d}s=\int_0^a\mathrm{e}^x\mathrm{d}x=\mathrm{e}^a-1.$$

在 $\overset{\frown}{AB}$ 上，$r=a$，$0\leqslant\theta\leqslant\dfrac{\pi}{4}$，$\mathrm{d}s=a\mathrm{d}\theta$，则

$$\int_{\overset{\frown}{AB}}\mathrm{e}^{\sqrt{x^2+y^2}}\mathrm{d}s=\int_0^{\frac{\pi}{4}}\mathrm{e}^a a\mathrm{d}\theta=\frac{\pi a}{4}\mathrm{e}^a.$$

在 OB 上，$y=x$，$\mathrm{d}s=\sqrt{2}\mathrm{d}x$，$\sqrt{x^2+y^2}=\sqrt{2}x$，则

$$\int_{OB}\mathrm{e}^{\sqrt{x^2+y^2}}\mathrm{d}s=\int_0^{\frac{\sqrt{2}a}{2}}\mathrm{e}^{\sqrt{2}x}\sqrt{2}\mathrm{d}x=\mathrm{e}^a-1.$$

综合上述三个部分，则

$$\oint_L \mathrm{e}^{\sqrt{x^2+y^2}}\mathrm{d}s=2(\mathrm{e}^a-1)+\frac{\pi a}{4}\mathrm{e}^a.$$

注：需要特别指出的是，第一类曲线积分的被积函数 $f(x,y)$ 是定义在积分曲线上的，因而 $f(x,y)$ 满足积分曲线方程．例如 L：$x^2+y^2=a^2$，则 $\oint_L(x^2+y^2)\mathrm{d}s=\oint_L a^2\mathrm{d}s=2\pi a^3$．然而，对于二重积分 $\iint_D(x^2+y^2)\mathrm{d}\sigma$，其中 D 由 $x^2+y^2=a^2$ 围成，被积函数是定义在整个闭区域上的（不仅仅是圆周），不可能等价于 $\iint_D a^2\mathrm{d}\sigma$．

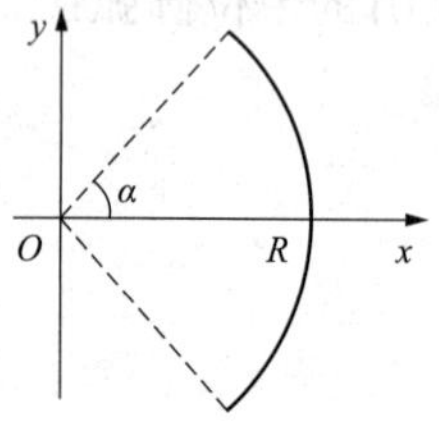

图 10-5

例 5 计算半径为 R、中心角为 2α 的圆弧 L 的质心，并求对于圆弧 L 对称轴的转动惯量 I（设线密度为 $\rho=1$）．

解 取坐标系如图 10-5 所示，曲线 L 的参数方程为

$$x=R\cos\theta,\quad y=R\sin\theta\ (-\alpha\leqslant\theta\leqslant\alpha).$$

因曲线弧是均匀的，则质心坐标在 x 轴上，即

$$\bar{x}=\frac{\int_L x\mathrm{d}s}{l},\bar{y}=0.$$

又

$$l=\int_L\mathrm{d}s=2R\alpha,$$

$$\int_L x\mathrm{d}s=\int_{-\alpha}^{\alpha}a\cos\theta\cdot\sqrt{a^2\sin^2\theta+a^2\cos\theta}\mathrm{d}\theta=2a^2\sin\alpha,$$

则

$$\bar{x}=\frac{\int_L x\mathrm{d}s}{l}=\frac{2R^2\sin\alpha}{2R\alpha}=\frac{R\sin\alpha}{\alpha}.$$

所以，质心坐标为 $\left(\frac{R\sin\alpha}{\alpha},0\right)$．

转动惯量

$$\begin{aligned}I&=\int_L y^2\mathrm{d}s\\&=\int_{-\alpha}^{\alpha}R^2\sin^2\theta\sqrt{(-R\sin\theta)^2+(R\cos\theta)^2}\mathrm{d}\theta\\&=R^3\int_{-\alpha}^{\alpha}\sin^2\theta\mathrm{d}\theta=R^3(\alpha-\sin\alpha\cos\alpha).\end{aligned}$$

例 6 计算积分 $\int_\Gamma xyz\mathrm{d}s$，$\Gamma$ 为连接点 $A(1,0,2)$ 与点 $B(2,1,-1)$ 的直线段．

解 先写出直线段 Γ 的方程，直线段的方向向量为

$$\boldsymbol{s}=\overrightarrow{AB}=\{1,1,-3\},$$

故直线段的方程为

$$\Gamma: x=1+t,\quad y=0+t,\quad z=2-3t\quad (0\leqslant t\leqslant 1),$$

则
$$\mathrm{d}s=\sqrt{(x')^2+(y')^2+(z')^2}\,\mathrm{d}t=\sqrt{1^2+1^2+(-3)^2}\,\mathrm{d}t=\sqrt{11}\mathrm{d}t,$$

故
$$\int_\Gamma xyz\mathrm{d}s=\int_0^1(1+t)\cdot t\cdot(2-3t)\cdot\sqrt{11}\mathrm{d}t$$
$$=\sqrt{11}\int_0^1(-3t^3-t^2+2t)\mathrm{d}t=-\frac{1}{12}\sqrt{11}.$$

例 7　计算积分 $\oint_L(x^3+y^2)\mathrm{d}s$，$L$ 为平面封闭曲线 $x^2+y^2=R^2$.

解一　因为 L 关于 y 轴对称，而函数 x^3 是变量 x 的奇函数，故

$$\oint_L x^3\mathrm{d}s=0;$$

又曲线 L 的极坐标方程为 $\begin{cases}x=R\cos\theta\\ y=R\sin\theta\end{cases}$ $(0\leqslant\theta\leqslant 2\pi)$，则

$$\oint_L(x^3+y^2)\mathrm{d}s=\oint_L y^2\mathrm{d}s$$
$$=\int_0^{2\pi}(R\sin\theta)^2\sqrt{(-R\sin\theta)^2+(R\cos\theta)^2}\mathrm{d}\theta$$
$$=R^3\int_0^{2\pi}\frac{1-\cos 2\theta}{2}\mathrm{d}\theta=\pi R^3.$$

解二　因为 L 关于 y 轴对称，而函数 x^3 是变量 x 的奇函数，故

$$\oint_L x^3\mathrm{d}s=0;$$

又 L 关于变量 x、y 具有轮换对称性，则

$$\oint_L y^2\mathrm{d}s=\oint_L x^2\mathrm{d}s,$$

从而

$$\oint_L(x^3+y^2)\mathrm{d}s=\oint_L y^2\mathrm{d}s=\frac{1}{2}\oint_L(x^2+y^2)\mathrm{d}s$$
$$=\frac{1}{2}\oint_L R^2\mathrm{d}s=\frac{1}{2}\cdot R^2\cdot 2\pi R=\pi R^3.$$

二、数量值函数的曲面积分（第一类曲面积分）

若有界闭几何形体Ω是空间曲面 Σ，则三元函数 $f(x,y,z)$ 在曲面 Σ 上的积分称为第一类曲面积分，也称为对面积的曲面积分，记作 $\iint_\Sigma f(x,y,z)\mathrm{d}S$. 它是一个和式的极限，即

$$\iint_\Sigma f(x,y,z)\mathrm{d}S=\lim_{\lambda\to 0}\sum_{i=1}^n f(\xi_i,\eta_i,\zeta_i)\Delta S_i,$$

它的物理意义是以 $f(x,y,z)$ 为面密度的非均匀有质曲面的质量.

当 $f(x,y,z)=1$ 时，第一类曲面积分在数值上就等于曲面 Σ 的面积. 如果是在封闭曲面 Σ 上的曲面积分，将第一类曲面积分写成 $\oiint\limits_{\Sigma} f(x,y,z)\mathrm{d}S$.

下面先来讨论曲面面积的计算，主要方法是将第一类曲面积分化成二重积分.

设积分曲面 Σ 由方程 $z=z(x,y)$ 给出，Σ 在 xOy 平面上的投影区域为 D . 根据二重积分应用部分对空间曲面面积的讨论，曲面的面积元素为

$$\mathrm{d}S=\sqrt{1+z_x^2(x,y)+z_y^2(x,y)}\mathrm{d}x\mathrm{d}y.$$

于是有如下定理：

定理 2 设积分曲面 Σ 由方程 $z=z(x,y)$ 给出，Σ 在 xOy 平面上的投影区域为 D_{xy} ，函数 $z=z(x,y)$ 在 D_{xy} 上具有连续偏导数，被积函数 $f(x,y,z)$ 在 Σ 上连续，则

$$\boxed{\iint\limits_{\Sigma} f(x,y,z)\mathrm{d}S=\iint\limits_{D_{xy}} f(x,y,z(x,y))\sqrt{1+z_x^2(x,y)+z_y^2(x,y)}\mathrm{d}x\mathrm{d}y} \tag{6}$$

证明略.

类似地，有以下结论：

如果积分曲面 Σ 的方程为 $y=y(z,x)$ ， D_{zx} 为 Σ 在 zOx 坐标面上的投影区域，则函数 $f(x,y,z)$ 在 Σ 上对面积的曲面积分为

$$\boxed{\iint\limits_{\Sigma} f(x,y,z)\mathrm{d}S=\iint\limits_{D_{zx}} f(x,y(z,x),z)\sqrt{1+y_z^2(z,x)+y_x^2(z,x)}\mathrm{d}z\mathrm{d}x}$$

如果积分曲面 Σ 的方程为 $x=x(y,z)$ ， D_{yz} 为 Σ 在 yOz 坐标面上的投影区域，则函数 $f(x,y,z)$ 在 Σ 上对面积的曲面积分为

$$\boxed{\iint\limits_{\Sigma} f(x,y,z)\mathrm{d}S=\iint\limits_{D_{yz}} f(x(y,z),y,z)\sqrt{1+x_y^2(y,z)+x_z^2(y,z)}\mathrm{d}y\mathrm{d}z}$$

例 8 计算曲面积分 $\iint\limits_{\Sigma}\frac{1}{z}\mathrm{d}S$,其中 Σ 是球面 $x^2+y^2+z^2=a^2$ 被平面 $z=h\quad(0<h<a)$ 截出的顶部.

解 如图 10-6 所示，Σ 的方程为 $z=\sqrt{a^2-x^2-y^2}$ ， $D_{xy}:x^2+y^2\leqslant a^2-h^2$ ，又有

$$z_x=\frac{-x}{\sqrt{a^2-x^2-y^2}},\quad z_y=\frac{-y}{\sqrt{a^2-x^2-y^2}},\quad \sqrt{1+z_x^2+z_y^2}=\frac{a}{\sqrt{a^2-x^2-y^2}}.$$

由式（6)，利用极坐标变换，得

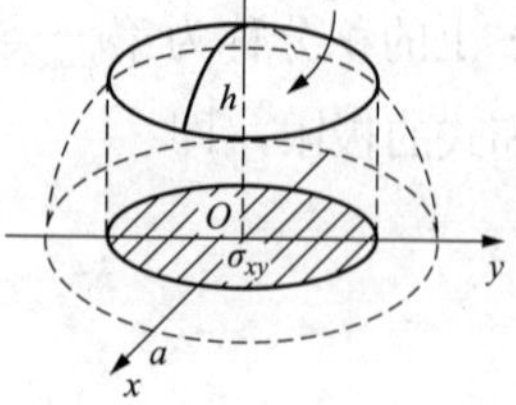

图 10-6

$$\begin{aligned}\iint\limits_{\Sigma}\frac{1}{z}\mathrm{d}S&=\iint\limits_{D_{xy}}\frac{a}{a^2-x^2-y^2}\mathrm{d}x\mathrm{d}y\\&=a\int_0^{2\pi}\mathrm{d}\theta\int_0^{\sqrt{a^2-h^2}}\frac{r\mathrm{d}r}{a^2-r^2}\\&=2\pi a\left[-\frac{1}{2}\ln(a^2-r^2)\right]_0^{\sqrt{a^2-h^2}}=2\pi a\ln\frac{a}{h}.\end{aligned}$$

例 9 计算曲面积分 $\oiint\limits_{\Sigma} xyz\mathrm{d}S$ ，其中 Σ 是由平面 $x=0$、$y=0$、

$z=0$ 及 $x+y+z=1$ 所围成的四面体的整个边界曲面.

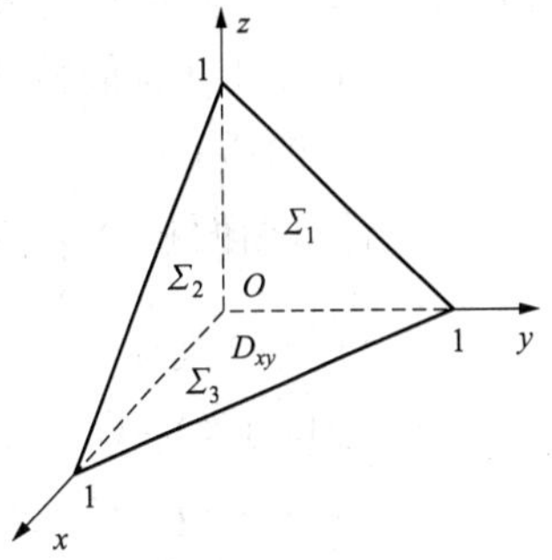

图 10-7

解　如图 10-7 所示，整个边界曲面 Σ 在平面 $x=0$、$y=0$、$z=0$ 及 $x+y+z=1$ 上的部分依次记为 Σ_1、Σ_2、Σ_3 及 Σ_4，于是

$$\oiint_{\Sigma} xyz\mathrm{d}S=\iint_{\Sigma_1} xyz\mathrm{d}S+\iint_{\Sigma_2} xyz\mathrm{d}S+\iint_{\Sigma_3} xyz\mathrm{d}S+\iint_{\Sigma_4} xyz\mathrm{d}S.$$

在 Σ_1、Σ_2、Σ_3 上，被积函数都为零，即

$$\iint_{\Sigma_1} xyz\mathrm{d}S=\iint_{\Sigma_2} xyz\mathrm{d}S=\iint_{\Sigma_3} xyz\mathrm{d}S=0.$$

在 Σ_4 上，$z=1-x-y$，有

$$\mathrm{d}S=\sqrt{1+z_x^2+z_y^2}\,\mathrm{d}x\mathrm{d}y=\sqrt{3}\mathrm{d}x\mathrm{d}y.$$

于是

$$\begin{aligned}\oiint_{\Sigma} xyz\,\mathrm{d}S&=0+0+0+\iint_{\Sigma_4} xyz\mathrm{d}S\\&=\iint_{D_{xy}}\sqrt{3}xy(1-x-y)\mathrm{d}x\mathrm{d}y\\&=\sqrt{3}\int_0^1 x\mathrm{d}x\int_0^{1-x} y(1-x-y)\mathrm{d}y\\&=\sqrt{3}\int_0^1 x\cdot\frac{(1-x)^3}{6}\mathrm{d}x=\frac{\sqrt{3}}{120}.\end{aligned}$$

习　题　10-1

1．计算下列第一类曲线积分.

（1）$\int_L x\sin y\mathrm{d}s$，其中，$L$ 为 $x=3t$，$y=t$ $(0\leqslant t\leqslant \pi)$.

（2）$\int_L (x^2+y^2)\mathrm{d}s$，其中 L 为圆周 $x^2+y^2=R^2$ 上由点 $(R,0)$ 到点 $(0,R)$ 的一段弧.

（3）$\int_L y\mathrm{d}s$，其中 L 为抛物线 $y^2=4x$ 从点 $(0,0)$ 到点 $(1,2)$ 的一段弧.

（4）$\oint_L \sqrt{x^2+y^2}\mathrm{d}s$，其中 L 为圆周 $x^2+y^2=ax$ $(a>0)$.

（5）$\oint_L xy\mathrm{d}s$，其中 L 是由直线 $x=0$、$y=0$、$x=4$、$y=2$ 所构成的矩形回路.

（6）$\oint_L xy\mathrm{d}s$，其中 L 为星形线 $x=a\cos^3 t$、$y=a\sin^3 t$ 的整个周界.

（7）$\int_L y^2\mathrm{d}s$，其中 L 为摆线的一拱 $x=a(t-\sin t)$、$y=a(1-\cos t)$ $(0\leqslant t\leqslant 2\pi)$.

（8）$\oint_L x\mathrm{d}s$，其中 L 为由直线 $y=x$ 及抛物线 $y=x^2$ 所围成的区域的整个边界.

（9）$\int_L xyz\mathrm{d}s$，其中 L 为螺旋线 $x=\cos t$、$y=\sin t$、$z=t$ 相应于 $0\leqslant t\leqslant 2\pi$ 的一段弧.

2．设螺旋形弹簧一圈的方程为 $x=a\cos t$、$y=a\sin t$、$z=bt$ $(0\leqslant t\leqslant 2\pi)$，它的线密度

$\mu(x,y,z)=x^2+y^2+z^2$，求：

（1）它关于 z 轴的转动惯量 I_z.

（2）它的质心.

3．计算曲面积分 $\iint\limits_{\Sigma} f(x,y,z)\mathrm{d}S$，其中 Σ 为抛物面 $z=2-(x^2+y^2)$ 在 xOy 平面上方的部分，$f(x,y,z)$ 分别如下：

（1）$f(x,y,z)=1$.

（2）$f(x,y,z)=x^2+y^2$.

4．计算下列第一类曲面积分.

（1）$\iint\limits_{\Sigma}\left(2x+\dfrac{4}{3}y+z\right)\mathrm{d}S$，其中 Σ 为平面 $\dfrac{x}{2}+\dfrac{y}{3}+\dfrac{z}{4}=1$ 在第一卦限部分.

（2）$\iint\limits_{\Sigma} z^2\mathrm{d}S$，其中 Σ 为球面 $x^2+y^2+z^2=9$ 在第一卦限部分.

（3）$\oiint\limits_{\Sigma}(x^2+y^2)\mathrm{d}S$，其中 Σ 为曲面 $z=\sqrt{x^2+y^2}$ 及平面 $z=1$ 所围成的立体的表面.

（4）$\iint\limits_{\Sigma}\dfrac{1}{x^2+y^2+z^2}\mathrm{d}S$，其中 Σ 是介于平面 $z=0$ 及 $z=4$ 之间的圆柱面 $x^2+y^2=4^2$.

（5）$\oiint\limits_{\Sigma}(xy+yz+zx)\mathrm{d}S$，$\Sigma$ 为锥面 $z=\sqrt{x^2+y^2}$ 被柱面 $x^2+y^2=2ax$ 所截得的部分.

5．求顶点在(1,0,0)、(0,1,0)和(0,0,1)的三角形金属片的质量，已知它的密度 $\rho(x,y,z)=x^2$.

第二节　向量值函数在定向曲线上的积分（第二类曲线积分）

一、第二类曲线积分的概念

1．定向曲线及其切向量

当动点沿着曲线段向前连续移动时，就形成了曲线的走向．一条曲线通常可以有两种走向，如将其中的一种走向规定为正向，那么另一走向就是反向．带有确定走向的一条曲线称为定向曲线（orientation curve）．当用 $L=\overset{\frown}{AB}$ 表示定向曲线时，前一字母（即 A）表示 L 的起点，后一字母（即 B）表示 L 的终点．定向曲线 L 的反向曲线记为 L^-，对于定向曲线，L 与 L^- 代表着两条不同的曲线．对于参数方程给出的曲线，参数的每个值对应着曲线上的一个点，当参数增加时，曲线上的动点就走出了曲线的一种走向；而当参数减少时，曲线上的动点则走出了曲线的另一种走向．由此，将定向曲线 $L=\overset{\frown}{AB}$ 的参数方程写作

$$\begin{cases}x=\varphi(t)\\ y=\psi(t)\end{cases},\quad t:a\to b.$$

这一写法表明，曲线 L 从点 A 到点 B 的走向即为参数 t 从 a 变到 b 时动点的走向．起点 A 对应 $t=a$，终点 B 对应 $t=b$，此时 a 未必小于 b．

对于任意一条光滑曲线，其上每一点处的切向量都可取两个可能的方向．但是对定向光

滑曲线，规定：**定向光滑曲线上各点处的切向量的方向总是与曲线的走向一致**.

由参数方程给出的定向光滑曲线 L 在其上任一点处的切向量为 $\boldsymbol{\tau}=\pm(x'(t),y'(t))$，其中的正负号当 $a<b$ 时取正，$a>b$ 时取负.

例如，设 xOy 平面上定向曲线 L 的方程为 $\begin{cases}x=a\cos t\\ y=a\sin t\end{cases}$，$t:0\to 2\pi$，则 L 的切向量为 $\boldsymbol{\tau}=(-a\sin t,a\cos t)$.

对空间的定向曲线，也可作出类似说明.

2. 引例　变力沿曲线所做的功

设一个质点于 xOy 平面内在力场 $\boldsymbol{F}(x,y)=P(x,y)\boldsymbol{i}+Q(x,y)\boldsymbol{j}$ 的作用下从点 A 沿光滑曲线弧 L 移动到点 B，试求变力 $\boldsymbol{F}$ 所做的功.

如果 $\boldsymbol{F}$ 是一个常力，作用于质点，使之沿直线从点 A 点移至点 B，则 $\boldsymbol{F}$ 做的功是 $\boldsymbol{F}$ 与 $\overrightarrow{AB}$ 的数量积，即 $W=\boldsymbol{F}\cdot\overrightarrow{AB}$.

现在考虑 $\boldsymbol{F}$ 是一个变力的情况，设 $P(x,y)$、$Q(x,y)$ 在定向曲线弧 $L=\overset{\frown}{AB}$ 上连续. 类似于定积分的分析方法，有如下讨论过程：

分割　用曲线 L 上的点 $A=M_0,M_1,M_2,\cdots,M_{n-1},M_n=B$ 把 L 任意分割为 n 个定向小弧段：$\overset{\frown}{M_{i-1}M_i}$ $(i=1,2,\cdots,n)$，$M_0=A$，$M_n=B$，如图 10-8 所示.

近似　任取一点 $(\xi_i,\eta_i)\in\overset{\frown}{M_{i-1}M_i}$，记该点处的力为 $\boldsymbol{F}(\xi_i,\eta_i)=P(\xi_i,\eta_i)\boldsymbol{i}+Q(\xi_i,\eta_i)\boldsymbol{j}$. 由于 $\overset{\frown}{M_{i-1}M_i}$ 光滑且很短，故可用有向线段 $\overrightarrow{M_{i-1}M_i}=\Delta x_i\boldsymbol{i}+\Delta y_i\boldsymbol{j}$ 来近似代替它. 由于函数 $P(x,y)$、$Q(x,y)$ 在 L 上连续，可用 (ξ_i,η_i) 处的力 $\boldsymbol{F}(\xi_i,\eta_i)$ 作为常力来近似代替小弧段 $\overset{\frown}{M_{i-1}M_i}$ 上各点处的力. 这样，质点沿着小弧段 $\overset{\frown}{M_{i-1}M_i}$ 从点 M_{i-1} 移动到点 M_i 时，变力 $\boldsymbol{F}$ 所做的功近似为

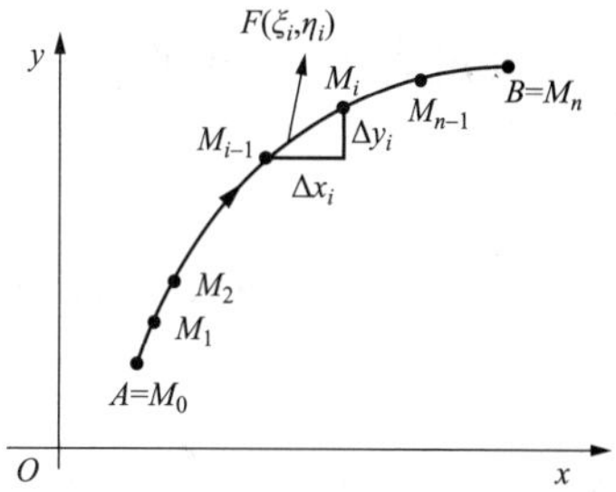

图 10-8

$$\Delta W_i\approx\boldsymbol{F}(\xi_i,\eta_i)\cdot\overrightarrow{M_{i-1}M_i}\quad(i=1,2,\cdots,n),$$

即
$$\Delta W_i\approx P(\xi_i,\eta_i)\Delta x_i+Q(\xi_i,\eta_i)\Delta y_i\quad(i=1,2,\cdots,n).$$

求和　所求功的近似值 $W=\sum\limits_{i=1}^{n}\Delta W_i\approx\sum\limits_{i=1}^{n}[P(\xi_i,\eta_i)\Delta x_i+Q(\xi_i,\eta_i)\Delta y_i]$.

逼近　记 λ 为这 n 个小弧段的最大长度，令 $\lambda\to 0$ 取上述和式的极限，得到的极限就是所求功的精确值，即

$$W=\lim_{\lambda\to 0}\sum_{i=1}^{n}[P(\xi_i,\eta_i)\Delta x_i+Q(\xi_i,\eta_i)\Delta y_i].$$

这种和式的极限在研究其他问题时也会遇到，故引入定义：

定义　设 L 为 xOy 平面内的一条定向光滑曲线弧，函数 $P(x,y)$、$Q(x,y)$ 在 L 上有界，在 L 上沿 L 的方向任意插入一点列 $M_{i-1}(x_{i-1},y_{i-1})$ $(i=2,3,\cdots,n)$ 把 L 分成 n 个定向小弧段 $\overset{\frown}{M_{i-1}M_i}$ $(i=1,2,\cdots,n)$，其中 $M_0=A,M_n=B$. 设 $\Delta x_i=x_i-x_{i-1},\Delta y_i=y_i-y_{i-1}$，点 (ξ_i,η_i) 为 $\overset{\frown}{M_{i-1}M_i}$ 上任意取定的点. 当各小弧段长度的最大值 $\lambda\to 0$ 时，$\sum\limits_{i=1}^{n}P(\xi_i,\eta_i)\Delta x_i$ 的极限总存在，则称此

极限为函数 $P(x,y)$ 在定向曲线弧 L 上对坐标 x 的曲线积分（line integrals with respect to x），记作 $\int_L P(x,y)\mathrm{d}x$. 类似地，如果 $\sum_{i=1}^{n} Q(\xi_i,\eta_i)\Delta y_i$ 的极限总存在，则称此极限为函数 $Q(x,y)$ 在定向曲线弧 L 上对坐标 y 的曲线积分，记作 $\int_L Q(x,y)\mathrm{d}y$ ，即

$$\int_L P(x,y)\mathrm{d}x = \lim_{\lambda\to 0}\sum_{i=1}^{n} P(\xi_i,\eta_i)\Delta x_i \text{ ，} \quad \int_L Q(x,y)\mathrm{d}y = \lim_{\lambda\to 0}\sum_{i=1}^{n} Q(\xi_i,\eta_i)\Delta y_i \text{ ，}$$

$P(x,y)$、$Q(x,y)$ 叫做被积函数，L 叫做积分弧段.

以上两个积分也称为第二类曲线积分（line integrals of the second type）.

可以证明，当 $P(x,y)$ 、$Q(x,y)$ 在 L 上连续时，上述第二类曲线积分存在. 以后总假设 $Q(x,y)$ 、$P(x,y)$ 在 L 上连续.

上述定义可推广到空间定向曲线弧 $\varGamma$ 上

$$\int_\varGamma P(x,y,z)\mathrm{d}x = \lim_{\lambda\to 0}\sum_{i=1}^{n} P(\xi_i,\eta_i,\zeta_i)\Delta x_i \text{ ，} \quad \int_\varGamma Q(x,y,z)\mathrm{d}y = \lim_{\lambda\to 0}\sum_{i=1}^{n} Q(\xi_i,\eta_i,\zeta_i)\Delta y_i$$

$$\int_\varGamma R(x,y,z)\mathrm{d}y = \lim_{\lambda\to 0}\sum_{i=1}^{n} R(\xi_i,\eta_i,\zeta_i)\Delta z_i .$$

应用上经常出现的是

$$\int_L P(x,y)\mathrm{d}x + \int_L Q(x,y)\mathrm{d}y .$$

这种合并起来的形式，为了简便起见，把上式写成

$$\int_L P(x,y)\mathrm{d}x + Q(x,y)\mathrm{d}y .$$

例如，前述讨论的变力做功可以表示为

$$W = \int_L P(x,y)\mathrm{d}x + Q(x,y)\mathrm{d}y .$$

如果 L 是封闭曲线，则与第一类曲线积分一样，可采用 $\oint_L P\mathrm{d}x + Q\mathrm{d}y$ 的积分号.

根据上述曲线积分的定义，可以导出对坐标的曲线积分的一些性质. 例如：

（1）对于定向曲线弧的可加性. 如果把 L 分成 L_1 和 L_2 ，则

$$\int_L P(x,y)dx + Q(x,y)\mathrm{d}y = \int_{L_1} P(x,y)\mathrm{d}x + Q(x,y)\mathrm{d}y + \int_{L_2} P(x,y)\mathrm{d}x + Q(x,y)\mathrm{d}y .$$

（2）设 L 是定向曲线弧，L^- 是与 L 方向相反的曲线弧，则

$$\int_{L^-} P(x,y)\mathrm{d}x = -\int_L P(x,y)\mathrm{d}x \text{ ，} \quad \int_{L^-} Q(x,y)\mathrm{d}y = -\int_L Q(x,y)\mathrm{d}y \text{ ，}$$

$$\int_{L^-} P(x,y)\mathrm{d}x + Q(x,y)\mathrm{d}y = -\int_L P(x,y)\mathrm{d}x + Q(x,y)\mathrm{d}y .$$

二、第二类曲线积分的计算

定理 设 $P(x,y)$、$Q(x,y)$ 在曲线 L 上有定义且连续，L 的参数方程为 $\begin{cases} x=\varphi(t) \\ y=\psi(t) \end{cases}$ ，当 t 单调地从 α 变到 β 时，点 $M(x,y)$ 从 L 的起点 A 沿 L 变到终点 B ，且 $\varphi(t)$、$\psi(t)$ 在以 α、β 为端

点的闭区间上具有一阶连续导数，且 $\varphi'^2(t)+\psi'^2(t)\neq 0$，则 $\int_L P(x,y)\mathrm{d}x+Q(x,y)\mathrm{d}y$ 存在，且

$$\boxed{\int_L P(x,y)\mathrm{d}x+Q(x,y)\mathrm{d}y=\int_\alpha^\beta\{P[\varphi(t),\psi(t)]\varphi'(t)+Q[\varphi(t),\psi(t)]\psi'(t)\}\mathrm{d}t} \tag{1}$$

注：（1）第二类曲线积分化为定积分后，应当注意曲线的方向，α 是起点的参数值，β 是终点的参数值，α 不一定小于 β.

（2）如果曲线方程为 $L:y=y(x)$，x 从 a 到 b；$y'(x)$ 在 L 上连续，此时将曲线方程看做 $L:\begin{cases}x=x\\y=y(x)\end{cases}$，则

$$\int_L P(x,y)\mathrm{d}x+Q(x,y)\mathrm{d}y=\int_a^b\{P[x,y(x)]+Q[x,y(x)]y'(x)\}\mathrm{d}x.$$

类似地，如果曲线方程为 $L:x=x(y)$，y 从 c 到 d；$x'(y)$ 在 L 上连续，则

$$\int_L P(x,y)\mathrm{d}x+Q(x,y)\mathrm{d}y=\int_c^d\{P[x(y),y]x'(y)+Q[x(y),y]\}\mathrm{d}y.$$

（3）对于空间定向光滑曲线 $\Gamma:x=\varphi(t),y=\psi(t),z=\omega(t)$，$t:\alpha\to\beta$，有

$$\begin{aligned}&\int_\Gamma P(x,y,z)\mathrm{d}x+Q(x,y,z)\mathrm{d}y+R(x,y,z)\mathrm{d}z\\&=\int_\alpha^\beta\{P[\varphi(t),\psi(t),\omega(t)]\varphi'(t)+Q[\varphi(t),\psi(t),\omega(t)]\psi'(t)+R[\varphi(t),\psi(t),\omega(t)]\omega'(t)\}\mathrm{d}t.\end{aligned}$$

（4）当 L 是垂直于 x 轴的定向直线段时，有 $\int_L P(x,y)\mathrm{d}x=0$. 同样地，当 L 是垂直于 y 轴的定向直线段时，有 $\int_L Q(x,y)\mathrm{d}y=0$.

例 1　计算曲线积分 $\int_L xy\mathrm{d}x$，其中 L 为抛物线 $y^2=x$ 上从点 $A(1,-1)$ 到点 $B(1,1)$ 的一段弧.

解法 1　如图 10-9 所示，以 x 为参数. L 分为 AO 和 OB 两部分：AO 的方程为 $y=-\sqrt{x}$，x 从 1 变到 0；OB 的方程为 $y=\sqrt{x}$，x 从 0 变到 1.

因此

$$\begin{aligned}\int_L xy\mathrm{d}x&=\int_{AO}xy\mathrm{d}x+\int_{OB}xy\mathrm{d}x\\&=\int_1^0 x(-\sqrt{x})\mathrm{d}x+\int_0^1 x\sqrt{x}\mathrm{d}x\\&=2\int_0^1 x^{\frac{3}{2}}\mathrm{d}x=\frac{4}{5}.\end{aligned}$$

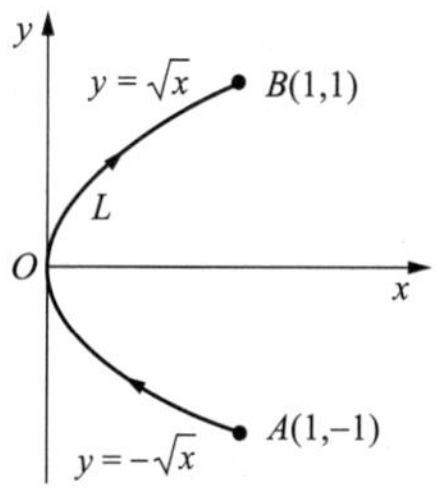

图 10-9

解法 2　以 y 为参数. L 的方程为 $x=y^2$，y 从−1 变到 1，且 $\mathrm{d}x=2y\mathrm{d}y$. 因此

$$\int_L xy\mathrm{d}x=\int_{-1}^1 y^2\cdot y\cdot 2y\mathrm{d}y=2\int_{-1}^1 y^4\mathrm{d}y=\frac{4}{5}.$$

例 2　计算曲线积分 $\int_L xy^2\mathrm{d}x+(x+y)\mathrm{d}y$，其中 L 为（见图 10-10）：

（1）曲线 $y=x^2$，起点为 $(0,0)$，终点为 $(1,1)$；

（2）折线 L_1+L_2 起点为 $(0,0)$，终点为 $(1,1)$.

解 （1）原式$=\int_0^1[x\cdot x^4+(x+x^2)2x]\mathrm{d}x=\dfrac{4}{3}$.

（2）原式$=\int_{L_1}xy^2\mathrm{d}x+(x+y)\mathrm{d}y+\int_{L_2}xy^2\mathrm{d}x+(x+y)\mathrm{d}y=\int_0^1 y\mathrm{d}y+\int_0^1 x\mathrm{d}x=1$.

该例题中，虽然两个曲线积分的被积函数相同，起点和终点也相同，但沿不同路径得出的积分值并不相等.

例 3 计算曲线积分 $\int_L 2xy\mathrm{d}x+x^2\mathrm{d}y$，其中 L 为（见图 10-11）：

（1）L 为抛物线 $y=x^2$ 上从点 $O(0,0)$ 到点 $B(1,1)$ 的一段弧；
（2）L 为抛物线 $x=y^2$ 上从点 $O(0,0)$ 到点 $B(1,1)$ 的一段弧；
（3）L 为从点 $O(0,0)$ 到点 $A(1,0)$，再到点 $B(1,1)$ 的定向折线 OAB.

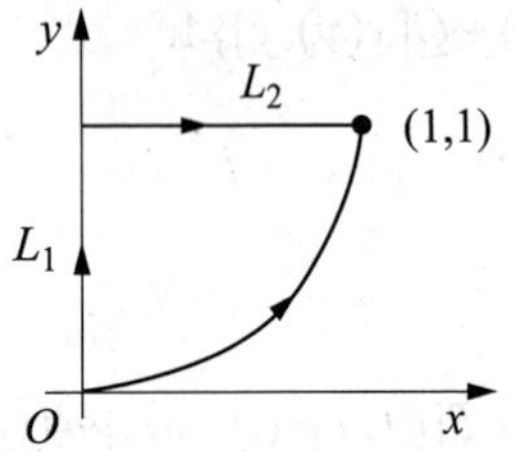

图 10-10

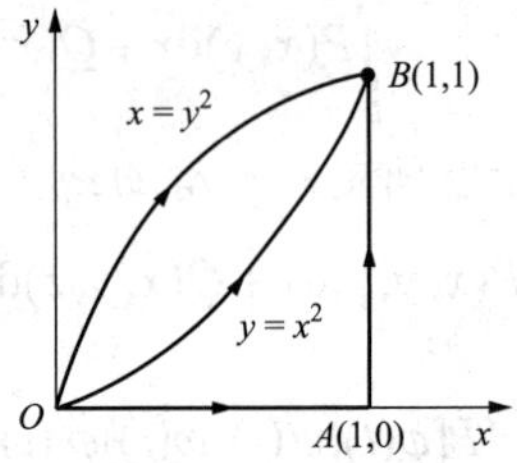

图 10-11

解 如图 10-11 所示：

（1）$L:y=x^2$，x 从 0 变到 1．所以

$$\int_L 2xy\mathrm{d}x+x^2\mathrm{d}y=\int_0^1(2x\cdot x^2+x^2\cdot 2x)\mathrm{d}x=4\int_0^1 x^3\mathrm{d}x=1.$$

（2）$L:x=y^2$，y 从 0 变到 1．所以

$$\int_L 2xy\mathrm{d}x+x^2\mathrm{d}y=\int_0^1(2y^2\cdot y\cdot 2y+y^4)\mathrm{d}y=5\int_0^1 y^4\mathrm{d}y=1.$$

（3）$OA:y=0$，x 从 0 变到 1；$AB:x=1$，y 从 0 变到 1．所以

$$\int_L 2xy\mathrm{d}x+x^2\mathrm{d}y=\int_{OA}2xy\mathrm{d}x+x^2\mathrm{d}y+\int_{AB}2xy\mathrm{d}x+x^2\mathrm{d}y$$
$$=\int_0^1 2x\cdot 0\mathrm{d}x+\int_0^1 1\mathrm{d}y=0+1=1.$$

从这个例子可以看出，两个曲线积分的被积函数相同，起点和终点相同，虽然沿着不同的路径得到的值却是相同的.

例 4 计算曲线积分 $\int_\Gamma x^3\mathrm{d}x+3zy^2\mathrm{d}y-x^2y\mathrm{d}z$，其中 Γ 是从点 $A(3,2,1)$ 到点 $B(0,0,0)$ 的直线段.

解 直线 AB 的参数方程可表示为 $x=3t,y=2t,z=t$，t 从 1 变到 0．所以

$$\int_\Gamma x^3\mathrm{d}x+3zy^2\mathrm{d}y-x^2y\mathrm{d}z=\int_1^0[(3t)^3\cdot 3+3t(2t)^2\cdot 2-(3t)^2 2t]\mathrm{d}t=87\int_1^0 t^3\mathrm{d}t=-\frac{87}{4}.$$

三、两类曲线积分的关系

如果平面定向曲线弧 L 上的一点 (x,y) 处切向量的方向角记为 α、β，即切向量的方向余弦为 $(\cos\alpha,\cos\beta)$，可以证明，第二类曲线积分与第一类曲线积分有如下关系

$$\boxed{\int_L P\mathrm{d}x+Q\mathrm{d}y=\int_L(P\cos\alpha+Q\cos\beta)\mathrm{d}s}$$

同理，对空间定向曲线弧 $\varGamma$ 上的曲线积分，也有

$$\int_\varGamma P\mathrm{d}x+Q\mathrm{d}y+R\mathrm{d}z=\int_\varGamma(P\cos\alpha+Q\cos\beta+R\cos\gamma)\mathrm{d}s.$$

其中 α、β、γ 是 $\varGamma$ 在点 (x,y,z) 处切向量的方向角.

这样，就建立了两种不同类型的曲线积分之间的联系.

两类曲线积分之间的联系，也可以用向量形式表达．例如，空间定向曲线弧 $\varGamma$ 上的两类曲线积分的联系如下：

设 $\boldsymbol{F}(x,y,z)=P(x,y,z)\boldsymbol{i}+Q(x,y,z)\boldsymbol{j}+R(x,y,z)\boldsymbol{k}$，$\boldsymbol{\tau}=(\cos\alpha,\cos\beta,\cos\gamma)$ 为定向曲线弧 $\varGamma$ 上点 (x,y,z) 处的单位切向量，$\mathrm{d}\boldsymbol{r}=\boldsymbol{\tau}\mathrm{d}s=(\mathrm{d}x,\mathrm{d}y,\mathrm{d}z)$，则有

$$\int_\varGamma \boldsymbol{F}\cdot\mathrm{d}\boldsymbol{r}=\int_\varGamma(\boldsymbol{F}\cdot\boldsymbol{\tau})\mathrm{d}s.$$

习　题　10-2

1．把第二类曲线积分化成第一类曲线积分，其中 L 为：

（1）在 xOy 平面上从点 $(0,0)$ 沿直线到点 $(1,1)$；

（2）从点 $(0,0)$ 沿抛物线 $y=x^2$ 到点 $(1,1)$.

2．计算第二类曲线积分：（1）$\int_L(x^2-y^2)\mathrm{d}y$；（2）$\int_L x\mathrm{d}y-y\mathrm{d}x$，其中，$L$ 都是抛物线 $y=x^2$ 自点 $O(0,0)$ 到点 $A(2,4)$ 的一段弧.

3．计算下列第二类曲线积分.

（1）$\oint_L x\mathrm{d}y$，其中 L 是由坐标轴和直线 $\dfrac{x}{2}+\dfrac{y}{3}=1$ 构成的正向三角形回路.

（2）$\int_{AB}-x\cos y\mathrm{d}x+y\sin x\mathrm{d}y$，其中 AB 为由点 $A(0,0)$ 到点 $B(\pi,2\pi)$ 的直线段.

（3）$\oint_L x\mathrm{d}y$，其中 L 是由直线 $x=0$、$y=0$、$x=2$、$y=4$ 所构成的正向矩形回路.

（4）$\int_L(2a-y)\mathrm{d}x-(a-y)\mathrm{d}y$，其中 L 为摆线 $x=a(t-\sin t)$、$y=a(1-\cos t)$ 自原点起的第一拱.

（5）$\int_L\dfrac{(x+y)\mathrm{d}x-(x-y)\mathrm{d}y}{x^2+y^2}$，其中 L 是按顺时针方向绕行的上半单位圆周.

（6）$\int_\varGamma x\mathrm{d}x+y\mathrm{d}y+(x+y-1)\mathrm{d}z$，其中 $\varGamma$ 是从点 $A(1,1,1)$ 到点 $B(2,3,4)$ 的直线段.

4．计算第二类曲线积分 $\int_L\sin x\mathrm{d}x+\cos y\mathrm{d}y$，其中 L 为：

（1）抛物线 $x=y^2$ 从点 $O(0,0)$ 到点 $B(1,1)$ 的一段弧；

（2）定向折线 OAB，这里点 O、A、B 依次是(0,0)、(1,0)、(1,1).

5. 方向依纵轴的负方向，且大小等于作用点的横坐标平方的力构成一个场，求质量为 m 的质点沿抛物线 $1-x=y^2$ 从点(1,0)移动到点(0,1)，场力所做的功.

6. 设质点在力 $\boldsymbol{F}=k(-y\boldsymbol{i}+x\boldsymbol{j})$（其中 k 为常数）作用下，沿下列曲线由点 $A(a,0)$ 移动到点 $B(0,a)$，求力所做的功($a>0$).

（1）圆周 $x^2+y^2=a^2$ 在第一象限内的弧；

（2）星形线 $x^{\frac{2}{3}}+y^{\frac{2}{3}}=a^{\frac{2}{3}}$ 在第一象限内的弧.

第三节 格林（Green）公式及应用

一、格林公式

在 1825 年，英国数学家格林（Green）建立了平面区域上的二重积分与沿这个区域边界的第二类曲线积分之间的联系，得出了著名的格林公式. 它是微积分基本公式（Newton-Leibniz 公式）在二重积分情形下的推广. 它不仅给计算第二类曲线积分带来一种新的方法，更重要的是它揭示了定向曲线积分与积分路径无关的条件，在积分理论的发展中起了很大的作用.

在给出格林公式之前，需要对平面区域做进一步的说明，介绍单连通与复连通区域.

设 D 为平面区域，如果 D 内任一闭曲线所围的部分都属于 D，则称 D 为平面单连通区域（simply connected region），否则称为复连通区域（multiple connected region）.

直观地说，平面单连通区域，不含有“洞”，复连通区域含有“洞”. 这个“洞”包括点“洞”. 圆环或单位圆内挖去圆心都是复连通区域.

对平面区域 D 的边界曲线 L，规定 L 的正向如下：当观察者沿 L 的方向行走时，临近处的 D 始终位于他的左侧. 与上述规定的方向相反的方向称为负方向，记为 L^-.

在如图 10-12 所示的复连通区域中，区域 D 的边界曲线 L 的方向是逆时针，l 的方向是顺时针.

定理 1（格林定理）设有界闭区域 $\boldsymbol{D}$ 由分段光滑的曲线 $\boldsymbol{L}$ 围成，函数 $\boldsymbol{P(x,y)}$ 及 $\boldsymbol{Q(x,y)}$ 在 $\boldsymbol{D}$ 上具有一阶连续偏导数，则有

$$\boxed{\iint\limits_D\left(\frac{\partial Q}{\partial x}-\frac{\partial P}{\partial y}\right)\mathrm{d}\sigma=\oint\limits_L P\mathrm{d}x+Q\mathrm{d}y} \tag{1}$$

其中 $\boldsymbol{L}$ 是 $\boldsymbol{D}$ 的取正向的边界曲线.

证 分为以下情况证明：

（1）设 D 是简单的 X 型区域，如图 10-13 所示，$D=\{(x,y)\,|\,\varphi_1(x)\leqslant y\leqslant\varphi_2(x),a\leqslant x\leqslant b\}$

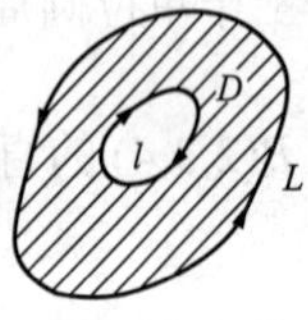

图 10-12

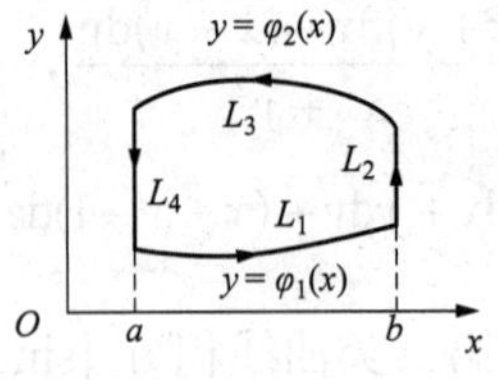

图 10-13

$$\iint_D \frac{\partial P}{\partial y}\mathrm{d}\sigma = \int_a^b \mathrm{d}x \int_{\varphi_1(x)}^{\varphi_2(x)} \frac{\partial P}{\partial y}\mathrm{d}y$$

$$= \int_a^b \{P(x,\varphi_2(x)) - P(x,\varphi_1(x))\}\mathrm{d}x,$$

$$\oint_L P\mathrm{d}x = \int_{L_1} P\mathrm{d}x + \int_{L_2} P\mathrm{d}x + \int_{L_3} P\mathrm{d}x + \int_{L_4} P\mathrm{d}x = \int_{L_1} P\mathrm{d}x + \int_{L_3} P\mathrm{d}x$$

$$= \int_a^b P(x,\varphi_1(x))\mathrm{d}x + \int_b^a P(x,\varphi_2(x))\mathrm{d}x$$

$$= \int_a^b P(x,\varphi_1(x))\mathrm{d}x - \int_a^b P(x,\varphi_2(x))\mathrm{d}x$$

$$= -\int_a^b \{P(x,\varphi_2(x)) - P(x,\varphi_1(x))\}\mathrm{d}x.$$

故可以证得
$$\oint_L P\mathrm{d}x = -\iint_D \frac{\partial P}{\partial y}\mathrm{d}\sigma\text{；}$$

若 D 是简单的 Y 型区域，类似可证得

$$\oint_L Q\mathrm{d}y = \iint_D \frac{\partial Q}{\partial x}\mathrm{d}\sigma .$$

如果 D 既是 X 型又是 Y 型区域，以上两部分同时成立，即

$$\iint_D \left(\frac{\partial Q}{\partial x} - \frac{\partial P}{\partial y}\right)\mathrm{d}\sigma = \oint_L P\mathrm{d}x + Q\mathrm{d}y .$$

（2）对于一般的平面区域，可以适当地划分为若干个既是 X 型又是 Y 型的闭区域，例如 $D = D_1 + D_2$，如图 10-14 所示，D_1、D_2 既是 X 型又是 Y 型区域，则根据（1）的讨论，有

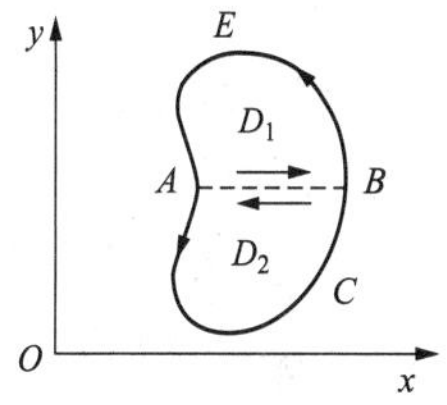

图 10-14

$$\oint_{ABEA} P\mathrm{d}x + Q\mathrm{d}y = \iint_{D_1} \left(\frac{\partial Q}{\partial x} - \frac{\partial P}{\partial y}\right)\mathrm{d}\sigma ,$$

$$\oint_{ACBA} P\mathrm{d}x + Q\mathrm{d}y = \iint_{D_2} \left(\frac{\partial Q}{\partial x} - \frac{\partial P}{\partial y}\right)\mathrm{d}\sigma .$$

将上述两式两端分别相加

$$\text{右端} = \iint_{D_1} \left(\frac{\partial Q}{\partial x} - \frac{\partial P}{\partial y}\right)\mathrm{d}\sigma + \iint_{D_2} \left(\frac{\partial Q}{\partial x} - \frac{\partial P}{\partial y}\right)\mathrm{d}\sigma = \iint_D \left(\frac{\partial Q}{\partial x} - \frac{\partial P}{\partial y}\right)\mathrm{d}\sigma ,$$

$$\text{左端} = \oint_{ACBA} P\mathrm{d}x + Q\mathrm{d}y + \oint_{ABEA} P\mathrm{d}x + Q\mathrm{d}y = \oint_L P\mathrm{d}x + Q\mathrm{d}y ,$$

从而证得
$$\oint_L P\mathrm{d}x + Q\mathrm{d}y = \iint_D \left(\frac{\partial Q}{\partial x} - \frac{\partial P}{\partial y}\right)\mathrm{d}\sigma .$$

（3）若区域 D 是由几条闭曲线围成的复连通区域，可类似于（2）的讨论过程，添加适当的辅助曲线对区域 D 进行分割，划分为若干个闭区域，使得每个闭区域都满足上述条件.

证毕.

注：（1）对复连通区域 D，格林公式右端应包括沿区域 D 的全部边界的曲线积分，且边界的方向对区域 D 来说都是正向.

（2）格林公式给出了二重积分与曲线积分的关系，所以可以用二重积分计算曲线积分，

也可以用曲线积分计算二重积分.

（3）几何应用．设区域D的边界曲线为L（取正方向），面积为A，取$P=-y$，$Q=x$，则由格林公式得

$$2\iint\limits_D \mathrm{d}x\mathrm{d}y=\oint_L x\mathrm{d}y-y\mathrm{d}x,$$

或

$$A=\iint\limits_D \mathrm{d}x\mathrm{d}y=\frac{1}{2}\oint_L x\mathrm{d}y-y\mathrm{d}x.$$

例 1 计算$\iint\limits_D \mathrm{e}^{-y^2}\mathrm{d}x\mathrm{d}y$，其中$D$是以$O(0,0)$、$A(1,1)$、$B(0,1)$为顶点的三角形闭区域.

解 如图 10-15 所示，令$P=0$、$Q=x\mathrm{e}^{-y^2}$，则

$$\frac{\partial Q}{\partial x}-\frac{\partial P}{\partial y}=\mathrm{e}^{-y^2}.$$

因此，由格林公式有

$$\iint\limits_D \mathrm{e}^{-y^2}\mathrm{d}x\mathrm{d}y=\oint_{OA+AB+BO} x\mathrm{e}^{-y^2}\mathrm{d}y=\int_{OA} x\mathrm{e}^{-y^2}\mathrm{d}y$$
$$=\int_0^1 x\mathrm{e}^{-x^2}\mathrm{d}x=\frac{1}{2}(1-\mathrm{e}^{-1}).$$

例 2 计算积分$\int_{AB} x\mathrm{d}y$，其中曲线AB是半径为 1 的圆在第一象限的部分，沿顺时针方向.

解 由于曲线AB不是封闭曲线，故不能直接使用格林公式，可以添加一些辅助线，使得曲线封闭.

作两条有向的辅助线BO：$y=0,x:1\to 0$及OA：$x=0,y:0\to 1$．如图 10-16 所示，记由AB、BO、OA围成的半径为 1 的 1/4 圆域为D，记它的边界为L，则

$$\oint_L x\mathrm{d}y=\int_{\overset{\frown}{AB}} x\mathrm{d}y+\int_{\overline{BO}} x\mathrm{d}y+\int_{\overline{OA}} x\mathrm{d}y,$$

其中
$$\oint_L x\mathrm{d}y=-\iint\limits_D (1-0)\mathrm{d}\sigma=-\frac{\pi}{4},\ 且\ \int_{\overline{BO}} x\mathrm{d}y=\int_{\overline{OA}} x\mathrm{d}y=0,$$

所以
$$\int_{\overline{AB}} x\mathrm{d}y=\oint_L x\mathrm{d}y-\int_{\overline{BO}} x\mathrm{d}y-\int_{\overline{OA}} x\mathrm{d}y=-\frac{\pi}{4}-0-0=-\frac{\pi}{4}.$$

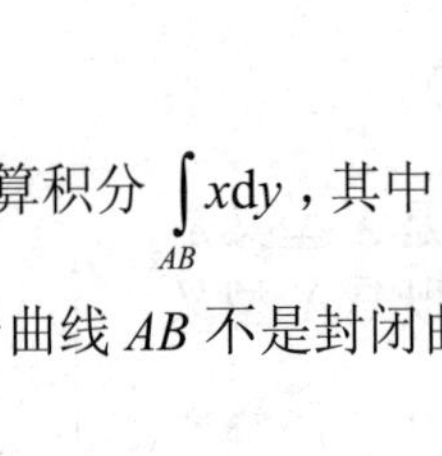

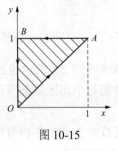

图 10-15

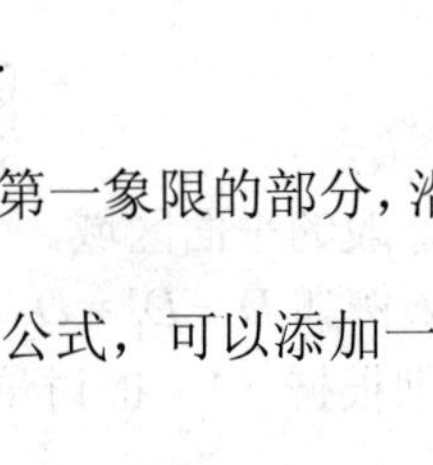

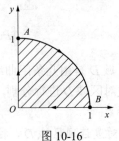

图 10-16

例 3 求椭圆$x=a\cos\theta$、$y=b\sin\theta$所围成图形的面积A.

解 设D是由椭圆$x=a\cos\theta$、$y=b\sin\theta$ 所围的区域．由格林公式在面积上的应用，有

$$A=\iint\limits_{D}\mathrm{d}x\mathrm{d}y=\frac{1}{2}\oint\limits_{L}x\mathrm{d}y-y\mathrm{d}x$$
$$=\frac{1}{2}\int_{0}^{2\pi}(ab\cos^{2}\theta+ab\sin^{2}\theta)\mathrm{d}\theta$$
$$=\frac{1}{2}ab\int_{0}^{2\pi}\mathrm{d}\theta=\pi ab.$$

例 4　计算 $\oint\limits_{L}\frac{x\mathrm{d}y-y\mathrm{d}x}{x^2+y^2}$，其中 L 为一条分段光滑且不经过原点的连续闭曲线，L 的方向为逆时针方向.

解　记 L 所围成的闭区域为 D，令 $P=\frac{-y}{x^2+y^2}$，$Q=\frac{x}{x^2+y^2}$，则当 $x^2+y^2\neq 0$ 时，有

$$\frac{\partial Q}{\partial x}=\frac{y^2-x^2}{(x^2+y^2)^2}=\frac{\partial P}{\partial y}.$$

当 $(0,0)\notin D$ 时，由格林公式得 $\oint\limits_{L}\frac{x\mathrm{d}y-y\mathrm{d}x}{x^2+y^2}=\iint\limits_{D}\left(\frac{\partial Q}{\partial x}-\frac{\partial P}{\partial y}\right)\mathrm{d}x\mathrm{d}y=0$；当 $(0,0)\in D$ 时，在 D 内取一适当小的圆周 $L_0=x^2+y^2=r^2(r>0)$．其中 L_0 的方向取逆时针方向．如图 10-17 所示，由 L 及 L_0 围成了一个复连通区域 D_1，则函数 P、Q 在 D_1 上有连续的偏导数，应用格林公式得

$$\oint\limits_{L}\frac{x\mathrm{d}y-y\mathrm{d}x}{x^2+y^2}+\oint\limits_{L_0^-}\frac{x\mathrm{d}y-y\mathrm{d}x}{x^2+y^2}=\iint\limits_{D_1}\left(\frac{\partial Q}{\partial x}-\frac{\partial P}{\partial y}\right)\mathrm{d}x\mathrm{d}y=0,$$

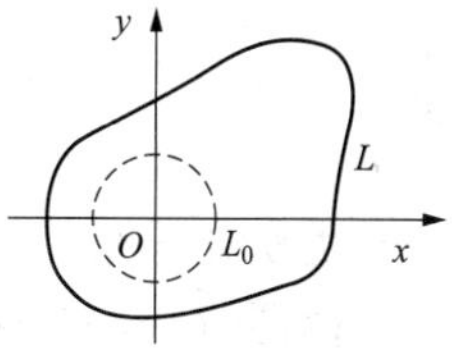

图 10-17

于是

$$\oint\limits_{L}\frac{x\mathrm{d}y-y\mathrm{d}x}{x^2+y^2}=-\oint\limits_{L_0^-}\frac{x\mathrm{d}y-y\mathrm{d}x}{x^2+y^2}=\oint\limits_{L_0}\frac{x\mathrm{d}y-y\mathrm{d}x}{x^2+y^2}$$
$$=\int_{0}^{2\pi}\frac{r^2\cos^2\theta+r^2\sin^2\theta}{r^2}\mathrm{d}\theta=2\pi.$$

二、平面上曲线积分与路径无关的条件

先给出曲线积分与路径无关概念：

设 G 是一个开区域，函数 $P(x,y)$、$Q(x,y)$ 在区域 G 内具有一阶连续偏导数．如果对于 G 内任意指定的两个点 A、B 及 G 内从点 A 到点 B 的任意两条曲线 L_1、L_2 等式

$$\int\limits_{L_1}P\mathrm{d}x+Q\mathrm{d}y=\int\limits_{L_2}P\mathrm{d}x+Q\mathrm{d}y$$

恒成立，曲线积分 $\int\limits_{L}P\mathrm{d}x+Q\mathrm{d}y$ 在 G 内与路径无关（independent of path），否则与路径有关.

定理 2　设 D 是单连通区域，若函数 $P(x,y)$、$Q(x,y)$ 在 D 内连续，且有一阶连续偏导数，则下列四个条件等价：

（1）在 D 内每一点处有 $\frac{\partial Q}{\partial x}=\frac{\partial P}{\partial y}$；

（2）对于 D 内的任意一条分段光滑的封闭定向曲线 L，有 $\oint\limits_{L}P\mathrm{d}x+Q\mathrm{d}y=0$；

（3）对于 D 内任意一条分段光滑曲线 L，曲线积分 $\int_L P\mathrm{d}x+Q\mathrm{d}y$ 与路径无关，只与 L 的起点、终点有关；

（4）存在 D 内的可微的函数 $u(x,y)$，使得 $\mathrm{d}u=P\mathrm{d}x+Q\mathrm{d}y$.

证 ［采用循环证明，即 $(1)\Rightarrow(2)\Rightarrow(3)\Rightarrow(4)\Rightarrow(1)$］

$(1)\Rightarrow(2)$：设 L 是 D 内的任意一条闭曲线，因为在 D 内 $\dfrac{\partial Q}{\partial x}=\dfrac{\partial P}{\partial y}$，故在 L 围成的区域 $D_0\subset D$ 内 $\dfrac{\partial Q}{\partial x}=\dfrac{\partial P}{\partial y}$ 也成立，由格林公式得到

$$\oint_L P\mathrm{d}x+Q\mathrm{d}y=\iint_{D_0}\left(\frac{\partial Q}{\partial x}-\frac{\partial P}{\partial y}\right)\mathrm{d}\sigma=0$$

$(2)\Rightarrow(3)$：设 L_1、L_2 是 D 内的任意两条具有相同的起点、终点的曲线，则 $L_1+(-L_2)$ 是 D 内的一条闭曲线，由条件（2），$\oint_{L_1+(-L_2)} P\mathrm{d}x+Q\mathrm{d}y=0$，则

$$\int_{L_1}P\mathrm{d}x+Q\mathrm{d}y+\int_{-L_2}P\mathrm{d}x+Q\mathrm{d}y=0$$

即

$$\int_{L_1}P\mathrm{d}x+Q\mathrm{d}y=-\int_{-L_2}P\mathrm{d}x+Q\mathrm{d}y=\int_{L_2}P\mathrm{d}x+Q\mathrm{d}y,$$

这表明积分与路径无关，只与起点、终点有关.

$(3)\Rightarrow(4)$：设 $M_0(x_0,y_0)$ 为 D 内的某一个定点，$M(x,y)$ 是 D 内任意一点，由条件（3）可知，积分与路径无关，故从点 M_0 到点 M 的积分可以写作

$$\int_{M_0M}P\mathrm{d}x+Q\mathrm{d}y=\int_{M_0}^{M}P\mathrm{d}x+Q\mathrm{d}y=\int_{(x_0,y_0)}^{(x,y)}P\mathrm{d}x+Q\mathrm{d}y,$$

该积分的值是关于变量 x、y 的二元函数，不妨把它记为 $u(x,y)$，即

$$u(x,y)=\int_{M_0M}P\mathrm{d}x+Q\mathrm{d}y=\int_{(x_0,y_0)}^{(x,y)}P\mathrm{d}x+Q\mathrm{d}y,$$

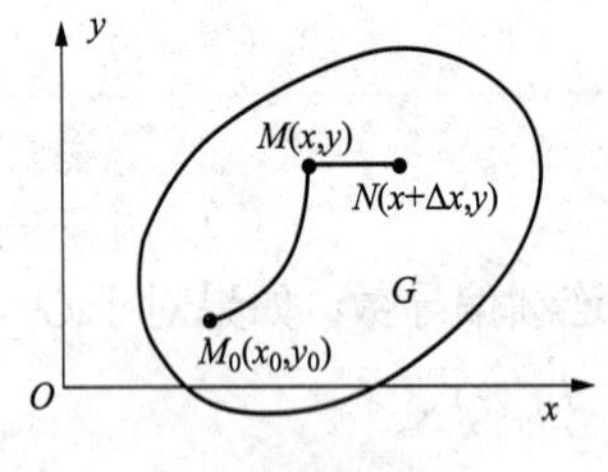

图 10-18

取 Δx 充分小，点 $N(x+\Delta x,y)\in D$，如图 10-18 所示，则

$$\begin{aligned}u(x+\Delta x,y)&=\int_{M_0}^{N}P\mathrm{d}x+Q\mathrm{d}y=\int_{(x_0,y_0)}^{(x+\Delta x,y)}P\mathrm{d}x+Q\mathrm{d}y\\&=\int_{(x_0,y_0)}^{(x,y)}P\mathrm{d}x+Q\mathrm{d}y+\int_{(x,y)}^{(x+\Delta x,y)}P\mathrm{d}x+Q\mathrm{d}y\\&=u(x,y)+\int_x^{x+\Delta x}P(x,y)\mathrm{d}x.\end{aligned}$$

则由积分中值定理，有

$$u(x+\Delta x,y)-u(x,y)=\int_x^{x+\Delta x}P(x,y)\mathrm{d}x=P(\xi,y)\Delta x\quad（\xi \text{ 介于 } x、x+\Delta x \text{ 之间}）.$$

由于函数 $P(x,y)$ 在 D 内连续，于是

$$\begin{aligned}\frac{\partial u}{\partial x}&=\lim_{\Delta x\to 0}\frac{u(x+\Delta x,y)-u(x,y)}{\Delta x}=\lim_{\Delta x\to 0}\frac{P(\xi,y)\Delta x}{\Delta x}\\&=\lim_{\Delta x\to 0}P(\xi,y)=\lim_{\xi\to x}P(\xi,y)=P(x,y).\end{aligned}$$

同理可证：$\dfrac{\partial u}{\partial y}=Q(x,y)$．

由于P、Q是连续函数，从而表明$u(x,y)$一阶偏导数连续，即$u(x,y)$可微，从而

$$\mathrm{d}u=\frac{\partial u}{\partial x}\mathrm{d}x+\frac{\partial u}{\partial y}\mathrm{d}y$$

或写作

$$\mathrm{d}u=P\mathrm{d}x+Q\mathrm{d}y\ .$$

$(4)\Rightarrow(1)$：已知$\mathrm{d}u=P\mathrm{d}x+Q\mathrm{d}y$，则$P=\dfrac{\partial u}{\partial x}$，$Q=\dfrac{\partial u}{\partial y}$．因此

$$\frac{\partial P}{\partial y}=\frac{\partial}{\partial y}\left(\frac{\partial u}{\partial x}\right)=\frac{\partial^2 u}{\partial x\partial y},\quad \frac{\partial Q}{\partial x}=\frac{\partial}{\partial x}\left(\frac{\partial u}{\partial y}\right)=\frac{\partial^2 u}{\partial y\partial x}.$$

因为P、Q在D内有一阶连续偏导数，则

$$\frac{\partial^2 u}{\partial x\partial y}=\frac{\partial^2 u}{\partial y\partial x},$$

即

$$\frac{\partial P}{\partial y}=\frac{\partial Q}{\partial x}.$$

注：定理中要求区域D是单连通区域，且函数$P(x,y)$及$Q(x,y)$在D内具有一阶连续偏导数．如果这两个条件之一不能满足，那么定理的结论不能保证成立．

例 5　求$\int_L(2xy^3-y^2\cos x)\mathrm{d}x+(1-2y\sin x+3x^2y^2)\mathrm{d}y$，其中$L$为抛物线$2x=\pi y^2$从点$(0,0)$到点$\left(\dfrac{\pi}{2},1\right)$的一段弧（见图 10-19）．

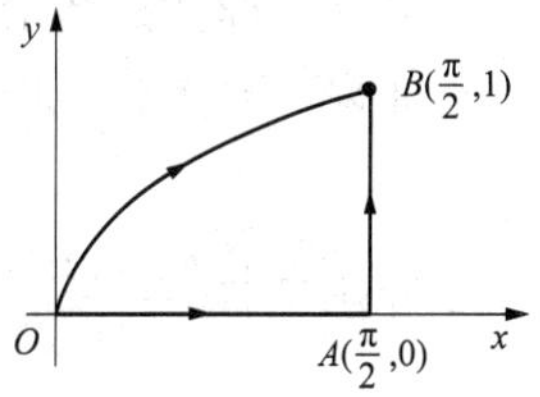

图 10-19

解　因$\dfrac{\partial P}{\partial y}=6xy^2-2y\cos x=\dfrac{\partial Q}{\partial x}$，所以曲线积分与路径无关，故可取积分路径为折线$OAB$，其中$\overline{OA}$为$y=0,x:0\to\dfrac{\pi}{2}$；$\overline{AB}$为$x=\dfrac{\pi}{2}$，$y:0\to1$，于是

$$\int_L P\mathrm{d}x+Q\mathrm{d}y=\int_{\overline{OA}}P\mathrm{d}x+Q\mathrm{d}y+\int_{\overline{AB}}P\mathrm{d}x+Q\mathrm{d}y,$$

由于在$\overline{OA}$上$y=0$，$\mathrm{d}y=0$，在$\overline{AB}$上$\mathrm{d}x=0$，从而

$$\int_L P\mathrm{d}x+Q\mathrm{d}y=\int_{\overline{OA}}P\mathrm{d}x+\int_{\overline{AB}}Q\mathrm{d}y=0+\int_0^1\left[1-2y\sin\frac{\pi}{2}+3\left(\frac{\pi}{2}\right)^2y^2\right]\mathrm{d}y$$

$$=\left[y-y^2+\left(\frac{\pi}{2}\right)^2y^3\right]_0^1=\frac{\pi^2}{4}.$$

在上述定理中，二元函数$u(x,y)=\int_{(x_0,y_0)}^{(x,y)}P\mathrm{d}x+Q\mathrm{d}y$满足$\mathrm{d}u=P\mathrm{d}x+Q\mathrm{d}y$，则称$u(x,y)$为$P\mathrm{d}x+Q\mathrm{d}y$的一个**原函数**．那么当判断$P\mathrm{d}x+Q\mathrm{d}y$是一个全微分时，如何求解它的原函数$u(x,y)$呢？

由定理可知，在D内任意一条分段光滑曲线L上，曲线积分与路径无关，因此可以选取使得积分计算简便的路径，常见的是选取垂直于坐标轴的折线段头尾相连作为积分路径，也可能选取某些特殊曲线段为积分路径，如圆、椭圆、抛物线等曲线，当然所选取的积分路径必须在D内.

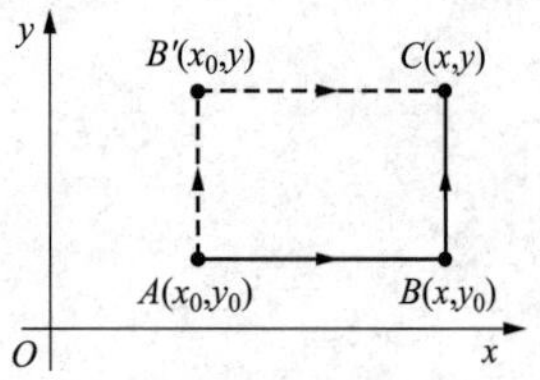

图 10-20

例如，若取积分路径如图 10-20 中的折线ABC，由定理 2，有

$$\boxed{u(x,y)=\int_{x_0}^{x}P(x,y_0)\mathrm{d}x+\int_{y_0}^{y}Q(x,y)\mathrm{d}y} \tag{2}$$

若取积分路径如图 10-20 中的折线$AB'C$，则

$$\boxed{u(x,y)=\int_{x_0}^{x}P(x,y)\mathrm{d}x+\int_{y_0}^{y}Q(x_0,y)\mathrm{d}y} \tag{3}$$

例 6 验证：在整个xOy平面内，$(2x+\sin y)\mathrm{d}x+(x\cos y)\mathrm{d}y$是某个函数的全微分，并求出这样的一个函数.

解 设$P=2x+\sin y$，$Q=x\cos y$，且$\dfrac{\partial P}{\partial y}=\cos y=\dfrac{\partial Q}{\partial x}$在$xOy$平面内处处成立，因此在$xOy$平面内，$(2x+\sin y)\mathrm{d}x+(x\cos y)\mathrm{d}y$是某个函数的全微分．由定理 2 可知，由于积分与路径无关，所以取$(x_0,y_0)=(0,0)$，由式（2）有

$$\begin{aligned}u(x,y)&=\int_0^x P(x,0)\mathrm{d}x+\int_0^y Q(x,y)\mathrm{d}y\\&=\int_0^x 2x\mathrm{d}x+\int_0^y x\cos y\mathrm{d}y\\&=x^2+x\sin y.\end{aligned}$$

利用定理 2 的结论，还可以求解第一类一阶微分方程.

如果一阶微分方程可以写成如下形式

$$P(x,y)\mathrm{d}x+Q(x,y)\mathrm{d}y=0$$

并满足$\dfrac{\partial P}{\partial y}\equiv\dfrac{\partial Q}{\partial x}$，那么称上述方程为全微分方程．由定理 2 可知，全微分方程的左端$P\mathrm{d}x+Q\mathrm{d}y$是某个函数的全微分，故只要求出一个这样的函数$u(x,y)$，则原方程就成为

$$\mathrm{d}u(x,y)=0,$$

于是

$$u(x,y)=C$$

就给出微分方程的通解，其中C是任意常数.

例 7 求解微分方程$(5x^4+3xy^2-y^3)\mathrm{d}x+(3x^2y-3xy^2+y^2)\mathrm{d}y=0$.

解 这里$\dfrac{\partial P}{\partial y}=6xy-3y^2=\dfrac{\partial Q}{\partial x}$，故所给的方程是全微分方程，取$(x_0,y_0)=(0,0)$，由式（2）得

$$\begin{aligned}u(x,y)&=\int_0^x 5x^4\mathrm{d}x+\int_0^y(3x^2y-3xy^2+y^2)\mathrm{d}y\\&=x^5+\frac{3}{2}x^2y^2-xy^3+\frac{1}{3}y^3,\end{aligned}$$

于是方程的通解为

$$x^5+\frac{3}{2}x^2y^2-xy^3+\frac{1}{3}y^3=C.$$

习　题　10-3

1．利用格林公式计算下列曲线积分（L 取正向）.

（1）$\oint_L xy^2\mathrm{d}y-x^2y\mathrm{d}x$，其中 L 为圆周 $x^2+y^2=R^2$；

（2）$\oint_L (2x-y+4)\mathrm{d}x+(3x+5y-6)\mathrm{d}y$，其中 L 为三顶点分别是(0,0)、(3,0)和(3,2)的三角形边界；

（3）$\oint_L (x+y)\mathrm{d}x-(x-y)\mathrm{d}y$，其中 L 为椭圆 $\dfrac{x^2}{a^2}+\dfrac{y^2}{b^2}=1$；

（4）$\oint_L (x^2y\cos x+2xy\sin x-y^2\mathrm{e}^x)\mathrm{d}x+(x^2\sin x-2y\mathrm{e}^x)\mathrm{d}y$，其中 L 为抛物线 $y=1-x^2$ 和 x 轴所围区域的边界.

2．证明下列曲线积分 $\int_L P\mathrm{d}x+Q\mathrm{d}y$ 在整个 xOy 平面内与路径无关，并计算积分 $\int_{(x_1,y_1)}^{(x_2,y_2)}P\mathrm{d}x+Q\mathrm{d}y$ 的值.

（1）$\int_{(0,1)}^{(2,3)}(x+y)\mathrm{d}x+(x-y)\mathrm{d}y$；

（2）$\int_{(-1,0)}^{(-2,-1)}(x^2+y^2)(x\mathrm{d}x+y\mathrm{d}y)$；

（3）$\int_{\left(0,\frac{\pi}{2}\right)}^{\left(\frac{\pi}{2},0\right)}(\sin y-y\sin x+x)\mathrm{d}x+(\cos x+x\cos y+y)\mathrm{d}y$.

3．利用第二类曲线积分，求下列曲线所围成的图形的面积.

（1）星形线 $x=a\cos^3 t$，　$y=a\sin^3 t$；

（2）椭圆 $9x^2+16y^2=144$.

4．选择适当的方法计算下列积分.

（1）$\int_{\overset{\frown}{AB}}(x^2+y)\mathrm{d}x+(x-y^2)\mathrm{d}y$，其中 $\overset{\frown}{AB}$ 为曲线 $y=x^2$ 上由点 $A(0,0)$到点 $B(1,1)$的一段弧；

（2）$\int_{AO}(\mathrm{e}^x\sin y-y)\mathrm{d}x+(\mathrm{e}^x\cos y-1)\mathrm{d}y$，其中 AO 为由点 $A(a,0)$到点 $O(0,0)$的上半圆周 $x^2+y^2=ax$.

5．验证下列表达式在整个 xOy 平面内是某一函数 $u(x,y)$ 的全微分，并求一个这样的函数 $u(x,y)$.

（1）$xy^2\mathrm{d}x+x^2y\mathrm{d}y$；

（2）$(6xy+2y^2)\mathrm{d}x+(3x^2+4xy)\mathrm{d}y$；

（3）$(3x^2y+x\mathrm{e}^x)\mathrm{d}x+(x^3-y\sin y)\mathrm{d}y$.

6．验证下列微分方程是全微分方程并求方程的通解.

（1）$\sin x\sin 2y\mathrm{d}x-2\cos x\cos 2y\mathrm{d}y=0$；

（2）$(x^2-y)\mathrm{d}x-(x+\sin^2 y)\mathrm{d}y$.

7．设有一变力在坐标轴上的投影为 $P=x+y^2$ ，$Q=2xy$ ．证明质点在此变力作用下，从点 $A(1,0)$移动到点 $B(3,5)$所做的功与运动路径无关，并求出此功的值．

8．力 $\boldsymbol{F}=-\dfrac{k}{r^2}(x\boldsymbol{i}+y\boldsymbol{j})$，其中 k 为常数，$r=\sqrt{x^2+y^2}$ ，证明质点在力 $\boldsymbol{F}$ 作用下，在右半平面 $x>0$ 内运动时，力 $\boldsymbol{F}$ 所做的功与运动路径无关．

第四节　向量值函数在定向曲面上的积分（第二类曲面积分）

一、第二类曲面积分的概念

1．定向曲面及其法向量

假设曲面是光滑的，在曲面 Σ 上任取一点 P ，并在该点处引一法线，该法线有两个可能的方向，选定其中一个方向，则当点 P 在曲面上连续移动时相应的法向量也随着连续变化．如果点 P 在曲面 Σ 上沿任一路径连续移动后（不跨过曲面边界）回到原来位置，相应的法向量的方向与原来的方向相同，就称 Σ 是一个双侧曲面，如图 10-21 所示．

如果点 P 在曲面 Σ 上回到原来位置，相应的法向量的方向与原来的方向相反，就称 Σ 是一个单侧曲面．例如，将一条长方形纸条的一端扭转180°，再与另一端粘起来，得到的曲面称为莫比乌斯带，它是一个单侧曲面，它只有一个面，如图 10-22 所示．如果一只蚂蚁沿着莫比乌斯带爬行，它可以不跨过边界将所有的面经过，它的法向量回到同一点时会是反方向．

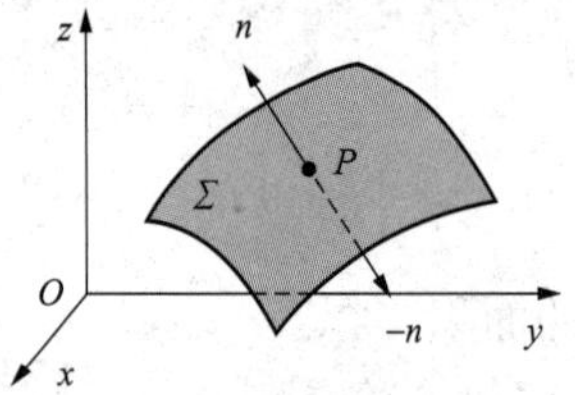

图 10-21

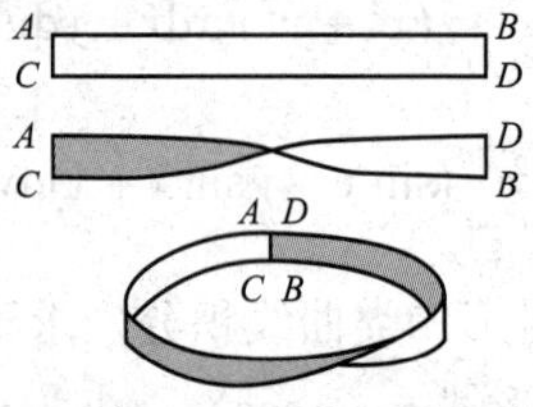

图 10-22

本书不讨论这种单侧曲面，通常遇到的曲面都是双侧的．根据需要，在双侧曲面上选定某一侧，这种取定了侧的曲面称为定向曲面．当用 Σ 表示一张选定了某个侧的定向曲面时，则选定其相反侧的曲面就记为 Σ^- ．在定向曲面的范围内，Σ 与 Σ^- 是不同的曲面．

对定向曲面的规定：**定向曲面上任一点处法向量的方向总是指向曲面取定的一侧**．

例如，由方程 $z=x^2+y^2$ 表示的旋转抛物面分为上侧与下侧，对应的曲面上的单位法向量 $\boldsymbol{n}=(\cos\alpha,\cos\beta,\cos\gamma)$ 朝上和朝下，在曲面的上侧 $\cos\gamma>0$ ，在曲面的下侧 $\cos\gamma<0$ ．对于封闭球面 $x^2+y^2+z^2=1$ ，如果取它的法向量朝外，就认为取定曲面的外侧；如果取它的法向量朝内，就认为取定曲面的内侧．

类似地，如果曲面的方程为 $y=y(z,x)$ ，则曲面分为左侧与右侧，在曲面的右侧 $\cos\beta>0$ ，在曲面的左侧 $\cos\beta<0$ ．如果曲面的方程为 $x=x(y,z)$ ，则曲面分为前侧与后侧，在曲面的前侧 $\cos\alpha>0$ ，在曲面的后侧 $\cos\alpha<0$ ．

2．流体流向曲面一侧的流量

设稳定流动的不可压缩流体（假定密度为 1）的速度场由

$$\boldsymbol{v}(x,y,z)=P(x,y,z)\boldsymbol{i}+Q(x,y,z)\boldsymbol{j}+R(x,y,z)\boldsymbol{k}$$

给出，Σ 是速度场中的一片定向曲面，函数 $P(x,y,z)$、$Q(x,y,z)$、$R(x,y,z)$ 都在 Σ 上连续，求在单位时间内流向 Σ 指定侧的流体的质量，即流量 Φ .

如果流体流过平面上面积为 S 的一个闭区域，且流体在这个闭区域上各点处的流速为（常向量）$\boldsymbol{v}$，又设 $\boldsymbol{e}$ 为该平面的单位法向量，那么在单位时间内流过这个闭区域的流体组成一个底面积为 S 、斜高为 $|\boldsymbol{v}|$ 的斜柱体，如图 10-23 所示，记 θ 为向量 $\boldsymbol{v}$、$\boldsymbol{e}$ 的夹角.

当 $\theta<\dfrac{\pi}{2}$ 时，这个斜柱体的体积为

$$S|\boldsymbol{v}|\cos\theta=S\boldsymbol{v}\cdot\boldsymbol{e},$$

即

$$\Phi=S\boldsymbol{v}\cdot\boldsymbol{e}.$$

当 $\theta=\dfrac{\pi}{2}$ 时，显然流体通过闭区域 S 流向 $\boldsymbol{e}$ 所指一侧的流量 Φ 为零，而 $S\boldsymbol{v}\cdot\boldsymbol{e}=0$，故 $\Phi=S\boldsymbol{v}\cdot\boldsymbol{e}$.

当 $\theta>\dfrac{\pi}{2}$ 时，$S\boldsymbol{v}\cdot\boldsymbol{e}<0$，这时仍把 $S\boldsymbol{v}\cdot\boldsymbol{e}$ 称为流体通过闭区域 S 流向 $\boldsymbol{e}$ 所指一侧的流量，它表示流体通过闭区域 S 实际上流向 $-\boldsymbol{e}$ 所指一侧，且流向 $-\boldsymbol{e}$ 所指一侧的流量为 $-S\boldsymbol{v}\cdot\boldsymbol{e}$. 因此，不论 θ 为何值，流体通过闭区域 S 流向 $\boldsymbol{e}$ 所指一侧的流量均为 $S\boldsymbol{v}\cdot\boldsymbol{e}$.

现在来考虑一般曲面上的流量问题，图 10-24 所示，解决问题的思路仍然是分割、近似、求和、逼近四个步骤.

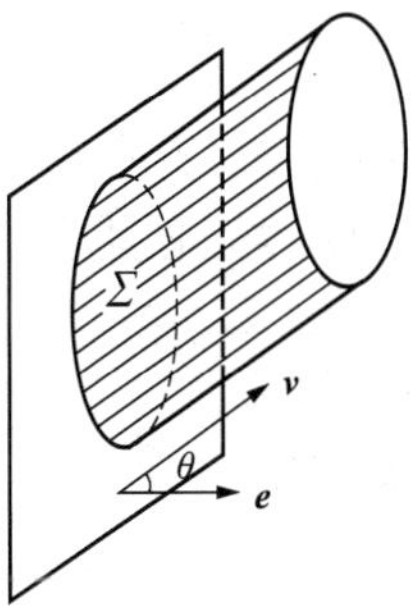

图 10-23

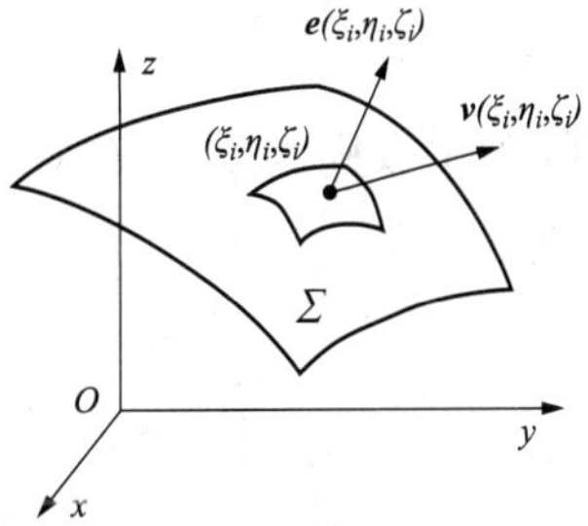

图 10-24

分割　把曲面 Σ 分成 n 小块：$\Delta S_1,\Delta S_2,\cdots,\Delta S_n$（$\Delta S_i$ 同时也代表第 i 小块曲面的面积）.

近似　在曲面 Σ 是光滑的和 $\boldsymbol{v}$ 是连续的前提下，只要 ΔS_i 的直径很小，把 ΔS_i 看成是一小块平面，用 ΔS_i 上任一点 (ξ_i,η_i,ζ_i) 处的流速 $\boldsymbol{e}(\xi_i,\eta_i,\zeta_i)$

$$\boldsymbol{v}_i=\boldsymbol{v}_i(\xi_i,\eta_i,\zeta_i)=P(\xi_i,\eta_i,\zeta_i)\boldsymbol{i}+Q(\xi_i,\eta_i,\zeta_i)\boldsymbol{j}+R(\xi_i,\eta_i,\zeta_i)\boldsymbol{k}$$

代替 ΔS_i 上其他各点处的流速，以该点 (ξ_i,η_i,ζ_i) 处曲面 Σ 的单位法向量

$$\boldsymbol{e}_i=\cos\alpha_i\boldsymbol{i}+\cos\beta_i\boldsymbol{j}+\cos\gamma_i\boldsymbol{k}$$

代替 ΔS_i 上其他各点处的单位法向量，从而得到通过 ΔS_i 流向指定侧的流量的近似值为

$$\Delta\Phi_i\approx(\boldsymbol{v}_i\cdot\boldsymbol{e}_i)\Delta S_i\quad(i=1,2,\cdots,n).$$

求和　可以看到，通过曲面 Σ 流向指定侧的流量的近似值为

$$\Phi \approx \sum_{i=1}^{n} (\boldsymbol{v}_i \cdot \boldsymbol{e}_i)\Delta S_i$$

$$= \sum_{i=1}^{n} [P(\xi_i,\eta_i,\zeta_i)\cos\alpha_i + Q(\xi_i,\eta_i,\zeta_i)\cos\beta_i + R(\xi_i,\eta_i,\zeta_i)\cos\gamma_i]\Delta S_i ,$$

又 $\cos\alpha_i \cdot \Delta S_i \approx (\Delta S_i)_{yz}$， $\cos\beta_i \cdot \Delta S_i \approx (\Delta S_i)_{zx}$， $\cos\gamma_i \cdot \Delta S_i \approx (\Delta S_i)_{xy}$，所以

$$(\boldsymbol{v}_i\boldsymbol{e}_i)\Delta S_i = P(\xi_i,\eta_i,\zeta_i)(\Delta S_i)_{yz} + Q(\xi_i,\eta_i,\zeta_i)(\Delta S_i)_{zx} + R(\xi_i,\eta_i,\zeta_i)\cos\gamma_i](\Delta S_i)_{xy} .$$

因此，上式又可写作

$$\Phi \approx \sum_{i=1}^{n} [P(\xi_i,\eta_i,\zeta_i)(\Delta S_i)_{yz} + Q(\xi_i,\eta_i,\zeta_i)(\Delta S_i)_{zx} + R(\xi_i,\eta_i,\zeta_i)(\Delta S_i)_{xy}] .$$

逼近 设 λ 为各个小曲面的直径的最大值，即 $\lambda = \max\{\Delta S_1, \Delta S_2, \cdots, \Delta S_i\}$，则通过曲面 Σ 流向指定侧的流量的精确值为

$$\Phi \approx \lim_{\lambda\to 0}\sum_{i=1}^{n} (\boldsymbol{v}_i \cdot \boldsymbol{e}_i)\Delta S_i$$

$$= \lim_{\lambda\to 0}\sum_{i=1}^{n} [P(\xi_i,\eta_i,\zeta_i)(\Delta S_i)_{yz} + Q(\xi_i,\eta_i,\zeta_i)(\Delta S_i)_{zx} + R(\xi_i,\eta_i,\zeta_i)(\Delta S_i)_{xy}].$$

舍去上述例子的物理意义，可抽象出第二类曲面积分的概念.

定义 设 Σ 为光滑的定向曲面，函数 $R(x,y,z)$ 在曲面 Σ 上有界．把曲面 Σ 分成 n 小块 $\Delta S_1, \Delta S_2, \cdots, \Delta S_n$（$\Delta S_i$ 同时也代表第 i 小块曲面的面积），ΔS_i 在 xOy 平面上的投影为 $(\Delta S_i)_{xy}$，(ξ_i,η_i,ζ_i) 是 ΔS_i 上任意取定的一点．如果当各个小曲面的直径的最大值 $\lambda \to 0$ 时

$$\lim_{\lambda\to 0}\sum_{i=1}^{n} R(\xi_i,\eta_i,\zeta_i)(\Delta S_i)_{xy}$$

总存在，则称此极限为函数 $R(x,y,z)$ 在定向曲面 Σ 上对坐标 x、y 的曲面积分，记作 $\iint\limits_{\Sigma} R(x,y,z)\mathrm{d}x\mathrm{d}y$，即

$$\iint\limits_{\Sigma} R(x,y,z)\mathrm{d}x\mathrm{d}y = \lim_{\lambda\to 0}\sum_{i=1}^{n} R(\xi_i,\eta_i,\zeta_i)(\Delta S_i)_{xy} ,$$

其中 $R(x,y,z)$ 叫做被积函数，Σ 叫做积分曲面.

类似地，可定义函数 $P(x,y,z)$ 在定向曲面 Σ 上对坐标 y、z 的曲面积分 $\iint\limits_{\Sigma} P(x,y,z)\mathrm{d}y\mathrm{d}z$，以及函数 $Q(x,y,z)$ 在定向曲面 Σ 上对坐标 z、x 的曲面积分 $\iint\limits_{\Sigma} Q(x,y,z)\mathrm{d}z\mathrm{d}x$ 分别为

$$\iint\limits_{\Sigma} P(x,y,z)\mathrm{d}y\mathrm{d}z = \lim_{\lambda\to 0}\sum_{i=1}^{n} P(\xi_i,\eta_i,\zeta_i)(\Delta S_i)_{yz} ,$$

$$\iint\limits_{\Sigma} Q(x,y,z)\mathrm{d}z\mathrm{d}x = \lim_{\lambda\to 0}\sum_{i=1}^{n} R(\xi_i,\eta_i,\zeta_i)(\Delta S_i)_{zx} .$$

以上三个积分也称为第二类曲面积分（surface integrals of the second type）.

这里指出，当 $P(x,y,z)$、$Q(x,y,z)$、$R(x,y,z)$ 在定向光滑曲面 Σ 上连续时，第二类曲面积分是存在的，以后总假定 $P(x,y,z)$、$Q(x,y,z)$、$R(x,y,z)$ 在曲面 Σ 上连续.

在应用上，出现较多的形式是

$$\iint\limits_{\Sigma} P(x,y,z)\mathrm{d}y\mathrm{d}z + \iint\limits_{\Sigma} Q(x,y,z)\mathrm{d}z\mathrm{d}x + \iint\limits_{\Sigma} R(x,y,z)\mathrm{d}x\mathrm{d}y .$$

这种合并起来的形式，为了简单起见，常把它写成

$$\iint\limits_{\Sigma} P(x,y,z)\mathrm{d}y\mathrm{d}z + Q(x,y,z)\mathrm{d}z\mathrm{d}x + R(x,y,z)\mathrm{d}x\mathrm{d}y .$$

例如，前面流向曲面 Σ 指定侧的流量 Φ 可表示为

$$\Phi = \iint\limits_{\Sigma} P(x,y,z)\mathrm{d}y\mathrm{d}z + Q(x,y,z)\mathrm{d}z\mathrm{d}x + R(x,y,z)\mathrm{d}x\mathrm{d}y .$$

如果 Σ 是封闭曲面，则与第一类曲面积分一样可采用形如 $\oint\!\!\oint\limits_{\Sigma} P\mathrm{d}y\mathrm{d}z + Q\mathrm{d}z\mathrm{d}x + R\mathrm{d}x\mathrm{d}y$ 的积分号．第二类曲面积分具有与第二类曲线积分相类似的一些性质，例如：

（1）如果把曲面 Σ 分成曲面 Σ_1 和曲面 Σ_2，则

$$\iint\limits_{\Sigma} P\mathrm{d}y\mathrm{d}z + Q\mathrm{d}z\mathrm{d}x + R\mathrm{d}x\mathrm{d}y = \iint\limits_{\Sigma_1} P\mathrm{d}y\mathrm{d}z + Q\mathrm{d}z\mathrm{d}x + R\mathrm{d}x\mathrm{d}y + \iint\limits_{\Sigma_2} P\mathrm{d}y\mathrm{d}z + Q\mathrm{d}z\mathrm{d}x + R\mathrm{d}x\mathrm{d}y .$$

（2）设 Σ 为定向曲面，Σ^- 表示与 Σ 取相反侧的曲面，则

$$\iint\limits_{\Sigma^-} P\mathrm{d}y\mathrm{d}z + Q\mathrm{d}z\mathrm{d}x + R\mathrm{d}x\mathrm{d}y = -\iint\limits_{\Sigma} P\mathrm{d}y\mathrm{d}z + Q\mathrm{d}z\mathrm{d}x + R\mathrm{d}x\mathrm{d}y .$$

二、第二类曲面积分的计算

由于在空间直角坐标系中，x、y、z 轴的正向分别指向前方、右方和上方，那么假设积分曲面 Σ 由方程 $z = z(x,y)$ 给出，Σ 在 xOy 平面上的投影区域为 D_{xy}，函数 $z = z(x,y)$ 在 D_{xy} 上具有一阶连续偏导数，被积函数 $R(x,y,z)$ 在 Σ 上连续，由第二类曲面积分的定义，有

$$\boxed{\iint\limits_{\Sigma} R(x,y,z)\mathrm{d}x\mathrm{d}y = \pm\iint\limits_{D_{xy}} R(x,y,z(x,y))\mathrm{d}x\mathrm{d}y} \tag{1}$$

其中当曲面 Σ 取上侧时，积分前取“+”号；当曲面 Σ 取下侧时，积分前取“−”号．

类似地，如果曲面 Σ 由 $x = x(y,z)$ 给出，则有

$$\boxed{\iint\limits_{\Sigma} P(x,y,z)\mathrm{d}y\mathrm{d}z = \pm\iint\limits_{D_{yz}} P(x(y,z),y,z)\mathrm{d}y\mathrm{d}z} \tag{2}$$

其中当曲面 Σ 取前侧时，积分前取“+”号；当曲面 Σ 取后侧时，积分前取“−”号．

如果曲面 Σ 由 $y = y(z,x)$ 给出，则有

$$\boxed{\iint\limits_{\Sigma} Q(x,y,z)\mathrm{d}z\mathrm{d}x = \pm\iint\limits_{D_{zx}} Q(x,y(z,x),z)\mathrm{d}z\mathrm{d}x} \tag{3}$$

其中当曲面 Σ 取右侧时，积分前取“+”号；当曲面 Σ 取左侧时，积分前取“−”号．

注：（1）如果曲面 Σ 是分片光滑的定向曲面，函数在曲面 Σ 上的第二类曲面积分等于函数在各片光滑曲面上第二类曲面积分之和．

（2）当曲面 Σ 是母线垂直于 xOy 平面的柱面时，其单位法向量的第三分量 $\cos\gamma = 0$，故

$$\iint\limits_{\Sigma} R(x,y,z)\mathrm{d}x\mathrm{d}y = 0 .$$

类似地，当曲面 Σ 的母线垂直于 yOz 坐标面时，$\iint\limits_{\Sigma} P(x,y,z)\mathrm{d}y\mathrm{d}z = 0$；曲面 Σ 的母线垂直于 zOx 坐标面时，$\iint\limits_{\Sigma} Q(x,y,z)\mathrm{d}z\mathrm{d}x = 0$.

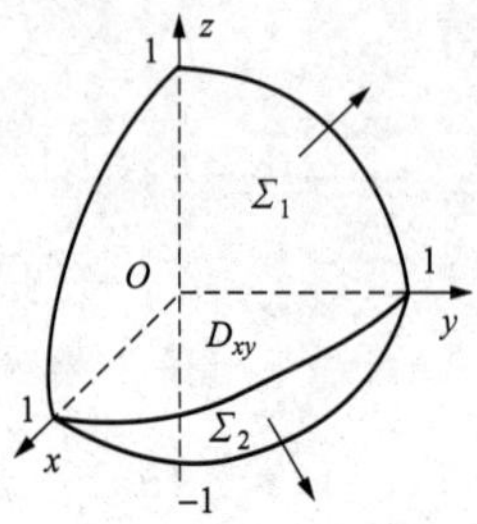

图 10-25

例 1 计算曲面积分 $\iint\limits_{\Sigma} xyz\mathrm{d}x\mathrm{d}y$，其中 Σ 是球面 $x^2+y^2+z^2=1$ 的外侧并满足 $x\geqslant 0$、$y\geqslant 0$ 的部分（见图 10-25）.

解 用显示方程 $z=z(x,y)$ 来表示曲面 Σ，此时需将曲面 Σ 分为上、下两块. 上块曲面 Σ_1 的方程为 $z=\sqrt{1-x^2-y^2}$ $(x,y)\in D_{xy}$，下块曲面 Σ_2 的方程为 $z=-\sqrt{1-x^2-y^2}$ $(x,y)\in D_{xy}$，这里 $D_{xy}=\{(x,y)\,|\,x^2+y^2\leqslant 1, x\geqslant 0,\ y\geqslant 0\}$.

按题意，曲面 Σ_1 取上侧，曲面 Σ_2 取下侧，因此

$$\begin{aligned}\iint\limits_{\Sigma} xyz\mathrm{d}x\mathrm{d}y &= \iint\limits_{\Sigma_1} xyz\mathrm{d}x\mathrm{d}y+\iint\limits_{\Sigma_2} xyz\mathrm{d}x\mathrm{d}y\\ &= \iint\limits_{D_{xy}} xy\sqrt{1-x^2-y^2}\,\mathrm{d}\sigma+\iint\limits_{D_{xy}} -xy\sqrt{1-x^2-y^2}\cdot(-1)\mathrm{d}\sigma\\ &= 2\iint\limits_{D_{xy}} xy\sqrt{1-x^2-y^2}\,\mathrm{d}\sigma\\ &= 2\int_0^{\frac{\pi}{2}}\mathrm{d}\theta\int_0^1 r\cos\theta\cdot r\sin\theta\sqrt{1-r^2}\,r\mathrm{d}r\\ &= \int_0^{\frac{\pi}{2}}\sin 2\theta\mathrm{d}\theta\int_0^1 r^3\sqrt{1-r^2}\,\mathrm{d}r=\frac{2}{15}.\end{aligned}$$

例 2 计算曲面积分 $\oiint\limits_{\Sigma} x^2\mathrm{d}y\mathrm{d}z+y^2\mathrm{d}z\mathrm{d}x+z^2\mathrm{d}x\mathrm{d}y$，其中 Σ 是长方体 Ω 的整个表面的外侧，$\Omega=\{(x,y,z)\,|\,0\leqslant x\leqslant a, 0\leqslant y\leqslant b, 0\leqslant z\leqslant c\}$.

解 Ω 是长方体，故把 Ω 的上下面分别记为 Σ_1 和 Σ_2，前后面分别记为 Σ_3 和 Σ_4，左右面分别记为 Σ_5 和 Σ_6，即

$\Sigma_1: z=c(0\leqslant x\leqslant a, 0\leqslant y\leqslant b)$ 的上侧；
$\Sigma_2: z=0(0\leqslant x\leqslant a, 0\leqslant y\leqslant b)$ 的下侧；
$\Sigma_3: x=a(0\leqslant y\leqslant b, 0\leqslant z\leqslant c)$ 的前侧；
$\Sigma_4: x=0(0\leqslant y\leqslant b, 0\leqslant z\leqslant c)$ 的后侧；
$\Sigma_5: y=0(0\leqslant x\leqslant a, 0\leqslant z\leqslant c)$ 的左侧；
$\Sigma_6: y=b(0\leqslant x\leqslant a, 0\leqslant z\leqslant c)$ 的右侧.

除 Σ_3、Σ_4 外，其余四片曲面在 yOz 平面上的投影为零，因此

$$\begin{aligned}\oiint\limits_{\Sigma} x^2\mathrm{d}y\mathrm{d}z &= \iint\limits_{\Sigma_3} x^2\mathrm{d}y\mathrm{d}z+\iint\limits_{\Sigma_4} x^2\mathrm{d}y\mathrm{d}z\\ &= \iint\limits_{D_{yz}} a^2\mathrm{d}y\mathrm{d}z-\iint\limits_{D_{yz}} 0\mathrm{d}y\mathrm{d}z=a^2bc.\end{aligned}$$

类似地可得

$$\oiint\limits_{\Sigma} y^2\mathrm{d}y\mathrm{d}x=b^2ac,\quad \oiint\limits_{\Sigma} z^2\mathrm{d}x\mathrm{d}y=c^2ab.$$

于是所求曲面积分为 $abc(a+b+c)$.

三、两类曲面积分的关系

设定向曲面 Σ 由方程 $z=z(x,y)$ 给出，Σ 在 xOy 平面上的投影区域为 D_{xy}，函数 $z=z(x,y)$ 在 D_{xy} 上具有一阶连续偏导数，函数 $R(x,y,z)$ 在 Σ 上连续.

如果曲面 Σ 取上侧，由对坐标的曲面积分计算方法，有

$$\iint_{\Sigma} R(x,y,z)\mathrm{d}x\mathrm{d}y=\iint_{D_{xy}} R(x,y,z(x,y))\mathrm{d}x\mathrm{d}y .$$

另外，因上述定向曲面 Σ 的法向量的方向余弦为

$$\cos\alpha=\frac{-z_x}{\sqrt{1+z_x^2+z_y^2}},\quad \cos\beta=\frac{-z_y}{\sqrt{1+z_x^2+z_y^2}},\quad \cos\gamma=\frac{1}{\sqrt{1+z_x^2+z_y^2}},$$

故由对面积的曲面积分计算公式，有

$$\iint_{\Sigma} R(x,y,z)\cos\gamma\mathrm{d}S=\iint_{D_{xy}} R(x,y,z(x,y))\mathrm{d}x\mathrm{d}y .$$

因此有

$$\iint_{\Sigma} R(x,y,z)\mathrm{d}x\mathrm{d}y=\iint_{\Sigma} R(x,y,z)\cos\gamma\mathrm{d}S .$$

如果曲面 Σ 取下侧，则有

$$\iint_{\Sigma} R(x,y,z)\mathrm{d}x\mathrm{d}y=-\iint_{D_{xy}} R(x,y,z(x,y))\mathrm{d}x\mathrm{d}y .$$

但这时 $\cos\gamma=\dfrac{-1}{\sqrt{1+z_x^2+z_y^2}}$，因此仍有

$$\iint_{\Sigma} R(x,y,z)\mathrm{d}x\mathrm{d}y=\iint_{\Sigma} R(x,y,z)\cos\gamma\mathrm{d}S ,$$

类似地可推得

$$\iint_{\Sigma} P(x,y,z)\mathrm{d}y\mathrm{d}z=\iint_{\Sigma} P(x,y,z)\cos\alpha\mathrm{d}S ,$$

$$\iint_{\Sigma} Q(x,y,z)\mathrm{d}z\mathrm{d}x=\iint_{\Sigma} Q(x,y,z)\cos\beta\mathrm{d}S .$$

综合上述几个式子，有

$$\boxed{\iint_{\Sigma} P\mathrm{d}y\mathrm{d}z+Q\mathrm{d}z\mathrm{d}x+R\mathrm{d}x\mathrm{d}y=\iint_{\Sigma}(P\cos\alpha+Q\cos\beta+R\cos\gamma)\mathrm{d}S} \tag{4}$$

其中 $\cos\alpha$、$\cos\beta$、$\cos\gamma$ 是定向曲面 Σ 上点 (x,y,z) 处的法向量的方向余弦.

设向量值函数 $\boldsymbol{F}(x,y,z)=P(x,y,z)\boldsymbol{i}+Q(x,y,z)\boldsymbol{j}+R(x,y,z)\boldsymbol{k}$，$\boldsymbol{e}=(\cos\alpha,\cos\beta,\cos\gamma)$ 是定向曲面 Σ 上点 (x,y,z) 处的单位法向量．两类曲面积分的联系也可写成如下的向量形式

$$\begin{aligned}\iint_{\Sigma}\boldsymbol{F}(x,y,z)\cdot\mathrm{d}\boldsymbol{S}&=\iint_{\Sigma}[\boldsymbol{F}(x,y,z)\cdot\boldsymbol{e}(x,y,z)]\mathrm{d}S\\&=\iint_{\Sigma}[P(x,y,z)\cos\alpha+Q(x,y,z)\cos\beta+R(x,y,z)\cos\gamma]\mathrm{d}S.\end{aligned}$$

其中 $\mathrm{d}\boldsymbol{S}=\boldsymbol{e}\cdot\mathrm{d}S=(\cos\alpha,\cos\beta,\cos\gamma)\mathrm{d}S=(\mathrm{d}y\mathrm{d}z,\mathrm{d}z\mathrm{d}x,\mathrm{d}x\mathrm{d}y)$，把 $\mathrm{d}\boldsymbol{S}$ 称为定向曲面元素，而 $\mathrm{d}y\mathrm{d}z$、$\mathrm{d}z\mathrm{d}x$、$\mathrm{d}x\mathrm{d}y$ 为 $\mathrm{d}\boldsymbol{S}$ 的坐标.

例 3 计算曲面积分 $\iint\limits_{\Sigma}(z^2+x)\mathrm{d}y\mathrm{d}z-z\mathrm{d}x\mathrm{d}y$，其中 Σ 是旋转抛物面 $z=\frac{1}{2}(x^2+y^2)$ 介于平面 $z=0$ 及 $z=2$ 之间部分的下侧.

解 由式（4），可得

$$\iint\limits_{\Sigma}(z^2+x)\mathrm{d}y\mathrm{d}z=\iint\limits_{\Sigma}(z^2+x)\cos\alpha\mathrm{d}S=\iint\limits_{\Sigma}(z^2+x)\frac{\cos\alpha}{\cos\gamma}\mathrm{d}x\mathrm{d}y.$$

在曲面 Σ 上，曲面向下的法向量为 $(x,y,-1)$，则

$$\cos\alpha=\frac{x}{\sqrt{1+x^2+y^2}},\quad \cos\gamma=\frac{-1}{\sqrt{1+x^2+y^2}},\quad \mathrm{d}S=\sqrt{1+x^2+y^2}\mathrm{d}x\mathrm{d}y.$$

故

$$\begin{aligned}\iint\limits_{\Sigma}(z^2+x)\mathrm{d}y\mathrm{d}z-z\mathrm{d}x\mathrm{d}y&=-\iint\limits_{\Sigma}[(z^2+x)(-x)-z]\mathrm{d}x\mathrm{d}y\\&=\iint\limits_{D_{xy}}\left\{\left[\frac{1}{4}(x^2+y^2)^2+x\right]\cdot x+\frac{1}{2}(x^2+y^2)\right\}\mathrm{d}x\mathrm{d}y\\&=\iint\limits_{D_{xy}}\frac{x}{4}(x^2+y^2)^2\mathrm{d}x\mathrm{d}y+\iint\limits_{D_{xy}}\left[x^2+\frac{1}{2}(x^2+y^2)\right]\mathrm{d}x\mathrm{d}y\\&=0+\iint\limits_{D_{xy}}\left[x^2+\frac{1}{2}(x^2+y^2)\right]\mathrm{d}x\mathrm{d}y\\&=\int_0^{2\pi}\mathrm{d}\theta\int_0^2\left(r^2\cos^2\theta+\frac{1}{2}r^2\right)r\mathrm{d}r=8\pi.\end{aligned}$$

其中

$$D_{xy}=\{(x,y)\mid x^2+y^2\leqslant 4\}.$$

习　题　10-4

1．把第二类曲面积分 $\iint\limits_{\Sigma}P\mathrm{d}y\mathrm{d}z+Q\mathrm{d}z\mathrm{d}x+R\mathrm{d}x\mathrm{d}y$ 化为第一类曲面积分，其中：

（1）Σ 为坐标面 $x=0$ 被柱面 $|y|+|z|=1$ 所截的部分，并取前侧；

（2）Σ 为平面 $z+x=1$ 被柱面 $x^2+y^2=1$ 所截的部分，并取下侧；

（3）Σ 为平面 $3x+2y+z=1$ 位于第一卦限的部分，并取上侧.

2．计算下列第二类曲面积分.

（1）$\oiint\limits_{\Sigma}\cos(1-z^2)\mathrm{d}x\mathrm{d}y$，其中 Σ 为球面 $x^2+y^2+z^2=R^2$ 的外侧；

（2）$\iint\limits_{\Sigma}(x+y+z)\,\mathrm{d}x\mathrm{d}y+(y-z)\,\mathrm{d}y\mathrm{d}z$，其中 Σ 为三个坐标面及平面 $x=1$、$y=1$、$z=1$ 所围成的正方体的外侧；

（3）$\oiint\limits_{\Sigma}\frac{\mathrm{e}^z\mathrm{d}x\mathrm{d}y}{\sqrt{x^2+y^2}}$，其中 Σ 为锥面 $z=\sqrt{x^2+y^2}$ 及平面 $z=1$、$z=2$ 所围成的空间区域的整个边界曲面的外侧.

3．计算：$\iint\limits_{\Sigma}x\mathrm{d}y\mathrm{d}z+y\mathrm{d}z\mathrm{d}x+z\mathrm{d}x\mathrm{d}y$，其中：

（1）Σ 是正方体 $0 \leqslant x \leqslant 1, 0 \leqslant y \leqslant 1, 0 \leqslant z \leqslant 1$ 的外侧面；

（2）Σ 为柱面 $x^2+y^2=1$ 被 $z=0$ 、 $z=3$ 所截部分的内侧.

4．计算：$\iint\limits_{\Sigma} \mathrm{e}^y \mathrm{d}y\mathrm{d}z + y\mathrm{e}^x \mathrm{d}z\mathrm{d}x + x^2 y \mathrm{d}x\mathrm{d}y$，$\Sigma$ 是抛物面 $z=x^2+y^2$ 被平面 $x=0$，$x=1$，$y=0$，$y=1$ 所截得的部分的上侧.

5．计算：$\iint\limits_{\Sigma} yz\mathrm{d}y\mathrm{d}z + xz\mathrm{d}x\mathrm{d}y$，其中 Σ 是由平面 $x=0$、$y=0$、$z=0$ 及 $x+y+z=1$ 所围成的立体的外侧.

第五节　高斯（Gauss）公式与散度

一、高斯公式

格林公式阐述了平面闭区域上的二重积分与其边界曲线上的曲线积分之间的关系．将这种思路推广到三维空间中，可以考虑空间闭区域上三重积分与其边界曲面上的曲面积分之间的联系．高斯公式就阐述了这种联系.

定理　设空间闭区域 Ω 是由分片光滑的闭曲面 Σ 所围成，若函数 $P(x,y,z)$、$Q(x,y,z)$ 与 $R(x,y,z)$ 在 Ω 上具有一阶连续偏导数，则有

$$\boxed{\iiint\limits_{\Omega}\left(\frac{\partial P}{\partial x}+\frac{\partial Q}{\partial y}+\frac{\partial R}{\partial z}\right)\mathrm{d}V = \oiint\limits_{\Sigma} P\mathrm{d}y\mathrm{d}z + Q\mathrm{d}z\mathrm{d}x + R\mathrm{d}x\mathrm{d}y} \tag{1}$$

或

$$\iiint\limits_{\Omega}\left(\frac{\partial P}{\partial x}+\frac{\partial Q}{\partial y}+\frac{\partial R}{\partial z}\right)\mathrm{d}V = \oiint\limits_{\Sigma} (P\cos\alpha + Q\cos\beta + R\cos\gamma)\mathrm{d}S,$$

这里 Σ 是闭区域 Ω 整个边界曲面的外侧，$\boldsymbol{e}=(\cos\alpha, \cos\beta, \cos\gamma)$ 是曲面 Σ 在点 (x,y,z) 处的单位法向量.

证　先假设 Ω 在 xOy 平面上的投影域 D_{xy}，且过 Ω 内部且平行于 z 轴的直线与 Ω 的边界曲面 Σ 的交点恰好是两个，这样可以设 Σ 由 Σ_1、Σ_2、Σ_3 三个部分组成，如图10-26 所示：

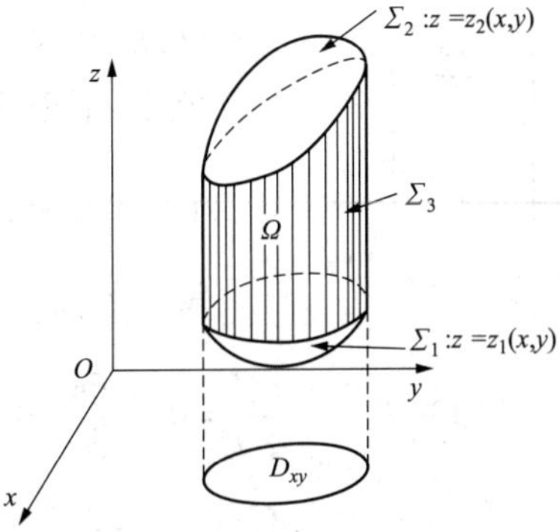

图 10-26

$\Sigma_1 : z = z_1(x,y)$ 取下侧；

$\Sigma_2 : z = z_2(x,y)$ 取上侧，$z_1(x,y) \leqslant z_2(x,y)$；

Σ_3 是以 D_{xy} 的边界曲线为准线，母线平行于 z 轴的柱面的一部分，取外侧．根据三重积分的计算方法，有

$$\begin{aligned}\iiint\limits_{\Omega}\frac{\partial R}{\partial z}\mathrm{d}V &= \iint\limits_{D_{xy}}\mathrm{d}x\mathrm{d}y\int_{z_1(x,y)}^{z_2(x,y)}\frac{\partial R}{\partial z}\mathrm{d}z \\ &= \iint\limits_{D_{xy}}[R(x,y,z_2(x,y)) - R(x,y,z_1(x,y))]\mathrm{d}x\mathrm{d}y.\end{aligned} \tag{2}$$

另外，由曲面积分的计算方法，有

$$\iint_{\Sigma_1} R(x,y,z)\mathrm{d}x\mathrm{d}y = -\iint_{D_{xy}} R(x,y,z_1(x,y))\mathrm{d}x\mathrm{d}y,$$

$$\iint_{\Sigma_2} R(x,y,z)\mathrm{d}x\mathrm{d}y = \iint_{D_{xy}} R(x,y,z_2(x,y))\mathrm{d}x\mathrm{d}y.$$

由于Σ_3上任意一块曲面在xOy平面上的投影为零，所以由对坐标的曲面积分的定义有

$$\iint_{\Sigma_3} R(x,y,z)\mathrm{d}x\mathrm{d}y = 0.$$

把以上三式左右分别相加，得

$$\oiint_{\Sigma} R(x,y,z)\mathrm{d}x\mathrm{d}y = \iint_{D_{xy}} [R(x,y,z_2(x,y)) - R(x,y,z_1(x,y))]\mathrm{d}x\mathrm{d}y. \tag{3}$$

比较式（2）和式（3），得到

$$\iiint_{\Omega} \frac{\partial R}{\partial z}\mathrm{d}V = \oiint_{\Sigma} R(x,y,z)\mathrm{d}x\mathrm{d}y.$$

类似地，修改对积分区域Ω的假设，设过Ω内部且平行于x（或y）轴的直线与Ω的边界曲面Σ的交点恰好是两个，可以得到

$$\iiint_{\Omega} \frac{\partial P}{\partial x}\mathrm{d}V = \oiint_{\Sigma} P(x,y,z)\mathrm{d}y\mathrm{d}z,$$

$$\iiint_{\Omega} \frac{\partial Q}{\partial y}\mathrm{d}V = \oiint_{\Sigma} Q(x,y,z)\mathrm{d}z\mathrm{d}x.$$

把以上三式两端分别相加，即得高斯公式.

上述证明对空间积分区域Ω做了限制假设，如果空间区域Ω不满足假设，只要引入辅助曲面，将Ω分割为有限个闭区域，使得每个闭区域都满足以上假设条件，且有在辅助曲面两侧的积分和为零，因此定理的结论仍然成立.

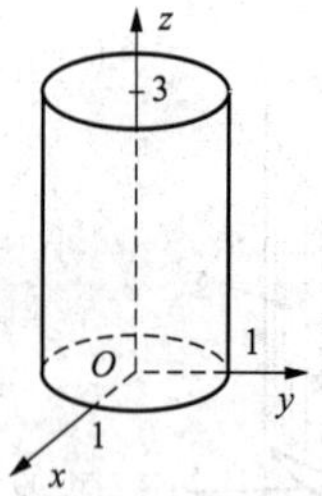

图 10-27

例 1 计算曲面积分$\oiint_{\Sigma}(x-y)\mathrm{d}x\mathrm{d}y+(y-z)x\mathrm{d}y\mathrm{d}z$，其中$\Sigma$为柱面$x^2+y^2=1$及平面$z=0$、$z=3$所围成空间闭区域$\Omega$的整个边界曲面的外侧.

解 如图 10-27 所示，设$P=(y-z)x$，$Q=0$，$R=x-y$，则$\frac{\partial P}{\partial x}=y-z$，$\frac{\partial Q}{\partial y}=0$，$\frac{\partial R}{\partial z}=0$. 由高斯公式，由柱面坐标有

$$\begin{aligned}\oiint_{\Sigma}(x-y)\mathrm{d}x\mathrm{d}y+(y-z)\mathrm{d}y\mathrm{d}z &= \iiint_{\Omega}(y-z)\mathrm{d}V \\ &= \iiint_{\Omega}(r\sin\theta - z)r\mathrm{d}r\mathrm{d}\theta\mathrm{d}z \\ &= \int_0^{2\pi}\mathrm{d}\theta\int_0^1 r\mathrm{d}r\int_0^3(r\sin\theta - z)\mathrm{d}z = -\frac{9\pi}{2}.\end{aligned}$$

例 2 利用高斯公式重新计算本章第四节中的例 2.

解 现在$P=x^2$，$Q=y^2$，$R=z^2$，$\frac{\partial P}{\partial x}+\frac{\partial Q}{\partial y}+\frac{\partial R}{\partial z}=2(x+y+z)$，故由高斯公式有

$$\oiint\limits_{\Sigma} x^2\mathrm{d}y\mathrm{d}z + y^2\mathrm{d}z\mathrm{d}x + z^2\mathrm{d}x\mathrm{d}y = \iiint\limits_{\Omega} 2(x+y+z)\mathrm{d}V$$

$$= 2\int_0^a \mathrm{d}x\int_0^b \mathrm{d}y\int_0^c (x+y+z)\mathrm{d}z = 2\int_0^a \mathrm{d}x\int_0^b \left(cx+cy+\frac{c^2}{2}\right)\mathrm{d}y$$

$$= 2\int_0^a \left(bcx+\frac{b^2c}{2}+\frac{bc^2}{2}\right)\mathrm{d}x = 2\left(\frac{a^2bc}{2}+\frac{ab^2c}{2}+\frac{abc^2}{2}\right)$$

$$= abc(a+b+c).$$

例 3　利用高斯公式计算曲面积分 $\iint\limits_{\Sigma} x\mathrm{d}y\mathrm{d}z + y\mathrm{d}x\mathrm{d}z + z\mathrm{d}x\mathrm{d}y$，其中 Σ 为上半球面 $x^2+y^2+z^2=a^2(z\geqslant 0)$ 的上侧.

解　由于 Σ 不是封闭曲面，故不能直接利用高斯公式. 因此考虑构造辅助曲面.

这里构造平面片 $\Sigma_1: z=0, x^2+y^2\leqslant a^2$ 取下侧，这样 Σ 与 Σ_1 一起构成封闭曲面.

设 $P=x, Q=y, R=z$，则 $\frac{\partial P}{\partial x}+\frac{\partial Q}{\partial y}+\frac{\partial R}{\partial z}=3$. 利用高斯公式，有

$$\oiint\limits_{\Sigma_1+\Sigma} x\mathrm{d}y\mathrm{d}z + y\mathrm{d}x\mathrm{d}z + z\mathrm{d}x\mathrm{d}y = \iiint\limits_{\Omega} 3\mathrm{d}V$$

$$= 3\cdot\frac{2}{3}\pi a^3 = 2\pi a^3,$$

又

$$\iint\limits_{\Sigma_1} x\mathrm{d}y\mathrm{d}z + y\mathrm{d}x\mathrm{d}z + z\mathrm{d}x\mathrm{d}y = \iint\limits_{\Sigma_1} z\mathrm{d}x\mathrm{d}y = 0$$

所以

$$\iint\limits_{\Sigma} x\mathrm{d}y\mathrm{d}z + y\mathrm{d}x\mathrm{d}z + z\mathrm{d}x\mathrm{d}y = 2\pi a^3 - 0 = 2\pi a^3.$$

本题构造辅助曲面，与原曲面一起构成一个封闭的区域，满足高斯公式的使用条件，这种技巧非常常见. 此外，该方法使用时，要注意所构造成的封闭曲面的方向，检验是否符合高斯公式的条件，若不符合，需改变曲面方向.

二、散度

下面继续考虑高斯公式的物理意义. 将高斯公式

$$\iiint\limits_{\Omega}\left(\frac{\partial P}{\partial x}+\frac{\partial Q}{\partial y}+\frac{\partial R}{\partial z}\right)\mathrm{d}V = \oiint\limits_{\Sigma}(P\cos\alpha+Q\cos\beta+R\cos\gamma)\mathrm{d}S$$

改写成向量形式

$$\iiint\limits_{\Omega}\left(\frac{\partial P}{\partial x}+\frac{\partial Q}{\partial y}+\frac{\partial R}{\partial z}\right)\mathrm{d}V = \oiint\limits_{\Sigma}\boldsymbol{F}\cdot\mathrm{d}\boldsymbol{S},$$

其中 $\boldsymbol{F}(x,y,z)=P(x,y,z)\boldsymbol{i}+Q(x,y,z)\boldsymbol{j}+R(x,y,z)\boldsymbol{k}$，$\boldsymbol{e}=(\cos\alpha,\cos\beta,\cos\gamma)$ 是定向曲面 Σ 上点 (x,y,z) 处的单位法向量，$\mathrm{d}\boldsymbol{S}=\boldsymbol{e}\cdot\mathrm{d}S=(\cos\alpha,\cos\beta,\cos\gamma)\mathrm{d}S=(\mathrm{d}y\mathrm{d}z,\mathrm{d}z\mathrm{d}x,\mathrm{d}x\mathrm{d}y)$.

上式的右端可解释为单位时间内离开闭区域 Ω 的流体的总质量，左端可解释为分布在 Ω 内的源头在单位时间内所产生的流体的总质量.

以闭区域 Ω 的体积 V 除上式两端，得

$$\frac{1}{V}\iiint\limits_{\Omega}\left(\frac{\partial P}{\partial x}+\frac{\partial Q}{\partial y}+\frac{\partial R}{\partial z}\right)\mathrm{d}V = \frac{1}{V}\oiint\limits_{\Sigma}\boldsymbol{F}\cdot\mathrm{d}\boldsymbol{S},$$

其左端表示Ω内源头在单位时间单位体积内所产生的流体质量的平均值.

应用积分中值定理，上式左端有

$$\left(\frac{\partial P}{\partial x}+\frac{\partial Q}{\partial y}+\frac{\partial R}{\partial z}\right)\Big|_{(\xi,\eta,\zeta)}=\frac{1}{V}\oiint_{\Sigma}\boldsymbol{F}\cdot\mathrm{d}\boldsymbol{S},$$

这里(ξ,η,ζ)是Ω内的某个点.

令Ω缩向一点$M(x,y,z)$得

$$\frac{\partial P}{\partial x}+\frac{\partial Q}{\partial y}+\frac{\partial R}{\partial z}=\lim_{\Omega\to M}\frac{1}{V}\oiint_{\Sigma}\boldsymbol{F}\cdot\mathrm{d}\boldsymbol{S}.$$

上式左端称为速度场$\boldsymbol{F}$在点$M(x,y,z)$处的散度（divergence），记为$\operatorname{div}\boldsymbol{F}$，即

$$\operatorname{div}\boldsymbol{F}=\frac{\partial P}{\partial x}+\frac{\partial Q}{\partial y}+\frac{\partial R}{\partial z},$$

其左端表示单位时间单位体积内所产生的流体质量.

一般地，设某向量场由$\boldsymbol{F}(x,y,z)=P(x,y,z)\boldsymbol{i}+Q(x,y,z)\boldsymbol{j}+R(x,y,z)\boldsymbol{k}$给出，其中$P$、$Q$、$R$具有一阶连续偏导数，$\Sigma$是场内的一片定向曲面，$\boldsymbol{e}$是$\Sigma$上点$(x,y,z)$处的单位法向量，则$\iint_{\Sigma}\boldsymbol{F}\cdot\mathrm{d}\boldsymbol{S}$叫做向量场$\boldsymbol{F}$通过曲面$\Sigma$向着指定侧的通量（或流量），而$\frac{\partial P}{\partial x}+\frac{\partial Q}{\partial y}+\frac{\partial R}{\partial z}$叫做向量场$\boldsymbol{F}$的散度，记作$\operatorname{div}\boldsymbol{F}$，即

$$\operatorname{div}\boldsymbol{F}=\frac{\partial P}{\partial x}+\frac{\partial Q}{\partial y}+\frac{\partial R}{\partial z}.$$

这样，高斯公式就有另一形式

$$\iiint_{\Omega}\operatorname{div}\boldsymbol{F}\mathrm{d}V=\oiint_{\Sigma}\boldsymbol{F}\cdot\mathrm{d}\boldsymbol{S},$$

其中Σ是空间闭区域Ω的边界曲面.

例 4 求向量场$\boldsymbol{F}=(3z+x^2)\boldsymbol{i}+(2x+y^2)\boldsymbol{j}+(z^2+6y)\boldsymbol{k}$在点$M(2,1,1)$处的散度.

解

$$\operatorname{div}\boldsymbol{F}=\frac{\partial P}{\partial x}+\frac{\partial Q}{\partial y}+\frac{\partial R}{\partial z}=2x+2y+2z$$

$$\operatorname{div}\boldsymbol{F}(2,1,1)=\left(\frac{\partial P}{\partial x}+\frac{\partial Q}{\partial y}+\frac{\partial R}{\partial z}\right)_{(2,1,1)}=(2x+2y+2z)_{(2,1,1)}=8.$$

习　题　10-5

1．利用高斯公式计算下列各题.

（1）$\oiint_{\Sigma}(x^2-yz)\mathrm{d}y\mathrm{d}z+(y^2-zx)\mathrm{d}z\mathrm{d}x+(z^2-xy)\mathrm{d}x\mathrm{d}y$，其中$\Sigma$是三个坐标面与$x=a$、$y=a$、$z=a\ (a>0)$所围成的正方体表面的外侧；

（2）$\oiint_{\Sigma}x^3\mathrm{d}y\mathrm{d}z+y^3\mathrm{d}z\mathrm{d}x+z^3\mathrm{d}x\mathrm{d}y$，其中$\Sigma$是球面$x^2+y^2+z^2=a^2$的外侧；

（3）$\oiint_{\Sigma}y^2\mathrm{d}y\mathrm{d}z+x^2y\mathrm{d}z\mathrm{d}x+y\mathrm{d}x\mathrm{d}y$，其中$\Sigma$是由柱面$x^2+y^2=1$和平面$x=0$、$y=0$、$z=0$、

$z=2$ 所围第一卦限中立体的外侧面．

2．计算曲面积分 $\iint\limits_{\Sigma} zx\mathrm{d}y\mathrm{d}z+x^2y\mathrm{d}z\mathrm{d}x+y^2z\mathrm{d}x\mathrm{d}y$，其中 Σ 是旋转抛物面 $z=x^2+y^2$ $(0\leqslant z\leqslant 1)$ 的外侧．

3．计算：流速为 $v=xyi+yzj+xzk$ 的稳定不可压缩流体在单位时间内流过球面 $x^2+y^2+z^2=1$ 在第一卦限中部分的流量．

4．假设某电场为 $E=2xi+2yj+4zk$，利用高斯公式求出在以原点为中心的立方体内部的全部电通量，该立方体的体积为 8，各边平行于坐标面．

*第六节　斯托克斯（Stokes）公式与旋度

一、斯托克斯公式

格林公式建立了平面区域上的二重积分与其边界曲线上的曲线积分之间的联系，而斯托克斯公式则建立了沿空间曲面 Σ 的曲面积分与沿 Σ 的边界曲线 $\partial\Sigma$ 的曲线积分之间的联系．斯托克斯公式是微积分基本公式在曲面积分情形下的推广，也是格林公式的推广．

1. 右手法则

设定向曲面 Σ 的边界曲线为 $\partial\Sigma$，规定 $\partial\Sigma$ 的正向如下：当人站立于定向曲面 Σ 指定的一侧上，并沿 $\partial\Sigma$ 的这一方向行进时，临近处的 Σ 始终位于他的左方．如此定向的边界曲线 $\partial\Sigma$ 称作定向曲面 Σ 的正向边界曲线，记作 $\partial\Sigma^+$．也就是说，当右手除拇指外的四指依 $\partial\Sigma$ 的绕行方向时，拇指所指的方向与 Σ 上法向量的指向相同．这时称 $\partial\Sigma$ 是定向曲面 Σ 的正向边界曲线．例如，当 Σ 是上半球面 $z=\sqrt{1-x^2-y^2}$ 的上侧时，则 $\partial\Sigma^+$ 是 xOy 平面上逆时针走向的单位圆周 $x^2+y^2=1$．

2. 斯托克斯公式

定理　设 $\partial\Sigma$ 为分段光滑的空间定向闭曲线，Σ 是以 $\partial\Sigma$ 为边界的分片光滑的定向曲面，$\partial\Sigma$ 的正向与 Σ 侧符合右手规则，函数 $P(x,y,z)$、$Q(x,y,z)$、$R(x,y,z)$ 在曲面 Σ（连同边界）上具有一阶连续偏导数，则有

$$\boxed{\iint\limits_{\Sigma}\left(\frac{\partial R}{\partial y}-\frac{\partial Q}{\partial z}\right)\mathrm{d}y\mathrm{d}z+\left(\frac{\partial P}{\partial z}-\frac{\partial R}{\partial x}\right)\mathrm{d}z\mathrm{d}x+\left(\frac{\partial Q}{\partial x}-\frac{\partial P}{\partial y}\right)\mathrm{d}x\mathrm{d}y=\oint_{\partial\Sigma^+}P\mathrm{d}x+Q\mathrm{d}y+R\mathrm{d}z}\tag{1}$$

证　先考虑曲面 Σ 可同时表为以下三种形式

$$\begin{aligned}\Sigma&=\{(x,y,z)\,|\,z=z(x,y),\ (x,y)\in D_{xy}\}\\&=\{(x,y,z)\,|\,y=y(z,x),\ (z,x)\in D_{zx}\}\\&=\{(x,y,z)\,|\,x=x(y,z),\ (y,z)\in D_{yz}\}\end{aligned}$$

的情形，其中 D_{xy}、D_{zx}、D_{yz} 分别为曲面 Σ 在 xOy、zOx、yOz 平面的投影（见图 10-28），这样的曲面称为标准曲面．

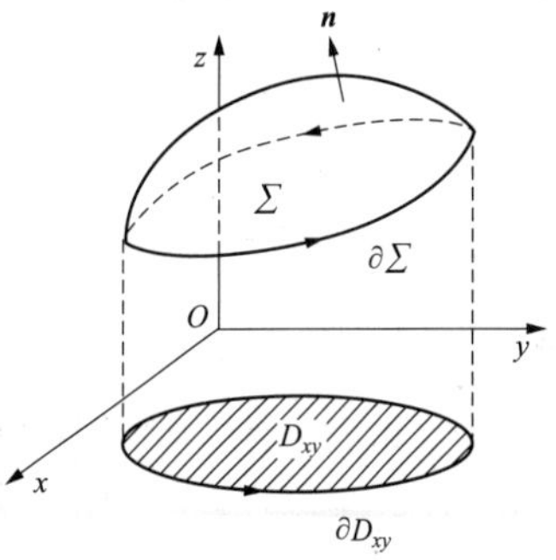

图 10-28

不妨设曲面 Σ 的定向为上侧．利用曲线积分的计算公式，由曲面 Σ 的第一种表示易得

$$\oint_{\partial\Sigma^+}P(x,y,z)\mathrm{d}x=\oint_{\partial D_{xy}}P(x,y,z(x,y))\mathrm{d}x,$$

其中 ∂D_{xy} 为 D_{xy} 的正向边界．再对右端应用格林公式

$$\oint_{\partial\Sigma^+} P(x,y,z)\mathrm{d}x = \iint_{\partial D_{xy}} -\frac{\partial}{\partial y}P(x,y,z(x,y))\mathrm{d}\sigma = -\iint_{D_{xy}}\left(\frac{\partial P}{\partial y}+\frac{\partial P}{\partial z}\cdot\frac{\partial z}{\partial y}\right)\mathrm{d}\sigma,$$

注意到曲面取上侧，则曲面 Σ 的法向量的方向余弦为

$$(\cos\alpha,\cos\beta,\cos\gamma)=\frac{1}{\sqrt{1+\left(\frac{\partial z}{\partial x}\right)^2+\left(\frac{\partial z}{\partial y}\right)^2}}\left(-\frac{\partial z}{\partial x},-\frac{\partial z}{\partial y},1\right),$$

因此 $\frac{\partial z}{\partial y}=-\frac{\cos\beta}{\cos\gamma}$．所以

$$\begin{aligned}\iint_{D_{xy}}\left(\frac{\partial P}{\partial y}+\frac{\partial P}{\partial z}\cdot\frac{\partial z}{\partial y}\right)\mathrm{d}\sigma &= \iint_{\Sigma}\left(\frac{\partial P}{\partial y}+\frac{\partial P}{\partial z}\cdot\frac{\partial z}{\partial y}\right)\mathrm{d}x\mathrm{d}y = \iint_{\Sigma}\left(\frac{\partial P}{\partial y}+\frac{\partial P}{\partial y}\cdot\frac{\partial z}{\partial y}\right)\cos\gamma\mathrm{d}S\\ &= \iint_{\Sigma}\frac{\partial P}{\partial y}\cos\gamma\mathrm{d}S-\iint_{\Sigma}\frac{\partial P}{\partial z}\frac{\cos\beta}{\cos\gamma}\cos\gamma\mathrm{d}S\\ &= \iint_{\Sigma}\frac{\partial P}{\partial y}\cos\gamma\mathrm{d}S-\iint_{\Sigma}\frac{\partial P}{\partial z}\cos\beta\mathrm{d}S=\iint_{\Sigma}\frac{\partial P}{\partial y}\mathrm{d}x\mathrm{d}y-\iint_{\Sigma}\frac{\partial P}{\partial z}\mathrm{d}z\mathrm{d}x.\end{aligned}$$

结合这几式就得

$$\oint_{\partial\Sigma^+} P(x,y,z)\mathrm{d}x = \iint_{\Sigma}\frac{\partial P}{\partial z}\mathrm{d}z\mathrm{d}x-\frac{\partial P}{\partial y}\mathrm{d}x\mathrm{d}y.$$

同理可得

$$\oint_{\partial\Sigma^+} Q(x,y,z)\mathrm{d}y = \iint_{\Sigma}\frac{\partial Q}{\partial x}\mathrm{d}x\mathrm{d}y-\frac{\partial Q}{\partial z}\mathrm{d}y\mathrm{d}z,$$

$$\oint_{\partial\Sigma^+} R(x,y,z)\mathrm{d}z = \iint_{\Sigma}\frac{\partial R}{\partial y}\mathrm{d}y\mathrm{d}z-\frac{\partial R}{\partial x}\mathrm{d}z\mathrm{d}x.$$

三式相加即得到斯托克斯公式．

若曲面 Σ 不是标准曲面，可以构造适当的辅助曲线将曲面 Σ 分割为几个小的标准曲面，这时沿辅助曲线而方向相反的两个曲线积分相加为零，所以定理的结论同样成立．

利用行列式记号，有便于记忆的一种方式：

$$\iint_{\Sigma}\begin{vmatrix}\mathrm{d}y\mathrm{d}z & \mathrm{d}z\mathrm{d}x & \mathrm{d}x\mathrm{d}y\\ \frac{\partial}{\partial x} & \frac{\partial}{\partial y} & \frac{\partial}{\partial z}\\ P & Q & R\end{vmatrix} = \oint_{\partial\Sigma^+} P\mathrm{d}x+Q\mathrm{d}y+R\mathrm{d}z$$

或

$$\iint_{\Sigma}\begin{vmatrix}\cos\alpha & \cos\beta & \cos\gamma\\ \frac{\partial}{\partial x} & \frac{\partial}{\partial y} & \frac{\partial}{\partial z}\\ P & Q & R\end{vmatrix}\mathrm{d}S = \oint_{\partial\Sigma^+} P\mathrm{d}x+Q\mathrm{d}y+R\mathrm{d}z,$$

其中 $\bar{e}=(\cos\alpha,\cos\beta,\cos\gamma)$ 是定向曲面 Σ 的单位法向量.

如果 Σ 是 xOy 平面上的一块平面闭区域，斯托克斯公式就变成格林公式，因此，格林公式是斯托克斯公式的一种特殊情形.

例 1　利用斯托克斯公式计算曲线积分

$$I=\oint_\Gamma (y+z)\mathrm{d}x+(x-z)\mathrm{d}y+(y-x)\mathrm{d}z,$$

其中 Γ 为平面 $x+y+z=1$ 被三个坐标面所截成的三角形的整个边界，其正向与这个三角形上侧的法向量之间符合右手规则.

解　如图 10-29 所示，设 Σ 为闭曲线 Γ 所围成的三角形平面，由于 Σ 的法向量的三个方向余弦都为正，Σ 在 yOz 、zOx 和 xOy 平面上的投影区域分别记为 D_{yz} 、D_{zx} 和 D_{xy}，令 $P=y+z,Q=x-z,R=y-x$，由斯托克斯公式，有

$$I=\iint_\Sigma \begin{vmatrix} \mathrm{d}y\mathrm{d}z & \mathrm{d}z\mathrm{d}x & \mathrm{d}x\mathrm{d}y \\ \dfrac{\partial}{\partial x} & \dfrac{\partial}{\partial y} & \dfrac{\partial}{\partial z} \\ y+z & x-z & y-x \end{vmatrix}=\iint_\Sigma 2\mathrm{d}y\mathrm{d}z+2\mathrm{d}z\mathrm{d}x+0\mathrm{d}x\mathrm{d}y$$

$$=2\iint_{D_{yz}}\mathrm{d}\sigma+2\iint_{D_{zx}}\mathrm{d}\sigma=2\cdot\frac{1}{2}+2\cdot\frac{1}{2}=2.$$

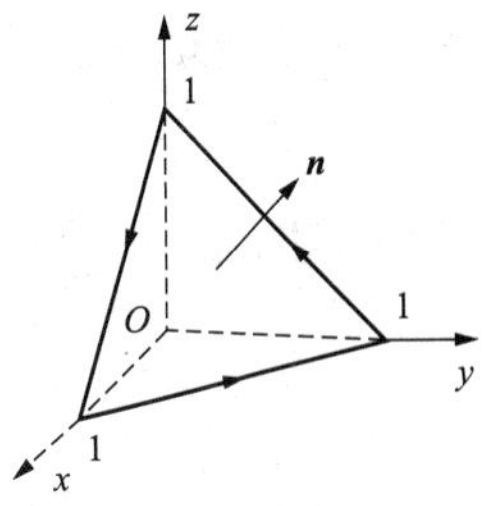

图 10-29

例 2　利用斯托克斯公式计算曲线积分

$$I=\oint_\Gamma (y^2-z^2)\mathrm{d}x+(z^2-x^2)\mathrm{d}y+(x^2-y^2)\mathrm{d}z,$$

其中 Γ 是用平面 $x+y+z=\dfrac{3}{2}$ 截立方体：$0\leqslant x\leqslant 1,0\leqslant y\leqslant 1,0\leqslant z\leqslant 1$ 的表面所得的截痕，若从 z 轴的正向看 Γ 取逆时针方向.

解　如图 10-30 所示，取 Σ 为平面 $x+y+z=\dfrac{3}{2}$ 的上侧被 Γ 所围成的部分，Σ 的单位法向量 $\bar{e}=\dfrac{1}{\sqrt{3}}(1,1,1)$，即 $\cos\alpha=\cos\beta=\cos\gamma=\dfrac{1}{\sqrt{3}}$．按斯托克斯公式，有

$$I=\iint_\Sigma \begin{vmatrix} \dfrac{1}{\sqrt{3}} & \dfrac{1}{\sqrt{3}} & \dfrac{1}{\sqrt{3}} \\ \dfrac{\partial}{\partial x} & \dfrac{\partial}{\partial y} & \dfrac{\partial}{\partial z} \\ y^2-x^2 & z^2-x^2 & x^2-y^2 \end{vmatrix}\mathrm{d}S=-\frac{4}{\sqrt{3}}\iint_\Sigma (x+y+z)\mathrm{d}S$$

$$=-\frac{4}{\sqrt{3}}\cdot\frac{3}{2}\iint_\Sigma \mathrm{d}S=-2\sqrt{3}\iint_{D_{xy}}\sqrt{3}\mathrm{d}x\mathrm{d}y.$$

其中 D_{xy} 为 Σ 在 xOy 平面上的投影区域，于是

$$I=-6\iint_{D_{xy}}\mathrm{d}x\mathrm{d}y=-6\cdot\frac{3}{4}=-\frac{9}{2}.$$

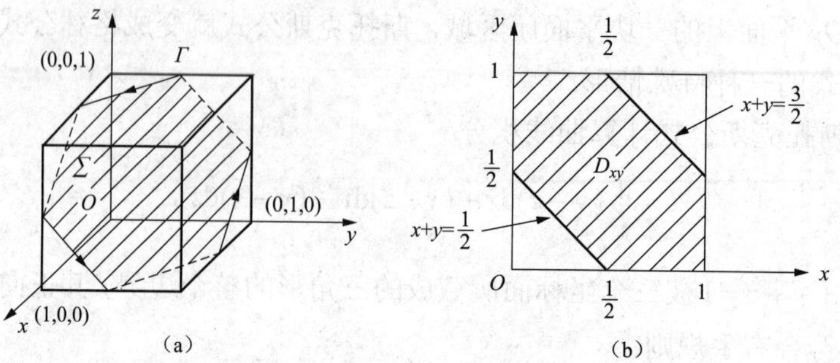

图 10-30

二、旋度

设有向量场

$$\boldsymbol{F}(x,y,z)=P(x,y,z)\boldsymbol{i}+Q(x,y,z)\boldsymbol{j}+R(x,y,z)\boldsymbol{k}$$

其中函数 P、Q、R 均具有一阶连续偏导数，则它所确定的向量场

$$\left(\frac{\partial R}{\partial y}-\frac{\partial Q}{\partial z}\right)\boldsymbol{i}+\left(\frac{\partial P}{\partial z}-\frac{\partial R}{\partial x}\right)\boldsymbol{j}+\left(\frac{\partial Q}{\partial x}-\frac{\partial P}{\partial y}\right)\boldsymbol{k}$$

称为向量场 $\boldsymbol{F}$ 的旋度（rotation），记为 $\operatorname{rot}\boldsymbol{F}$，即

$$\operatorname{rot}\boldsymbol{F}=\left(\frac{\partial R}{\partial y}-\frac{\partial Q}{\partial z}\right)\boldsymbol{i}+\left(\frac{\partial P}{\partial z}-\frac{\partial R}{\partial x}\right)\boldsymbol{j}+\left(\frac{\partial Q}{\partial x}-\frac{\partial P}{\partial y}\right)\boldsymbol{k}.$$

利用行列式，旋度有形式 $\operatorname{rot}\boldsymbol{F}=\begin{vmatrix}\boldsymbol{i} & \boldsymbol{j} & \boldsymbol{k}\\ \dfrac{\partial}{\partial x} & \dfrac{\partial}{\partial y} & \dfrac{\partial}{\partial z}\\ P & Q & R\end{vmatrix}.$

于是，斯托克斯公式又可写作

$$\iint_{\Sigma}\mathbf{rot}\boldsymbol{F}\cdot\mathrm{d}\boldsymbol{S}=\oint_{\Gamma}\boldsymbol{F}\cdot\mathrm{d}\boldsymbol{r},$$

沿定向闭曲线 Γ 的曲线积分

$$\oint_{\Gamma}P\mathrm{d}x+Q\mathrm{d}y+R\mathrm{d}z=\oint_{\Gamma}\boldsymbol{F}\cdot\mathrm{d}\boldsymbol{r}$$

叫做向量场 $\boldsymbol{F}$ 沿定向闭曲线 Γ 的环流量.

上述斯托克斯公式可叙述为：向量场 $\boldsymbol{F}$ 沿定向闭曲线 Γ 的环流量等于向量场 $\boldsymbol{F}$ 的旋度场通过 Γ 所张的曲面 Σ 的通量.

例 3 设有向量场 $\boldsymbol{F}=(y+z)\boldsymbol{i}+(x-z)\boldsymbol{j}+(y-x)\boldsymbol{k}$，求：

（1）向量场 $\boldsymbol{F}$ 的旋度；

（2）向量场 $\boldsymbol{F}$ 沿闭曲线 Γ 的环流量，其中 Γ 为平面 $x+y+z=1$ 被三个坐标面所截成的三角形的整个边界，从 x 轴正向看为逆时针方向.

解 （1）旋度为

$$\mathrm{rot}\boldsymbol{F}=\begin{vmatrix}\boldsymbol{i} & \boldsymbol{j} & \boldsymbol{k}\\ \dfrac{\partial}{\partial x} & \dfrac{\partial}{\partial y} & \dfrac{\partial}{\partial z}\\ y+z & x-z & y-x\end{vmatrix}=2\boldsymbol{i}+2\boldsymbol{j}.$$

（2）设 Σ 为闭曲线 Γ 所围成的三角形平面，环流量为

$$\oint_{\Gamma}(y+z)\mathrm{d}x+(x-z)\mathrm{d}y+(y-x)\mathrm{d}z=\iint_{\Sigma}2\mathrm{d}y\mathrm{d}z+2\mathrm{d}z\mathrm{d}x+0\mathrm{d}x\mathrm{d}y$$

$$=2\iint_{D_{yz}}\mathrm{d}\sigma+2\iint_{D_{zx}}\mathrm{d}\sigma=2\cdot\frac{1}{2}+2\cdot\frac{1}{2}=2.$$

习　题　10-6

1．利用斯托克斯公式计算 $\oint_{\Gamma}y\mathrm{d}x+z\mathrm{d}y+x\mathrm{d}z$ ，其中 Γ 是圆周 $x^2+y^2+z^2=a^2$ 和 $x+y+z=0$，从 x 轴正向看，该圆周取逆时针方向.

2．利用斯托克斯公式计算 $\oint_{\Gamma}2y\mathrm{d}x+3x\mathrm{d}y-z^2\mathrm{d}z$，其中 Γ 是圆周 $x^2+y^2+z^2=9$ 和 $z=0$，从 z 轴正向看，该圆周取逆时针方向.

总　习　题　十

一、填空题

1．设 C 为椭圆 $\dfrac{x^2}{4}+\dfrac{y^2}{3}=1$，其周长为 a，则 $\oint_{C}(2xy+3x^2+4y^2)\mathrm{d}s=$ ________.

2．设 C 为任一条不通过且不包含原点的光滑闭曲线，则 $\oint_{C}\dfrac{x\mathrm{d}y-y\mathrm{d}x}{x^2+y^2}=$ ________.

3．设 $f(x)$ 具有连续导数，C 为任意闭曲线，若 $\oint_{C}x\mathrm{e}^{2y}\mathrm{d}x+f(x)\mathrm{e}^{2y}\mathrm{d}y=0$，则 $f(x)=$ ________.

二、选择题

1．$\oint_{C}(x^2+y^2)^n\mathrm{d}s=$ ________，其中 C 为圆周 $x^2+y^2=a^2$.

（A）$2\pi a^n$　（B）$2\pi a^{n+1}$　（C）$2\pi a^{2n}$　（D）$2\pi a^{2n+1}$

2．设 S 为 $z=2-x^2-y^2$ 在 xOy 平面上方部分的曲面，则 $\iint_{S}\mathrm{d}S=$ ________.

（A）$\int_0^{2\pi}\mathrm{d}\theta\int_0^1\sqrt{1+4r^2}r\mathrm{d}r$　（B）$\int_0^{2\pi}\mathrm{d}\theta\int_0^2\sqrt{1+4r^2}r\mathrm{d}r$

（C）$\int_0^{2\pi}\mathrm{d}\theta\int_0^2(2-r^2)\sqrt{1+4r^2}r\mathrm{d}r$　（D）$\int_0^{2\pi}\mathrm{d}\theta\int_0^{\sqrt{2}}\sqrt{1+4r^2}r\mathrm{d}r$

3．设曲面 S 为 $z=0,|x|\leqslant 1,|y|\leqslant 1$，方向向下，$D$ 为平面区域 $|x|\leqslant 1$、$|y|\leqslant 1$，则 $\iint_{S}\mathrm{d}x\mathrm{d}y=$ ________.

（A）0　　（B）$\iint_D \mathrm{d}x\mathrm{d}y$　　（C）$-\iint_D \mathrm{d}x\mathrm{d}y$　　（D）4

三、计算题

1．计算 $\int_C xy\mathrm{d}s$，其中 C 为圆周 $x^2+y^2=4$ 上点(2,0)与(0,2)之间的 1/4 圆弧．

2．计算 $\oint_C \mathrm{e}^{(x+y)}\mathrm{d}s$，其中 C 为 $O(0,0)$、$A(1,0)$、$B(0,1)$ 为顶点的三角形周界．

3．计算 $\int_C xy\mathrm{d}x+(y-x)\mathrm{d}y$，其中 C 为：

（1）抛物线 $x=y^2$ 上从点 $(0,0)$ 到点 $(1,1)$ 的一段弧；

（2）先沿着直线上从点 $(0,0)$ 到点 $(1,0)$，然后再沿直线到点 $(1,1)$．

4．计算 $\int_C (2a-y)\mathrm{d}x-(a-y)\mathrm{d}y$，其中 C 为摆线 $x=a(t-\sin t)$、$y=a(1-\cos t)$ 从 $t=0$ 到 $t=2\pi$ 的一段弧．

5．利用格林公式计算下列曲线积分．

（1）$\oint_C (2xy-x^2)\mathrm{d}x+(x+y^2)\mathrm{d}y$，其中 C 为抛物线 $y=x^2$、$x=y^2$ 所围成的正向边界曲线；

（2）$\int_C (\mathrm{e}^x\sin y-my)\mathrm{d}x+(\mathrm{e}^x\cos y-m)\mathrm{d}y$，其中 C 为点 $A(a,0)$ 到点 $O(0,0)$ 的上半圆周 $x^2+y^2=ax(a>0)$．

6．验证曲线积分 $\int_{(0,0)}^{(2,3)}(2x\cos y-y^2\sin x)\mathrm{d}x+(2y\cos x-x^2\sin y)\mathrm{d}y$ 与积分路径无关，并求其值．

7．计算曲面积分 $\iint_S z^3\mathrm{d}S$，其中 S 为半球面 $z=\sqrt{a^2-x^2-y^2}$ 在圆锥面 $z=\sqrt{x^2+y^2}$ 内部的部分．

8．计算 $\iint_S x\mathrm{d}y\mathrm{d}z+z\mathrm{d}x\mathrm{d}y$，其中 S 为平面 $x+y+z=1$ 在第一卦限部分的上侧．

9．计算 $\iint_S x^2y^2z\mathrm{d}x\mathrm{d}y$，其中 S 为球面 $x^2+y^2+z^2=R^2$ 的下半部分的下侧．

10．求由锥面 $z=\sqrt{x^2+y^2}$ 被柱面 $z^2=2x$ 所割下部分的面积．

11．设 $\boldsymbol{F}(x,y,z)=z\arctan y^2\boldsymbol{i}+z^3\ln(x^2+1)\boldsymbol{j}+z\boldsymbol{k}$，求 $\boldsymbol{F}$ 通过抛物面 $x^2+y^2+z=2$ 位于平面 $z=1$ 上方的那一块流向上侧的流量．

拓展阅读

格　　林

格林（1793—1841，Green，George）于 1793 年 6 月或 7 月生于英国诺丁汉郡；1841 年 5 月 31 日卒于诺丁汉郡．

1793 年 7 月 14 日，英国诺丁汉郡圣玛丽教堂的命名登记簿上增加了当地面包师 G．格林（Green）与其妻莎拉（Sarah）新生男婴的名字——与父亲同名的乔治·格林的具体生日不详，据命名日估计应在当年6月1日与7月14日之间．格林8岁时曾就读于R．古达克尔（Goodacare）私立学校．

据格林的妹夫W．汤姆林（Tomlin）回忆，格林在校表现出非凡的数学才能．可惜这段学习仅延续了一年左右．

1802年夏天，格林就辍学回家，帮助父亲做工．1807年，格林的父亲在诺丁汉近郊的史奈登（Sneiton）地方买下一座磨坊，从面包师变成了磨坊主．父子二人惨淡经营，家道小康．但格林始终未忘他对数学的爱好，以惊人的毅力坚持白天工作，晚上自学，把磨坊顶楼当作书斋，攻读从本市布朗利（Bromley）图书馆借来的数学书籍．对格林影响最大的是法国数学家P．S．拉普拉斯（Laplace）、J．L．拉格朗日（Lagrange）、S．D．泊松（Poisson）、S．P．拉克鲁阿（Lacroix）等人的著作．通过钻研，格林不仅掌握了纯熟的分析方法，而且能创造性地发展、应用，于1828年完成了他的第一篇也是最重要的论文——《论数学分析在电磁理论中的应用》（An essay on the application of mathematical analysis to the theories of electri-city and magnetism）．这篇论文是靠他的朋友们集资印发的，订阅人中有一位E．F．勃隆黑德（Bromhead）爵士，是林肯郡的贵族，皇家学会会员．勃隆黑德发现了论文作者的数学才能，特地在自己的庄园接见了格林，鼓励他继续研究数学．

与勃隆黑德的结识成为格林一生的转折．勃隆黑德系剑桥大学冈维尔-凯厄斯（Gonville-Caius）学院出身，同时又是剑桥分析学会的创始人之一．他建议格林到剑桥深造．1829年1月，格林的父亲去世，格林获得了一笔遗产和重新选择职业的自由，遂将磨坊变卖，全力以赴为进入剑桥大学作准备．这期间他又完成了三篇论文——《关于与电流相似的流体平衡定律的数学研究及其他类似研究》（Mathematical investigations concerning the laws of the equilibrium of fluids analogous to the electric fluid with other similar research，1832.11）、《论变密度椭球体外部与内部引力的计算》（On the determination of the exterior and interior attractions of ellipsoids of variable densities，1833.5）和《流体介质中摆的振动研究》（Researches on the vibration of pendulums in fluid media，1833.12），均由勃隆黑德爵士推荐发表．1833年10月，年已40的格林终于跨进了剑桥大学的大门，成为冈维尔-凯厄斯学院的自费生．经过4年艰苦的学习，1837年获剑桥数学荣誉考试（Mathematical Tripo）一等第四名，翌年获学士学位，1839年当选为冈维尔-凯厄斯学院院委．正当一条更加宽广的科学道路在格林面前豁然展现之时，这位磨坊工出身的数学家却因积劳成疾，不得不回家乡休养，于1841年5月31日在诺丁汉病故．

格林生前长期与磨坊领班W．史密斯（Smith）的女儿简（Jane）同居，但始终未正式结婚．最初可能是由于他父亲反对这门婚事，后来则因剑桥冈维尔-凯厄斯学院院委资格只授予单身汉，格林为了事业只好放弃正式结婚的打算．格林去世后，简被承认为其合法遗孀，人们都称她为“格林夫人”，他们生有两个儿子、五个女儿．

格林短促的一生，共发表过10篇数学论文，这些原始著作数量不大，却包含了影响19世纪数学物理发展的宝贵思想．

大数学家高斯

约翰·卡尔·弗里德里希·高斯（Johann Carl Friedrich Gauss，1777—1855）德国著名数

学家、物理学家、天文学家、大地测量学家，是近代数学奠基者之一，高斯被认为是历史上最重要的数学家之一，并享有“数学王子”之称. 高斯和阿基米德、牛顿并列为世界三大数学家，一生成就极为丰硕，以他名字“高斯”命名的成果达110个，属数学家中之最. 他对数论、代数、统计、分析、微分几何、大地测量学、地球物理学、力学、静电学、天文学、矩阵理论和光学皆有贡献.

高斯是一对贫穷普鲁士犹太人夫妇的唯一的儿子. 母亲是一个贫穷石匠的女儿，虽然十分聪明，但却没有接受过教育. 在她成为高斯父亲的第二个妻子之前，她从事女佣工作. 他的父亲曾做过园丁、工头、商人的助手和一个小保险公司的评估师. 父亲格尔恰尔德·迪德里赫对高斯要求极为严厉，甚至有些过分. 高斯尊重他的父亲，并且秉承了其父诚实、谨慎的性格.

高斯对自己的工作态度是精益求精，非常严格地要求自己的研究成果. 他自己曾说：宁可发表少，但发表的东西是成熟的成果. 许多当代的数学家要求他，不要太认真，把结果写出来发表，这对数学的发展是很有帮助的.

其中一个有名的例子是关于非欧几何的发展. 非欧几何的开山祖师有三人，高斯、洛巴切夫斯基、波尔约. 其中波尔约的父亲是高斯大学的同学，他曾想试着证明平行公理，虽然父亲反对他继续从事这种看起来毫无希望的研究，小波尔约还是沉溺于平行公理. 最后发展出了非欧几何，并且在1832～1833年发表了研究结果，老波尔约把儿子的成果寄给老同学高斯，想不到高斯却回信道：我无法夸赞他，因为夸赞他就等于夸奖我自己. 早在几十年前，高斯就已经得到了相同的结果，只是怕不能为世人所接受而没有公布而已. 阿贝尔和雅可比可以从高斯所停留的地方开始工作，而不是把他们最好的努力花在发现高斯早在他们出生时就知道的东西. 而那些非欧几何学的创造者，可以把他们的天才用到其他方面去.

他越来越多的学生成为有影响的数学家，如后来闻名于世的戴德金和黎曼.

高斯对代数学的重要贡献是证明了代数基本定理，他的存在性证明开创了数学研究的新途径. 事实上在高斯之前有许多数学家认为已给出了这个结果的证明，可是没有一个证明是严密的. 高斯把前人证明的缺失一一指出来，然后提出自己的见解，他一生中一共给出了四个不同的证明. 高斯在1816年左右就得到非欧几何的原理. 他还深入研究复变函数，建立了一些基本概念发现了著名的柯西积分定理. 他还发现椭圆函数的双周期性，但这些工作在他生前都没发表出来.

在物理学方面高斯最引人注目的成就是在1833年和物理学家韦伯发明了有线电报，这使高斯的声望超出了学术圈而进入公众社会. 除此以外，高斯在力学、测地学、水工学、电动学、磁学和光学等方面均有杰出的贡献.

高斯的数学研究几乎遍及所有领域，在数论、代数学、非欧几何、复变函数和微分几何等方面都做出了开创性的贡献. 他还把数学应用于天文学、大地测量学和磁学的研究，发明了最小二乘法原理. 高斯一生共发表155篇论文，他对待学问十分严谨，只是把他自己认为是十分成熟的作品发表出来.

斯 托 克 斯

斯托克斯（George GabrielStokes，1819—1903），英国数学家、物理学家，于 1819 年 8 月 13 日生于爱尔兰的一个小镇，1903 年 2 月 1 日 6 卒于英国剑桥. 斯托克斯是六兄妹中最小的一个，从小就非常有教养. 他的父亲是一个有知识的人，注重拓宽孩子们的知识面，如教他们学习拉丁语等. 1832 年，斯托克斯进入都柝林学校学习. 学习期间，他的父亲因病去世，他只能寄居在叔叔家中，而不能像别的孩子那样寄宿，因为家庭已负担不起他的生活开支.

1835 年，16 岁的斯托克斯来到英格兰，在布里斯托尔学院求学. 1837～1841 年，在彭布罗克（Pembroke）学院学习，毕业时，以在数学方面优异的成绩获得了史密斯奖学金（他是获得此奖学金的第一人）. 此后，他在别人的指导下着手流体动力学方面的研究工作. 1842～1843 年期间斯托克斯发表了题为《不可压缩流体运动》的论文. 使他成为一名数学家的最重要的转折点也许是 1846 年他所作的《关于流体动力学的研究》的报告. 1849 年，斯托克斯被聘任为剑桥大学的数学教授，同时获得剑桥大学卢卡斯数学教授席位（Lucasian Chair of Mathematics），并任卢卡斯教授长达 50 年，1851 年当选皇家学会会员，1854 年被推选到英国皇家学会工作，1852 年获皇家会 Rumford 奖. 1854～1885 年，他一直担任皇家学会的秘书. 此期间的 1857 年他和一位天文学家的女儿结婚. 1886～1890 年当选为皇家学会的主席，同时在 1886 年当选为维多利亚学院的院长直至 1903 年去世. 斯托克斯为继牛顿之后任卢卡斯数学教授席位、皇家学会书记、皇家学会会长这三项职务的第二个人.

斯托克斯的研究是建立在剑桥大学前一辈科学家的研究成果之上的，对他有重要影响的科学家包括拉格朗日、拉普拉斯、傅里叶、泊松和柯西等人.

斯托克斯在对光学和流体动力学进行研究时，推导出了在曲线积分中最有名的被后人称为“斯托斯公式”的定理. 直至现代，此定理在数学、物理学等方面都有着重要而深刻的影响.

斯托克斯的主要贡献是对黏性流体运动规律的研究. 纳维从分子假设出发，将 L. 欧拉关于流体运动方程推广，1821 年获得带有一个反映黏性的常数的运动方程. 1845 年，斯托克斯从改用连续系统的力学模型和牛顿关于黏性流体的物理规律出发，在《论运动中流体的内摩擦理论和弹性体平衡和运动的理论》（On the theories of the internal friction of fluids motion，and of the equilibrium and motion of elastic solids）中给出黏性流体运动的基本方程组，其中含有两个常数. 这组方程后称纳维-斯托克斯方程，它是流体力学中最基本的方程组. 斯托克斯还研究过不满足牛顿黏性规律的流体的运动，但这种“非牛顿”的理论直到 20 世纪 40 年代才得到重视和发展. 1851 年，斯托克斯在《流体内摩擦对摆运动的影响》（On the effect of internal friction of fluids on the motion of pendulums）的研究报告中提出球体在黏性流体中做较慢运动时受到的阻力的计算公式，指明阻力与流速和黏滞系数成比例，这是关于阻力的斯托斯公式. 斯托克斯发现流体表面波的非线性特征，其波速依赖于波幅，并首次用摄动方法处理了非线性波问题（1847）.

斯托克斯对弹性力学也有研究，他指出各向同性弹性体中存在两种基本抗力，即体积压缩的抗力和对剪切的抗力，明确引入压缩刚度的剪切刚度（1845），证明弹性纵波是无旋容胀波，弹性横波是等容畸变波（1849）.

斯托克斯在数学方面以场论中关于线积分和面积分之间的一个转换公式（斯托克斯公式）而闻名. 该公式是他于1854年为史密斯奖试卷所写的考题. 斯托克斯在物理学方面的成就有用荧光研究紫外线、利用测量地球表面的重力变化来测地形（1849）、对太阳光谱中的暗线（即夫琅和费线）作出解释等.

斯托克斯的数学和物理论文汇编成集，共5卷. 此外，还著有《论光》（On Light，1887）和《自然神学》（Natural Theology，1891）等书.

第十一章　无　穷　级　数

[本章导读]

无穷级数是逼近理论中的重要内容之一，也是微积分学的重要组成部分，它是表示函数、研究函数的性质及进行数值计算的一种非常有用的数学工具.

无穷级数的中心内容是收敛性理论. 无穷级数从形式上看，是“有限多项相加”向“无限多项相加”的推广，但两者有实质性的差别. 无穷级数的和是一个极限，从而产生了收敛和发散的问题. 加法运算中的交换律、结合律，加法、乘法运算间的分配律及和函数的性质（如连续函数的和仍连续，可导函数的和仍可导）都不能无条件地照搬到无穷级数中来，而必须在一定条件下才能成立. 这是在学习级数理论时要充分注意的.

本章内容由三部分组成，即常数项级数、泰勒级数（一类重要的幂级数）和傅里叶级数（一类重要的三角级数）. 后两者都是函数项级数. 本章前几节主要讨论常数项级数的概念、性质和收敛性判别法，以此作为基础，在后几节研究泰勒级数与傅里叶级数，介绍把函数展开成泰勒级数与傅里叶级数的条件与方法，以及泰勒级数和傅里叶级数在函数逼近中的重要应用.

第一节　数项级数的概念与基本性质

一、数项级数及其敛散性

如果给定一数列 $u_1,u_2,u_3,\cdots,u_n,\cdots$，将它的项依次用加号连接起来，构成的表达式

$$u_1+u_2+u_3+\cdots+u_n+\cdots \tag{1}$$

称和式（1）为数项级数（或无穷级数），简称级数（series），记作 $\sum\limits_{n=1}^{\infty}u_n$，即

$$\sum_{n=1}^{\infty}u_n=u_1+u_2+u_3+\cdots+u_n+\cdots,$$

其中 $u_1,u_2,\cdots,u_n,\cdots$ 称为级数的项，第 n 项 u_n 称为级数的通项或一般项（general term）.

从形式上看，数项级数是无穷多项之和，并且每一项都是一个数，那么如何来确定无穷多项的和呢？

定义 1　设有级数 $\sum\limits_{n=1}^{\infty}u_n$，则有限和

$$s_n=u_1+u_2+\cdots+u_n=\sum_{k=1}^{n}u_k,n=1,2,\cdots$$

称为级数 $\sum\limits_{n=1}^{\infty}u_n$ 的前 n 项部分和，简称部分和（partial sum）.

当 n 依次取 $1, 2, 3, \cdots$ 时，可得到一个数列 $\{s_n\}$，称数列 $\{s_n\}$ 为级数的部分和数列．给定一个级数 $\sum_{n=1}^{\infty} u_n$，就确定唯一一个部分和数列 $\{s_n\}$，其中 $s_n = \sum_{k=1}^{n} u_k$．根据级数部分和数列的敛散性，下面给出级数收敛和发散的概念．

定义 2 设级数 $\sum_{n=1}^{\infty} u_n$ 的部分和数列为 $\{s_n\}$．

（1）如果 $\lim_{n\to\infty} s_n = s$（有限数），则称级数 $\sum_{n=1}^{\infty} u_n$ 收敛，s 称为级数的和，记为 $\sum_{n=1}^{\infty} u_n = s$；

（2）如果 $\lim_{n\to\infty} s_n$ 不存在，则称级数 $\sum_{n=1}^{\infty} u_n$ 发散．

由定义可知，级数的敛散性由它的部分和数列的敛散性完全确定．由于无穷级数在形式上是有限项和的推广，所以它具有明显的直观性．

定义 3 设级数 $\sum_{n=1}^{\infty} u_n = s$，其前 n 项部分和是 s_n，则

$$r_n = s - s_n = u_{n+1} + u_{n+2} + \cdots = \sum_{k=n+1}^{\infty} u_k$$

称为级数 $\sum_{n=1}^{\infty} u_n$ 的 n 项余和，简称余和．数列 $\{r_n\}$ 称为该级数的余和数列．

显然，有

$$\lim_{n\to\infty} r_n = \lim_{n\to\infty}(s - s_n) = 0 .$$

例 1 证明级数

$$\frac{1}{1\times 4} + \frac{1}{4\times 7} + \cdots + \frac{1}{(3n-2)(3n+1)} + \cdots$$

收敛，并求其和．

证 由于

$$u_n = \frac{1}{(3n-2)(3n+1)} = \frac{1}{3}\left(\frac{1}{3n-2} - \frac{1}{3n+1}\right),$$

因此

$$\begin{aligned} s_n &= \frac{1}{1\times 4} + \frac{1}{4\times 7} + \cdots + \frac{1}{(3n-2)(3n+1)} \\ &= \frac{1}{3}\left[\left(1 - \frac{1}{4}\right) + \left(\frac{1}{4} - \frac{1}{7}\right) + \cdots + \left(\frac{1}{3n-2} - \frac{1}{3n+1}\right)\right] \\ &= \frac{1}{3}\left(1 - \frac{1}{3n+1}\right). \end{aligned}$$

于是

$$\lim_{n\to\infty} s_n = \lim_{n\to\infty} \frac{1}{3}\left(1 - \frac{1}{3n+1}\right) = \frac{1}{3} .$$

故所给级数收敛，其和是$\frac{1}{3}$.

例 2 讨论几何级数（或等比级数 geometric series）

$$\sum_{n=1}^{\infty} aq^{n-1} = a + aq + aq^2 + \cdots + aq^{n-1} + \cdots$$

的敛散性，其中$a \neq 0$.

解 （1）当$|q| < 1$时

$$s_n = a + aq + aq^2 + \cdots + aq^{n-1} = \frac{a(1-q^n)}{1-q}.$$

由于

$$\lim_{n\to\infty} s_n = \lim_{n\to\infty} \frac{a(1-q^n)}{1-q} = \frac{a}{1-q},$$

所以，此时级数收敛，其和为$\frac{a}{1-q}$.

（2）当$|q| > 1$时，$s_n = \frac{a(1-q^n)}{1-q}$. 而

$$\lim_{n\to\infty} s_n = \lim_{n\to\infty} \frac{a(1-q^n)}{1-q} = \infty,$$

所以，此时级数发散.

（3）当$|q| = 1$时，如果$q = 1$，则

$$s_n = na,$$

$$\lim_{n\to\infty} s_n = \lim_{n\to\infty} na = \begin{cases} +\infty, a > 0 \\ -\infty, a < 0 \end{cases}.$$

如果$q = -1$，则级数的部分和数列为$a, 0, a, 0, \cdots$，$\lim\limits_{n\to\infty} s_n$不存在. 所以，当$|q| = 1$时级数发散.

综上所述，当$|q| < 1$时，级数$\sum\limits_{n=1}^{\infty} aq^{n-1}$收敛，其和为$\frac{a}{1-q}$；当$|q| \geqslant 1$时，级数$\sum\limits_{n=1}^{\infty} aq^{n-1}$发散.

例 3 证明调和级数（harmonic series）

$$\sum_{n=1}^{\infty} \frac{1}{n} = 1 + \frac{1}{2} + \frac{1}{3} + \cdots + \frac{1}{n} + \cdots$$

发散.

证 由于当$x > 0$时，有$x > \ln(1+x)$. 于是有

$$\frac{1}{n} > \ln\left(1 + \frac{1}{n}\right),$$

因此

$$\begin{aligned} s_n &= 1 + \frac{1}{2} + \frac{1}{3} + \cdots + \frac{1}{n} \\ &> \ln(1+1) + \ln\left(1 + \frac{1}{2}\right) + \ln\left(1 + \frac{1}{3}\right) + \cdots + \ln\left(1 + \frac{1}{n}\right) \end{aligned}$$

$$=\ln\left(2\cdot\frac{3}{2}\cdot\frac{4}{3}\cdot\cdots\cdot\frac{n+1}{n}\right)=\ln(n+1),$$

从而 $\lim\limits_{n\to\infty}s_n=+\infty$，故调和级数发散.

二、收敛级数的基本性质

性质 1（收敛的必要条件） **如果级数 $\sum\limits_{n=1}^{\infty}u_n$ 收敛，则 $\lim\limits_{n\to\infty}u_n=0$.**

证 设 $\sum\limits_{n=1}^{\infty}u_n=s$，其部分和数列为 $\{s_n\}$，则

$$\lim_{n\to\infty}s_n=s,\quad \lim_{n\to\infty}s_{n-1}=s.$$

于是

$$\lim_{n\to\infty}u_n=\lim_{n\to\infty}(s_n-s_{n-1})=\lim_{n\to\infty}s_n-\lim_{n\to\infty}s_{n-1}=s-s=0.$$

注意： $\lim\limits_{n\to\infty}u_n=0$ 仅是级数 $\sum\limits_{n=1}^{\infty}u_n$ 收敛的必要条件，而不是充分条件，即 $\lim\limits_{n\to\infty}u_n=0$ 不能保证级数 $\sum\limits_{n=1}^{\infty}u_n$ 收敛．例如，调和级数 $\sum\limits_{n=1}^{\infty}\frac{1}{n}$，显然，$\lim\limits_{n\to\infty}u_n=\lim\limits_{n\to\infty}\frac{1}{n}=0$，但由例 3 知调和级数发散.

根据性质 1 可知，如果 $\lim\limits_{n\to\infty}u_n\neq 0$，则级数 $\sum\limits_{n=1}^{\infty}u_n$ 发散．由此给出判别某些发散级数的一个简易判别法．例如，级数 $\sum\limits_{n=1}^{\infty}\mathrm{e}^{\frac{1}{n}}$，由于 $\lim\limits_{n\to\infty}\mathrm{e}^{\frac{1}{n}}=1\neq 0$，因此该级数是发散的.

判断一个级数的敛散性时，应该首先考察当 $n\to\infty$ 时，这个级数的一般项 u_n 是否趋于零，如果 u_n 不趋于零，那么立即可以断言该级数是发散的.

性质 2 **如果级数 $\sum\limits_{n=1}^{\infty}u_n=s$，$c$ 为任一常数，则级数 $\sum\limits_{n=1}^{\infty}cu_n$ 也收敛，且其和为 cs.**

证 设级数 $\sum\limits_{n=1}^{\infty}u_n$ 与 $\sum\limits_{n=1}^{\infty}cu_n$ 的部分和分别为 s_n 与 σ_n，则

$$\sigma_n=\sum_{n=1}^{\infty}cu_k=c\sum_{n=1}^{\infty}u_k=cs_n.$$

而

$$\lim_{n\to\infty}s_n=s,$$

从而有

$$\lim_{n\to\infty}\sigma_n=\lim_{n\to\infty}cs_n=cs.$$

故级数 $\sum\limits_{n=1}^{\infty}cu_n$ 收敛，且其和为 cs.

性质 2 表明，收敛级数满足数的分配律.

由关系式 $\sigma_n=cs_n$ 可知，如果 $\{s_n\}$ 发散且 $c\neq 0$，那么 $\{\sigma_n\}$ 也不可能收敛．因此，级数的每一项同乘一个不为零的常数后，它的敛散性不会改变.

性质 3　如果级数$\sum\limits_{n=1}^{\infty}u_n=s$，$\sum\limits_{n=1}^{\infty}v_n=\sigma$，则级数$\sum\limits_{n=1}^{\infty}(u_n\pm v_n)$也收敛，且其和为$s\pm\sigma$.

证　设级数$\sum\limits_{n=1}^{\infty}u_n$、$\sum\limits_{n=1}^{\infty}v_n$与$\sum\limits_{n=1}^{\infty}(u_n\pm v_n)$的部分和分别是$a_n$、$b_n$与$c_n$，则

$$c_n=\sum_{n=1}^{\infty}(u_k\pm v_k)=\sum_{n=1}^{\infty}u_k\pm\sum_{n=1}^{\infty}v_k=a_n\pm b_n .$$

又

$$\lim_{n\to\infty}a_n=s,\quad \lim_{n\to\infty}b_n=\sigma,$$

从而

$$\lim_{n\to\infty}c_n=\lim_{n\to\infty}(a_n\pm b_n)=s\pm\sigma .$$

故级数$\sum\limits_{n=1}^{\infty}(u_n\pm v_n)$收敛，其和为$s\pm\sigma$.

结合性质 2 和性质 3 可得：

设级数$\sum\limits_{n=1}^{\infty}u_n=s$、$\sum\limits_{n=1}^{\infty}v_n=\sigma$，又$\alpha$、$\beta$是两个常数，则

$$\sum_{n=1}^{\infty}(\alpha u_n\pm\beta v_n)=\alpha s+\beta\sigma .$$

这也称为收敛级数的线性性质.

性质 4　如果去掉、增添或改变一个级数的有限项，则不改变该级数的敛散性.

证　因为改变一个级数的有限项，可以归结为在级数的前面部分先去掉有限项，然后再增添有限项. 所以仅需证明在级数的前面部分去掉或增添有限项，不会改变级数的敛散性.

设在级数

$$u_1+u_2+\cdots+u_n+\cdots \tag{2}$$

的前面增添m项，得级数

$$v_1+v_2+\cdots+v_m+u_1+u_2+\cdots+u_n+\cdots, \tag{3}$$

记

$$a=v_1+v_2+\cdots+v_m .$$

设级数（2）与级数（3）的部分和分别为s_n和σ_n，则

$$\sigma_{m+n}=v_1+v_2+\cdots+v_m+u_1+u_2+\cdots+u_n=a+s_n .$$

由此可知，数列$\{s_n\}$与$\{\sigma_{m+n}\}$有相同的敛散性. 因此，级数（2）与级数（3）同时收敛或发散.

类似地，可以证明将级数的前面去掉有限项，不会改变级数的敛散性.

性质 5　如果级数$\sum\limits_{n=1}^{\infty}u_n$收敛，其和是$s$，则不改变级数各项的位置，对其项任意加括号后所成新级数

$$(u_1+\cdots+u_{n_1})+(u_{n_1+1}+\cdots+u_{n_2})+\cdots+(u_{n_{k-1}+1}+\cdots+u_{n_k})+\cdots \tag{4}$$

也收敛，其和也是s.

证 设级数 $\sum_{n=1}^{\infty}u_n$ 的前 n 项部分和为 s_n，级数（4）的前 k 项部分和为 p_k，则

$$\begin{aligned}p_k&=(u_1+\cdots+u_{n_1})+(u_{n_1+1}+\cdots+u_{n_2})+\cdots+(u_{n_{k-1}+1}+\cdots+u_{n_k})\\&=u_1+\cdots+u_{n_1}+u_{n_1+1}+\cdots+u_{n_2}+\cdots+u_{n_{k-1}+1}+\cdots+u_{n_k}=s_{n_k}.\end{aligned}$$

显然，$\{p_k\}$ 是 $\{s_n\}$ 的子数列 $\{s_{n_k}\}$．因为

$$\lim_{n\to\infty}s_n=s,$$

所以

$$\lim_{k\to\infty}p_k=\lim_{k\to\infty}s_{n_k}=s.$$

故新级数（4）收敛，其和为 s．

性质 5 表明，收敛级数满足结合律，即收敛级数可以加括号．注意：一般地收敛级数不可去括号，即收敛级数去括号后可能发散．换句话说，加括号后级数收敛，原级数未必收敛（因为加括号后所得级数的部分和数列是原级数部分和数列的一个子列，而一个数列的某个子列收敛并不能保证数列本身收敛）．例如，级数

$$(1-1)+(1-1)+\cdots+(1-1)\cdots=0,$$

但去括号后得发散级数

$$1-1+1-1+\cdots.$$

由性质 5 可得出结论：任给一级数，如果加括号后所得级数发散，则原级数发散．

例 4 求级数 $\sum_{n=1}^{\infty}\frac{5^{n-1}+4^{n+1}}{3^{2n}}$ 的和．

解 由于

$$\sum_{n=1}^{\infty}\frac{5^{n-1}+4^{n+1}}{3^{2n}}=\sum_{n=1}^{\infty}\left[\frac{1}{5}\left(\frac{5}{9}\right)^n+4\left(\frac{4}{9}\right)^n\right],$$

而几何级数 $\sum_{n=1}^{\infty}\left(\frac{5}{9}\right)^n$ 与 $\sum_{n=1}^{\infty}\left(\frac{4}{9}\right)^n$ 都收敛，根据收敛级数的线性性质，级数 $\sum_{n=1}^{\infty}\frac{5^{n-1}+4^{n+1}}{3^{2n}}$ 收敛，且

$$\sum_{n=1}^{\infty}\frac{5^{n-1}+4^{n+1}}{3^{2n}}=\frac{1}{5}\sum_{n=1}^{\infty}\left(\frac{5}{9}\right)^n+4\sum_{n=1}^{\infty}\left(\frac{4}{9}\right)^n=\frac{1}{5}\cdot\frac{\frac{5}{9}}{1-\frac{5}{9}}+4\cdot\frac{\frac{4}{9}}{1-\frac{4}{9}}=\frac{69}{20}.$$

例 5 证明，如果级数 $\sum_{n=1}^{\infty}u_n$ 收敛，则级数 $\sum_{n=1}^{\infty}(u_n+u_{n+1})$ 也收敛．

证 由于级数 $\sum_{n=1}^{\infty}u_n$ 收敛，根据性质 4，级数 $\sum_{n=1}^{\infty}u_{n+1}$ 也收敛．再由性质 3 可知，级数 $\sum_{n=1}^{\infty}(u_n+u_{n+1})$ 收敛．

例 6 证明级数

$$\frac{1}{\sqrt{2}-1}-\frac{1}{\sqrt{2}+1}+\cdots+\frac{1}{\sqrt{n}-1}-\frac{1}{\sqrt{n}+1}+\cdots$$

发散.

证 加括号得级数

$$\left(\frac{1}{\sqrt{2}-1}-\frac{1}{\sqrt{2}+1}\right)+\cdots+\left(\frac{1}{\sqrt{n}-1}-\frac{1}{\sqrt{n}+1}\right)+\cdots$$

$$=\frac{2}{1}+\frac{2}{2}+\cdots+\frac{2}{n-1}+\frac{2}{n}+\cdots=\sum_{n=1}^{\infty}\frac{2}{n},$$

而级数 $\sum_{n=1}^{\infty}\frac{2}{n}$ 发散，所以原级数发散.

习 题 11-1

1．根据级数收敛与发散的定义判别下列级数的敛散性．如果收敛，求出级数的和．

（1）$\sum_{n=1}^{\infty}\frac{1}{n(n+2)}$； （2）$\sum_{n=1}^{\infty}\ln\frac{n}{n+1}$； （3）$\sum_{n=1}^{\infty}\frac{1}{4n^2-1}$；

（4）$\sum_{n=1}^{\infty}\frac{n}{2^n}$； （5）$\sum_{n=1}^{\infty}(\sqrt{n+2}-2\sqrt{n+1}+\sqrt{n})$．

2．根据级数的性质判别下列级数的敛散性，并求出其中收敛级数的和．

（1）$\sum_{n=1}^{\infty}\frac{2n}{3n+1}$； （2）$\sum_{n=1}^{\infty}\frac{1}{\sqrt[n]{n}}$； （3）$\sum_{n=1}^{\infty}\frac{1}{5n}$；

（4）$\sum_{n=1}^{\infty}\left(\frac{1}{2^n}-\frac{1}{3^n}\right)$； （5）$\sum_{n=1}^{\infty}\frac{3+(-1)^n}{2^n}$．

3．证明：如果级数 $\sum_{n=1}^{\infty}a_n$ 收敛，级数 $\sum_{n=1}^{\infty}b_n$ 发散，则级数 $\sum_{n=1}^{\infty}(a_n+b_n)$ 发散．

第二节 正项级数的审敛法

任给一级数，首先关心的问题是它的收敛性，即如何来具体判断它是否收敛；其次关心的问题是在收敛的情况下，如何求出级数的和．对于任意级数，这两个问题都不是容易解决的．但是对于特殊的级数类，比较容易解决上述第一个问题．

定义 设有级数 $\sum_{n=1}^{\infty}u_n$，如果级数的每一项都是非负实数，即

$$u_n\geqslant 0, n=1,2,3,\cdots,$$

则称此级数是正项级数（series of positive terms）；如果级数的每一项都是非正实数，即

$$u_n\leqslant 0, n=1,2,3,\cdots,$$

则称此级数是负项级数.

正项级数与负项级数统称为同号级数.

显然，如果级数 $\sum_{n=1}^{\infty}u_n$ 是负项级数，将它的每一项乘以 -1，则级数 $\sum_{n=1}^{\infty}(-u_n)$ 就是正项级数．又负项级数 $\sum_{n=1}^{\infty}u_n$ 与相应的正项级数 $\sum_{n=1}^{\infty}(-u_n)$ 具有相同的敛散性．于是，研究负项级数的

敛散性就可以归结为研究正项级数的敛散性．因此，研究同号级数的敛散性，只需研究正项级数的情形即可．

设级数$\sum_{n=1}^{\infty}u_n$是正项级数，它的部分和数列为$\{s_n\}$．因为$u_n \geqslant 0, n=1,2,3,\cdots$，所以

$$s_n = u_1 + u_2 + \cdots + u_n \leqslant u_1 + u_2 + \cdots + u_n + u_{n+1} = s_{n+1} \quad (n=1,2,\cdots),$$

即数列$\{s_n\}$单调增加：$s_1 \leqslant s_2 \leqslant \cdots \leqslant s_n \leqslant \cdots$．

已知单调有界数列必存在极限，所以如果数列$\{s_n\}$有上界，则部分和数列$\{s_n\}$一定收敛；反之，如果数列$\{s_n\}$收敛，则$\{s_n\}$必有上界．于是有如下定理．

定理 1（正项级数的收敛原理）　正项级数$\sum_{n=1}^{\infty}u_n$收敛的充分必要条件是：它的部分和数列$\{s_n\}$有上界．

该定理是后面建立正项级数审敛法的理论基础．从应用上说，定理 1 给判断正项级数的敛散性带来一定的方便．因为利用级数收敛的定义来判断它的收敛性，就是要求它的部分和数列$\{s_n\}$的极限．首先遇到的问题是计算级数的部分和，一般来说，计算部分和是比较困难的．而利用这个定理，对于正项级数就可将求部分和数列$\{s_n\}$的极限问题转化为估计$\{s_n\}$有无上界的问题，这时就可以用适当放大或缩小的方法来解决．

在定理 1 的基础上，可得到判别正项级数敛散性的一个基本的审敛法．

定理 2（比较审敛法）　设$\sum_{n=1}^{\infty}u_n$与$\sum_{n=1}^{\infty}v_n$是两个正项级数，且存在正常数c，使

$$u_n \leqslant cv_n, \quad n=1,2,3,\cdots.$$

（1）如果级数$\sum_{n=1}^{\infty}v_n$收敛，则级数$\sum_{n=1}^{\infty}u_n$也收敛；

（2）如果级数$\sum_{n=1}^{\infty}u_n$发散，则级数$\sum_{n=1}^{\infty}v_n$也发散．

证　设级数$\sum_{n=1}^{\infty}u_n$与$\sum_{n=1}^{\infty}v_n$的部分和数列分别是$\{s_n\}$和$\{\sigma_n\}$，则

$$s_n \leqslant c\sigma_n, \quad n=1,2,3,\cdots.$$

根据正项级数的收敛原理：

（1）如果级数$\sum_{n=1}^{\infty}v_n$收敛，则$\{\sigma_n\}$有上界，所以$\{s_n\}$有上界，故级数$\sum_{n=1}^{\infty}u_n$收敛；

（2）如果级数$\sum_{n=1}^{\infty}u_n$发散，则$\{s_n\}$无上界，从而$\{\sigma_n\}$也无上界，故级数$\sum_{n=1}^{\infty}v_n$发散．

因为去掉、增添或改变一个级数的有限项，不会改变该级数的敛散性，所以只要从某一项以后有不等式$u_n \leqslant cv_n$成立，定理 2 仍成立．

该定理表明，可以利用已知级数的敛散性来判别所要考虑的级数的敛散性．于是，要想利用比较审敛法，就必须以一些级数的敛散性作为基础．

例 1　讨论正项级数

$$\sum_{n=1}^{\infty}\frac{1}{n^p} = 1 + \frac{1}{2^p} + \frac{1}{3^p} + \cdots + \frac{1}{n^p} + \cdots \tag{1}$$

的敛散性，其中 p 是任意实数，此级数称为 p 级数或广义调和级数.

证　p 级数的敛散性与数 p 有关．当 $p\leqslant 1$ 时

$$\frac{1}{n^p}\geqslant\frac{1}{n},\quad n=1,2,\cdots.$$

而调和级数 $\sum\limits_{n=1}^{\infty}\frac{1}{n}$ 发散，由比较审敛法知级数（1）发散.

当 $p>1$ 时，由 $n-1\leqslant x\leqslant n$，有 $\frac{1}{n^p}\leqslant\frac{1}{x^p}$，可得

$$\frac{1}{n^p}=\int_{n-1}^{n}\frac{1}{n^p}\mathrm{d}x\leqslant\int_{n-1}^{n}\frac{1}{x^p}\mathrm{d}x=\frac{1}{p-1}\left[\frac{1}{(n-1)^{p-1}}-\frac{1}{n^{p-1}}\right],\quad n=2,3,\cdots,$$

从而级数（1）的部分和

$$s_n=1+\frac{1}{2^p}+\frac{1}{3^p}+\cdots+\frac{1}{n^p}\leqslant 1+\frac{1}{p-1}\left(1-\frac{1}{n^{p-1}}\right)<1+\frac{1}{p-1},\quad n=2,3\cdots.$$

上式表明部分和数列 $\{s_n\}$ 有上界，根据正项级数的收敛原理，级数（1）收敛.

综上所述，p 级数 $\sum\limits_{n=1}^{\infty}\frac{1}{n^p}$，当 $p\leqslant 1$ 时发散；当 $p>1$ 时收敛.

例 2　判断下列正项级数的敛散性.

（1）$\sum\limits_{n=1}^{\infty}\frac{1}{1+a^n}(a>1)$；（2）$\sum\limits_{n=2}^{\infty}\frac{1}{\sqrt[3]{n^2-1}}$.

解　（1）因为

$$\frac{1}{1+a^n}<\frac{1}{a^n}=\left(\frac{1}{a}\right)^n,$$

已知几何级数 $\sum\limits_{n=1}^{\infty}\left(\frac{1}{a}\right)^n$ 收敛，所以由比较审敛法可知，级数 $\sum\limits_{n=1}^{\infty}\frac{1}{1+a^n}\,(a>1)$ 收敛.

（2）因为

$$\frac{1}{\sqrt[3]{n^2-1}}>\frac{1}{\sqrt[3]{n^2}}=\frac{1}{n^{\frac{2}{3}}},$$

而 p 级数 $\sum\limits_{n=1}^{\infty}\frac{1}{n^{\frac{2}{3}}}(p=\frac{2}{3}<1)$ 发散，根据比较审敛法，所以级数 $\sum\limits_{n=2}^{\infty}\frac{1}{\sqrt[3]{n^2-1}}$ 发散.

定理 2 给出的是比较审敛法的不等式形式．比较审敛法还有极限形式，它在应用中往往更为方便.

定理 3（比较审敛法的极限形式）　设 $\sum\limits_{n=1}^{\infty}u_n$ 与 $\sum\limits_{n=1}^{\infty}v_n$ 是两个正项级数，且

$$\lim_{n\to\infty}\frac{u_n}{v_n}=l\quad(0\leqslant l\leqslant+\infty).$$

（1）如果 $0<l<+\infty$，则级数 $\sum\limits_{n=1}^{\infty}u_n$ 与 $\sum\limits_{n=1}^{\infty}v_n$ 同时收敛或同时发散；

（2）如果 $l=0$，且级数 $\sum_{n=1}^{\infty} v_n$ 收敛，则级数 $\sum_{n=1}^{\infty} u_n$ 也收敛；

（3）如果 $l=+\infty$，且级数 $\sum_{n=1}^{\infty} v_n$ 发散，则级数 $\sum_{n=1}^{\infty} u_n$ 也发散.

证　由于

$$\lim_{n\to\infty}\frac{u_n}{v_n}=l.$$

（1）如果 $0<l<+\infty$，对 $\varepsilon=\frac{l}{2}>0$，$\exists N\in\mathbf{N}^+$，$\forall n>N$，有

$$\left|\frac{u_n}{v_n}-l\right|<\frac{l}{2}\Rightarrow\frac{l}{2}<\frac{u_n}{v_n}<\frac{3l}{2}\Rightarrow\frac{l}{2}v_n<u_n<\frac{3l}{2}v_n.$$

根据定理 2，如果级数 $\sum_{n=1}^{\infty} v_n$ 收敛，由 $u_n<\frac{3l}{2}v_n\ (n>N)$ 知级数 $\sum_{n=1}^{\infty} u_n$ 收敛；如果级数 $\sum_{n=1}^{\infty} u_n$ 收敛，由 $\frac{l}{2}v_n<u_n\ (n>N)$ 知级数 $\sum_{n=1}^{\infty} v_n$ 收敛. 故级数 $\sum_{n=1}^{\infty} u_n$ 与 $\sum_{n=1}^{\infty} v_n$ 同时收敛或同时发散.

（2）如果 $l=0$，对 $\varepsilon=1>0$，$\exists N\in\mathbf{N}^+$，$\forall n>N$，有

$$\frac{u_n}{v_n}<1\Rightarrow u_n<v_n.$$

根据定理 2，由级数 $\sum_{n=1}^{\infty} v_n$ 收敛，可得级数 $\sum_{n=1}^{\infty} u_n$ 也收敛.

（3）如果 $l=+\infty$，对 $c>0$，$\exists N\in\mathbf{N}^+$，$\forall n>N$，有

$$\frac{u_n}{v_n}>c\Rightarrow u_n>cv_n.$$

于是，由级数 $\sum_{n=1}^{\infty} v_n$ 发散，可知级数 $\sum_{n=1}^{\infty} u_n$ 发散.

由定理 3 可知，要判断一个正项级数的敛散性，只要找到一个合适的已知收敛或发散的基准级数，研究其一般项之比的极限即可. 如何选取一个合适的已知收敛或发散的基准级数，是应用该定理解决问题的关键. 在实际应用中，往往考虑选取几何级数和 p 级数作为基准级数.

例 3　判断下列正项级数的敛散性.

（1）$\sum_{n=1}^{\infty}\left(1-\cos\frac{1}{n}\right)$；（2）$\sum_{n=1}^{\infty}\frac{\ln n}{n^2}$；（3）$\sum_{n=2}^{\infty}\frac{1}{\ln n}$.

解　（1）因为

$$\lim_{n\to\infty}\frac{1-\cos\frac{1}{n}}{\frac{1}{n^2}}=\frac{1}{2},$$

已知级数 $\sum_{n=1}^{\infty}\frac{1}{n^2}$ 收敛，所以由定理 3 可知，此级数收敛.

（2）因为

$$\lim_{n\to\infty}\frac{\frac{\ln n}{n^2}}{\frac{1}{n^{\frac{3}{2}}}}=\lim_{n\to\infty}\frac{\ln n}{n^{\frac{1}{2}}}=0,$$

已知级数 $\sum\limits_{n=1}^{\infty}\frac{1}{n^{\frac{3}{2}}}$ 收敛，所以由定理 3 可知，此级数收敛.

（3）由于

$$\lim_{n\to\infty}\frac{\frac{1}{\ln n}}{\frac{1}{n}}=\lim_{n\to\infty}\frac{n}{\ln n}=+\infty,$$

而调和级数 $\sum\limits_{n=1}^{\infty}\frac{1}{n}$ 发散，根据定理 3，所以级数 $\sum\limits_{n=2}^{\infty}\frac{1}{\ln n}$ 发散.

在比较审敛法的基础上，选取收敛的几何级数作为基准级数，能得到在实用上很方便的比值审敛法和根值审敛法.

定理 4（比值审敛法，达朗贝尔判别法）（D'Alembert test） **设 $\sum\limits_{n=1}^{\infty}u_n$ 是正项级数，且**

$$\lim_{n\to\infty}\frac{u_{n+1}}{u_n}=\rho.$$

（1）如果 $\rho<1$，则级数 $\sum\limits_{n=1}^{\infty}u_n$ 收敛；

（2）如果 $\rho>1$ 或 $\lim\limits_{n\to\infty}\frac{u_{n+1}}{u_n}=+\infty$，则级数 $\sum\limits_{n=1}^{\infty}u_n$ 发散.

证 由于

$$\lim_{n\to\infty}\frac{u_{n+1}}{u_n}=\rho.$$

（1）如果 $\rho<1$，取 $q:\rho<q<1$，则对 $\varepsilon=q-\rho>0$，$\exists N\in\mathbf{N}^+$，$\forall n>N$，有

$$\left|\frac{u_{n+1}}{u_n}-\rho\right|<q-\rho\Rightarrow u_{n+1}<u_nq.$$

于是

$$u_n<u_Nq^{n-N}=\frac{u_N}{q^N}q^n\quad(n>N).$$

而几何级数 $\sum\limits_{n=1}^{\infty}q^n(0<q<1)$ 收敛，由比较审敛法可知，级数 $\sum\limits_{n=1}^{\infty}u_n$ 收敛.

（2）如果 $\rho>1$，对 $\varepsilon=\rho-1>0$，$\exists N\in\mathbf{N}^+$，$\forall n>N$，有

$$\left|\frac{u_{n+1}}{u_n}-\rho\right|<\rho-1\Rightarrow\frac{u_{n+1}}{u_n}>1\Rightarrow u_{n+1}>u_n.$$

于是

$$u_n > u_N > 0 \quad (n > N),$$

所以$\lim\limits_{n\to\infty} u_n \neq 0$，由级数收敛的必要条件可知，级数$\sum\limits_{n=1}^{\infty} u_n$发散.

类似地，可以证明当$\lim\limits_{n\to\infty}\dfrac{u_{n+1}}{u_n}=+\infty$时，级数$\sum\limits_{n=1}^{\infty} u_n$发散.

注意：当$\rho=1$时，级数$\sum\limits_{n=1}^{\infty} u_n$可能收敛，也可能发散，即此时比值审敛法失效. 例如，级数$\sum\limits_{n=1}^{\infty}\dfrac{1}{n}$与$\sum\limits_{n=1}^{\infty}\dfrac{1}{n^2}$，显然

$$\lim_{n\to\infty}\frac{\dfrac{1}{n+1}}{\dfrac{1}{n}}=1,\quad \lim_{n\to\infty}\frac{\dfrac{1}{(n+1)^2}}{\dfrac{1}{n^2}}=1.$$

但级数$\sum\limits_{n=1}^{\infty}\dfrac{1}{n}$发散，而级数$\sum\limits_{n=1}^{\infty}\dfrac{1}{n^2}$收敛.

一般地，当一般项u_n中含有$n!$或n^a等因子时，可考虑用比值审敛法.

例 4 判别下列正项级数的敛散性.

（1）$\sum\limits_{n=1}^{\infty}\dfrac{(2n)!}{(n!)^2}$；（2）$\sum\limits_{n=1}^{\infty}\dfrac{2^n n!}{n^n}$.

解 （1）由于

$$\lim_{n\to\infty}\frac{u_{n+1}}{u_n}=\lim_{n\to\infty}\frac{[2(n+1)]!}{(n+1)!^2}\cdot\frac{(n!)^2}{(2n)!}=\lim_{n\to\infty}\frac{2(2n+1)}{n+1}=4>1,$$

根据比值审敛法，所给级数发散.

（2）因为

$$\lim_{n\to\infty}\frac{u_{n+1}}{u_n}=\lim_{n\to\infty}\frac{2^{n+1}(n+1)!}{(n+1)^{n+1}}\cdot\frac{n^n}{2^n n!}=2\lim_{n\to\infty}\left(\frac{n}{n+1}\right)^n=\frac{2}{\mathrm{e}}<1,$$

所以由比值审敛法可知，所给级数收敛.

定理 5（根值审敛法，柯西判别法） 设$\sum\limits_{n=1}^{\infty} u_n$是正项级数，且$\lim\limits_{n\to\infty}\sqrt[n]{u_n}=\rho$.

（1）如果$\rho<1$，则级数$\sum\limits_{n=1}^{\infty} u_n$收敛；

（2）如果$\rho>1$或$\lim\limits_{n\to\infty}\sqrt[n]{u_n}=+\infty$，则级数$\sum\limits_{n=1}^{\infty} u_n$发散.

此定理的证明类似于定理 4，请读者自己完成. 注意：当$\rho=1$时，级数$\sum\limits_{n=1}^{\infty} u_n$可能收敛，也可能发散，即此时根值审敛法失效.

一般地，当一般项u_n中含有n次方时，用根值审敛法将比较简单.

例 5　判别下列正项级数的敛散性.

（1）$\sum_{n=1}^{\infty} n^2 e^{-n}$；（2）$\sum_{n=1}^{\infty} 2^n x^{2n}\ (x \geqslant 0)$.

解　（1）由于

$$\lim_{n\to\infty}\sqrt[n]{u_n} = \lim_{n\to\infty}\sqrt[n]{n^2 e^{-n}} = \frac{1}{e} < 1,$$

根据根值审敛法，级数 $\sum_{n=1}^{\infty} n^2 e^{-n}$ 收敛.

（2）因为

$$\lim_{n\to\infty}\sqrt[n]{u_n} = \lim_{n\to\infty}\sqrt[n]{2^n x^{2n}} = 2x^2,$$

所以由根值审敛法可知，当 $2x^2 < 1$，即 $0 \leqslant x < \frac{1}{\sqrt{2}}$ 时，该级数收敛；当 $2x^2 > 1$，即 $x > \frac{1}{\sqrt{2}}$ 时，该级数发散.

当 $2x^2 = 1$，即 $x = \frac{1}{\sqrt{2}}$ 时，$u_n = 2^n x^{2n} = 2^n \cdot \left(\frac{1}{\sqrt{2}}\right)^{2n} = 1$，所以 $\lim_{n\to\infty} u_n = 1 \neq 0$，由级数收敛的必要条件可知，级数 $\sum_{n=1}^{\infty} 2^n x^{2n}$ 发散.

习　题　11-2

1．用比较审敛法判别下列级数的敛散性.

（1）$\sum_{n=1}^{\infty} \frac{1}{2n-1}$；　（2）$\sum_{n=1}^{\infty} \frac{1}{n\sqrt{n+1}}$；　（3）$\sum_{n=1}^{\infty} \frac{1}{\sqrt{2n-1}}$；

（4）$\sum_{n=1}^{\infty} 2^n \sin\frac{\pi}{3^n}$；　（5）$\sum_{n=2}^{\infty} \frac{1}{n^2 \ln n}$；　（6）$\sum_{n=1}^{\infty} (\sqrt[n]{n} - 1)$；

（7）$\sum_{n=1}^{\infty} \left(\frac{1}{n} - \ln\frac{n+1}{n}\right)$.

2．用比值审敛法判别下列级数的敛散性.

（1）$\sum_{n=1}^{\infty} \frac{n^n}{n!}$；　（2）$\sum_{n=1}^{\infty} \frac{2^n}{n^2}$；　（3）$\sum_{n=1}^{\infty} \frac{2\cdot 5\cdot 8\cdots(3n-1)}{1\cdot 5\cdot 9\cdots(4n-3)}$；

（4）$\sum_{n=1}^{\infty} \frac{(n+1)}{10n}$；　（5）$\sum_{n=1}^{\infty} n^2 \sin\frac{\pi}{2^n}$.

3．用根值审敛法判别下列级数的敛散性.

（1）$\sum_{n=1}^{\infty} \left(\frac{n}{2n+1}\right)^n$；　（2）$\sum_{n=1}^{\infty} \frac{1}{[\ln(n+1)]^n}$；　（3）$\sum_{n=1}^{\infty} n\left(\frac{4}{3}\right)^n$；

（4）$\sum_{n=1}^{\infty} 2^{-n-(-1)^n}$；　（5）$\sum_{n=1}^{\infty} \frac{2+(-1)^n}{2^n}$.

第三节　一般项级数的审敛法

一、交错级数及莱布尼茨定理

定义 1　凡正项与负项相间的级数，称为交错级数（alternating series）. 形如

$$\sum_{n=1}^{\infty}(-1)^{n-1}u_n \quad (u_n>0) \text{ 或 } \sum_{n=1}^{\infty}(-1)^{n}u_n \quad (u_n>0).$$

因为

$$\sum_{n=1}^{\infty}(-1)^{n}u_n=-\sum_{n=1}^{\infty}(-1)^{n-1}u_n,$$

所以级数 $\sum_{n=1}^{\infty}(-1)^{n}u_n$ 与 $\sum_{n=1}^{\infty}(-1)^{n-1}u_n$ 有相同的敛散性. 因此，只对于形如 $\sum_{n=1}^{\infty}(-1)^{n-1}u_n \quad (u_n>0)$ 的交错级数给出审敛法.

关于交错级数的收敛性，有一个非常简单的审敛法.

定理 1（莱布尼茨定理）　如果交错级数 $\sum_{n=1}^{\infty}(-1)^{n-1}u_n(u_n>0)$ 满足条件：

（1） $u_n \geqslant u_{n+1}$， $n=1,2,3\cdots$；

（2） $\lim\limits_{n\to\infty}u_n=0$.

则交错级数 $\sum_{n=1}^{\infty}(-1)^{n-1}u_n$ 收敛，其和 s 满足 $0\leqslant s\leqslant u_1$ 且它的 n 项余和 r_n 的绝对值不超过余和第一项的绝对值，即

$$|r_n|=\left|\sum_{k=n+1}^{\infty}(-1)^{k-1}u_k\right|\leqslant u_{n+1}.$$

分析　设 $\sum_{n=1}^{\infty}(-1)^{n-1}u_n$ 的部分和数列为 $\{s_n\}$. 由级数收敛的定义，就是要证明 $\{s_n\}$ 收敛. 如果能够证明它的偶子列 $\{s_{2n}\}$ 与奇子列 $\{s_{2n+1}\}$ 都收敛，且极限相等，则数列 $\{s_n\}$ 收敛.

证　设 $\sum_{n=1}^{\infty}(-1)^{n-1}u_n$ 的部分和数列为 $\{s_n\}$. 对于 $\{s_n\}$ 的偶子列 $\{s_{2n}\}$，有

$$s_{2(n+1)}-s_{2n}=s_{2n+2}-s_{2n}=u_{2n+1}-u_{2n+2}\geqslant 0,$$

即 $\{s_{2n}\}$ 单调增加.

又

$$\begin{aligned}s_{2n}&=u_1-u_2+u_3-u_4+\cdots+u_{2n-1}-u_{2n}\\&=u_1-(u_2-u_3)-(u_4-u_5)-\cdots-(u_{2n-2}-u_{2n-1})-u_{2n}\leqslant u_1,\end{aligned}$$

所以 $\{s_{2n}\}$ 有上界，即 $0\leqslant s_{2n}\leqslant u_1$. 故偶子列 $\{s_{2n}\}$ 收敛，设 $\lim\limits_{n\to\infty}s_{2n}=s$，且有 $0\leqslant s\leqslant u_1$.

对于 $\{s_n\}$ 的奇子列 $\{s_{2n+1}\}$，因为

$$s_{2n+1}=s_{2n}+u_{2n+1},$$

由条件（2）可知， $\lim\limits_{n\to\infty}u_{2n+1}=0$，所以

$$\lim_{n\to\infty}s_{2n+1}=\lim_{n\to\infty}s_{2n}+\lim_{n\to\infty}u_{2n+1}=s,$$

即奇子列$\{s_{2n+1}\}$也收敛于s.

于是，部分和数列$\{s_n\}$收敛于s，由定义可知，$\sum_{n=1}^{\infty}(-1)^{n-1}u_n$收敛于$s$，且$0\leqslant s\leqslant u_1$.

其次，显然

$$\begin{aligned}|r_n|&=\left|\sum_{k=n+1}^{\infty}(-1)^{k-1}u_k\right|=|u_{n+1}-u_{n+2}+u_{n+3}-u_{n+4}+\cdots|\\&=u_{n+1}-u_{n+2}+u_{n+3}-u_{n+4}+\cdots\\&=u_{n+1}-(u_{n+2}-u_{n+3})-(u_{n+4}-u_{n+5})-\cdots\leqslant u_{n+1}.\end{aligned}$$

该定理不仅指出交错级数$\sum_{n=1}^{\infty}(-1)^{n-1}u_n$的收敛性，而且还给出余项的估计式，这一点在用级数作近似计算时往往很有用.

凡满足定理1条件（1）和（2）的交错级数称为莱布尼茨级数. 于是，定理1又可叙述为：莱布尼茨级数必收敛，且其余和的绝对值不超过余和第一项的绝对值.

例1 判别下列交错级数的收敛性.

（1）$\sum_{n=1}^{\infty}(-1)^{n-1}\frac{1}{n}$；（2）$\sum_{n=1}^{\infty}(-1)^{n}\frac{\ln^2 n}{n}$.

解 （1）因为

$$\frac{1}{n}>\frac{1}{n+1},\quad n=1,2,\cdots$$

及

$$\lim_{n\to\infty}\frac{1}{n}=0.$$

所以，由莱布尼茨定理可知，级数$\sum_{n=1}^{\infty}(-1)^{n-1}\frac{1}{n}$收敛，并且和$s\leqslant 1$，取前$n$项之和来近似代替$s$时的误差满足$|r_n|\leqslant\frac{1}{n+1}$.

（2）设$f(x)=\frac{\ln^2 x}{x}$，则

$$f'(x)=\frac{(2-\ln x)\ln x}{x^2}<0\quad(x>e^2).$$

所以，$f(x)$在$(e^2,+\infty)$上单调减少，从而

$$\frac{\ln^2 n}{n}>\frac{\ln^2(n+1)}{n+1}\quad(n\geqslant 9),$$

又

$$\lim_{n\to\infty}\frac{\ln^2 n}{n}=\lim_{x\to\infty}\frac{\ln^2 x}{x}=\lim_{x\to\infty}\frac{2\ln x\cdot\frac{1}{x}}{1}=2\lim_{x\to\infty}\frac{\ln x}{x}=2\lim_{x\to\infty}\frac{1}{x}=0.$$

于是，由莱布尼茨定理可知，级数$\sum_{n=1}^{\infty}(-1)^2\frac{\ln^2 n}{n}$收敛.

二、级数的绝对收敛与条件收敛

任给一级数 $\sum_{n=1}^{\infty} u_n$，它的每一项取绝对值后所构成的级数 $\sum_{n=1}^{\infty}|u_n|$ 是一个正项级数．那么，它们的收敛性有着怎样的联系呢？有下面的定理．

定理 2（绝对收敛定理） 如果级数 $\sum_{n=1}^{\infty} u_n$ 的每一项取绝对值后所构成的正项级数 $\sum_{n=1}^{\infty}|u_n|$ 收敛，则原级数 $\sum_{n=1}^{\infty} u_n$ 也收敛．

证 令

$$v_n=\frac{1}{2}(u_n+|u_n|),\quad n=1,2,\cdots.$$

显然

$$0\leqslant v_n\leqslant |u_n|,\quad n=1,2,\cdots,$$

因为级数 $\sum_{n=1}^{\infty}|u_n|$ 收敛，根据比较审敛法，级数 $\sum_{n=1}^{\infty} v_n$ 收敛，从而级数 $\sum_{n=1}^{\infty} 2v_n$ 也收敛．根据级数的基本性质，由 $u_n=2v_n-|u_n|$ 可知，级数 $\sum_{n=1}^{\infty} u_n$ 收敛．

注意： 定理 2 的逆命题不成立，即当级数 $\sum_{n=1}^{\infty} u_n$ 收敛时，级数 $\sum_{n=1}^{\infty}|u_n|$ 可能发散．例如，交错级数 $\sum_{n=1}^{\infty}(-1)^{n-1}\frac{1}{n}$ 收敛，而级数 $\sum_{n=1}^{\infty}\left|(-1)^{n-1}\frac{1}{n}\right|=\sum_{n=1}^{\infty}\frac{1}{n}$ 发散．

根据正项级数 $\sum_{n=1}^{\infty}|u_n|$ 的敛散性，收敛级数 $\sum_{n=1}^{\infty} u_n$ 分为两类：一类是 $\sum_{n=1}^{\infty}|u_n|$ 收敛；另一类是 $\sum_{n=1}^{\infty}|u_n|$ 发散．

定义 2 设有级数 $\sum_{n=1}^{\infty} u_n$，如果级数 $\sum_{n=1}^{\infty}|u_n|$ 收敛，则称级数 $\sum_{n=1}^{\infty} u_n$ 绝对收敛（absolutely convergent）；如果级数 $\sum_{n=1}^{\infty} u_n$ 收敛，但级数 $\sum_{n=1}^{\infty}|u_n|$ 发散，则称级数 $\sum_{n=1}^{\infty} u_n$ 条件收敛（conditionally convergent）．

例如，$\sum_{n=1}^{\infty}(-1)^{n-1}\frac{1}{n^2}$ 是绝对收敛级数，而 $\sum_{n=1}^{\infty}(-1)^{n-1}\frac{1}{n}$ 是条件收敛级数．

由定理 2 可知，**绝对收敛级数必收敛**．

当级数 $\sum_{n=1}^{\infty}|u_n|$ 发散时，一般不能推出原级数 $\sum_{n=1}^{\infty} u_n$ 的敛散性．但是，当运用比值审敛法或根值审敛法来判别正项级数 $\sum_{n=1}^{\infty}|u_n|$ 而知其发散时，就可以断言级数 $\sum_{n=1}^{\infty} u_n$ 也发散．这是因为利用比值审敛法或根值审敛法判定一个正项级数 $\sum_{n=1}^{\infty}|u_n|$ 为发散时，是根据 $\lim\limits_{n\to\infty}u_n\neq 0$ 而得到，由

收敛级数的必要条件知级数 $\sum_{n=1}^{\infty} u_n$ 发散.

定理 3 设有级数 $\sum_{n=1}^{\infty} \boldsymbol{u}_n$，如果

$$\lim_{n\to\infty}\left|\frac{u_{n+1}}{u_n}\right| = l \text{ 或 } \lim_{n\to\infty}\sqrt[n]{|u_n|} = l ,$$

则当 $l<1$ 时，级数 $\sum_{n=1}^{\infty} u_n$ 绝对收敛；当 $l>1$ 或 $l=+\infty$ 时，级数 $\sum_{n=1}^{\infty} u_n$ 发散.

例 2 讨论下列级数的绝对收敛性和条件收敛性.

（1）$\sum_{n=1}^{\infty}(-1)^{n-1}\frac{n}{3^{n-1}}$；（2）$\sum_{n=1}^{\infty}(-1)^n \sin\frac{1}{n}$.

解 （1）因为

$$\lim_{n\to\infty}\left|\frac{u_{n+1}}{u_n}\right| = \frac{1}{3}\lim_{n\to\infty}\frac{n+1}{n} = \frac{1}{3} < 1 ,$$

所以，由定理 3 可知，级数 $\sum_{n=1}^{\infty}(-1)^{n-1}\frac{n}{3^{n-1}}$ 绝对收敛.

（2）由

$$\sum_{n=1}^{\infty}\left|(-1)^n \sin\frac{1}{n}\right| = \sum_{n=1}^{\infty}\sin\frac{1}{n} ,$$

因为

$$\lim_{n\to\infty}\frac{\sin\frac{1}{n}}{\frac{1}{n}} = 1 ,$$

而级数 $\sum_{n=1}^{\infty}\frac{1}{n}$ 发散，根据比较审敛法，级数 $\sum_{n=1}^{\infty}\sin\frac{1}{n} = \sum_{n=1}^{\infty}\left|(-1)^n \sin\frac{1}{n}\right|$ 发散.

又因为

$$\sin\frac{1}{n} > \sin\frac{1}{n+1} \quad (n \geqslant 1)$$

及

$$\lim_{n\to\infty}\sin\frac{1}{n} = 0 ,$$

由莱布尼茨定理可知，级数 $\sum_{n=1}^{\infty}(-1)^n \sin\frac{1}{n}$ 收敛. 故级数 $\sum_{n=1}^{\infty}(-1)^n \sin\frac{1}{n}$ 条件收敛.

例 3 讨论级数 $\sum_{n=1}^{\infty}\frac{x^n}{n\cdot 2^n}$ 的敛散性.

解 因为

$$\lim_{n\to\infty}\sqrt[n]{|u_n|} = \lim_{n\to\infty}\sqrt[n]{\left|\frac{x^n}{n\cdot 2^n}\right|} = \frac{|x|}{2} ,$$

所以，由定理 3 可知，当$\frac{|x|}{2}<1$，即$|x|<2$时，该级数绝对收敛；当$\frac{|x|}{2}>1$，即$|x|>2$时，该级数发散.

当$x=2$时，级数$\sum_{n=1}^{\infty}\frac{x^n}{n\cdot 2^n}=\sum_{n=1}^{\infty}\frac{1}{n}$发散；当$x=-2$时，级数$\sum_{n=1}^{\infty}\frac{x^n}{n\cdot 2^n}=\sum_{n=1}^{\infty}\frac{(-1)^n}{n}$条件收敛.

绝对收敛级数有许多性质是条件收敛级数不具有的，例如，有限多个数的加法是满足交换律的，但是，对收敛的无穷级数如果任意交换其项的次序，则即使所得级数仍然收敛，它的和也可能会改变；然而，如果级数是绝对收敛的，则不会发生这种现象. 为了叙述上的方便，把由级数的项重新排列后得到的级数称为原级数的更序级数.

性质 1　绝对收敛级数的更序级数仍然绝对收敛，且其和不变.

下面仅对收敛的正项级数证明结论是对的，而略去对任意的绝对收敛级数的证明. 设正项级数$\sum_{n=1}^{\infty}a_n$的部分和s_n收敛于s，其更序级数$\sum_{n=1}^{\infty}a_n'$的部分和是s_n'，因为

$$a_1'=a_{n_1},a_2'=a_{n_2},\cdots,a_k'=a_{n_k},\cdots,$$

所以当n大于所有的$n_1,n_2,\cdots,n_k$后，不难看出

$$s_k'=a_1'+a_2'+\cdots+a_k'\leqslant a_1+a_2+\cdots+a_n=s_n\leqslant s,$$

也就是说，对每一个k，有$s_k'\leqslant s\quad(k=1,2,\cdots)$. 根据正项级数收敛的基本定理，$\sum_{n=1}^{\infty}a_n'$收敛，记其和为$s'$，则$s'\leqslant s$.

另外，级数$\sum_{n=1}^{\infty}a_n$也可以看作级数$\sum_{n=1}^{\infty}a_n'$的更序级数，由上述讨论，应有$s\leqslant s'$，从而得$s=s'$.

这个性质也叫做绝对收敛级数的更序不变性质，对条件收敛级数而言，这个性质未必成立. 例如，交错级数$\sum_{n=1}^{\infty}\frac{(-1)^{n+1}}{n}$是条件收敛的，记其和为$s$，即

$$1-\frac{1}{2}+\frac{1}{3}-\frac{1}{4}+\frac{1}{5}-\cdots=s,$$

两端乘以$\frac{1}{2}$，得

$$\frac{1}{2}-\frac{1}{4}+\frac{1}{6}-\frac{1}{8}+\frac{1}{10}-\cdots=\frac{s}{2},$$

即
$$0+\frac{1}{2}+0-\frac{1}{4}+0+\frac{1}{6}+0-\frac{1}{8}+0+\frac{1}{10}+\cdots=\frac{s}{2}.$$

把它和第一个级数逐项相加得

$$1+0+\frac{1}{3}-\frac{1}{2}+\frac{1}{5}+0+\frac{1}{7}-\frac{1}{4}+\frac{1}{9}+0+\cdots=\frac{3}{2}s,$$

即
$$1+\frac{1}{3}-\frac{1}{2}+\frac{1}{5}+\frac{1}{7}-\frac{1}{4}+\frac{1}{9}+\frac{1}{11}-\frac{1}{6}+\cdots=\frac{3}{2}s.$$

上式左端恰是第一个级数的更序级数，虽然两者均收敛，但它们的和却不相同.

下面给出绝对收敛级数的性质 2，它与两个级数的乘法运算有关.

设级数 $\sum\limits_{n=1}^{\infty} a_n$ 和 $\sum\limits_{n=1}^{\infty} b_n$ 都收敛，仿照有限项之和相乘的规则，作出这两个级数的各项所有可能的乘积 $a_ib_j(i, j=1, 2, 3, \cdots)$，并把这些乘积排列成一个无限“方阵”

$$\begin{array}{ccccc} a_1b_1 & a_2b_1 & \cdots & a_ib_1 & \cdots \\ a_1b_2 & a_2b_2 & \cdots & a_ib_2 & \cdots \\ a_1b_3 & a_2b_3 & \cdots & a_ib_3 & \cdots \\ \cdots & \cdots & \cdots & \cdots & \cdots \\ a_1b_j & a_2b_j & \cdots & a_ib_j & \cdots \\ \cdots & \cdots & \cdots & \cdots & \cdots \end{array}$$

这些乘积能以各种方法排列成一个数列，例如，可以按“对角线法”将它们排列成下列形式的数列

$$\begin{array}{ccccc} a_1b_1 & a_2b_1 & a_3b_1 & a_4b_1 & \cdots \\ a_1b_2 & a_2b_2 & a_3b_2 & a_4b_2 & \cdots \\ a_1b_3 & a_2b_3 & a_3b_3 & a_4b_3 & \cdots \\ a_1b_4 & a_2b_4 & a_3b_4 & a_4b_4 & \cdots \\ \cdots & \cdots & \cdots & \cdots & \cdots \end{array}$$

然后把排列好的数列用加号连接，并把同一对角线上的项括在一起，就构成级数

$$a_1b_1+(a_2b_1+a_1b_2)+(a_3b_1+a_2b_2+a_1b_3)+\cdots+(a_nb_1+a_{n-1}b_2+\cdots+a_1b_n)+\cdots \tag{1}$$

级数（1）叫做级数 $\sum\limits_{n=1}^{\infty} a_n$ 和 $\sum\limits_{n=1}^{\infty} b_n$ 的柯西乘积（Cauchy product）.

也可按正方形法把这些乘积排列成下面形式的数列

$$\begin{array}{ccccc} a_1b_1 & a_2b_1 & a_3b_1 & a_4b_1 & \cdots \\ a_1b_2 & a_2b_2 & a_3b_2 & a_4b_2 & \cdots \\ a_1b_3 & a_2b_3 & a_3b_3 & a_4b_3 & \cdots \\ a_1b_4 & a_2b_4 & a_3b_4 & a_4b_4 & \cdots \\ \cdots & \cdots & \cdots & \cdots & \cdots \end{array}$$

然后把排列好的数列用加号连接，并把同一框内的项括在一起，就构成级数

$$a_1b_1+(a_2b_1+a_2b_2+a_1b_2)+\cdots+(a_nb_1+a_nb_2+\cdots+a_nb_n+a_{n-1}b_n+\cdots+a_1b_n)+\cdots \tag{2}$$

性质 2（柯西定理） 如果级数 $\sum\limits_{n=1}^{\infty} a_n$ 和 $\sum\limits_{n=1}^{\infty} b_n$ 都绝对收敛，它们的和分别是 s 与 σ，那么其柯西乘积也是绝对收敛的，且其和为 $s\sigma$.

证 考虑级数（1）去掉括号后所成的级数

$$a_1b_1+a_2b_1+a_1b_2+a_3b_1+a_2b_2+a_1b_3+\cdots+a_nb_1+a_{n-1}b_2+\cdots+a_1b_n+\cdots \tag{3}$$

如果级数（3）绝对收敛且其和为 w，则由级数基本性质及正项级数的比较审敛法可知，级数（1）也绝对收敛且其和也为 w，因此只要证明级数（3）绝对收敛并且其和 $w=s\sigma$ 即可.

先证明级数（3）绝对收敛.

设$\sum_{n=1}^{\infty}|a_n|=S,\sum_{n=1}^{\infty}|b_n|=\Sigma$，并记$w_m$是级数（3）取绝对值后所成级数的前$m$项部分和，则显然有$w_m\leqslant\sum_{n=1}^{\infty}|a_n|\cdot\sum_{n=1}^{\infty}|b_n|\leqslant S\cdot\Sigma\quad(m=1,2,\cdots)$.

可见单调增加数列w_m有界，故级数（3）绝对收敛，记级数（3）的和为w.

再证级数（3）的和$w=s\sigma$，根据绝对收敛级数的更序不变性，级数（3）的更序级数绝对收敛，其和是w，于是级数

$$a_1b_1+(a_2b_1+a_2b_2+a_1b_2)+\cdots+(a_nb_1+a_nb_2+\cdots+a_nb_n+a_{n-1}b_n+\cdots+a_1b_n)+\cdots$$

的和也是w.

不难看出上述级数的前n项部分和恰是

$$(a_1+a_2+\cdots+a_n)(b_1+b_2+\cdots+b_n)$$

因而当$n\to\infty$时，就有

$$w=\lim_{n\leftarrow\infty}(a_1+a_2+\cdots+a_n)(b_1+b_2+\cdots+b_n)=s\sigma.$$

证毕.

从以上的证明中可以看出，由绝对收敛级数的更序不变性可知，两个绝对收敛级数相乘，无论是按对角线法，还是其他排列方法构成的乘积级数是绝对收敛的，并且其和都是所给两个级数之和的积.

习　题　11-3

1．判别下列级数的收敛性，并指出是绝对收敛还是条件收敛.

（1）$\sum_{n=1}^{\infty}(-1)^n\frac{\ln n}{\sqrt{n}}$；　　（2）$\sum_{n=1}^{\infty}(-1)^{n-1}\frac{1}{n^{p+\frac{1}{n}}}(p>1)$；

（3）$\sum_{n=2}^{\infty}(-1)^n\frac{1}{\ln n}$；　　（4）$\sum_{n=1}^{\infty}\frac{(-1)^n}{\sqrt{n}}\ln\left(1+\frac{1}{n}\right)$；

（5）$\sum_{n=1}^{\infty}\left(\frac{(-1)^n}{n}+\frac{1}{\sqrt{n}}\right)$；　　（6）$\sum_{n=1}^{\infty}(-1)^{n-1}\left(\frac{n+13}{3n+1}\right)^n$；

（7）$\sum_{n=1}^{\infty}\frac{x}{n^x}$；　　（8）$\sum_{n=1}^{\infty}n!\left(\frac{x}{n}\right)^n$.

2．证明级数$\sum_{n=1}^{\infty}\frac{(-1)^{n-1}}{n-\ln n}$条件收敛.

3．设$\sum_{n=1}^{\infty}a_n$为收敛的正项级数，证明级数$\sum_{n=1}^{\infty}(-1)^n\left(n\tan\frac{1}{n}\right)a_{2n}$绝对收敛.

第四节　幂　级　数

一、函数项级数的概念

定义 1　设$u_n(x)\quad(n=1,2,3,\cdots)$是定义在数集$I$上的函数，称和式

$$u_1(x)+u_2(x)+\cdots+u_n(x)+\cdots \tag{1}$$

为定义在数集 I 上的函数项级数，记为 $\sum\limits_{n=1}^{\infty}u_n(x), x\in I$.

对于每一个确定的值 $x_0\in I$ ，级数 $\sum\limits_{n=1}^{\infty}u_n(x_0)$ 就是一个数项级数．由此可知，函数项级数（1）在点 x_0 的敛散性由数项级数 $\sum\limits_{n=1}^{\infty}u_n(x_0)$ 完全确定．

定义 2 如果数项级数 $\sum\limits_{n=1}^{\infty}u_n(x_0)$ 收敛（发散），则称函数项级数（1）在点 x_0 收敛（发散），或称点 x_0 是函数项级数（1）的收敛点（point of convergence）（发散点，point of divergence）．函数项级数（1）所有收敛点的集合称为它的收敛域（convergence domain）．

设函数项级数（1）的收敛域为 $D\subset I$ ，则对任意 $x\in D$ ，数项级数 $\sum\limits_{n=1}^{\infty}u_n(x)$ 收敛，设其和为 $s(x)$ ，即 $\sum\limits_{n=1}^{\infty}u_n(x)=s(x)$ ．可见 $s(x)$ 是 D 上的一个函数，称 $s(x)$ 是函数项级数（1）的和函数（sum function），记为

$$\sum_{n=1}^{\infty}u_n(x)=s(x), x\in D .$$

由于这是通过逐点定义的方式得到的，因此称 $\sum\limits_{n=1}^{\infty}u_n(x)$ 在 D 上点态收敛于 $s(x)$.

与数项级数类似，有限和

$$s_n(x)=u_1(x)+u_2(x)+\cdots+u_n(x)=\sum_{k=1}^{n}u_k(x)$$

称为函数项级数（1）的前 n 项部分和，简称部分和．

显然，

$$\lim_{n\to\infty}s_n(x)=s(x), x\in D .$$

二、幂级数及其收敛区间

定义 3 形如

$$\sum_{n=0}^{\infty}a_n(x-x_0)^n=a_0+a_1(x-x_0)+a_2(x-x_0)^2+\cdots+a_n(x-x_0)^n+\cdots \tag{2}$$

的函数项级数称为幂级数（power series），其中 x_0 是任意给定实数，$a_n(n=0,1,2,\cdots)$ 都是常数，称为幂级数的系数（coeffcients of power series）．

特别地，当 $x_0=0$ 时，幂级数化为

$$\sum_{n=0}^{\infty}a_nx^n=a_0+a_1x+a_2x^2+\cdots+a_nx^n+\cdots \tag{3}$$

由于幂级数结构简单，它在很多理论及实际问题上有重要的应用．

在式（2）中，如果作变量代换 $t=x-x_0$ ，则式（2）化为

$$\sum_{n=0}^{\infty} a_n t^n = a_0 + a_1 t + a_2 t^2 + \cdots + a_n t^n + \cdots,$$

所以，只要讨论形式（3）的性质就足够了.

对于幂级数 $\sum_{n=0}^{\infty} a_n x^n$，显然 $x=0$ 总是它的收敛点.

定理 1（**阿贝尔定理 Abel Theorem**） **若幂级数 $\sum_{n=0}^{\infty} a_n x^n$ 在 $x = x_1 \neq 0$ 处收敛，则 $\sum_{n=0}^{\infty} a_n x^n$ 在 $|x| < |x_1|$ 内收敛且绝对收敛；若幂级数 $\sum_{n=0}^{\infty} a_n x^n$ 在 $x = x_2$ 处发散，则 $\sum_{n=0}^{\infty} a_n x^n$ 在 $|x| > |x_2|$ 内发散.**

证 前半部分. 因为 $\sum_{n=0}^{\infty} a_n x^n$ 在 $x_1 \neq 0$ 处收敛，即 $\sum_{n=0}^{\infty} a_n x_1{}^n$ 收敛，由级数收敛的必要条件可知，$\lim_{n\to\infty} a_n x_1{}^n = 0$. 由收敛数列的有界性可知，$\{a_n x_1{}^n\}$ 有界，即 $\exists M > 0$，$\forall n$，有 $\left|a_n x_1{}^n\right| \leqslant M$. 于是，$\forall x : |x| < |x_1|$，$\forall n$，有

$$\left|a_n x^n\right| = \left|a_n x_1{}^n \cdot \frac{x^n}{x_1{}^n}\right| = \left|a_n x_1{}^n\right| \cdot \left|\frac{x}{x_1}\right|^n \leqslant M\left|\frac{x}{x_1}\right|^n.$$

又 $\sum_{n=0}^{\infty}\left|\frac{x}{x_1}\right|^n$ $\left(\text{此时公比}\left|\frac{x}{x_1}\right| < 1\right)$ 收敛，由比较审敛法可知，$\sum_{n=0}^{\infty}\left|a_n x^n\right|$ 收敛，即 $\sum_{n=0}^{\infty} a_n x^n$ 在 $|x| < |x_1|$ 内绝对收敛.

后半部分. 反证法，假设 $\exists x_0 : |x_0| < |x_2|$，而 $\sum_{n=0}^{\infty} a_n x^n$ 在 $x_1 \neq 0$ 处收敛，由前半部分可知，$\sum_{n=0}^{\infty} a_n x^n$ 在 x_2 处收敛，与已知条件矛盾. 所以 $\sum_{n=0}^{\infty} a_n x^n$ 在 $|x| > |x_2|$ 内发散.

例 1 若幂级数 $\sum_{n=0}^{\infty} a_n (x-2)^n$ 在 $x=-1$ 处收敛，问此级数在 $x=4$ 处是否收敛？若收敛，是绝对收敛还是条件收敛？

解 由定理 1 可知，幂级数 $\sum_{n=0}^{\infty} a_n (x-2)^n$ 在 $|x-2| < |-1-2| = 3 \Rightarrow -1 < x < 5$，即区间 $(-1, 5)$ 内收敛且绝对收敛. 又 $x = 4 \in (-1,5)$，所以幂级数 $\sum_{n=0}^{\infty} a_n (x-2)^n$ 在 $x=4$ 处收敛且绝对收敛.

例 2 设级数 $\sum_{n=0}^{\infty} (-1)^n a_n \cdot 2^n$ 收敛，证明级数 $\sum_{n=0}^{\infty} a_n$ 绝对收敛.

证 考虑幂级数 $\sum_{n=0}^{\infty} a_n x^n$，由条件可知，幂级数 $\sum_{n=0}^{\infty} a_n x^n$ 在 $x=-2$ 处收敛. 根据定理 1，幂级数 $\sum_{n=0}^{\infty} a_n x^n$ 在 $|x| < |-2| = 2 \Rightarrow -2 < x < 2$，即区间 $(-2,2)$ 内绝对收敛. 又 $x = 1 \in (-2,2)$，所以级数 $\sum_{n=0}^{\infty} a_n$ 绝对收敛.

下面根据定理 1 分析幂级数 $\sum_{n=0}^{\infty} a_n x^n$ 的收敛域.

如果幂级数（3）既有异于 0 的收敛点也有发散点，由定理 1 可以证明一定存在正数 R，使得幂级数（3）在 $|x| < R$ 内绝对收敛，而在 $|x| > R$ 内发散. 称此正数 R 为幂级数（3）的收敛半径(radius of convergence)，$(-R, R)$ 称为幂级数(3)的收敛区间(interval of convergence). 在收敛区间 $(-R, R)$ 的端点 $x = \pm R$ 处，幂级数（3）可能收敛也可能发散. 幂级数的收敛区间再加上它的收敛端点，就是它的收敛域（convergence domain).

如果幂级数（3）处处收敛，则收敛域为 $(-\infty, +\infty)$. 此时，约定收敛半径 $R = +\infty$.

如果幂级数（3）仅在 $x = 0$ 处收敛，则收敛域为单点集 $\{0\}$. 此时，约定收敛半径 $R = 0$.

由以上讨论可知，幂级数（3）的收敛域总是包有原点在内的一个区间（特殊情况缩为一点).

求幂级数（3）的收敛半径，有如下定理.

定理 2　对于幂级数（3），如果

$$\lim_{n\to\infty}\left|\frac{a_{n+1}}{a_n}\right| = \rho \quad （或 \lim_{n\to\infty}\sqrt[n]{|a_n|} = \rho ），$$

则幂级数的收敛半径

$$R = \begin{cases} \dfrac{1}{\rho}, 0 < \rho < +\infty \\ +\infty, \rho = 0 \\ 0, \rho = +\infty \end{cases}.$$

证　由于

$$\lim_{n\to\infty}\left|\frac{a_{n+1}}{a_n}\right| = \rho,$$

则

$$\lim_{n\to\infty}\left|\frac{u_{n+1}}{u_n}\right| = \lim_{n\to\infty}\left|\frac{a_{n+1}x^{n+1}}{a_n x^n}\right| = \rho|x|.$$

于是，由定理 3 可得：

（1）如果 $0 < \rho < +\infty$，则当 $\rho|x| < 1$，即 $|x| < \dfrac{1}{\rho}$ 时，幂级数（3）绝对收敛；当 $\rho|x| > 1$，即 $|x| > \dfrac{1}{\rho}$ 时，幂级数（3）发散. 于是当 $0 < \rho < +\infty$ 时，幂级数（3）的收敛半径 $R = \dfrac{1}{\rho}$.

（2）如果 $\rho = 0$，则对任意 $x \in (-\infty, +\infty)$，有 $\rho|x| = 0 < 1$，这时幂级数（3）处处收敛，即收敛域为 $(-\infty, +\infty)$，所以收敛半径 $R = +\infty$.

（3）如果 $\rho = +\infty$，这时幂级数（3）仅在 $x = 0$ 处收敛，即收敛域为单点集 $\{0\}$，所以收敛半径 $R = 0$.

注意：该定理中的公式仅能应用于给出的标准形式：a_n 为 x^n 的系数，a_{n+1} 为 x^{n+1} 的系数. 对于非标准形式，可直接应用比值审敛法或根值审敛法. 任给一幂级数，只要能求出它的收敛半径，那么它的收敛区间也就随之而确定.

例 3 求幂级数 $\sum_{n=1}^{\infty}\frac{x^n}{n\cdot 3^n}$ 的收敛半径、收敛区间和收敛域.

解 因为

$$\lim_{n\to\infty}\sqrt[n]{|a_n|}=\lim_{n\to\infty}\sqrt[n]{\frac{1}{n\cdot 3^n}}=\frac{1}{3},$$

所以收敛半径 $R=\frac{1}{\rho}=3$，收敛区间是 $(-3,3)$.

当 $x=3$ 时，级数 $\sum_{n=1}^{\infty}\frac{x^n}{n\cdot 3^n}=\sum_{n=1}^{\infty}\frac{1}{n}$ 为调和级数，发散；当 $x=-3$ 时，$\sum_{n=1}^{\infty}\frac{x^n}{n\cdot 3^n}=\sum_{n=1}^{\infty}\frac{(-1)^n}{n}$ 为莱布尼茨级数，收敛.

因此，收敛域为 $[-3,3)$.

例 4 求幂级数 $\sum_{n=0}^{\infty}\frac{3^n}{n!}x^n$ 的收敛半径和收敛域.

解 因为

$$\rho=\lim_{n\to\infty}\left|\frac{a_{n+1}}{a_n}\right|=\lim_{n\to\infty}\frac{\frac{3^{n+1}}{(n+1)!}}{\frac{3^n}{n!}}=\lim_{n\to\infty}\frac{3}{n+1}=0,$$

所以收敛半径 $R=+\infty$，收敛域为 $(-\infty,+\infty)$.

例 5 求幂级数 $\sum_{n=0}^{\infty}(n!)x^n$ 的收敛半径和收敛域.

解 因为

$$\rho=\lim_{n\to\infty}\left|\frac{a_{n+1}}{a_n}\right|=\lim_{n\to\infty}\frac{(n+1)!}{n!}=\lim_{n\to\infty}(n+1)=+\infty,$$

所以收敛半径 $R=0$，收敛域为 $\{0\}$.

例 6 求幂级数 $\sum_{n=1}^{\infty}\frac{2n-1}{2^n}x^{2n-2}$ 的收敛半径和收敛区间.

解 所给级数不是标准形式，直接应用比值审敛法求之. 因为

$$\lim_{n\to\infty}\left|\frac{\frac{2(n+1)-1}{2^{n+1}}x^{2(n+1)-2}}{\frac{2n-1}{2^n}x^{2n-2}}\right|=\frac{1}{2}\lim_{n\to\infty}\frac{2n+1}{2n-1}|x|^2=\frac{1}{2}|x|^2,$$

当 $\frac{1}{2}|x|^2<1$，即 $|x|<\sqrt{2}$ 时，级数收敛；当 $\frac{1}{2}|x|^2>1$，即 $|x|>\sqrt{2}$ 时，级数发散.

因此，收敛半径 $R=\sqrt{2}$，收敛区间是 $(-\sqrt{2},\sqrt{2})$.

例 7 求幂级数 $\sum_{n=1}^{\infty}(-1)^n\frac{\ln(n+1)}{n+1}(x+1)^n$ 的收敛半径和收敛区间.

解 令 $t=x+1$，则

$$\sum_{n=1}^{\infty}(-1)^n\frac{\ln(n+1)^n}{n+1}(x+1)^n=\sum_{n=1}^{\infty}(-1)^n\frac{\ln(n+1)}{n+1}t^n .$$

因为 $$\rho=\lim_{n\to\infty}\left|\frac{a_{n+1}}{a_n}\right|=\lim_{n\to\infty}\left|\frac{(-1)^{n+1}\dfrac{\ln(n+2)}{n+2}}{(-1)^n\dfrac{\ln(n+1)}{n+1}}\right|=\lim_{n\to\infty}\frac{\ln(n+2)}{\ln(n+1)}\cdot\frac{n+1}{n+2}=1,$$

所以收敛半径 $R=\dfrac{1}{\rho}=1$，收敛区间为 $|x+1|<1$，即 $(-2,0)$.

三、幂级数的运算及性质

1. 幂级数的运算

设 $\sum\limits_{n=0}^{\infty}a_nx^n$ 与 $\sum\limits_{n=0}^{\infty}b_nx^n$ 是两个幂级数：

（1）如果两个幂级数在 $x=0$ 某邻域内相等，则它们同次幂的系数相等，即

$$a_n=b_n,\quad n=0,1,2,\cdots.$$

（2）如果两个幂级数的收敛半径分别为 R_a 和 R_b，则

$$\lambda\sum_{n=0}^{\infty}a_nx^n=\sum_{n=0}^{\infty}\lambda a_nx^n,\quad x\in(-R_a,R_a),$$

$$\sum_{n=0}^{\infty}a_nx^n\pm\sum_{n=0}^{\infty}b_nx^n=\sum_{n=0}^{\infty}(a_n\pm b_n)x^n,\quad x\in(-R,R),$$

$$\left(\sum_{n=0}^{\infty}a_nx^n\right)\left(\sum_{n=0}^{\infty}b_nx^n\right)=\sum_{n=0}^{\infty}c_nx^n,\quad x\in(-R,R),$$

其中，λ 为常数，$R=\min\{R_a,R_b\}$，$c_n=\sum\limits_{k=0}^{n}a_kb_{n-k}$.

2. 和函数的分析性质

性质 1 设幂级数 $\sum\limits_{n=0}^{\infty}a_nx^n$ 的收敛半径为 $R>0$，则其和函数 $s(x)$ 在其收敛域上连续.

性质 2 设幂级数 $\sum\limits_{n=0}^{\infty}a_nx^n$ 在其收敛域上的和函数为 $s(x)$，则和函数 $s(x)$ 在其收敛域的任一闭子区间 $[a,b]$ 上可积，且可逐项积分，即

$$\int_a^b s(x)\mathrm{d}x=\int_a^b\left(\sum_{n=0}^{\infty}a_nt^n\right)\mathrm{d}x=\sum_{n=0}^{\infty}\int_a^b a_nx^n\mathrm{d}x .$$

特别地

$$\int_0^x s(t)\mathrm{d}t=\int_0^x\left(\sum_{n=0}^{\infty}a_nt^n\right)\mathrm{d}t=\sum_{n=0}^{\infty}\int_0^x a_nt^n\mathrm{d}t=\sum_{n=0}^{\infty}\frac{a_n}{n+1}x^{n+1},x\in(-R,R),$$

且逐项积分所得幂级数 $\sum\limits_{n=0}^{\infty}\dfrac{a_n}{n+1}x^{n+1}$ 与原幂级数 $\sum\limits_{n=0}^{\infty}a_nx^n$ 具有相同的收敛半径.

性质 3 设幂级数 $\sum\limits_{n=0}^{\infty}a_nx^n$ 在其收敛区间 $(-R,R)$ 内的和函数为 $s(x)$，则和函数 $s(x)$ 在 $(-R,R)$ 内可导，且可逐项求导，即

$$s'(x)=\left(\sum_{n=0}^{\infty}a_nx^n\right)'=\sum_{n=0}^{\infty}\left(a_nx^n\right)'=\sum_{n=1}^{\infty}na_nx^{n-1},\ x\in(-R,R),$$

且逐项求导后所得幂级数 $\sum\limits_{n=0}^{\infty}na_nx^{n+1}$ 与原幂级数 $\sum\limits_{n=0}^{\infty}a_nx^n$ 具有相同的收敛半径.

推论 幂级数 $\sum\limits_{n=0}^{\infty}a_nx^n$ 的和函数 $\boldsymbol{s(x)}$ 在其收敛区间 $(-R,R)$ 内存在任意阶导数，且可逐项求导任意次，即

$$s^{(k)}(x)=\sum_{n=0}^{\infty}n(n-1)\cdots(n-k+1)a_nx^{n-k},\quad k=0,1,2,\cdots,x\in(-R,R),$$

所得幂级数收敛半径也是 $\boldsymbol{R}$.

例 8 求函数 $f(x)=\sum\limits_{n=0}^{\infty}\dfrac{n+1}{3^n}x^{2n}$ 的导数 $f'(x)$ 与定积分 $\int_0^x f(t)\,\mathrm{d}t$.

解 因为

$$\lim_{n\to\infty}\sqrt[n]{|u_n|}=\lim_{n\to\infty}\sqrt[n]{\frac{n+1}{3^n}}=\frac{1}{3}|x|^2,$$

所以收敛半径 $R=\sqrt{3}$，收敛区间是 $(-\sqrt{3},\sqrt{3})$.

利用性质 2 和性质 3，得

$$f'(x)=\sum_{n=0}^{\infty}\left(\frac{n+1}{3^n}x^{2n}\right)'=\sum_{n=1}^{\infty}\frac{(n+1)}{3^n}2nx^{2n-1},\quad x\in(-\sqrt{3},\sqrt{3}),$$

$$\int_0^x f(t)\mathrm{d}t=\int_0^x\left(\sum_{n=0}^{\infty}\frac{n+1}{3^n}t^{2n}\right)\mathrm{d}t=\sum_{n=0}^{\infty}\int_0^x\frac{n+1}{3^n}t^{2n}\mathrm{d}t=\sum_{n=1}^{\infty}\frac{n+1}{(2n+1)3^n}x^{2n+1},\quad x\in(-\sqrt{3},\sqrt{3}).$$

例 9 求幂级数 $\sum\limits_{n=1}^{\infty}nx^n$ 的和函数.

解 因为

$$\lim_{n\to\infty}\sqrt[n]{|a_n|}=\lim_{n\to\infty}\sqrt[n]{n}=1,$$

所以收敛半径 $R=1$，收敛区间为 $(-1,1)$.

设

$$\sum_{n=1}^{\infty}nx^n=f(x),\quad x\in(-1,1),$$

由

$$f(x)=\sum_{n=1}^{\infty}nx^n=x\sum_{n=1}^{\infty}nx^{n-1},$$

令

$$g(x)=\sum_{n=1}^{\infty}nx^{n-1},\quad x\in(-1,1).$$

利用性质 2，得

$$\int_0^x g(t)\mathrm{d}t=\sum_{n=1}^{\infty}\int_0^x nt^{n-1}\mathrm{d}t=\sum_{n=1}^{\infty}x^n=\frac{x}{1-x},$$

两端对 x 求导数，得

$$g(x)=\frac{1}{(1-x)^2}.$$

所以

$$f(x)=\sum_{n=1}^{\infty}nx^n=xg(x)=\frac{x}{(1-x)^2},\quad x\in(-1,1).$$

例 10 求幂级数 $\sum\limits_{n=1}^{\infty}\dfrac{x^{2n-1}}{2n-1}$ 的和函数，并求级数 $\sum\limits_{n=1}^{\infty}\dfrac{1}{(2n-1)\cdot 2^n}$ 的和.

解 因为

$$\lim_{n\to\infty}\left|\frac{\dfrac{x^{2(n+1)-1}}{2(n+1)-1}}{\dfrac{x^{2n-1}}{2n-1}}\right|=\lim_{n\to\infty}\frac{2n-1}{2n+1}|x|^2=|x|^2,$$

所以收敛半径 $R=1$，收敛区间为 $(-1,1)$.

设
$$\sum_{n=1}^{\infty}\frac{x^{2n-1}}{2n-1}=f(x),\quad x\in(-1,1),$$

根据性质 3，得

$$f'(x)=\sum_{n=1}^{\infty}\left(\frac{x^{2n-1}}{2n-1}\right)'=\sum_{n=1}^{\infty}x^{2n-2}=\frac{1}{1-x^2},\quad x\in(-1,1),$$

于是

$$f(x)=\int_0^x f'(t)\mathrm{d}t=\int_0^x\frac{\mathrm{d}t}{1-t^2}=\frac{1}{2}\int_0^x\left(\frac{1}{1-t}+\frac{1}{1+t}\right)\mathrm{d}t=\frac{1}{2}\ln\frac{1+x}{1-x},\quad x\in(-1,1).$$

取 $x=\dfrac{1}{\sqrt{2}}\in(-1,1)$，则

$$\sum_{n=1}^{\infty}\frac{1}{(2n-1)\cdot 2^n}=\frac{1}{\sqrt{2}}f\left(\frac{1}{\sqrt{2}}\right)=\frac{\sqrt{2}}{2}\ln(3+2\sqrt{2}).$$

习 题 11-4

1. 求下列幂级数的收敛半径和收敛区间.

（1）$\sum\limits_{n=1}^{\infty}\dfrac{n!}{n^n}x^n$；（2）$\sum\limits_{n=1}^{\infty}\dfrac{5^n}{2^n n}x^n$；（3）$\sum\limits_{n=1}^{\infty}n^n(x-1)^n$；

（4）$\sum\limits_{n=1}^{\infty}(-1)^n\dfrac{x^{2n+1}}{2n+1}$；（5）$\sum\limits_{n=1}^{\infty}n\cdot 2^{\frac{n}{2}}x^{3n-1}$；（6）$\sum\limits_{n=1}^{\infty}\dfrac{(x-2)^n}{(2n-1)\cdot 2^n}$.

2. 求下列级数的和函数.

（1）$\sum\limits_{n=0}^{\infty}(n+1)x^n$；（2）$\sum\limits_{n=1}^{\infty}\dfrac{x^n}{n}$；

（3）$\sum\limits_{n=1}^{\infty}\frac{n}{n+1}x^n$；（4）$\sum\limits_{n=1}^{\infty}\frac{x^n}{n(n+1)}$；

（5）$\sum\limits_{n=1}^{\infty}n^2x^n$．

第五节　函数的幂级数展开

幂级数不仅结构简单，而且具有良好的性质，能否把一个函数表示为幂级数来进行研究呢？显然，如果一个函数能用幂级数表示，则说明该函数可以分解成幂函数的叠加，这就为研究函数性质提供了一种有效的方法．

一、泰勒级数

首先，是否任意一个在数集 I 上有定义的函数 $f(x)$ 一定可以写成形如

$$\sum_{n=0}^{\infty}a_n(x-x_0)^n \quad (x_0\in I)$$

的幂级数呢？显然，如果函数 $f(x)$ 能表示成幂级数 $\sum\limits_{n=0}^{\infty}a_n(x-x_0)^n$，且其收敛半径为 $R>0$，即

$$f(x)=\sum_{n=0}^{\infty}a_n(x-x_0)^n,\quad (x_0-R,x_0+R),$$

根据本章第四节中的推论，则函数 $f(x)$ 在区间 (x_0-R,x_0+R) 内存在任意阶导数，且

$$\begin{aligned}f^{(k)}(x)&=\sum_{n=k}^{\infty}n(n-1)\cdots(n-k+1)a_n(x-x_0)^{n-k}\\&=k!a_k+(k+1)k\cdots 2a_{k+1}(x-x_0)+\cdots,k=0,1,2,\cdots.\end{aligned}$$

令 $x=x_0$，得

$$f^{(k)}(x_0)=k!a_k\Rightarrow a_k=\frac{f^{(k)}(x_0)}{k!},k=0,1,2,\cdots.$$

由此可知，幂级数的系数 a_k 由函数 $f(x)$ 的 k 阶导数在点 x_0 的值唯一确定，称它们为函数 $f(x)$ 在点 x_0 的泰勒系数．因此，函数 $f(x)$ 在点 x_0 的邻域 (x_0-R,x_0+R) 内幂级数展开式是唯一的，即

$$f(x)=\sum_{n=0}^{\infty}\frac{f^{(n)}(x_0)}{n!}(x-x_0)^n,\quad x\in(x_0-R,x_0+R).$$

反过来，如果函数 $f(x)$ 在点 x_0 的某个邻域 (x_0-R,x_0+R) 内存在任意阶导数，则总能形式地得到幂级数

$$\sum_{n=0}^{\infty}\frac{f^{(n)}(x_0)}{n!}(x-x_0)^n,\tag{1}$$

那么

$$\sum_{n=0}^{\infty}\frac{f^{(n)}(x_0)}{n!}(x-x_0)^n=f(x),\quad x\in(x_0-R,\ x_0+R)$$

是否总成立呢？答案是否定的.

例如，设函数

$$f(x)=\begin{cases} e^{-\frac{1}{x^2}}, & x\neq 0 \\ 0, & x=0 \end{cases}$$

可以证明它在原点的任何一个邻域内都存在任意阶导数，且

$$f^{(n)}(0)=0,\quad n=1,2,\cdots,$$

将它们代入式（1），得

$$\sum_{n=0}^{\infty}\frac{f^{(n)}(0)}{n!}x^n=f(0)+\frac{f'(0)}{1!}x+\cdots+\frac{f^{(n)}(0)}{n!}x^n+\cdots=0\neq f(x),\quad x\in(-\infty,+\infty).$$

此例说明函数 $f(x)$ 在某点的某个邻域内存在任意阶导数这一条件并不能保证函数 $f(x)$ 一定可以表示为幂级数，也就是说条件是不充分的，那么再附加上什么条件之后，形如式（1）的幂级数一定收敛于函数 $f(x)$ 呢？

根据泰勒中值定理，如果函数 $f(x)$ 在点 x_0 的某个邻域 (x_0-R,x_0+R) 内存在 $n+1$ 阶导数，则

$$f(x)=\sum_{k=0}^{n}\frac{f^{(k)}(x_0)}{k!}(x-x_0)^k+R_n(x),\quad x\in(x_0-R,x_0+R),\tag{2}$$

其中，$R_n(x)$ 为函数 $f(x)$ 在点 x_0 的 n 次泰勒余项.

因为函数 $f(x)$ 在 (x_0-R,x_0+R) 内存在任意阶导数，所以对任意正整数 n 有式（2）成立，从而

$$\sum_{k=0}^{n}\frac{f^{(k)}(x_0)}{k!}(x-x_0)^k=f(x)-R_n(x),\quad x\in(x_0-R,x_0+R).$$

根据级数收敛的定义，如果

$$\lim_{n\to\infty}R_n(x)=0,\quad x\in(x_0-R,x_0+R),$$

则

$$\begin{aligned}\lim_{n\to\infty}\left[\sum_{k=0}^{n}\frac{f^{(k)}(x_0)}{k!}(x-x_0)^k\right]&=\lim_{n\to\infty}[f(x)-R_n(x)]\\&=f(x)-\lim_{n\to\infty}R_n(x)=f(x),\quad x\in(x_0-R,x_0+R),\end{aligned}$$

即

$$\sum_{n=0}^{\infty}\frac{f^{(n)}(x_0)}{n!}(x-x_0)^n=f(x),\quad x\in(x_0-R,x_0+R).$$

另外，如果

$$\sum_{n=0}^{\infty}\frac{f^{(n)}(x_0)}{n!}(x-x_0)^n=f(x),\quad x\in(x_0-R,x_0+R),$$

则

$$\lim_{n\to\infty}R_n(x)=\lim_{n\to\infty}\left[f(x)-\sum_{k=0}^{n}\frac{f^{(k)}(x_0)}{k!}(x-x_0)^k\right]=0,\quad x\in(x_0-R,x_0+R).$$

于是，可得如下定理.

定理 1 设函数 $f(x)$ 在点 x_0 的某一邻域 $U(x_0)$ 内存在任意阶导数，则函数 $f(x)$ 在该邻域内可以展开成幂级数，即

$$f(x)=\sum_{n=0}^{\infty}\frac{f^{(n)}(x_0)}{n!}(x-x_0)^n,\quad x\in U(x_0)$$

的充分必要条件是

$$\lim_{n\to\infty}R_n(x)=0,\quad x\in U(x_0).$$

幂级数 $\sum\limits_{n=0}^{\infty}\frac{f^n(x_0)}{n!}(x-x_0)^n$ 称为函数 $f(x)$ 在点 x_0 的泰勒级数（Taylor series）. 特别地，当 $x_0=0$ 时，幂级数 $\sum\limits_{n=0}^{\infty}\frac{f^n(0)}{n!}x^n$ 称为函数 $f(x)$ 的麦克劳林级数（Maclaurin series）.

为应用方便，根据定理 1，易得到函数可展开成泰勒级数的一个充分条件.

定理 2 设函数 $f(x)$ 在点 x_0 的某一邻域 (x_0-R,x_0+R) 内存在任意阶导数，且存在 $M>0$ 意 $x\in(x_0-R,x_0+R)$，有

$$\left|f^{(n)}(x)\right|\leqslant M,\quad n=0,1,2,\cdots,$$

则

$$f(x)=\sum_{n=0}^{\infty}\frac{f^n(x_0)}{n!}(x-x_0)^n,\quad x\in(x_0-R,x_0+R).$$

证 因为泰勒公式的拉格朗日型余项

$$R(x)=\frac{f^{n+1}(\xi)}{(n+1)!}(x-x_0)^{n+1},\ \xi \text{ 介于 } x_0 \text{ 与 } x \text{ 之间},$$

根据定理条件，$\left|f^{(n+1)}(\xi)\right|\leqslant M$，又 $|x-x_0|<R$，所以

$$|R(x)|=\left|\frac{f^{n+1}(\xi)}{(n+1)!}(x-x_0)^{n+1}\right|<M\frac{R^{n+1}}{(n+1)!}.$$

而级数 $\sum\limits_{n=0}^{\infty}\frac{R^{n+1}}{(n+1)!}$ 收敛，由级数收敛的必要条件可知，$\lim\limits_{n\to\infty}\frac{R^{n+1}}{(n+1)!}=0$. 于是

$$\lim_{n\to\infty}R(x)=0,\quad x\in(x_0-R,x_0+R),$$

根据定理 1，该定理得证.

二、初等函数的幂级数展开

下面给出几个常用的麦克劳林级数.

1. 将函数 $f(x)=e^x$ 展开成麦克劳林级数

因为 $f^{(n)}(x)=e^x$，所以 $f^{(n)}(0)=1,\ \ n=0,1,2\cdots$.

对任意 $R>0$，有 $x\in(-R,R)$，则

$$\left|f^{(n)}(x)\right|=\left|e^x\right|\leqslant e^R,\quad n=0,1,2\cdots.$$

根据定理 2，得

$$f(x)=\mathrm{e}^x=1+x+\frac{x^2}{2!}+\cdots+\frac{x^n}{n!}+\cdots=\sum_{n=0}^{\infty}\frac{x^n}{n!},\quad x\in(-R,R).$$

由 R 的任意性可知

$$\boxed{\mathrm{e}^x=1+x+\frac{x^2}{2!}+\cdots+\frac{x^n}{n!}+\cdots=\sum_{n=0}^{\infty}\frac{x^n}{n!},\quad x\in(-\infty,+\infty)} \tag{3}$$

此方法称为直接展开法，即直接求出各阶导数值，而后代入公式将函数展开为幂级数.

2. 将函数 $f(x)=\sin x$ 展开成麦克劳林级数

因为

$$f^{(n)}(x)=\sin\left(x+n\cdot\frac{\pi}{2}\right),\quad n=0,1,2,\cdots,$$

当 $x=0$ 时

$$f(0)=0, f'(0)=1, f''(0)=0, f^{(3)}(0)=-1.$$

对任意 $x\in(-\infty,+\infty)$，有

$$\left|f^{(n)}(x)\right|=\left|\sin\left(x+n\cdot\frac{\pi}{2}\right)\right|\leqslant 1,\quad n=0,1,2,\cdots,$$

根据定理 2，得

$$\boxed{\begin{aligned}\sin x&=x-\frac{x^3}{3!}+\frac{x^5}{5!}-\cdots+(-1)^n\frac{x^{2n+1}}{(2n+1)!}+\cdots\\&=\sum_{n=0}^{\infty}(-1)^n\frac{x^{2n+1}}{(2n+1)!},\quad x\in(-\infty,+\infty)\end{aligned}} \tag{4}$$

3. 将函数 $f(x)=\cos x$ 展开成麦克劳林级数

由式（4）及 $(\sin x)'=\cos x$，根据本章第四节中的性质 3，逐项求导得

$$\boxed{\begin{aligned}\cos x&=1-\frac{x^2}{2!}+\frac{x^4}{4!}-\cdots+(-1)^n\frac{x^{2n}}{(2n)!}+\cdots\\&=\sum_{n=0}^{\infty}(-1)^n\frac{x^{2n}}{(2n)!},\quad x\in(-\infty,+\infty)\end{aligned}} \tag{5}$$

4. 将函数 $f(x)=(1+x)^\alpha$（$\alpha\neq 0$ 是任意实数）展开成麦克劳林级数

因为

$$f'(x)=\alpha(1+x)^{\alpha-1}, f''(x)=\alpha(\alpha-1)(1+x)^{\alpha-2},\cdots,$$
$$f^{(n)}(x)=\alpha(\alpha-1)\cdots(\alpha-n+1)(1+x)^{\alpha-n},\cdots,$$

当 $x=0$ 时

$$f(0)=1, f'(0)=\alpha, f''(0)=\alpha(\alpha-1),\cdots, f^{(n)}(0)=\alpha\cdot(\alpha-1)\cdot(\alpha-n+1),\cdots.$$

从而，可形式地得到幂级数

$$\sum_{n=0}^{\infty}\frac{f^{(n)}(0)}{n!}x^n=1+\frac{\alpha}{1!}x+\frac{\alpha(\alpha-1)}{2!}x^2+\cdots+\frac{\alpha(\alpha-1)\cdots(\alpha-n+1)}{n!}x^n+\cdots.$$

因为

$$\lim_{n\to\infty}\left|\frac{a_{n-1}}{a_n}\right|=1,$$

所以，上述级数的收敛区间为$(-1,1)$.

能够证明

$$\lim_{n\to\infty}R_n(x)=0,\quad x\in(-1,1),$$

根据定理1，有

$$\boxed{(1+x)^\alpha=1+\frac{\alpha}{1!}x+\frac{\alpha(\alpha-1)}{2!}x^2+\cdots+\frac{\alpha(\alpha-1)\cdots(\alpha-n+1)}{n!}x^n+\cdots,\quad x\in(-1,1)}$$

特别地

$$\boxed{\frac{1}{1+x}=1-x+x^2-x^3+\cdots+(-1)^n x^n+\cdots,\quad x\in(-1,1)} \tag{6}$$

$$\boxed{\frac{1}{1-x}=1+x+x^2+x^3+\cdots+x^n+\cdots,\quad x\in(-1,1)} \tag{7}$$

5. 将函数$f(x)=\ln(1+x)$展开成麦克劳林级数

由$f'(x)=\dfrac{1}{1+x}$及式（6），根据本章第四节中的性质2，逐项积分得

$$f(x)=\int_0^x\frac{\mathrm{d}t}{1+t}=\sum_{n=0}^{\infty}\int_0^x(-1)^n t^n\mathrm{d}t=\sum_{n=0}^{\infty}(-1)^n\frac{x^{n+1}}{n+1}=\sum_{n=0}^{\infty}\frac{(-1)^n}{n}x^n,\quad x\in(-1,1).$$

当$x=-1$时，级数$\displaystyle\sum_{n=1}^{\infty}\frac{(-1)^n}{n}x^n=-\sum_{n=1}^{\infty}\frac{1}{n}$发散；

当$x=1$时，级数$\displaystyle\sum_{n=1}^{\infty}\frac{(-1)^{n-1}}{n}x^n=\sum_{n=1}^{\infty}\frac{(-1)^{n-1}}{n}$收敛.

于是，有

$$\boxed{\ln(1+x)=x-\frac{x^2}{2}+\frac{x^3}{3}-\frac{x^4}{4}+\cdots+(-1)^{n+1}\frac{x^n}{n}+\cdots=\sum_{n=1}^{\infty}(-1)^{n+1}\frac{x^n}{n},\quad x\in(-1,1]} \tag{8}$$

一般来说，只有少数比较简单的函数的幂级数展开式能用直接展开法求得．更多的情况是从已知的展开式出发，通过变量代换、四则运算或逐项求导、逐项求积等方法，间接地求得函数的幂级数展开式．所以，记住某些函数的幂级数展开式是用间接展开法求函数的幂级数展开式的基础.

例1 求函数$f(x)=a^x$的麦克劳林级数.

解 利用式（3），得

$$f(x)=a^x=\mathrm{e}^{x\ln a}=\sum_{n=0}^{\infty}\frac{(x\ln a)^n}{n!}=\sum_{n=0}^{\infty}\frac{(\ln a)^n}{n!}x^n,\quad x\in(-\infty,+\infty).$$

例2 将函数$f(x)=\sin^2 x$展开成麦克劳林级数.

解 由于$\sin^2 x=\dfrac{1}{2}(1-\cos 2x)$，利用式（5），得

$$f(x)=\sin^2 x=\frac{1}{2}\left[1-\sum_{n=0}^{\infty}(-1)^n\frac{(2x)^{2n}}{(2n)!}\right]=\sum_{n=1}^{\infty}(-1)^{n+1}\frac{2^{2n-1}}{(2n)!}x^{2n},\quad x\in(-\infty,+\infty).$$

例3 将函数$f(x)=\dfrac{x}{2-x-x^2}$展开成x的幂级数.

解 由

$$f(x)=\frac{x}{2-x-x^2}=\frac{x}{(2+x)(1-x)}=\frac{x}{3}\left(\frac{1}{2+x}+\frac{1}{1-x}\right),$$

利用式（6）和式（7），得

$$\frac{1}{2+x}=\frac{1}{2}\frac{1}{1+\frac{x}{2}}=\frac{1}{2}\sum_{n=0}^{\infty}(-1)^n\left(\frac{x}{2}\right)^n,\quad x\in(-2,2)$$

及

$$\frac{1}{1-x}=\sum_{n=0}^{\infty}x^n,\quad x\in(-1,1).$$

所以

$$f(x)=\frac{x}{2-x-x^2}=\frac{x}{3}\sum_{n=0}^{\infty}\left[\frac{(-1)^n}{2^{n+1}}+1\right]x^n=\sum_{n=0}^{\infty}\frac{1}{3}\left[1+\frac{(-1)^n}{2^{n+1}}\right]x^{n+1},\quad x\in(-1,1).$$

例 4 求函数 $f(x)=\ln x$ 在 $x=2$ 处的泰勒级数.

解 令 $x-2=t$ 则 $x=2+t$. 利用式（8），得

$$\ln x=\ln(2+\mathrm{t})=\ln 2+\ln\left(1+\frac{t}{2}\right)$$

$$=\ln 2+\sum_{n=1}^{\infty}\frac{(-1)^{n-1}}{n}\left(\frac{t}{2}\right)^n=\ln 2+\sum_{n=1}^{\infty}\frac{(-1)^{n-1}}{n\cdot 2^n}(x-2)^n,\quad x\in(0,4].$$

例 5 求幂级数 $\sum_{n=0}^{\infty}\frac{n+1}{2^n n!}x^n$ 的和函数.

解 因为

$$\lim_{n\to\infty}\left|\frac{a_{n+1}}{a_n}\right|=\lim_{n\to\infty}\frac{\frac{(n+1)+1}{2^{n+1}(n+1)!}}{\frac{n+1}{2^n n!}}=\lim_{n\to\infty}\frac{n+2}{2(n+1)^2}=0,$$

所以收敛半径 $R=+\infty$，收敛域为 $(-\infty,+\infty)$.

设

$$\sum_{n=0}^{\infty}\frac{n+1}{2^n n!}x^n=f(x),\quad x\in(-\infty,+\infty),$$

根据本章第四节中的性质 2，逐项积分得

$$\int_0^x f(t)\mathrm{d}t=\sum_{n=0}^{\infty}\int_0^x\frac{n+1}{2^n n!}t^n\mathrm{d}t=\sum_{n=0}^{\infty}\frac{x^{n+1}}{2^n n!},\quad x\in(-\infty,+\infty).$$

利用式（3）可知

$$\sum_{n=0}^{\infty}\frac{x^{n+1}}{2^n n!}=x\sum_{n=0}^{\infty}\frac{1}{n!}\left(\frac{x}{2}\right)^n=x\mathrm{e}^{\frac{x}{2}},\quad x\in(-\infty,+\infty),$$

从而

$$\int_0^x f(t)\mathrm{d}t=x\mathrm{e}^{\frac{x}{2}},\quad x\in(-\infty,+\infty),$$

两端对 x 求导数，得

$$f(x)=\left(xe^{\frac{x}{2}}\right)'=\left(1+\frac{x}{2}\right)e^{\frac{x}{2}}.$$

所以

$$\sum_{n=0}^{\infty}\frac{x^{n+1}}{2^n n!}x^n=\left(1+\frac{x}{2}\right)e^{\frac{x}{2}},\quad x\in(-\infty,+\infty).$$

***三、幂级数在近似计算上的应用**

利用函数的幂级数展开式可以进行近似计算，即在展开式有效的区间上，函数值可以近似地利用这个级数按精度要求计算出来.

例 6 利用 $\cos x\approx 1-\dfrac{x}{2!}$ 求 $\cos 9°$ 的近似值，并估计误差.

解 利用所给近似公式

$$\cos 9°=\cos\frac{\pi}{20}\approx 1-\frac{1}{2}\left(\frac{\pi}{20}\right)^2.$$

根据式（5），有

$$\cos\frac{\pi}{20}=\sum_{n=0}^{\infty}(-1)^n\frac{1}{(2n)!}\left(\frac{\pi}{20}\right)^{2n}.$$

因为上式右端是一个莱布尼茨级数，由本章第三节中定理 1 可知，

$$\left(\frac{\pi}{20}\right)^2\approx 0.02467\ |r_2|\leqslant\frac{1}{4!}\left(\frac{\pi}{20}\right)^4<\frac{1}{24}\cdot(0.2)^4=\frac{1}{15000}.$$

因此取 $\dfrac{\pi}{20}\approx 0.15708$，则

$$\cos 9°\approx 1-\frac{1}{2}\times 0.02467\approx 0.9877,$$

其误差不超过10^{-4}.

例 7 计算 $\ln 2$ 的近似值，精确到10^{-4}.

解 由（8）式

$$\ln(1+x)=x-\frac{x^2}{2}+\frac{x^3}{3}-\frac{x^4}{4}+\cdots,\quad x\in(-1,1],$$

在上式中以 $-x$ 代替 x，得

$$\ln(1-x)=-x-\frac{x^2}{2}-\frac{x^3}{3}-\frac{x^4}{4}+\cdots,\quad x\in(-1,1].$$

两式相减，得

$$\ln\left(\frac{1+x}{1-x}\right)=\ln(1+x)-\ln(1-x)=2\left(x+\frac{x^3}{3}+\frac{x^5}{5}+\cdots\right),\quad x\in(-1,1).$$

令 $\dfrac{1+x}{1-x}=2$，即 $x=\dfrac{1}{3}$ 代入上式，得

$$\ln 2=2\left(\frac{1}{3}+\frac{1}{3}\frac{1}{3^2}+\cdots+\frac{1}{2n+1}\cdot\frac{1}{3^{2n+1}}+\cdots\right).$$

估计误差如下

$$0<r_n=2\left(\frac{1}{2n+1}\cdot\frac{1}{3^{2n+1}}+\frac{1}{2n+3}\cdot\frac{1}{3^{2n+3}}+\cdots\right)$$
$$<\frac{2}{(2n+1)\cdot 3^{2n+1}}\left(1+\frac{1}{3^2}+\frac{1}{3^4}+\cdots\right)$$
$$=\frac{2}{(2n+1)\cdot 3^{2n+1}}\cdot\frac{1}{1-\frac{1}{3^2}}=\frac{1}{4(2n+1)\cdot 3^{2n-1}},$$

取 $n=4$，则 $0<r_4<\frac{1}{4\cdot 9\cdot 3^7}=\frac{1}{78732}<10^{-4}$．于是

$$\ln 2\approx 2\left(\frac{1}{3}+\frac{1}{3}\cdot\frac{1}{3^3}+\frac{1}{5}\cdot\frac{1}{3^5}+\frac{1}{7}\cdot\frac{1}{3^7}\right)\approx 0.6931,$$

其误差不超过 10^{-4}．

例 8 计算 $I=\int_0^1 \mathrm{e}^{-x^2}\mathrm{d}x$，精确到 10^{-4}．

解 由（3）式可得函数 e^{-x^2} 的幂级数展开为

$$\mathrm{e}^{-x^2}=\sum_{n=0}^{\infty}\frac{(-1)^n x^{2n}}{n!}=1-x^2+\frac{x^4}{2!}-\frac{x^6}{3!}+\cdots,\quad x\in(-\infty,+\infty),$$

从 0 到 1 逐项积分，得

$$I=\int_0^1 \mathrm{e}^{-x^2}\mathrm{d}x=1-\frac{1}{3}+\frac{1}{2!}\cdot\frac{1}{5}-\frac{1}{3!}\cdot\frac{1}{7}+\frac{1}{4!}\cdot\frac{1}{9}-\frac{1}{5!}\cdot\frac{1}{11}+\frac{1}{6!}\cdot\frac{1}{13}-\frac{1}{7!}\cdot\frac{1}{15}+\cdots.$$

上式右端是一个莱布尼茨级数，根据本章第三节中定理 1，其余和的绝对值不超过余和第一项的绝对值．由于 $|r_7|\leqslant\frac{1}{7!}\frac{1}{15}=\frac{1}{75600}<1.5\times 10^{-5}$，所以

$$I=\int_0^1 \mathrm{e}^{-x^2}\mathrm{d}x\approx 1-\frac{1}{3}+\frac{1}{2!}\cdot\frac{1}{5}-\frac{1}{3!}\cdot\frac{1}{7}+\frac{1}{4!}\cdot\frac{1}{9}-\frac{1}{5!}\cdot\frac{1}{11}+\frac{1}{6!}\cdot\frac{1}{13}\approx 0.7486,$$

其误差不超过 10^{-4}．

习　题　11-5

1．求下列函数的麦克劳林级数，并指出收敛区间．

（1）$f(x)=\mathrm{e}^{-x^2}$；（2）$f(x)=\ln(1-x-x^2+x^3)$；（3）$\frac{\mathrm{d}}{\mathrm{d}x}\left(\frac{\mathrm{e}^x-1}{x}\right)$．

2．求函数 $f(x)=\frac{1}{5-x}$ 在 $x=2$ 处的泰勒级数．

3．将函数 $f(x)=\cos x$ 展开成 $\left(x+\frac{\pi}{3}\right)$ 的幂级数．

4．求幂级数 $\sum_{n=0}^{\infty}(-1)^n\frac{4n^2-1}{(2n)!}x^{2n}$ 的和函数．

5．利用 $\sin x\approx x-\frac{x^3}{3!}$ 求 $\sin 9^\circ$ 的近似值，并估计误差．

6．计算e的近似值，精确到10^{-6}．

7．计算$I=\int_0^1\frac{\sin x}{x}\mathrm{d}x$，精确到$10^{-4}$．

第六节 傅里叶级数

从本节开始，讨论另一类函数项级数，即由三角函数组成的级数，又称为三角级数．把一个函数$f(x)$展开成幂级数，首先要求出系数，再讨论其幂级数的收敛区间，以及在收敛区间内，幂级数是否收敛于$f(x)$．把一个周期函数展开成三角级数，也要作类似的工作．由于函数展开成三角级数，在数学、物理学及工程技术中有着广泛的应用，特别在电子技术中是处理许多理论和实际问题的有力工具，因此，本节将着重介绍如何把函数展开成三角级数——傅里叶级数．

一、三角函数系与三角级数

定义1 函数列

$$1,\ \cos x,\ \sin x,\ \cos 2x,\ \sin 2x,\ \cdots,\ \cos nx,\ \sin nx,\ \cdots \tag{1}$$

称为（基本）三角函数系．

三角函数系（1）具有如下性质：

讨论三角函数系（1）只需在长是2π的一个区间上即可．为方便起见，通常选取区间$[-\pi,\pi]$．

三角函数系（1）中任意两个不同函数之积在$[-\pi,\pi]$上的定积分为0，而每个函数的平方在$[-\pi,\pi]$上的定积分不为0，即

$$\int_{-\pi}^{\pi}\cos nx\mathrm{d}x=0,\quad \int_{-\pi}^{\pi}\sin nx\mathrm{d}x=0,\quad n=1,2,\cdots;$$

$$\int_{-\pi}^{\pi}\cos mx\sin nx\mathrm{d}x=0,\quad m,n=1,2,\cdots;$$

$$\int_{-\pi}^{\pi}\cos mx\cos nx\mathrm{d}x=0,\quad \int_{-\pi}^{\pi}\sin mx\sin nx\mathrm{d}x=0,\quad m,n=1,2,\cdots;$$

$$\int_{-\pi}^{\pi}1^2\mathrm{d}x=2\pi,\quad \int_{-\pi}^{\pi}\cos^2 nx\mathrm{d}x=\pi,\quad \int_{-\pi}^{\pi}\sin^2 nx\mathrm{d}x=\pi,\quad n=1,2,\cdots.$$

这个性质称为三角函数系（1）在区间$[-\pi,\pi]$上是正交的，三角函数系（1）的正交性是三角函数系优越性的源泉．

定义2 形如

$$\frac{a_0}{2}+a_1\cos x+b_1\sin x+a_2\cos 2x+b_2\sin 2x+\cdots+a_n\cos nx+b_n\sin nx+\cdots$$

的函数项级数称为三角级数，简写为

$$\frac{a_0}{2}+\sum_{n=1}^{\infty}a_n\cos nx+b_n\sin nx, \tag{2}$$

其中a_0、a_n、b_n $(n=1,2,\cdots)$为常数，称为三角级数的系数．

显然，三角级数（2）是以三角函数系（1）为基础所构成的一类特殊的函数项级数．由三角函数系（1）的性质可知，2π一定是三角级数（2）的和函数的周期．

二、函数的傅里叶级数

设 $f(x)$ 是以 2π 为周期的周期函数，且在区间 $[-\pi,\pi]$ 上可积．又假设 $f(x)$ 在 $[-\pi,\pi]$ 上可以展开成三角级数

$$f(x)=\frac{a_0}{2}+\sum_{n=1}^{\infty}a_n\cos nx+b_n\sin nx\text{，}\quad x\in[-\pi,\pi]\text{，}\tag{3}$$

且式（3）在 $[-\pi,\pi]$ 上一致地成立．

利用三角函数系的正交性可以求出展开式（3）中的全部系数．

首先，求 a_0．

对式（3）两边从 $-\pi$ 到 π 积分，并将右端逐项积分，得

$$\int_{-\pi}^{\pi}f(x)\mathrm{d}x=\int_{-\pi}^{\pi}\frac{a_0}{2}\mathrm{d}x+\sum_{n=1}^{\infty}a_n\int_{-\pi}^{\pi}\cos nx\mathrm{d}x+b_n\int_{-\pi}^{\pi}\sin nx\mathrm{d}x=a_0\pi\text{，}$$

所以

$$\boxed{a_0=\frac{1}{\pi}\int_{-\pi}^{\pi}f(x)\mathrm{d}x}\tag{4}$$

其次，求 $a_n\ (n=1,2,\cdots)$．

式（3）两边同乘以 $\cos nx$，而后两边从 $-\pi$ 到 π 积分，并将右端逐项积分，得

$$\int_{-\pi}^{\pi}f(x)\cos nx\mathrm{d}x=a_n\int_{-\pi}^{\pi}\cos^2 nx\mathrm{d}x=\pi a_n\text{，}$$

所以

$$\boxed{a_n=\frac{1}{\pi}\int_{-\pi}^{\pi}f(x)\cos nx\mathrm{d}x\text{，}\quad n=1,2,\cdots}\tag{5}$$

最后，求 $b_n\ (n=1,2,\cdots)$．

式（3）两边同乘以 $\sin nx$，而后两边从 $-\pi$ 到 π 积分，并将右端逐项积分，得

$$\int_{-\pi}^{\pi}f(x)\sin nx\mathrm{d}x=a_n=b_n\int_{-\pi}^{\pi}\sin^2 nx\mathrm{d}x=\pi b_n\text{，}$$

所以

$$\boxed{b_n=\frac{1}{\pi}\int_{-\pi}^{\pi}f(x)\sin nx\mathrm{d}x\text{，}\quad n=1,2,\cdots}\tag{6}$$

由此可知，如果函数 $f(x)$ 在 $[-\pi,\pi]$ 上能展开成三角级数（3），则其系数由式（4）～式（6）确定．

一般地，一个以 2π 为周期的函数 $f(x)$，如果它在 $[-\pi,\pi]$ 上可积，则总能形式地得到三角级数

$$\boxed{\frac{a_0}{2}+\sum_{n=1}^{\infty}a_n\cos nx+b_n\sin nx}\tag{7}$$

这里 a_0、a_n、$b_n\ (n=1,2,\cdots)$ 分别由式（4）～式（6）确定．

三角级数（7）称为函数 $f(x)$ 的傅里叶级数（Forrier series），其中 a_0、a_n、$b_n\ (n=1,2,\cdots)$ 称为函数 $f(x)$ 的傅里叶系数（Fourier coefficient），表示为

$$\boxed{f(x)\sim\frac{a_0}{2}+\sum_{n=1}^{\infty}a_n\cos nx+b_n\sin nx}$$

傅里叶级数（7）在 $[-\pi,\pi]$ 上是否一定收敛于 $f(x)$ 呢？答案是否定的．那么，在什么条

件之下，函数 $f(x)$ 的傅里叶级数在 $[-\pi,\pi]$ 上一定收敛于 $f(x)$ 呢？下面的收敛定理回答这一问题．

定理 1（狄利克雷 Dirichlet 充分条件） **设 $f(x)$ 是以 2π 为周期的周期函数．如果满足：**

（1）在一个周期内连续，或只有有限个第一类间断点；

（2）在一个周期内至多只有有限个极值点．

因此，函数 $f(x)$ 的傅里叶级数在 R 上收敛，并且

（1）当 x 是 $f(x)$ 的连续点时，级数收敛于 $f(x)$；

（2）当 x 是 $f(x)$ 的间断点时，级数收敛于 $\dfrac{f(x^-)+f(x^+)}{2}$，即

$$\frac{a_0}{2}+\sum_{n=1}^{\infty}a_n\cos nx+b_n\sin nx=\frac{f(x^-)+f(x^+)}{2},\quad x\in R.$$

定理 1 的条件是函数 $f(x)$ 可展开成傅里叶级数的充分条件．由于收敛定理的条件，对初等函数和实际问题中的分段函数一般都能满足，因此傅里叶级数具有广泛的应用性．

由周期函数的积分性质可知，函数 $f(x)$ 在长为 $[a,b]$ 的任意区间上有相同的傅里叶级数，所以往往只讨论一个长为 $[a,b]$ 的区间上函数 $f(x)$ 傅里叶级数的收敛情况．例如，选取区间 $[-\pi,\pi]$，根据定理 1，有

$$\frac{a_0}{2}+\sum_{n=1}^{\infty}a_n\cos nx+b_n\sin nx=\begin{cases}f(x), & x\in(-\pi,\pi)\text{为}f(x)\text{的连续点}\\ \dfrac{f(x^-)+f(x^+)}{2}, & x\in(-\pi,\pi)\text{为}f(x)\text{的间断点}\\ \dfrac{f(\pi^-)+f(-\pi^+)}{2}, & x=\pm\pi\end{cases}.$$

例 1 函数 $f(x)$ 是以 2π 为周期的周期函数，在 $(-\pi,\pi]$ 上的表达式为

$$f(x)=\begin{cases}a, & -\pi<x\leqslant 0\\ b, & 0<x\leqslant\pi\end{cases}\quad（a\text{与}b\text{是常数}），$$

把 $f(x)$ 展开成傅里叶级数．

解 函数 $f(x)$ 满足逐点收敛的充分条件，而点 $x=k\pi\ (k\in Z)$ 是它的第一类间断点，因此 $f(x)$ 的傅里叶级数，当 $x=k\pi$ 时，收敛于

$$\frac{f(0^-)+f(0^+)}{2}=\frac{a+b}{2}.$$

在其余 x 点处收敛于 $f(x)$．

下面来求函数 $f(x)$ 的傅里叶系数

$$a_0=\frac{1}{\pi}\int_{-\pi}^{\pi}f(x)\mathrm{d}x=\frac{1}{\pi}\left(\int_{-\pi}^{0}a\mathrm{d}x+\int_{0}^{\pi}b\mathrm{d}x\right)=a+b,$$

$$a_n=\frac{1}{\pi}\int_{-\pi}^{\pi}f(x)\cos nx\mathrm{d}x=\frac{1}{\pi}\left(\int_{-\pi}^{0}a\cos nx\mathrm{d}x+\int_{0}^{\pi}b\cos nx\mathrm{d}x\right)$$

$$=\frac{1}{\pi}\left[a\cdot\frac{1}{n}\sin nx\Big|_{-\pi}^{0}+b\cdot\frac{1}{n}\sin nx\Big|_{0}^{\pi}\right]=0,\quad n=1,2,\cdots,$$

$$b_n = \frac{1}{\pi}\int_{-\pi}^{\pi} f(x)\sin nx\mathrm{d}x = \frac{1}{\pi}\left(\int_{-\pi}^{0} a\sin nx\mathrm{d}x + \int_{0}^{\pi} b\sin nx\mathrm{d}x\right)$$

$$= \frac{1}{\pi}\left[a\cdot\frac{1}{n}(-\cos nx)\Big|_{-\pi}^{0} + b\cdot\frac{1}{n}(-\cos nx)\Big|_{0}^{\pi}\right] = \frac{[(-1)^n - 1](a-b)}{n\pi},\quad n = 1,2,\cdots,$$

所以

$$f(x) = \frac{a+b}{2} + \frac{a-b}{\pi}\sum_{n=1}^{\infty}\frac{[(-1)^n - 1]}{n}\sin nx$$

$$= \frac{a+b}{2} - \frac{2(a-b)}{\pi}(\sin x + \sin 3x + \sin 5x + \cdots),\quad x \in R, x \neq k\pi, k \in Z .$$

例 2 函数 $f(x)$ 是周期为 2π 的周期函数，它在 $[-\pi, \pi)$ 上的表达式为

$$f(x) = \begin{cases} x, & -\pi \leqslant x < 0 \\ 0, & 0 \leqslant x < \pi \end{cases},$$

把 $f(x)$ 展开成傅里叶级数.

解 函数 $f(x)$ 满足逐点收敛的充分条件，而点 $x = (2k+1)\pi$ $(k \in Z)$ 是它的第一类间断点，因此 $f(x)$ 的傅里叶级数在点 $x = (2k+1)\pi$ 处收敛于

$$\frac{f(-\pi^+) + f(\pi^-)}{2} = \frac{-\pi + 0}{2} = -\frac{\pi}{2}.$$

在其余 x 点处收敛于 $f(x)$. $f(x)$ 展开成傅里叶级数的和函数的图形如图 11-1 所示.

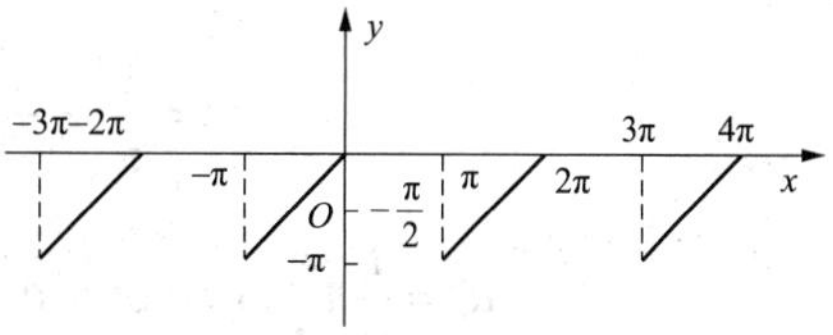

图 11-1

现计算傅里叶系数

$$a_0 = \frac{1}{\pi}\int_{-\pi}^{\pi} f(x)\mathrm{d}x = \frac{1}{\pi}\int_{-\pi}^{0} x\mathrm{d}x = \frac{1}{\pi}\cdot\frac{x^2}{2}\Big|_{-\pi}^{0} = -\frac{\pi}{2},$$

$$a_n = \frac{1}{\pi}\int_{-\pi}^{\pi} f(x)\cos nx\mathrm{d}x = \frac{1}{\pi}\int_{-\pi}^{0} x\cos nx\mathrm{d}x = \frac{1}{\pi}\left(\frac{x\sin nx}{n} + \frac{\cos nx}{n^2}\right)\Big|_{-\pi}^{0}$$

$$= \frac{1}{n^2\pi}(1 - \cos n\pi) = \begin{cases} \dfrac{2}{n^2\pi}, & n = 1, 3, 5, \cdots \\ 0, & n = 2, 4, 6, \cdots \end{cases},$$

$$b_n = \frac{1}{\pi}\int_{-\pi}^{\pi} f(x)\sin nx\mathrm{d}x = \frac{1}{\pi}\int_{-\pi}^{0} x\sin nx\mathrm{d}x = \frac{1}{\pi}\left(-\frac{x\cos nx}{n} + \frac{\sin nx}{n^2}\right)\Big|_{-\pi}^{0}$$

$$= -\frac{\cos n\pi}{n} = \frac{(-1)^{n+1}}{n},\quad n = 1, 2, 3, \cdots.$$

所以

$$f(x) = -\frac{\pi}{4} + \left(\frac{2}{\pi}\cos x + \sin x\right) - \frac{1}{2}\sin 2x + \left(\frac{2}{3^2\pi}\cos 3x + \sin 3x\right)$$

$$-\frac{1}{4}\sin 4x + \left(\frac{2}{5^2\pi}\cos 5x + \sin 5x\right) - \cdots,\quad x \in R, x \neq (2k+1)\pi, k \in Z .$$

以上讨论了如何将周期为 2π 的周期函数展开成傅里叶级数. 但是如果函数只在 $[-\pi,\pi]$ 上有定义，且满足收敛定理的条件，也可以将 $f(x)$ 展开成傅里叶级数. 一般可这样处理：在 $(-\pi,\pi]$ 或 $[-\pi,\pi)$ 以外补充函数 $f(x)$ 的定义，使它延拓为周期为 2π 的周期函数 $F(x)$（如图 11-2

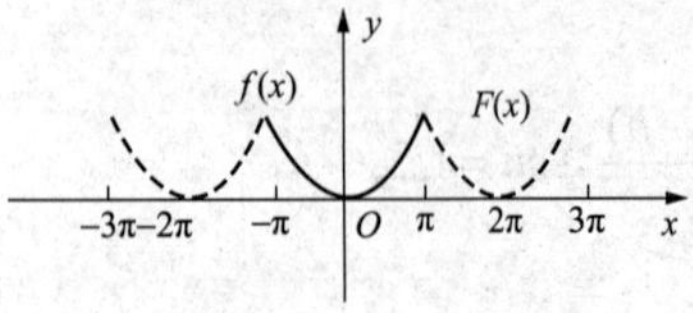

图 11-2

所示，其中实线部分为限制在$[-\pi,\pi)$上的图形，虚线为延拓部分的图形）．以这种方式拓广函数定义域的过程叫做函数的周期延拓．再将$F(x)$展开成傅里叶级数，最后限制 x 在$(-\pi,\pi)$内，此时$F(x)\equiv f(x)$，这样便得到了$f(x)$的傅里叶级数展开式．根据收敛定理，该级数在区间端点$x=\pm\pi$处收敛于$\dfrac{f(-\pi^{+})+f(\pi^{-})}{2}$．

例 3　将函数$f(x)=|x|$（$-\pi\leqslant x\leqslant\pi$）展开成傅里叶级数．

解　把函数$f(x)$延拓到R上的周期函数，并把它记为$F(x)$，则$F(x)$在$[-\pi,\pi]$上满足逐点收敛的充分条件，并由于$F(x)$处处连续，故它的傅里叶级数在$[-\pi,\pi]$上逐点收敛于$F(x)$，也即收敛于$f(x)$．

现计算傅里叶系数：

由于$f(x)\cos nx=|x|\cos nx$是偶函数，所以

$$a_0=\frac{1}{\pi}\int_{-\pi}^{\pi}f(x)\mathrm{d}x=\frac{1}{\pi}\int_{-\pi}^{0}(-x)\mathrm{d}x+\frac{1}{\pi}\int_{0}^{\pi}x\mathrm{d}x$$
$$=\frac{1}{\pi}\left(-\frac{x^2}{2}\right)\Bigg|_{-\pi}^{0}+\frac{1}{\pi}\left(-\frac{x^2}{2}\right)\Bigg|_{0}^{\pi}=\pi,$$

$$a_n=\frac{1}{\pi}\int_{-\pi}^{\pi}f(x)\cos nx\mathrm{d}x=\frac{2}{\pi}\int_{0}^{\pi}x\cos nx\mathrm{d}x=\frac{2}{\pi}\left(\frac{x\sin nx}{n}+\frac{\cos nx}{n^2}\right)\Bigg|_{0}^{\pi}$$
$$=\frac{2}{n^2\pi}(\cos n\pi-1)=\frac{2}{n^2\pi}[(-1)^n-1]=\begin{cases}-\dfrac{4}{n^2\pi}, & n=1,3,5,\cdots\\ 0, & n=2,4,6,\cdots\end{cases},$$

而$f(x)\sin nx=|x|\sin nx$是奇函数，所以

$$b_n=\frac{1}{\pi}\int_{-\pi}^{\pi}f(x)\sin nx\mathrm{d}x=0，\quad n=1,2,3,\cdots.$$

从而

$$f(x)=\frac{\pi}{2}-\frac{4}{\pi}\left(\cos x+\frac{1}{3^2}\cos 3x+\frac{1}{5^2}\cos 5x+\cdots\right),\quad x\in R.$$

利用这个展开式，可以求出几个特殊级数的和．当$x=0$时，$f(0)=0$，于是有

$$\frac{\pi^2}{8}=1+\frac{1}{3^2}+\frac{1}{5^2}+\cdots$$

设

$$\sigma=1+\frac{1}{2^2}+\frac{1}{3^2}+\frac{1}{4^2}+\frac{1}{5^2}+\cdots,\quad \sigma_1=1+\frac{1}{3^2}+\frac{1}{5^2}+\cdots\quad\left(=\frac{\pi^2}{8}\right),$$
$$\sigma_2=\frac{1}{2^2}+\frac{1}{4^2}+\frac{1}{6^2}+\cdots,\quad \sigma_3=1-\frac{1}{2^2}+\frac{1}{3^2}-\frac{1}{4^2}+\frac{1}{5^2}-\cdots,$$

因为

$$\sigma_2=\frac{\sigma}{4}=\frac{\sigma_1+\sigma_2}{4},$$

所以

$$\sigma_2=\frac{\sigma_1}{3}=\frac{\pi^2}{24},$$

$$\sigma=\sigma_1+\sigma_2=\frac{\pi^2}{6},$$

$$\sigma_3=2\sigma_1-\sigma=\frac{\pi^2}{12}.$$

三、正弦级数和余弦级数

1. 奇偶函数的傅里叶级数

设 $f(x)$ 是以 2π 为周期的奇函数，且在 $[-\pi,\pi]$ 上可积，则当 $f(x)$ 展开成傅里叶级数时

$$a_0=\frac{1}{\pi}\int_{-\pi}^{\pi}f(x)\mathrm{d}x=0,$$

$$a_n=\frac{1}{\pi}\int_{-\pi}^{\pi}f(x)\cos nx\mathrm{d}x=0,\quad n=1,2,\cdots,$$

$$b_n=\frac{1}{\pi}\int_{-\pi}^{\pi}f(x)\sin nx\mathrm{d}x=\frac{2}{\pi}\int_{0}^{\pi}f(x)\sin nx\mathrm{d}x,\quad n=1,2,\cdots.$$

所以

$$f(x)=\sum_{n=1}^{\infty}b_n\sin nx,$$

其中

$$b_n=\frac{2}{\pi}\int_{0}^{\pi}f(x)\sin nx\mathrm{d}x,\quad n=1,2,\cdots.$$

此傅里叶级数只含有正弦函数的项，称为正弦级数．显然，奇函数的傅里叶级数为正弦级数.

设 $f(x)$ 是以 2π 为周期的偶函数，且在 $[-\pi,\pi]$ 上可积，则当 $f(x)$ 展开成傅里叶级数时

$$a_0=\frac{1}{\pi}\int_{-\pi}^{\pi}f(x)\mathrm{d}x=\frac{2}{\pi}\int_{0}^{\pi}f(x)\mathrm{d}x,$$

$$a_n=\frac{1}{\pi}\int_{-\pi}^{\pi}f(x)\cos nx\mathrm{d}x=\frac{2}{\pi}\int_{0}^{\pi}f(x)\cos nx\mathrm{d}x,\quad n=1,2,\cdots,$$

$$b_n=\frac{1}{\pi}\int_{-\pi}^{\pi}f(x)\sin nx\mathrm{d}x=0,\quad n=1,2,\cdots.$$

所以

$$f(x)=\frac{a_0}{2}+\sum_{n=1}^{\infty}a_n\cos nx,$$

其中

$$a_0=\frac{2}{\pi}\int_{0}^{\pi}f(x)\mathrm{d}x,\quad a_n=\frac{2}{\pi}\int_{0}^{\pi}f(x)\cos nx\mathrm{d}x,\quad n=1,2,\cdots.$$

此傅里叶级数只含有余弦函数的项，称为余弦级数．显然，偶函数的傅里叶级数为余弦级数.

例 4 设 $f(x)$ 是以 2π 为周期的周期函数，它在区间 $(-\pi,\pi]$ 上的表达式为

$$f(x)=\begin{cases}-\pi-x, & -\pi<x<0\\ 0, & x=0\\ \pi-x, & 0<x\leqslant\pi\end{cases},$$

将 $f(x)$ 展开成傅里叶级数.

解　因为 $f(x)$ 在 $(-\pi,\pi]$ 上满足收敛定理的条件，当 $x=0$ 时，傅里叶级数收敛于

$$\frac{f(0^-)+f(0^+)}{2}=\frac{-\pi+\pi}{2}=0 .$$

当 $x=\pm\pi$ 时，傅里叶级数收敛于

$$\frac{f(\pi^-)+f(\pi^+)}{2}=0 .$$

因 $f(x)$ 在 $(-\pi,\pi)$ 是奇函数，傅里叶系数计算如下

$$a_0=0,\quad a_n=0,\quad n=1,2,\cdots,$$

$$\begin{aligned}b_n&=\frac{2}{\pi}\int_0^{\pi}f(x)\sin nx\mathrm{d}x=\frac{2}{\pi}\int_0^{\pi}(\pi-x)\sin nx\mathrm{d}x\\&=\frac{2}{\pi}\left[\pi\cdot\frac{1}{n}(-\cos nx)\Big|_0^{\pi}-\left(x\cdot\frac{1}{n}(-\cos nx)+\frac{1}{n^2}\sin nx\right)\Big|_0^{\pi}\right]\\&=\frac{2}{\pi}\left[\frac{[1-(-1)^n]\pi}{n}+\frac{(-1)^n\pi}{n}\right]=\frac{2}{n},\quad n=1,2,\cdots,\end{aligned}$$

所以

$$f(x)=\sum_{n=1}^{\infty}\frac{2}{n}\sin nx .$$

例 5　将函数 $f(x)=\begin{cases}1+\dfrac{2}{\pi}x, & -\pi\leqslant x<0\\ 1-\dfrac{2}{\pi}x, & 0\leqslant x<\pi\end{cases}$ 展开成傅里叶级数.

解　因为 $f(x)$ 在 $[-\pi,\pi)$ 上满足收敛定理的条件，当 $x=\pm\pi$ 时，傅里叶级数收敛于

$$\frac{f(\pi^-)+f(\pi^+)}{2}=\frac{-1-1}{2}=-1 .$$

因为函数 $f(x)$ 在 $(-\pi,\pi)$ 是偶函数，所以

$$a_0=\frac{2}{\pi}\int_{-\pi}^{\pi}f(x)\mathrm{d}x=\frac{2}{\pi}\int_0^{\pi}\left(1-\frac{2}{\pi}x\right)\mathrm{d}x=\frac{2}{\pi}\left(x-\frac{2}{\pi}\cdot\frac{1}{2}x^2\right)\Big|_0^{\pi}=0,$$

$$\begin{aligned}a_n&=\frac{2}{\pi}\int_0^{\pi}f(x)\cos nx\mathrm{d}x=\frac{2}{\pi}\int_0^{\pi}\left(1-\frac{2}{\pi}x\right)\cos nx\mathrm{d}x\\&=\frac{2}{\pi}\left[\left(1-\frac{2}{\pi}x\right)\cdot\frac{1}{n}\sin nx\Big|_0^{\pi}+\frac{2}{n\pi}\int_0^{\pi}\sin nx\mathrm{d}x\right]=\frac{2}{\pi}\cdot\frac{2}{n\pi}\left(-\frac{1}{n}\cos nx\right)\Big|_0^{\pi}\\&=\frac{4}{n^2\pi^2}[1-(-1)^n]=\begin{cases}\dfrac{8}{n^2\pi^2}, & n\text{为奇数}\\ 0, & n\text{为偶数}\end{cases},\quad n=1,2,\cdots,\end{aligned}$$

$$b_n=0,\quad n=1,2,\cdots,$$

所以

$$f(x)=\sum_{n=1}^{\infty}\frac{8}{(2n-1)^2\pi^2}\cos(2n-1)x .$$

由于正弦级数和余弦级数具有比较简单的形式，所以在实际应用中，常将所给函数在指定区间上展开成正弦级数或余弦级数．

2. 函数的奇延拓和偶延拓

设函数 $f(x)$ 只定义在 $[0,\pi]$ 上，要求将 $f(x)$ 展开成正弦级数．由于奇函数的傅里叶级数为正弦级数，所以要将 $f(x)$ 延拓到 $(-\pi,\pi]$，得到 $(-\pi,\pi)$ 上的奇函数

$$F(x)=\begin{cases} f(x), & 0<x\leqslant \pi \\ 0, & x=0 \\ -f(-x), & -\pi<x<0 \end{cases},$$

这种延拓称为奇延拓．

因为

$$a_0=0\,,\quad a_n=0\,,\quad n=1,2,\cdots,$$

$$b_n=\frac{1}{\pi}\int_{-\pi}^{\pi}F(x)\sin nx\mathrm{d}x=\frac{2}{\pi}\int_0^{\pi}f(x)\sin nx\mathrm{d}x\,,\quad n=1,2,\cdots,$$

所以

$$F(x)=\sum_{n=1}^{\infty}b_n\sin nx\,.$$

当 $x\in[0,\pi]$ 时，$F(x)\equiv f(x)$．于是

$$f(x)=\sum_{n=1}^{\infty}b_n\sin nx\,,\quad 0\leqslant x\leqslant \pi\,,$$

其中 $b_n=\dfrac{2}{\pi}\displaystyle\int_0^{\pi}f(x)\sin nx\mathrm{d}x$，$n=1,2,\cdots$．

设函数 $f(x)$ 只定义在 $[0,\pi]$ 上，要求将 $f(x)$ 展开成余弦级数．由于偶函数的傅里叶级数为余弦级数，所以要将 $f(x)$ 延拓到 $(-\pi,\pi]$，得到 $(-\pi,\pi)$ 上的偶函数

$$F(x)=\begin{cases} f(x), & 0\leqslant x\leqslant \pi \\ f(-x), & -\pi<x<0 \end{cases},$$

这种延拓称为偶延拓．

因为

$$a_0=\frac{1}{\pi}\int_{-\pi}^{\pi}F(x)\mathrm{d}x=\frac{2}{\pi}\int_0^{\pi}f(x)\mathrm{d}x\,,$$

$$a_n=\frac{1}{\pi}\int_{-\pi}^{\pi}F(x)\cos nx\mathrm{d}x=\frac{2}{\pi}\int_0^{\pi}f(x)\cos nx\mathrm{d}x\,,\quad n=1,2,\cdots,$$

$$b_n=0\,,\quad n=1,2,\cdots,$$

所以

$$F(x)=\frac{a_0}{2}+\sum_{n=1}^{\infty}a_n\cos nx\,.$$

当 $x\in[0,\pi]$ 时，$F(x)\equiv f(x)$．于是

$$f(x)=\frac{a_0}{2}+\sum_{n=1}^{\infty}a_n\cos nx\,,\quad 0\leqslant x\leqslant \pi\,,$$

其中 $a_0=\dfrac{2}{\pi}\int_0^{\pi}f(x)\mathrm{d}x$， $a_n=\dfrac{2}{\pi}\int_0^{\pi}f(x)\cos nx\mathrm{d}x$， $n=1,2,\cdots$.

例 6 将函数 $f(x)=\begin{cases}\dfrac{\pi}{4}, & 0<x\leqslant\pi\\ 0, & x=0\end{cases}$ 在上 $[0,\pi]$ 展开成正弦级数.

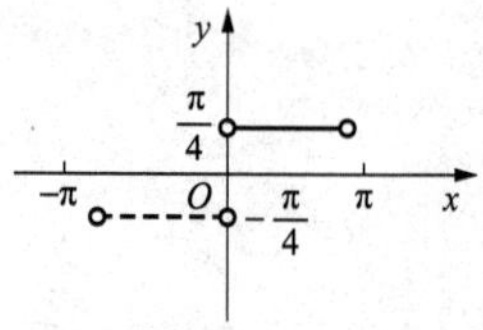

图 11-3

解 函数 $f(x)$ 只定义在 $[0,\pi]$ 上，要求将 $f(x)$ 展开成正弦级数. 由于奇函数的傅里叶级数为正弦级数，所以要将 $f(x)$ 奇延拓到 $(-\pi,\pi]$，得到 $(-\pi,\pi)$ 上的奇函数（见图 11-3）.

$$F(x)=\begin{cases}f(x), & 0\leqslant x\leqslant\pi\\ -f(-x), & -\pi<x<0\end{cases},$$

此时有

$$a_n=0，\quad n=0,1,2,\cdots$$

$$b_n=\frac{1}{\pi}\int_{-\pi}^{\pi}F(x)\sin nx\mathrm{d}x=\frac{2}{\pi}\int_0^{\pi}\frac{\pi}{4}\sin nx\mathrm{d}x=\frac{1}{2}\cdot\frac{1}{n}(-\cos nx)\Big|_0^{\pi}$$

$$=\frac{1}{2n}[1-(-1)^n]=\begin{cases}\dfrac{1}{n}, & n\text{为奇数}\\ 0, & n\text{为偶数}\end{cases}，\quad n=1,2,\cdots,$$

所以

$$f(x)=\sum_{n=1}^{\infty}\frac{1}{2n-1}\sin(2n-1)x.$$

由收敛定理可知

$$f(x)=\sum_{n=1}^{\infty}\frac{8}{(2n-1)^2\pi^2}\cos(2n-1)x，\quad 0<x<\pi.$$

当 $x=0$ 时，傅里叶级数收敛于

$$\frac{1}{2}\left[\left(-\frac{\pi}{4}\right)+\frac{\pi}{4}\right]=0.$$

当 $x=\pi$ 时，傅里叶级数收敛于

$$\frac{1}{2}\left[\left(-\frac{\pi}{4}\right)+\frac{\pi}{4}\right]=0.$$

例 7 将函数 $f(x)=x+2$ 在 $[0,\pi]$ 上展开成正弦级数和余弦级数.

解 （1）首先展开成正弦级数. 对函数 $f(x)$ 进行奇延拓，得到 $(-\pi,\pi)$ 上的奇函数 $F(x)$（见图 11-4）

$$F(x)=\begin{cases}f(x), & 0\leqslant x\leqslant\pi,\\ -f(-x), & -\pi<x<0,\end{cases}$$

此时有

$$a_n=0，\quad n=0,1,2,\cdots$$

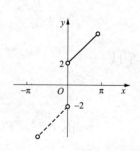

图 11-4

$$b_n = \frac{1}{\pi}\int_{-\pi}^{\pi} F(x)\sin nx\mathrm{d}x = \frac{2}{\pi}\int_0^{\pi}(x+2)\sin nx\mathrm{d}x$$

$$= \frac{2}{\pi}\left(-\frac{x\cos nx}{n} + \frac{\sin nx}{n^2} - \frac{2\cos nx}{n}\right)\Bigg|_0^{\pi}$$

$$= \frac{2}{n\pi}[2-(\pi+2)\cos n\pi] = \begin{cases} \dfrac{2(\pi+4)}{n\pi}, & n\text{为奇数} \\ -\dfrac{2}{n}, & n\text{为偶数} \end{cases}, \quad n=1,2,\cdots,$$

所以

$$f(x) = \sum_{n=1}^{\infty} b_n \sin nx$$

$$= \frac{2}{\pi}\left[(\pi+4)\sin x - \frac{\pi}{2}\sin 2x + \frac{1}{3}(\pi+4)\sin 3x - \frac{\pi}{4}\sin 4x + \cdots\right], \quad 0<x<\pi .$$

（2）再展开成余弦级数．对函数 $f(x)$ 进行偶延拓，得到 $(-\pi,\pi)$ 上的偶函数 $F(x)$（见图 11-5）

$$F(x) = \begin{cases} f(x), & 0 \leqslant x \leqslant \pi \\ f(-x), & -\pi < x < 0 \end{cases},$$

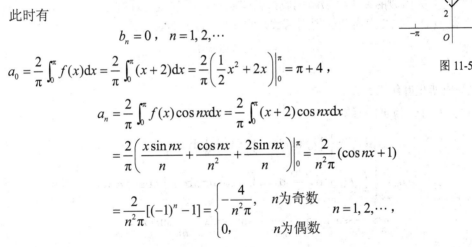

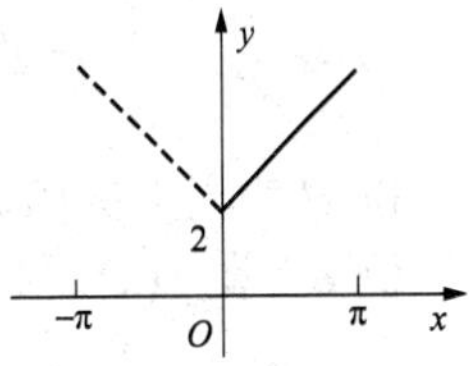

图 11-5

此时有

$$b_n = 0，\quad n=1,2,\cdots$$

$$a_0 = \frac{2}{\pi}\int_0^{\pi} f(x)\mathrm{d}x = \frac{2}{\pi}\int_0^{\pi}(x+2)\mathrm{d}x = \frac{2}{\pi}\left(\frac{1}{2}x^2+2x\right)\Bigg|_0^{\pi} = \pi+4，$$

$$a_n = \frac{2}{\pi}\int_0^{\pi} f(x)\cos nx\mathrm{d}x = \frac{2}{\pi}\int_0^{\pi}(x+2)\cos nx\mathrm{d}x$$

$$= \frac{2}{\pi}\left(\frac{x\sin nx}{n} + \frac{\cos nx}{n^2} + \frac{2\sin nx}{n}\right)\Bigg|_0^{\pi} = \frac{2}{n^2\pi}(\cos n\pi + 1)$$

$$= \frac{2}{n^2\pi}[(-1)^n - 1] = \begin{cases} -\dfrac{4}{n^2\pi}, & n\text{为奇数} \\ 0, & n\text{为偶数} \end{cases} \quad n=1,2,\cdots,$$

所以

$$f(x) = \frac{\pi+4}{2} - \sum_{n=1}^{\infty} a_n \cos nx$$

$$= \frac{\pi}{2} + 2 - \frac{4}{\pi}\left(\cos x + \frac{1}{3^2}\cos 3x + \frac{1}{5^2}\cos 5x + \cdots\right), \quad 0 \leqslant x \leqslant \pi .$$

四、以 $2l$ 为周期的函数的傅里叶级数

上面讨论了以 2π 为周期的函数的傅里叶级数展开问题，然而，在实际问题中所遇到的周期函数更多的不是以 2π 为周期而是以 $2l$ 为周期．下面讨论以 $2l$ 为周期的函数的傅里叶级数展开问题．

设 $f(x)$ 是以 $2l$ 为周期的周期函数，且在长为 $2l$ 的区间 $[-l,l]$ 上可积．作变量替换 $x=\dfrac{l}{\pi}y$，

代入 $f(x)$ 中，令

$$f(x)=f\left(\frac{l}{\pi}y\right)=g(y),$$

则 $g(y)$ 是以 2π 为周期的周期函数，且在区间 $[-\pi,\pi]$ 上可积．利用前面的结果，有

$$g(y)=\frac{a_0}{2}+\sum_{n=1}^{\infty}a_n\cos ny+b_n\sin ny,$$

回到原来的变量，即将 $y=\dfrac{\pi}{l}x$ 代入上式，得到

$$f(x)=\frac{a_0}{2}+\sum_{n=1}^{\infty}a_n\cos\frac{n\pi x}{l}+b_n\sin\frac{n\pi x}{l},$$

其中

$$a_0=\frac{1}{\pi}\int_{-\pi}^{\pi}g(y)\mathrm{d}y=\frac{1}{l}\int_{-l}^{l}f(x)\mathrm{d}x,$$

$$a_n=\frac{1}{\pi}\int_{-\pi}^{\pi}g(y)\cos ny\mathrm{d}y=\frac{1}{l}\int_{-l}^{l}f(x)\cos\frac{n\pi x}{l}\mathrm{d}x,\quad n=1,2,\cdots,$$

$$b_n=\frac{1}{\pi}\int_{-\pi}^{\pi}g(y)\sin ny\mathrm{d}y=\frac{1}{l}\int_{-l}^{l}f(x)\sin\frac{n\pi x}{l}\mathrm{d}x,\quad n=1,2,\cdots.$$

以 $2l$ 为周期的函数的傅里叶级数的收敛性仍然可以用收敛定理判定．

例 8 设 $f(x)$ 是以 2 为周期的周期函数，它在 $[-1,1)$ 上的表达式为

$$f(x)=\begin{cases}x, & -1\leqslant x<0\\ 1, & 0\leqslant x<1\end{cases},$$

将 $f(x)$ 展开成傅里叶级数．

解 已知 $l=1$，傅里叶系数为

$$a_0=\frac{1}{1}\int_{-1}^{1}f(x)\mathrm{d}x=\int_{-1}^{0}x\mathrm{d}x+\int_{0}^{1}\mathrm{d}x=\frac{1}{2},$$

$$\begin{aligned}a_n&=\frac{1}{1}\int_{-1}^{1}f(x)\cos\frac{n\pi x}{1}\mathrm{d}x=\int_{-1}^{0}x\cos n\pi x\mathrm{d}x+\int_{0}^{1}\cos n\pi x\mathrm{d}x\\&=x\cdot\frac{1}{n\pi}\sin n\pi x\Big|_{-1}^{0}-\frac{1}{n\pi}\int_{-1}^{0}\sin n\pi x\mathrm{d}x+\frac{1}{n\pi}\sin n\pi x\Big|_{0}^{1}\\&=\frac{1}{n^2\pi^2}\cos n\pi x\Big|_{1}^{0}=\frac{1-(-1)^n}{n^2\pi^2},\quad n=1,2,\cdots,\end{aligned}$$

$$\begin{aligned}b_n&=\frac{1}{1}\int_{-1}^{1}f(x)\sin\frac{n\pi x}{1}\mathrm{d}x=\int_{-1}^{0}x\sin n\pi x\mathrm{d}x+\int_{0}^{1}\sin n\pi x\mathrm{d}x\\&=x\cdot\frac{1}{n\pi}(-\cos n\pi x)\Big|_{-1}^{0}+\frac{1}{n\pi}\int_{-1}^{0}\sin n\pi x\mathrm{d}x+\frac{1}{n\pi}(-\cos n\pi x)\Big|_{0}^{1}\\&=-\frac{(-1)^n}{n\pi}+\frac{1}{n^2\pi^2}\sin n\pi x\Big|_{-1}^{0}-\frac{(-1)^n}{n\pi}+\frac{1}{n\pi}=\frac{1-(-1)^n2}{n\pi},\quad n=1,2,\cdots,\end{aligned}$$

所以

$$f(x)=\frac{1}{4}+\sum_{n=1}^{\infty}\left[\frac{1-(-1)^n}{n^2\pi^2}\cos n\pi x+\frac{1-(-1)^n2}{n\pi}\sin n\pi x\right].$$

由于 $f(x)$ 满足收敛定理的条件，故

$$f(x)=\frac{1}{4}+\sum_{n=1}^{\infty}\left[\frac{1-(-1)^n}{n^2\pi^2}\cos n\pi x+\frac{1-(-1)^n 2}{n\pi}\sin n\pi x\right],\quad 0<|x|<1 .$$

当 $x=0$ 时，傅里叶级数收敛于 $\frac{1}{2}(0+1)=\frac{1}{2}$.

当 $x=\pm 1$ 时，傅里叶级数收敛于 $\frac{1}{2}[1+(-1)]=0$.

例 9 将函数 $f(x)=x$ 在 $[0,2]$ 上分别展开成正弦级数和余弦级数.

解 先展开成正弦级数．因为

$$\begin{aligned}b_n&=\frac{2}{2}\int_0^2 f(x)\sin\frac{n\pi x}{2}\mathrm{d}x=\int_0^2 x\sin\frac{n\pi x}{2}\mathrm{d}x\\&=x\cdot\frac{2}{n\pi}\left(-\cos\frac{n\pi x}{2}\right)\Bigg|_0^2+\frac{2}{n\pi}\int_0^2\cos\frac{n\pi x}{2}\mathrm{d}x\\&=(-1)^{n+1}\frac{4}{n\pi}+\frac{4}{n^2\pi^2}\sin\frac{n\pi x}{2}\Bigg|_0^2=(-1)^{n+1}\frac{4}{n\pi},\quad n=1,2,\cdots,\end{aligned}$$

由收敛定理可知

$$f(x)=\frac{4}{\pi}\sum_{n=1}^{\infty}\frac{(-1)^{n+1}}{n}\sin\frac{n\pi x}{2},\quad 0\leqslant x<2 .$$

当 $x=2$ 时，傅里叶级数收敛于 $\frac{1}{2}[2+(-2)]=0$.

再展开成余弦级数．因为

$$a_0=\frac{2}{2}\int_0^2 f(x)\mathrm{d}x=\int_0^2 x\mathrm{d}x=\frac{1}{2}x^2\Big|_0^2=2 ,$$

$$\begin{aligned}a_n&=\frac{2}{2}\int_0^2 f(x)\cos\frac{n\pi x}{2}\mathrm{d}x=\int_0^2 x\cos\frac{n\pi x}{2}\mathrm{d}x\\&=x\cdot\frac{2}{n\pi}\sin\frac{n\pi x}{2}\Bigg|_0^2-\frac{2}{n\pi}\int_0^2\sin\frac{n\pi x}{2}\mathrm{d}x\\&=\frac{4}{n^2\pi^2}\cos\frac{n\pi x}{2}\Bigg|_0^2=\frac{4}{n^2\pi^2}[(-1)^n-1],\quad n=1,2,\cdots,\end{aligned}$$

由收敛定理可知

$$f(x)=1+\frac{4}{\pi^2}\sum_{n=1}^{\infty}\frac{(-1)^n-1}{n^2}\cos\frac{n\pi x}{2},\quad 0\leqslant x<2 .$$

当 $x=2$ 时，傅里叶级数收敛于 $\frac{1}{2}(2+2)=2$.

*五、傅里叶级数的复数形式

设以 $2l$ 为周期的函数 $f(x)$ 的傅里叶级数为

$$f(x)=\frac{a_0}{2}+\sum_{n=1}^{\infty}\left(a_n\cos\frac{n\pi x}{l}+b_n\sin\frac{n\pi x}{l}\right)\tag{8}$$

其中

$$a_0=\frac{1}{l}\int_{-l}^{l}f(x)\mathrm{d}x \tag{9}$$

$$a_n=\frac{1}{l}\int_{-l}^{l}f(x)\cos\frac{n\pi x}{l}\mathrm{d}x\,,\quad n=1,2,\cdots \tag{10}$$

$$b_n=\frac{1}{l}\int_{-l}^{l}f(x)\sin\frac{n\pi x}{l}\mathrm{d}x\,,\quad n=1,2,\cdots \tag{11}$$

利用欧拉公式，有

$$\cos\frac{n\pi x}{l}=\frac{\mathrm{e}^{i\frac{n\pi x}{l}}+\mathrm{e}^{-i\frac{n\pi x}{l}}}{2}\,,\quad \sin\frac{n\pi x}{l}=\frac{\mathrm{e}^{i\frac{n\pi x}{l}}-\mathrm{e}^{-i\frac{n\pi x}{l}}}{2i}\,,$$

代入（8）式，得

$$\begin{aligned}f(x)&=\frac{a_0}{2}+\sum_{n=1}^{\infty}\left[\frac{a_n}{2}\left(\mathrm{e}^{i\frac{n\pi x}{l}}+\mathrm{e}^{-i\frac{n\pi x}{l}}\right)-\frac{ib_n}{2}\left(\mathrm{e}^{i\frac{n\pi x}{l}}+\mathrm{e}^{-i\frac{n\pi x}{l}}\right)\right]^{i\frac{n\pi x}{l}}\\&=\frac{a_0}{2}+\sum_{n=1}^{\infty}\frac{a_n-ib_n}{2}\mathrm{e}^{i\frac{n\pi x}{l}}+\frac{a_n+ib_n}{2}\mathrm{e}^{-i\frac{n\pi x}{l}}\\&=c_0+\sum_{n=1}^{\infty}\left(c_n\mathrm{e}^{i\frac{n\pi x}{l}}+c_{-n}\mathrm{e}^{-i\frac{n\pi x}{l}}\right)\end{aligned} \tag{12}$$

由式（9）～式（11）可得

$$c_0=\frac{a_0}{2}=\frac{1}{2l}\int_{-l}^{l}f(x)\mathrm{d}x \tag{13}$$

$$\begin{aligned}c_n&=\frac{a_n-ib_n}{2}=\frac{1}{2l}\int_{-l}^{l}f(x)\left(\cos\frac{n\pi x}{l}-i\sin\frac{n\pi x}{l}\right)\mathrm{d}x\\&=\frac{1}{2l}\int_{-l}^{l}f(x)\mathrm{e}^{-i\frac{n\pi x}{l}}\mathrm{d}x\,,n=1,2,\cdots\end{aligned} \tag{14}$$

$$c_{-n}=\frac{a_n+i\,b_n}{2}=\frac{1}{2l}\int_{-l}^{l}f(x)\left(\cos\frac{n\pi x}{l}+i\sin\frac{n\pi x}{l}\right)\mathrm{d}x$$

$$\begin{aligned}c_{-n}&=\frac{a_n+ib_n}{2}=\frac{1}{2l}\int_{-l}^{l}f(x)\left(\cos\frac{n\pi x}{l}+i\sin\frac{n\pi x}{l}\right)\mathrm{d}x\\&=\frac{1}{2l}\int_{-l}^{l}f(x)\mathrm{e}^{i\frac{n\pi x}{l}}\mathrm{d}x\,,n=1,2,\cdots\end{aligned} \tag{15}$$

级数（12）可写成

$$f(x)=\sum_{n=-\infty}^{+\infty}c_n\mathrm{e}^{i\frac{n\pi x}{l}} \tag{16}$$

其中

$$c_n=\frac{1}{2l}\int_{-l}^{l}f(x)\mathrm{e}^{-i\frac{n\pi x}{l}}\mathrm{d}x\,,\quad n=0,\pm1,\pm2,\cdots \tag{17}$$

级数（16）称为函数 $f(x)$ 的傅里叶级数的复数形式，系数 c_n $(n=0,\pm1,\pm2,\cdots)$ 称为傅里叶系数的复数形式.

傅里叶级数的两种形式本质上是一样的，但复数形式的形状比较简单，且运算也较为方便.

例 10 将以 2 为周期的函数 $f(x)=\begin{cases} x, & -1\leqslant x<0 \\ 1, & 0\leqslant x<1 \end{cases}$ 展开成复数形式的傅里叶级数.

解 $l=1$. 由式（17），傅里叶系数为

$$c_0=\frac{1}{2l}\int_{-l}^{l} f(x)\mathrm{d}x\frac{1}{2}\left[\int_{-1}^{0} x\mathrm{d}x+\int_{0}^{1}\mathrm{d}x\right]=\frac{1}{4} \tag{18}$$

$$c_n=\frac{1}{2l}\int_{-l}^{l} f(x)\mathrm{e}^{-i\frac{n\pi x}{l}}\mathrm{d}x=\frac{1}{2}\left(\int_{-1}^{0} x\mathrm{e}^{-i\frac{n\pi x}{l}}\mathrm{d}x+\int_{0}^{1}\mathrm{e}^{-in\pi x}\mathrm{d}x\right)$$

$$=\frac{1}{2}\left[\left(x\cdot\left(-\frac{1}{n\pi i}\right)\mathrm{e}^{-in\pi x}+\frac{1}{n^2\pi^2}\mathrm{e}^{-in\pi x}\right)\Bigg|_{-1}^{0}-\frac{1}{n\pi i}\mathrm{e}^{-in\pi x}\Bigg|_{0}^{1}\right]$$

$$=\frac{1}{2}\left[\frac{1-(-1)^n}{n^2\pi^2}+\frac{1-(-1)^n 2}{n\pi i}\right],\quad n=0,\pm 1,\pm 2,\cdots \tag{19}$$

由收敛定理可知

$$f(x)=\frac{1}{4}+\sum_{\substack{n=-\infty\\ n\neq 0}}^{+\infty}\frac{1}{2}\left[\frac{1-(-1)^n}{n^2\pi^2}+\frac{1-(-1)^n 2}{n\pi i}\right]\mathrm{e}^{in\pi x},\quad 0<|x|<1.$$

当 $x=0$ 时，傅里叶级数收敛于 $\frac{1}{2}(0+1)=\frac{1}{2}$.

当 $x=\pm 1$ 时，傅里叶级数收敛于 $\frac{1}{2}[1+(-1)]=0$.

由傅里叶级数的复数形式，也容易得到它的实数形式. 由式（13）～式（15）可知

$$a_0=2c_0,\quad a_n=c_n+c_{-n},\quad b_n=i(c_n-c_{-n}),\quad n=1,2,\cdots.$$

由式（18）和式（19）可得

$$a_0=\frac{1}{2},\quad a_n=\frac{1-(-1)^n}{n^2\pi^2},\quad b_n=\frac{1-(-1)^n 2}{n\pi},\quad n=1,2,\cdots.$$

于是，函数 $f(x)$ 的实数形式的傅里叶级数为

$$f(x)=\frac{1}{4}+\sum_{\substack{n=-\infty\\ n\neq 0}}^{+\infty}\left[\frac{1-(-1)^n}{n^2\pi^2}\cos n\pi x+\frac{1-(-1)^n 2}{n\pi}\sin n\pi x\right],$$

此即例 8 给出的结果.

习 题 11-6

1．将下列函数在指定的区间展开成傅里叶级数.

（1）$f(x)=\begin{cases} bx, & -\pi\leqslant x<0 \\ ax, & 0\leqslant x<\pi \end{cases}$（$a$，$b$ 为常数，且 $a>b>0$）；

（2）$f(x)=\mathrm{e}^x$，$-\pi\leqslant x<\pi$；

（3）$f(x)=|\cos x|$，$0\leqslant x<2\pi$；

（4）$f(x)=\begin{cases} x, & -\dfrac{\pi}{2}\leqslant x<\dfrac{\pi}{2} \\ \pi-x, & \dfrac{\pi}{2}\leqslant x<\dfrac{3\pi}{2} \end{cases}$.

2．将下列函数展开成傅里叶级数．

（1）$f(x)=\begin{cases} -1, & -\pi\leqslant x<0 \\ 1, & 0\leqslant x<\pi \end{cases}$；

（2）$f(x)=x^2$，$-\pi<x\leqslant\pi$；

（3）$f(x)=\begin{cases} -\dfrac{\pi}{2}, & -\pi\leqslant x<-\dfrac{\pi}{2} \\ x, & -\dfrac{\pi}{2}\leqslant x<\dfrac{\pi}{2} \\ \dfrac{\pi}{2}, & \dfrac{\pi}{2}\leqslant x<\pi \end{cases}$.

3．将函数 $f(x)=\begin{cases} 2x, & 0\leqslant x<\dfrac{\pi}{2} \\ \pi, & \dfrac{\pi}{2}\leqslant x<\pi \end{cases}$ 在 $[0,\pi]$ 上展开成正弦级数．

4．将函数 $f(x)=\begin{cases} \cos x, & 0\leqslant x<\dfrac{\pi}{2} \\ 0, & \dfrac{\pi}{2}\leqslant x\leqslant\pi \end{cases}$ 在 $[0,\pi]$ 上展开成余弦级数．

5．将函数 $f(x)=\dfrac{\pi-x}{2}$ 在 $[0,\pi]$ 上分别展开成正弦级数和余弦级数．

6．设 $f(x)$ 是以 2 为周期的周期函数，它在 $[-1,1)$ 上的表达式为

$$f(x)=\begin{cases} 0, & -1\leqslant x<0 \\ x^2, & 0\leqslant x<1 \end{cases},$$

将 $f(x)$ 展开成傅里叶级数．

7．将函数 $f(x)=2+|x|$ $(-1<x\leqslant1)$ 展开成以 2 为周期的傅里叶级数．

8．将函数 $f(x)=-x$ $(-1<x\leqslant1)$ 展开成以 2 为周期的傅里叶级数．

9．将函数 $f(x)=\begin{cases} x, & 0\leqslant x<1 \\ 2-x, & 1\leqslant x\leqslant2 \end{cases}$ 分别展开成正弦级数和余弦级数．

10．将以 2 为周期的函数 $f(x)=\mathrm{e}^{-x}(-1\leqslant x<1)$ 展开成复数形式的傅里叶级数．

11．设 $f(x)$ 是以 6 为周期的周期函数，它在 $[-3,3)$ 上的表达式为

$$f(x)=\begin{cases} 0, & -3\leqslant x\leqslant-1 \\ \pi, & -1<x<1 \\ 0, & 1\leqslant x<3 \end{cases},$$

将 $f(x)$ 展开成复数形式的傅里叶级数．

总 习 题 十 一

一、选择题

1．设级数$\sum_{n=1}^{\infty}u_n$收敛，则必收敛的级数为（　　）．

（A）$\sum_{n=1}^{\infty}(u_n+u_{n+1})$　（B）$\sum_{n=1}^{\infty}u_n^2$　（C）$\sum_{n=1}^{\infty}u_{2n-1}-u_{2n}$　（D）$\sum_{n=1}^{\infty}(-1)^n\frac{u_n}{n}$

2．下列级数中，收敛的是（　　）．

（A）$\sum_{n=1}^{\infty}e^{\frac{1}{n}}$　（B）$\sum_{n=1}^{\infty}(\sqrt{n+1}-\sqrt{n})$　（C）$\sum_{n=1}^{\infty}2^n\sin\frac{\pi}{3^n}$　（D）$\sum_{n=1}^{\infty}2^n\sin\frac{\pi}{3^n}$

3．若级数$\sum_{n=1}^{\infty}u_n$与$\sum_{n=1}^{\infty}v_n$均发散，则级数（　　）．

（A）$\sum_{n=1}^{\infty}(u_n+v_n)$发散　（B）$\sum_{n=1}^{\infty}u_nv_n$发散

（C）$\sum_{n=1}^{\infty}(|u_n|+|v_n|)$发散　（D）$\sum_{n=1}^{\infty}u_n^2+v_n^2$发散

4．设常数$\lambda>0$，则级数$\sum_{k=1}^{\infty}(-1)^n\frac{n+\lambda}{n^2}$（　　）．

（A）发散　（B）条件收敛

（C）绝对收敛　（D）敛散性与λ的取值有关

5．设数列$\{a_n\}$单调减少，$\lim_{n\to\infty}a_n=0$，$\left\{s_n=\sum_{k=1}^{n}a_k\right\}$无界，则幂级数$\sum_{n=1}^{\infty}a_n(x-1)^n$的收敛域为（　　）．

（A）$(-1,1]$　（B）$[-1,1)$　（C）$[0,2)$　（D）$(0,2]$

6．设函数$f(x)=x^2$，$0\leqslant x\leqslant 1$，而

$$s(x)=\sum_{n=1}^{\infty}b_n\sin n\pi x,\quad -\infty<x<+\infty,$$

其中$b_n=2\int_0^1 f(x)\sin n\pi x,\quad n=1,2,\cdots$，则$s\left(-\frac{1}{2}\right)=$（　　）．

（A）$-\frac{1}{2}$　（B）$-\frac{1}{4}$　（C）$\frac{1}{4}$　（D）$\frac{1}{2}$

二、填空题

1．设$\lim_{n\to\infty}n^p(e^{\frac{1}{n}}-1)u_n=1$，且正项级数$\sum_{n=1}^{\infty}u_n$收敛，则$p$的取值范围为________．

2．已知级数$\sum_{n=1}^{\infty}(-1)^{n-1}\frac{(x-a)^n}{n}$在$x>0$时发散，在$x=0$时收敛，则$a=$________．

3．幂级数$\sum_{n=1}^{\infty}\frac{x^n}{n[3^n+(-2)^n]}$的收敛域为________．

4．设幂级数$\sum_{n=1}^{\infty}a_n x^n$的收敛半径为3，则幂级数$\sum_{n=1}^{\infty}na_n(x-1)^{n+1}$的收敛区间为________.

5．设$f(x)$是周期为2的周期函数，它在区间$(-1,1]$上的表达式为

$$f(x)=\begin{cases}2, & -1<x\leqslant 0\\ x^3, & 0<x\leqslant 1\end{cases},$$

则$f(x)$的傅里叶级数在$x=1$处收敛于________.

三、解答题

1．证明方程$x^n+nx-1=0$ $(n\in\mathbf{N}^+)$存在唯一正实根x_n，且当$\alpha>1$时，级数$\sum_{n=1}^{\infty}x_n^{\alpha}$收敛.

2．设函数$f(x)$在点$x=0$的某一邻域内存在二阶连续导数，且$\lim_{x\to 0}\frac{f(x)}{x}=0$，证明级数$\sum_{n=1}^{\infty}f\left(\frac{1}{n}\right)$绝对收敛.

3．求级数$\sum_{n=0}^{\infty}\frac{(-1)^n(n^2-n+1)}{2^n}$的和.

4．设$u_n=\int_0^{\frac{\pi}{4}}\sin^n x\cos x\mathrm{d}x, n=0,1,2,\cdots$，求$\sum_{n=0}^{\infty}u_n$.

5．将函数$f(x)=1-x^2$ $(0\leqslant x\leqslant \pi)$展开成余弦级数，并求级数$\sum_{n=1}^{\infty}\frac{(-1)^{n-1}}{n^2}$的和.

拓展阅读

傅里叶及傅里叶级数

让·巴普蒂斯·约瑟夫·傅里叶（Jean Baptiste Joseph Fourier，1768—1830），法国著名数学家、物理学家，1817 年当选为科学院院士，1822 年任该院终身秘书，后又任法兰西学院终身秘书和理工科大学校务委员会主席，主要贡献是在研究热的传播时创立了一套数学理论.

傅里叶生于法国中部欧塞尔（Auxerre）一个裁缝家庭，8 岁时沦为孤儿，就读于地方军校，1795 年任巴黎综合工科大学助教，1798 年随拿破仑军队远征埃及，受到拿破仑器重，回国后被任命为格伦诺布尔省省长.

傅里叶早在 1807 年就写成关于热传导的基本论文《热的传播》，向巴黎科学院呈交，但经拉格朗日、拉普拉斯和勒让德审阅后被科学院拒绝，1811 年又提交了经修改的论文，该文获科学院大奖，却未正式发表. 傅里叶在论文中推导出著名的热传导方程，并在求解该方程时发现解函数可以由三角函数构成的级数形式表示，从而提出任一函数都可以展成三角函数的无穷级数. 傅里叶级数（即三角级数）、傅里叶分析等理论均由此创始.

1822 年，傅里叶终于出版了专著《热的解析理论》(Theorieanalytique de la Chaleur，Didot，Paris，1822）. 这部经典著作将欧拉、伯努利等人在一些特殊情形下应用的三角级数方法发展成内容丰富的一般理论，三角级数后来就以傅里叶的名字命名. 傅里叶应用三角级数求解热

传导方程，为了处理无穷区域的热传导问题又导出了当前所称的“傅里叶积分”，这一切都极大地推动了偏微分方程边值问题的研究．然而傅里叶的工作意义远不止此，它迫使人们对函数概念作修正、推广，特别是引起了对不连续函数的探讨；三角级数收敛性问题更刺激了集合论的诞生．因此，《热的解析理论》影响了整个 19 世纪分析严格化的进程．傅里叶 1822 年成为科学院终身秘书．

数学研究：

（1）傅里叶主要贡献是在研究热的传播时创立了一套数学理论．

（2）最早使用定积分符号，改进了代数方程符号法则的证法和实根个数的判别法等．

（3）傅里叶变换的基本思想首先由傅里叶提出，所以以其名字来命名以示纪念．从现代数学的眼光来看，傅里叶变换是一种特殊的积分变换．它能将满足一定条件的某个函数表示成正弦基函数的线性组合或者积分．在不同的研究领域，傅里叶变换具有多种不同的变体形式，如连续傅里叶变换和离散傅里叶变换．

（4）傅里叶变换属于调和分析的内容．“分析”两字，可以解释为深入的研究．从字面上来看，“分析”两字，实际就是条分缕析而已．它通过对函数的条分缕析来达到对复杂函数的深入理解和研究．从哲学上看，“分析主义”和“还原主义”，就是要通过对事物内部适当的分析达到增进对其本质理解的目的．例如，近代原子论试图把世界上所有物质的本源分析为原子，而原子不过数百种而已，相对物质世界的无限丰富，这种分析和分类无疑为认识事物的各种性质提供了很好的手段．

（5）在数学领域，也是这样，尽管最初傅立叶分析是作为热过程的解析分析的工具，但是其思想方法仍然具有典型的还原论和分析主义的特征．“任意”的函数通过一定的分解，都能够表示为正弦函数的线性组合的形式，而正弦函数在物理上是被充分研究而相对简单的函数类，这一想法跟化学上的原子论想法何其相似!奇妙的是，现代数学发现傅里叶变换具有非常好的性质，使得它如此的好用和有用，让人不得不感叹造物的神奇．

相关理论：

热的解释：1822 年傅里叶提出了他在热流上的作品：热的解析理论（Théorie analytique de la chaleur），其中他根据他所推理的牛顿冷却定律，即两相邻流动的热分子和他们非常小的温度差成正比．这本书被 Freeman 翻译与在编辑上“更正”成英文后 56 年（1878）．书中还编辑了许多在编辑上的更正，并在 1888 年由达布在法国重新出版．在这项工作中有三个重要贡献，一个是纯粹的数学，两个物理本质．在数学中，傅里叶声称的函数中，任何一个变量，不论是否连续或不连续，可扩大成一系列的正弦倍数的变量．虽然这个结果是不正确的，但在傅里叶的观察中，一些不连续函数的无穷级数的总和是一个突破．约瑟夫路易斯拉格朗曾给予了这个（假的）定理特别的例子，并暗示这是一般的方法，但他没有继续这个主题．约翰狄利克雷是第一个在具有限制条件下给予一个满意的示范．这本书的一个物理贡献是二维的概念同质性方程；即一个方程如果任何一方的平等，只能在正式比赛的尺寸正确的．傅里叶还开发了三维分析，是代表物理单位的方法，如速度和加速度，其基本层面的质量，时间和长度，以获得他们之间的关系．其他物理的贡献是傅里叶的建议，关于热量的导电扩散的偏微分方程，也就是现在传授给每一个学生的数学物理．

傅里叶变换：

（1）傅里叶变换是线性算子，若赋予适当的范数，它还是酉算子．

（2）傅里叶变换的逆变换容易求出，而且形式与正变换非常类似.

（3）正弦基函数是微分运算的本征函数，从而使得线性微分方程的求解可以转化为常系数的代数方程的傅里叶求解. 在线性时不变的物理系统内，频率是个不变的性质，从而系统对于复杂激励的响应可以通过组合其对不同频率正弦信号的响应来获取.

（4）著名的卷积定理指出：傅里叶变换可以化复杂的卷积运算为简单的乘积运算，从而提供了计算卷积的一种简单手段.

（5）离散形式的傅立叶变换可以利用数字计算机快速的算出（其算法称为快速傅里叶变换算法（FFT））.

正是由于上述的良好性质，傅里叶变换在物理学、数论、组合数学、信号处理、概率、统计、密码学、声学、光学等领域都有着广泛的应用.

确定的方程：傅里叶留下了未完成的工作是被克劳德路易纳维编辑且在 1831 年出版的确定的方程. 这项工作包含了许多原始的问题弗朗索瓦 Budan 在 1807 年和 1811 年，已阐明了一般人都知道的傅里叶的理论，但这个示范并不完全令人满意. 傅里叶的证明和常常在教科书中给予的理论方程是一样的. 最终解决这个问题是由查尔斯弗朗索瓦雅克斯特姆在 1829 年解决的.

“温室效应”：在 1820 年傅里叶计算出，一个物体，如果有地球那样的大小，以及到太阳的距离和地球一样，如果只考虑入射太阳辐射的加热效应，那它应该比地球实际的温度更冷. 他检查了其他的观察到的可能的热源的文章，并在 1824 年和 1827 年就此发表了文章. 虽然傅里叶最终建议，星际辐射可能占了其他热源的一大部分，但他也考虑到一种可能性：地球的大气层可能是一种隔热体. 这种看法被广泛公认为是有关当前广为人知的“温室效应”的第一项建议. 位于拉雪兹神父公墓的傅里叶的墓地傅里叶在他的文章提到了索绪尔的实验. 在软木中，他插入几个透明的玻璃，借由间隔的空气分离. 正午的阳光透过透明玻璃的顶部被允许进入. 车厢内部的这个装置让温度变的更高. 傅里叶认为气体在大气中可形成稳定的屏障，如玻璃. 这一结论可能导致了后来的所使用的“温室效应”的比喻是指确定的大气温度过程. 傅里叶指出，实际的机制，确定了包括温度，大气对流不存在于索绪尔的实验装置.

在电子学中，傅里叶级数是一种频域分析工具，可以理解成一种复杂的周期波分解成直流项、基波（角频率为 ω）和各次谐波（角频率为 $n\omega$）的和，也就是级数中的各项. 一般，随着 n 的增大，各次谐波的能量逐渐衰减，所以一般从级数中取前 n 项之和就可以很好接近原周期波形. 这是傅里叶级数在电子学分析中的重要应用.

人物纪念：

（1）小行星 10101 号傅里叶星.

（2）他是名字被刻在埃菲尔铁塔的七十二位法国科学家与工程师其中一位.

（3）约瑟夫 · 傅里叶大学.

附录　二阶与三阶行列式

设有4个数排成正方形表$\begin{pmatrix} a_{11} & a_{12} \\ a_{21} & a_{22} \end{pmatrix}$，则数$a_{11}a_{22}-a_{12}a_{21}$称为对应于这个表的二阶行列式，记作

$$\begin{vmatrix} a_{11} & a_{12} \\ a_{21} & a_{22} \end{vmatrix}, \tag{1}$$

即

$$\begin{vmatrix} a_{11} & a_{12} \\ a_{21} & a_{22} \end{vmatrix} = a_{11}a_{22}-a_{12}a_{21}.$$

数$a_{ij}\ (i=1,2;\ j=1,2)$称为行列式（1）的元素，横排的叫行，竖排的叫列．元素a_{ij}的第一个下标i称为行标，表明该元素位于第i行，第二个下标j称为列标，表明该元素位于第j列．

二阶行列式含有两行两列（横排称行、竖排称列），其值可以借助对角线法则来记忆，即二阶行列式是主对角线上的两元素（a_{11}、a_{22}）之积减去副对角线上（a_{12}、a_{21}、）两元素之积所得的差．

例 1　$\begin{vmatrix} 1 & 3 \\ -2 & 2 \end{vmatrix} = 1\times 2-(-2)\times 3 = 8$．

类似地，将已知的9个数排成正方形表

$$\begin{pmatrix} a_{11} & a_{12} & a_{13} \\ a_{21} & a_{22} & a_{23} \\ a_{31} & a_{32} & a_{33} \end{pmatrix},$$

则数$a_{11}a_{22}a_{33}+a_{12}a_{23}a_{31}+a_{13}a_{21}a_{32}-a_{11}a_{23}a_{32}-a_{12}a_{21}a_{33}-a_{13}a_{22}a_{31}$称为对应于这个表的三阶行列式，用记号

$$\begin{vmatrix} a_{11} & a_{12} & a_{13} \\ a_{21} & a_{22} & a_{23} \\ a_{31} & a_{32} & a_{33} \end{vmatrix}$$

表示，因此

$$\begin{vmatrix} a_{11} & a_{12} & a_{13} \\ a_{21} & a_{22} & a_{23} \\ a_{31} & a_{32} & a_{33} \end{vmatrix} = a_{11}a_{22}a_{33}+a_{12}a_{23}a_{31}+a_{13}a_{21}a_{32} -a_{11}a_{23}a_{32}-a_{12}a_{21}a_{33}-a_{13}a_{22}a_{31}. \tag{2}$$

关于三阶行列式的元素、行、列等概念，与二阶行列式相应概念类似，不再重复．三阶行列式含有三行三列，其值是6项（即3!）乘积的代数和，相当复杂．也可以借助“对角线法则”来记忆：

行列式中从左上角到右下角的直线称为主对角线，从右上角到左下角的直线称为次对角线．主对角线上元素的乘积，以及位于主对角线的平行线上的元素与对角上的元素的乘积，

前面都取正号；次对角线上元素的乘积，以及位于次对角线的平行线上的元素与对角上的元素的乘积，前面都取负号．

例 2 计算三阶行列式 $D=\begin{vmatrix}2 & 1 & 3\\4 & 0 & 5\\-1 & 6 & 8\end{vmatrix}$．

解 按对角线法则，有

$$\begin{aligned}D&=2\times0\times8+4\times6\times3+(-1)\times1\times5\\&\quad-3\times0\times(-1)-1\times4\times8-2\times6\times5\\&=-25.\end{aligned}$$

需要说明的是，对角线法则仅适用于二、三阶行列式的计算．利用交换律和结合律，可把式（2）改写如下

$$\begin{vmatrix}a_{11} & a_{12} & a_{13}\\a_{21} & a_{22} & a_{23}\\a_{31} & a_{32} & a_{33}\end{vmatrix}=a_{11}(a_{22}a_{33}-a_{23}a_{32})-a_{12}(a_{21}a_{33}-a_{23}a_{31})+a_{13}(a_{21}a_{32}-a_{22}a_{31}).\tag{3}$$

把上式右端三个括号中的式子用二阶行列式表示，则有

$$\begin{vmatrix}a_{11} & a_{12} & a_{13}\\a_{21} & a_{22} & a_{23}\\a_{31} & a_{32} & a_{33}\end{vmatrix}=a_{11}\begin{vmatrix}a_{22} & a_{23}\\a_{32} & a_{33}\end{vmatrix}-a_{12}\begin{vmatrix}a_{21} & a_{23}\\a_{31} & a_{33}\end{vmatrix}+a_{13}\begin{vmatrix}a_{21} & a_{22}\\a_{31} & a_{32}\end{vmatrix}.$$

上式称为三阶行列式按第一行的展开式．

例 3 将例 2 中的行列式按第一行展开并计算它的值．

解 $\begin{vmatrix}2 & 1 & 3\\4 & 0 & 5\\-1 & 6 & 8\end{vmatrix}=2\begin{vmatrix}0 & 5\\6 & 8\end{vmatrix}-\begin{vmatrix}4 & 5\\-1 & 8\end{vmatrix}+3\begin{vmatrix}4 & 0\\-1 & 6\end{vmatrix}=2\times(-30)-37+3\times24=-25$．

参 考 答 案

第七章

习题 7-1

1．$\overrightarrow{AB}+\overrightarrow{BC}+\overrightarrow{CA}=\vec{0}$.

2．$2\boldsymbol{u}-3\boldsymbol{v}=5\boldsymbol{a}+11\boldsymbol{b}-7\boldsymbol{c}$.

3．证明：记三角形为 ABC，AB 的中点记为 D，AC 的中点记为 E，所以有 $\overrightarrow{AD}=\frac{1}{2}\overrightarrow{AB}$，$\overrightarrow{AE}=\frac{1}{2}\overrightarrow{AC}$，两式左右两边对应相减得 $\overrightarrow{AE}-\overrightarrow{AD}=\frac{1}{2}(\overrightarrow{AC}-\overrightarrow{AB})$，即为 $\overrightarrow{DE}=\frac{1}{2}\overrightarrow{BC}$，命题得证.

4．$\boldsymbol{c}=\frac{1}{3}\boldsymbol{b}+\frac{2}{3}\boldsymbol{a}$.

习题 7-2

1．A：xOy 平面上；B：yOz 平面上；C：Oy 轴上；D：Oz 轴上.

2．点(a,b,c)关于 xOy 平面对称点为$(a,b,-c)$；关于 y 轴对称点为$(-a,b,-c)$；
关于原点对称点为$(-a,-b,-c)$.

3．点 M 向各坐标轴作垂线，垂足依次为 $A(4,0,0)$、$B(0,-3,0)$、$C(0,0,5)$，因此点 M 到三个坐标轴的距离依次为 $d_x=|MA|=\sqrt{34}$，$d_y=|MB|=\sqrt{41}$，$d_z=|MC|=5$.

4．（$0,\frac{\sqrt{2}}{2},\frac{\sqrt{2}}{2}$）或（$0,-\frac{\sqrt{2}}{2},-\frac{\sqrt{2}}{2}$）.

5．（$0,-4,0$）.

6．（1）$\overrightarrow{AB}=$（$2,1,-1$）；（2）$|\overrightarrow{AB}|=\sqrt{6}$.

7．$3\boldsymbol{a}+2\boldsymbol{b}=(8,7,11)$.

8．$\overrightarrow{OM}$ 的单位向量为$(-\frac{1}{2},\frac{1}{2},-\frac{\sqrt{2}}{2})$，方向余弦 $\cos\alpha=-\frac{1}{2}$，$\cos\beta=\frac{1}{2}$，$\cos\gamma=-\frac{\sqrt{2}}{2}$，方向角 $\alpha=\frac{2}{3}\pi$，$\beta=\frac{1}{3}\pi$，$\gamma=\frac{3}{4}\pi$.

9．$\cos\alpha=\cos\beta=\cos\gamma=\pm\frac{\sqrt{3}}{3}$.

11．单位向量为$\left(\frac{1}{\sqrt{6}},\frac{1}{\sqrt{6}},-\frac{\sqrt{6}}{3}\right)$.

12．$A(-2,3,0)$.

13．$\boldsymbol{a}=4\boldsymbol{m}+3\boldsymbol{n}-\boldsymbol{p}=13\boldsymbol{i}+7\boldsymbol{j}+15\boldsymbol{k}$，向量 $\boldsymbol{a}$ 在 x 轴上的投影为 13，在 y 轴上的分向量为 $7\boldsymbol{j}$.

14．$\boldsymbol{b}=\pm(12,6,-4)$.

习题 7-3

1．-9．

2．$k=\pm\frac{3}{5}$．

3．$\pm\left(\frac{3}{5},\frac{4}{5},0\right)$．

4．（1）-1；（2）$-3\boldsymbol{i}+5\boldsymbol{j}+7\boldsymbol{k}$；（3）6．

5．（1）$k=-\frac{26}{3}$；（2）$k=\frac{2}{3}$．

6．$c=\pm\left(\frac{1}{3},-\frac{2}{3},\frac{2}{3}\right)$．

7．$\sqrt{14}$．

8．$\sqrt{318}$．

9．（1）$|\boldsymbol{a}+\boldsymbol{b}|=\sqrt{5}$；（2）$|\boldsymbol{a}-\boldsymbol{b}|=1$；（3）$\arccos\left(-\frac{1}{\sqrt{5}}\right)$．

10．$k=-5$，$\lambda=\pm\frac{1}{\sqrt{70}}$．

11．$-\frac{3}{2}$．

12．（1）$-8\boldsymbol{j}-24\boldsymbol{k}$；（2）$-\boldsymbol{j}-\boldsymbol{k}$；（3）$(-8\boldsymbol{i}-5\boldsymbol{j}+\boldsymbol{k})\cdot\boldsymbol{c}=2$．

习题 7-4

1．$3x-7y+5z-4=0$．

2．$2y+z+3=0$．

3．$14x+9y-z-15=0$．

4．平面与 xOy 平面的夹角余弦 $\cos\alpha=\frac{1}{3}$；平面与 yOz 平面的夹角余弦 $\cos\beta=\frac{2}{3}$；与 xOz 平面的夹角余弦 $\cos\gamma=\frac{2}{3}$．

5．$x+y-3z-4=0$．

6．$2x-y-z=0$．

7．$x+y+z=3$．

8．（1）$y-3z=0$；（2）$y+5=0$；（3）$9y-z-2=0$；（4）$7x-z-2=0$．

习题 7-5

1．$\frac{x-1}{2}=\frac{y+2}{-3}=\frac{z-4}{1}$．

2．$\frac{x-2}{0}=\frac{y-1}{0}=\frac{z-1}{2}$ 或 $\begin{cases}x-2=0\\y-1=0\end{cases}$．

3．$\frac{x-1}{2}=\frac{y+2}{3}=\frac{z-1}{1}$．

4. $\dfrac{x-1}{4}=\dfrac{y}{-1}=\dfrac{z+2}{-3}$.

5. $-16x+14y+11z+65=0$.

6. $\theta=\dfrac{\pi}{4}$.

7. $(1,2,2)$.

8. $8x-9y-22z-59=0$.

10. $4x-3y-18z-18=0$.

11.（1）平行；（2）垂直；（3）直线在平面上.

习题 7-6

1. $4x+4y+10z-63=0$.

2. $x^2+y^2+z^2-2x-6y+4z=0$.

3. $(x-1)^2+(y+2)^2+(z+1)^2=6$，以$(1,-2,-1)$为球心，$\sqrt{6}$为半径的球面.

4. $y^2+z^2=5x$.

5. 旋转曲面方程为$4x^2-y^2-z^2=0$，圆锥面.

6. 绕x轴旋转，所求的旋转曲面方程为$4x^2-9y^2-9z^2=36$，双叶旋转双曲面.

绕y轴旋转，所求的旋转曲面方程为$4x^2+4z^2-9y^2=36$，单叶旋转双曲面.

7.（1）直线，平面；（2）直线，平面；（3）圆，圆柱面；（4）双曲线，双曲柱面；（5）抛物线，抛物柱面.

习题 7-7

1.（1）圆；（2）抛物线.

2. 在xOy平面上投影曲线的方程为$\begin{cases}y^2=2x-9\\z=0\end{cases}$，原曲线为在平面$z=3$上的抛物线.

3. 投影曲线为$\begin{cases}2x^2+y^2-2x=8\\z=0\end{cases}$.

4.（1）Γ在xOy平面上的投影曲线为$\begin{cases}5x^2-3y^2=1\\z=0\end{cases}$.

（2）Γ在xOy平面上的投影曲线为$\begin{cases}(x-12)^2+20y^2=260\\z=0\end{cases}$.

（3）Γ在xOy平面上的投影曲线为$\begin{cases}y=\pm b\\z=0\end{cases}$.

总习题七

一、填空题

1. 0或8；2. (x_0-x,y_0-y,z_0-z)，(x,y,z)；3. $-4,8\boldsymbol{j}$；4. $\left(0,-\dfrac{2}{5},0\right)$；5. $\pm\dfrac{1}{3}(2,-2,1)$；6. $\dfrac{\pi}{3}$或$\dfrac{2}{3}\pi$；7. $\pm\dfrac{2}{3}$；8. 3，$\boldsymbol{i}-7\boldsymbol{j}-5\boldsymbol{k}$；9. $\dfrac{1}{2}$；10. 2；11. $\dfrac{3\sqrt{6}}{2}$；12. $(1,-2,0),\sqrt{5}$；

13．$y^2+z^2=3x$；14．$2x-3y+5z=11$；15．$\frac{x-1}{2}=\frac{y-2}{-3}=\frac{z-3}{5}$；

16．$x=y+1=\frac{z-1}{-1}$；17．$\frac{\sqrt{11}}{11}$；18．$\left(-\frac{5}{3},\frac{2}{3},\frac{2}{3}\right)$.

二、选择题

1．B；2．A；3．A；4．C；5．C；6．D；7．C；8．B；9．B；10．C；11．C；12．B；13．B；14．B；15．C；16．D.

三、计算题

1．（1）$(a,b,-c),(-a,b,c),(a,-b,c)$；（2）$(a,-b,-c),(-a,b,-c),(-a,-b,c)$；（3）$(-a,-b,-c)$.

2．$|\overrightarrow{M_1M_2}|=2$；$\cos\alpha=-\frac{1}{2},\cos\beta=\frac{1}{2},\cos\gamma=-\frac{\sqrt{2}}{2}$；$\alpha=\frac{2}{3}\pi,\beta=\frac{\pi}{3},\gamma=\frac{3}{4}\pi$.

3．$|\boldsymbol{a}-\boldsymbol{b}|=|\boldsymbol{a}+\boldsymbol{b}|=13$.

4．$-16x+14y+11z+21=0$.

5．$x-3z+2=0$.

6．$\begin{cases}x=1\\y+2z=8\end{cases}$.

7．$\frac{x}{-2}=\frac{y-2}{3}=\frac{z-4}{1}$.

8．直线的对称式方程为：$\frac{x}{1}=\frac{y-7}{-7}=\frac{z-17}{-19}$.

参数方程为：$\begin{cases}x=t\\y=7-7t\\z=17-19t\end{cases}$.

9．投影直线方程为$\begin{cases}y-z=1\\x+y+z=0\end{cases}$.

10．$\varphi=0$.

11．$2x-y+z=7$.

12．球面方程为$x^2+(y+1)^2+(z+5)^2=9$或$(x-2)^2+(y-3)^2+(z+1)^2=9$.

13．$\frac{3}{2}\sqrt{3}$.

14．（1）xOy平面；（2）平面；（3）在$x=y$面上的椭圆；（4）直线；（5）圆柱面；（6）两条平行于z轴的直线；（7）双曲抛物面；（8）旋转抛物面；（9）下半锥面；（10）一条平行于z轴的直线；（11）圆；（12）双曲抛物面；（13）椭球面；（14）双叶双曲面；（15）单叶双曲面.

15．$3x^2+2z^2=16$.

16．$\begin{cases}x^2+y^2=2x\\z=0\end{cases}$.

17. $\begin{cases} x^2+y^2=\dfrac{3}{4} \\ z=0 \end{cases}$.

五、应用题

1．$W=mgh=100\times9.8\times6=5880$．

2．（1）方程为 $x^2+y^2+z^2=6370^2$；

（2）曲面方程为 $\dfrac{x^2}{6378^2}+\dfrac{y^2}{6378^2}+\dfrac{z^2}{6357^2}=1$．

3．$\begin{cases} \dfrac{x^2}{6383^2}+\dfrac{y^2}{6383^2}+\dfrac{z^2}{6362^2}=1 \\ z=0 \end{cases}$．

第八章

习题 8-1

1．（1）$\left(\dfrac{1}{x}\right)^{\frac{1}{y}}+\left(\dfrac{1}{y}\right)^{\frac{1}{x}}$；（2）$\dfrac{(x+y)^2+(x-y)^2}{2}$，$\dfrac{x^2+y^2}{2}$．

2．（1）$\{(x,y)\,|\,x\in R,|\,y\geqslant1\}$；（2）$\left\{(x,y)\,\middle|\,\left|\dfrac{y}{x}\right|\leqslant1,x\neq0\right\}$；（3）$\left\{(x,y)\middle|2x^2+y^2>1\right\}$；

（4）$\{(x,y)\,|\,4x-y^2\geqslant0\text{且}x^2+y^2\neq1\}$．

3．略.

4．略.

5．（1）0；（2）0；（3）2；（4）1；（5）$\dfrac{1}{2}$；（6）1.

习题 8-2

1．（1）$z_x=2xy-y^4$，$z_y=x^2-4y^3x$；（2）$z_x=y^2-\dfrac{y}{x^2}$，$z_y=2xy+\dfrac{1}{x}$；

（3）$z_x=\dfrac{y(x^2+y^2)\cos(xy)-x\sin(xy)}{(x^2+y^2)^{\frac{3}{2}}}$，$z_y=\dfrac{x(x^2+y^2)\cos(xy)-y\sin(xy)}{(x^2+y^2)^{\frac{3}{2}}}$；

（4）$z_x=\dfrac{1}{\sqrt{x^2+y^2}}$，$z_y=\dfrac{y}{\left(x+\sqrt{x^2+y^2}\right)\sqrt{x^2+y^2}}$；

（5）$z_x=\dfrac{y}{1+(xy)^2}$，$z_y=\dfrac{x}{1+(xy)^2}$；（6）$z_x=\left(\dfrac{y}{x}+\ln y\right)x^y\cdot y^x$, $z_y=\left(\ln x+\dfrac{x}{y}\right)x^y\cdot y^x$；

（7）$u_x=\dfrac{x}{\sqrt{x^2+y^2+z^2}}$, $u_y=\dfrac{y}{\sqrt{x^2+y^2+z^2}}$, $u_z=\dfrac{z}{\sqrt{x^2+y^2+z^2}}$；

（8）$u_x=yzx^{yz-1},u_y=x^{yz}z\ln x,u_z=x^{yz}y\ln x$.

2．$f_x(0,0)=1, f_y\left(1,\dfrac{\pi}{2}\right)=-1+e^{\frac{\pi}{2}}$.

3．2.

4．$\arctan 2$.

5．（1）$z_{xx}=2y+4y^2, z_{xy}=2x+8xy, z_{yx}=2x+8xy, z_{yy}=-36y^2+4x^2$;

（2）$z_{xx}=-\dfrac{1}{x+y}+\dfrac{y}{(x+y)^2}, z_{xy}=\dfrac{y}{(x+y)^2}, z_{yx}=\dfrac{y}{(x+y)^2}, z_{yy}=\dfrac{x}{(x+y)^2}$;

（3）$z_{xx}=-\dfrac{2y^2}{(x+y)^3}, z_{xy}=\dfrac{2xy}{(x+y)^3}, z_{yx}=\dfrac{2xy}{(x+y)^3}, z_{yy}=-\dfrac{2x^2}{(x+y)^3}$;

（4）$z_{xx}=y(y-1)x^{y-2}, z_{xy}=x^{y-1}+yx^{y-1}\ln x, z_{yx}=yx^{y-1}\ln x+x^{y-1}, z_{yy}=x^y(\ln x)^2$.

6．略.

7．（1）$u_{xxy}=0, u_{xyy}=-\dfrac{1}{y^2}$；（2）$u_{xxx}=\dfrac{12y}{(x+y)^4}$.

8．略.

习题 8-3

1．（1）$dz=(2x-4y^4)dx-16xy^3dy$;

（2）$dz=-2xy\sin(x^2+y^2)dx+[\cos(x^2+2y)-2y\sin(x^2+2y)]dy$;

（3）$dz=\left(y\arctan\dfrac{y}{x}-\dfrac{xy^2}{x^2+y^2}\right)dx+\left(x\arctan\dfrac{y}{x}+\dfrac{x^2y}{x^2+y^2}\right)dy$;

（4）$dz=\dfrac{ye^{xy}}{\sqrt{1-e^{2xy}}}dx+\dfrac{xe^{xy}}{\sqrt{1-e^{2xy}}}dy$;

（5）$dz=0$;

（6）$dz=\dfrac{y}{1+xy}dx+\dfrac{x}{1+xy}dy$;

（7）$du=yze^{xyz}dx+xze^{xyz}dy+xye^{xyz}dz$;

（8）$du=\sin(yz)dx+xz\cos(yz)dy+xy\cos(yz)dz$.

2．$dz\big|_{(1,2)}=\dfrac{1}{4}dx+\dfrac{1}{4}dy$.

3．$du\big|_{(1,2,3)}=-\dfrac{1}{2\sqrt{3}}dx-\dfrac{1}{2\sqrt{3}}dy+\dfrac{1}{\sqrt{3}}dz$.

4．$\Delta z=-0.119, dz=-0.125$.

5．2.02158.

6．337.6π .

习题 8-4

1．（1）$\dfrac{dz}{dt}=-(3\cos^2 t+e^t)\sin t+(3y^2+\cos t)e^t$;

（2）$\dfrac{dz}{dt}=\dfrac{10t^4}{1+4t^{10}}$;

（3）$\dfrac{\mathrm{d}u}{\mathrm{d}x}=8\mathrm{e}^{4x}+\mathrm{e}^{3x}(3\sin x+\cos x)$．

2.（1）$\dfrac{\partial z}{\partial x}=(3s^3\mathrm{e}^t\cos^2 t+s^3\mathrm{e}^{3t})\cos t+(s^3\cos^3 t+3s^3\mathrm{e}^{2t}\cos t)\mathrm{e}^t$，

$\dfrac{\partial z}{\partial t}=-(3s^3\mathrm{e}^t\cos^2 t+s^3\mathrm{e}^{3t})s\sin t+(s^3\cos^3 t+3s^3\mathrm{e}^{2t}\cos t)s\mathrm{e}^t$；

（2）$\dfrac{\partial z}{\partial s}=2(s+t)\ln(s-t)+\dfrac{(s+t)^2}{s-t}$，$\dfrac{\partial z}{\partial t}=2(s+t)\ln(s-t)-\dfrac{(s+t)^2}{s-t}$；

（3）$\dfrac{\partial z}{\partial s}=\mathrm{e}^{3\sin t}\mathrm{e}^t$，$\dfrac{\partial z}{\partial t}=4s\mathrm{e}^{3\sin t+t}$．

3．$\dfrac{\partial z}{\partial x}=2xf_1'+y\mathrm{e}^{xy}f_2'$，$\dfrac{\partial z}{\partial y}=2yf_1'+x\mathrm{e}^{xy}f_2'$，

$\dfrac{\partial^2 z}{\partial x^2}=2f_1'+y^2\mathrm{e}^{xy}f_2'+4x^2f_{11}''+4xy\mathrm{e}^{xy}f_{12}''+y^2\mathrm{e}^{2xy}f_{22}''$.

4．$\dfrac{\partial z}{\partial x}=f_1'\cos y+f_2'\sin y$，$\dfrac{\partial z}{\partial y}=-f_1'x\sin y+f_2'x\cos y$，

$\dfrac{\partial^2 z}{\partial x\partial y}=-f_1'\sin y+f_2'\cos y-f_{11}''x\cos y\sin y+f_{12}''x(\cos y^2-\sin y^2)+f_{22}''x\sin y\cos y$．

5．$\dfrac{\partial u}{\partial x}=2xf'$，$\dfrac{\partial u}{\partial y}=2yf'$，$\dfrac{\partial u}{\partial z}=2zf'$．

6．$\dfrac{\partial u}{\partial x}=f_1'+yf_2'+yzf_3'$，$\dfrac{\partial u}{\partial y}=xf_2'+xzf_3'$，$\dfrac{\partial u}{\partial y}=xyf_3'$．

7．$\dfrac{\partial^2 z}{\partial x^2}=y^2f_{11}''-\dfrac{y^2}{x^2}f_{12}''+\dfrac{2y}{x^3}f_2'-\dfrac{y^2}{x^2}f_{21}''+\dfrac{y^2}{x^4}f_{22}''$；$\dfrac{\partial^2 z}{\partial x\partial y}=f_1'-\dfrac{1}{x^2}f_2'+xyf_{11}''-\dfrac{y}{x^3}f_{22}''$．

8．略.

9．略.

习题 8-5

1.（1）$-\dfrac{y}{y-1}$；（2）$\dfrac{y\sin x-\sin y}{x\cos y+\cos x}$；（3）$\dfrac{y^x\ln y-yx^{y-1}}{x^y\ln x-xy^{x-1}}$；

（4）$\dfrac{2y[1+(x+y)^2]-(x^2+y^2)}{2x[1+(x+y)^2]-(x^2+y^2)}$．

2.（1）$\dfrac{\partial z}{\partial x}=-\dfrac{F_x}{F_z}=\dfrac{y\mathrm{e}^{-xy}}{\mathrm{e}^z-2}$，$\dfrac{\partial z}{\partial y}=-\dfrac{F_y}{F_z}=\dfrac{x\mathrm{e}^{-xy}}{\mathrm{e}^z-2}$；

（2）$\dfrac{\partial z}{\partial x}=-\dfrac{F_x}{F_z}=-\dfrac{xc^2}{za^2}$，$\dfrac{\partial z}{\partial y}=-\dfrac{F_x}{F_z}=-\dfrac{yc^2}{zb^2}$；

（3）$\dfrac{\partial z}{\partial x}=-\dfrac{F_x}{F_z}=\dfrac{z^2}{x(x+z)}$，$\dfrac{\partial z}{\partial y}=-\dfrac{F_x}{F_z}=\dfrac{xz}{y(x+z)}$；

（4）$\dfrac{\partial z}{\partial x}=-\dfrac{F_x}{F_z}=-\dfrac{y^2z\mathrm{e}^{x+y}-yz\cos(xyz)}{y^2\mathrm{e}^{x+y}-xy\cos(xyz)}$，

$$\frac{\partial z}{\partial y}=-\frac{F_x}{F_z}=-\frac{2yze^{x+y}+y^2ze^{x+y}-xz\cos(xyz)}{y^2e^{x+y}-xy\cos(xyz)}.$$

3.（1）$\dfrac{\partial^2 z}{\partial x^2}=\dfrac{2y^2ze^z-2xy^3z-y^2z^2e^z}{(e^z-xy)^3}$；

（2）$\dfrac{\partial^2 z}{\partial x\partial y}=\dfrac{4z^3-2xyz^2-x^2y^2z}{(2z-xy)^3}$；

（3）$\dfrac{\partial^2 z}{\partial x\partial y}=-\dfrac{\cos(x+z)}{\sin^3(x+z)}$；

（4）$\dfrac{(xy+1)e^{xy}}{1+e^z}-\dfrac{xye^{2xy+z}}{(1+e^z)^3}$.

4. $\dfrac{\partial u}{\partial x}=f_1'+\dfrac{y}{z^4+1}f_3'$.

5.（1）$\dfrac{dy}{dx}=-\dfrac{x(6z+1)}{2y(3z+1)},\dfrac{dz}{dx}=\dfrac{x}{3z+1}$；

（2）$\dfrac{dy}{dx}=\dfrac{-z+x}{z-y},\dfrac{dz}{dx}=\dfrac{y-x}{z-y}$；

（3）$\dfrac{\partial u}{\partial x}=\dfrac{\sin v}{e^u(\sin v-\cos v)+1}$，$\dfrac{\partial v}{\partial x}=\dfrac{\cos v-e^u}{u[e^u(\sin v-\cos v)+1]}$，$\dfrac{\partial u}{\partial y}=\dfrac{-\cos v}{e^u(\sin v-\cos v)+1}$，$\dfrac{\partial v}{\partial y}=$
$\dfrac{\sin v+e^u}{u[e^u(\sin v-\cos v)+1]}$.

习题 8-6

1. $\dfrac{6}{\sqrt{5}}$.

2. $\dfrac{1+2\sqrt{3}}{5}$.

3. 5.

4. $\dfrac{94}{13}$.

5. $(2,-4,1)$, $\sqrt{21}$.

习题 8-7

1. 切线方程：$x-\dfrac{\pi}{2}+1=y-1=\dfrac{z-2\sqrt{2}}{\sqrt{2}}$，法平面方程：$x+y+\sqrt{2}z=4+\dfrac{\pi}{2}$.

2. $(-1,1,-1)$ 和 $\left(-\dfrac{1}{3},\dfrac{1}{9},-\dfrac{1}{27}\right)$.

3. 切线方程：$x-2=\dfrac{y-4}{4}=\dfrac{z-16}{32}$，法平面方程：$x+4y+32z=530$.

4. 切平面方程：$x+2y+3z=14$，法线方程：$x=\dfrac{y}{2}=\dfrac{z}{3}$.

5. 切平面方程：$2x+2y-z=4$，法线方程：$\dfrac{x-1}{2}=\dfrac{y-1}{2}=\dfrac{z}{-1}$.

6．$x-y+2z-\frac{\sqrt{22}}{2}=0$ 或 $x-y+2z+\frac{\sqrt{22}}{2}=0.$

7．切线方程为 $\frac{x-1}{1}=\frac{y+2}{0}=\frac{z-1}{-1}$，切向量为 $(1,0,-1)$．

习题 8-8

1．（1）极小值 $f(1,1)=-1$；

（2）极大值 $f(-1,-1)=1, f(1,1)=1$；

（3）极小值 $f(0,-1)=-1$；

（4）极小值 $f\left(-\frac{\sqrt[3]{2}}{2},2\sqrt{2}\right)=-3\sqrt[3]{4}$．

2．$\frac{1}{4}$．

3．$\frac{a^2b^2}{a^2+b^2}$．

4．$27a^3$．

5．$\left(\frac{1}{3},\frac{1}{3},\frac{1}{3}\right)$，最短距离为 $\frac{\sqrt{3}}{3}$．

6．长和宽为 $\sqrt[3]{2a}$，高为 $\frac{\sqrt[3]{2a}}{2}$．

7．$\left(\frac{8}{5},\frac{16}{5}\right)$．

习题 8-9

1．$x^y=1+4(x-1)+6(x-1)^2+(x-1)(y-4)+o(\rho)$，$(1.08)^{3.96}\approx 1.3552$．

2．$5+2(x-1)^2-(x-1)(y+2)-(y+2)^2$．

3．$\sum_{p=1}^{n}\frac{(-1)^{p-1}}{p}(x+y)^p+(-1)^n\frac{(x+y)^{n+1}}{(n+1)(1+\theta x+\theta y)^{n+1}}$，$(0<\theta<1)$．

4．$$\frac{1}{2}+\frac{1}{2}\left(x-\frac{\pi}{4}\right)+\frac{1}{2}\left(y-\frac{\pi}{4}\right)-\frac{1}{4}\left[\left(x-\frac{\pi}{4}\right)^2-2\left(x-\frac{\pi}{4}\right)\left(y-\frac{\pi}{4}\right)+\left(y-\frac{\pi}{4}\right)^2\right]$$
$$-\frac{1}{6}\left[\cos\xi\sin\eta\left(x-\frac{\pi}{4}\right)^3+3\cos\xi\sin\eta\left(x-\frac{\pi}{4}\right)^2\left(y-\frac{\pi}{4}\right)\right.$$
$$\left.+3\cos\xi\sin\eta\left(x-\frac{\pi}{4}\right)\left(y-\frac{\pi}{4}\right)^2+\cos\xi\sin\eta\left(y-\frac{\pi}{4}\right)^3\right]$$

其中 $\xi=\frac{\pi}{4}+\theta\left(x-\frac{\pi}{4}\right)$，$\eta=\frac{\pi}{4}+\theta\left(y-\frac{\pi}{4}\right)$，$0<\theta<1.$

总习题八

一、1．错；2．错；3．错；4．错；5．对；6．对；7．错；8．对；9．对．

二、1．$\{(x,y)|2\leqslant x^2+y^2\leqslant 4\}$；2．1，0，0；3．$\sqrt{1+x^2}$；4．$\dfrac{x^2+y^2}{xy}$；5．-1；6．2；

7．$\mathrm{e}^{x^2+y^2}(1+2x^2)\mathrm{d}x+(\mathrm{e}^{x^2+y^2}2xy)\mathrm{d}y$；8．$\dfrac{6x\mathrm{d}x-6y^2\mathrm{d}y+4z^3\mathrm{d}z}{3x^2-2y^3+z^4}$；9．$\mathrm{e}+2\cos1,\ \mathrm{e}+\cos1$；

10．$\dfrac{z-4y}{6z-y}$；11．$\sin2t+2t\cos t^2$；12．$2\mathrm{d}x$；13．$-4\mathrm{d}x-4\mathrm{d}y$；14．$\left(-\sqrt[3]{\dfrac{2}{3}},3\sqrt[3]{\dfrac{2}{3}},-3\sqrt[3]{\dfrac{2}{3}}\right)$；

15．$\dfrac{1}{5}$；16．1；17．$\left(\dfrac{1}{2},0,\dfrac{1}{2}\right)$；18．$\sqrt{5}$；19．$(4,4,2)$．

三、1．C；2．B；3．D；4．B；5．B；6．B；7．D；8．C．

四、1．（1）$\dfrac{1}{2}$；（2）$\ln2$；（3）1；（4）0；（5）1；（6）$\dfrac{1}{3}$；（7）0；（8）2；（9）1；

（10）$-\dfrac{1}{4}$．

2．（1）$z_x=4x^3+4y^2,z_y=4y^3-8xy$；

（2）$z_x=3x^2\sin y-y\mathrm{e}^x+\dfrac{1}{y},z_y=x^3\cos y-\mathrm{e}^x-\dfrac{x}{y^2}$；

（3）$z_x=y\mathrm{e}^{xy}\sin(x+y)+\mathrm{e}^{xy}\cos(x+y),\ z_y=x\mathrm{e}^{xy}\sin(x+y)+\mathrm{e}^{xy}\cos(x+y)$；

（4）$z_x=y^2(1+xy)^{y-1},z_y=\left[\ln(1+xy)+\dfrac{xy}{1+xy}\right](1+xy)^y$；

（5）$u_x=\dfrac{y}{z}x^{\frac{y}{z}-1},u_y=x^{\frac{y}{z}}\ln\left(x^{\frac{1}{z}}\right)=\dfrac{1}{z}x^{\frac{y}{z}}\ln x,u_z=-\dfrac{y}{z^2}x^{\frac{y}{z}}\ln x$；

（6）$z_x=y\mathrm{e}^{xy},z_y=x\mathrm{e}^{xy}$．

3．（1）$\dfrac{\partial z}{\partial x}=\dfrac{\dfrac{1}{z}\mathrm{e}^{\frac{x+y}{z}}}{1+\dfrac{x+y}{z^2}\mathrm{e}^{\frac{x+y}{z}}}=\dfrac{z\mathrm{e}^{\frac{x+y}{z}}}{z^2+(x+y)\mathrm{e}^{\frac{x+y}{z}}},\dfrac{\partial z}{\partial y}=\dfrac{z\mathrm{e}^{\frac{x+y}{z}}}{z^2+(x+y)\mathrm{e}^{\frac{x+y}{z}}}$；

（2）$\dfrac{\partial z}{\partial x}=\dfrac{2z}{3z^2-2x},\dfrac{\partial z}{\partial y}=\dfrac{-1}{3z^2-2x}$；

（3）$\dfrac{\partial z}{\partial x}=\dfrac{y\mathrm{e}^{-xy}}{2+\mathrm{e}^z},\dfrac{\partial z}{\partial y}=\dfrac{x\mathrm{e}^{-xy}}{2+\mathrm{e}^z}$；

（4）$\dfrac{\partial z}{\partial x}=-\dfrac{3x^2+yz}{3z^2+xy},\dfrac{\partial z}{\partial y}=-\dfrac{3y^2+xz}{3z^2+xy}$．

4．（1）$\dfrac{\partial z}{\partial x}=\dfrac{\partial z}{\partial u}\dfrac{\partial u}{\partial x}+\dfrac{\partial z}{\partial v}\dfrac{\partial v}{\partial x}=(3u^2v-v^2)\cos y+(u^3-2uv)\sin y$，

$\dfrac{\partial z}{\partial y}=\dfrac{\partial z}{\partial u}\dfrac{\partial u}{\partial y}+\dfrac{\partial z}{\partial v}\dfrac{\partial v}{\partial y}=(3u^2v-v^2)(-x\sin y)+(u^3-2uv)x\cos y$；

（2）$\dfrac{\partial z}{\partial s}=\dfrac{\partial z}{\partial x}\dfrac{\partial x}{\partial s}+\dfrac{\partial z}{\partial y}\dfrac{\partial y}{\partial s}=(3x^2y-y^2)\cos t+(x^3-2xy)\sin t$，

$\frac{\partial z}{\partial t}=\frac{\partial z}{\partial x}\frac{\partial x}{\partial t}+\frac{\partial z}{\partial y}\frac{\partial y}{\partial t}=-s(3x^2y-y^2)\sin t+s(x^3-2xy)\cos t$；

（3）$\frac{\partial z}{\partial x}=\frac{\partial z}{\partial u}\frac{\partial u}{\partial x}+\frac{\partial z}{\partial v}\frac{\partial v}{\partial x}=ye^{xy}\sin(x+y)+e^{xy}\cos(x+y)$，

$\frac{\partial z}{\partial y}=\frac{\partial z}{\partial u}\frac{\partial u}{\partial y}+\frac{\partial z}{\partial v}\frac{\partial v}{\partial y}=xe^{xy}\sin(x+y)+e^{xy}\cos(x+y)$；

（4）$\frac{\partial z}{\partial x}=\frac{\partial z}{\partial u}\frac{\partial u}{\partial x}+\frac{\partial z}{\partial v}\frac{\partial v}{\partial x}=\frac{2}{u^2+v}(ue^{x+y}+1)$，

$\frac{\partial z}{\partial y}=\frac{\partial z}{\partial u}\frac{\partial u}{\partial y}+\frac{\partial z}{\partial v}\frac{\partial v}{\partial y}=\frac{1}{u^2+v}(2ue^{x+y}+1)$；

（5）$\frac{dz}{dt}=\frac{\partial z}{\partial x}\frac{dx}{dt}+\frac{\partial z}{\partial y}\frac{dy}{dt}=yx^{y-1}\cos t+x^y\ln x\cdot(-\sin t)$；

（6）$\frac{\partial z}{\partial x}=\frac{\partial f}{\partial u}\frac{\partial u}{\partial x}+\frac{\partial f}{\partial x}=2x^2\cos(x^2+y^2)+2xe^{x^2+y^2}+\sin(x^2+y^2)+4x$，

$\frac{\partial z}{\partial y}=\frac{\partial f}{\partial u}\frac{\partial u}{\partial y}=2xy\cos(x^2+y^2)+2ye^{x^2+y^2}$.

5．$\frac{x}{0}=\frac{y-1}{1}=\frac{z-\sqrt{2}}{\frac{\sqrt{2}}{2}}$.

6．（1）$\frac{\partial z}{\partial x}=\frac{1}{y^2},\frac{\partial^2 z}{\partial x^2}=0,\frac{\partial^2 z}{\partial x\partial y}=-\frac{2}{y^3}$；

（2）$\frac{\partial^2 z}{\partial x^2}=-\frac{(z-2)^2+x^2}{(z-2)^3},\frac{\partial^2 z}{\partial x\partial y}=-\frac{xy}{(z-2)^3}$；

（3）$\frac{\partial z}{\partial x}=\cos x+2xy,\frac{\partial^2 z}{\partial x^2}=-\sin x+2y,\frac{\partial^2 z}{\partial x\partial y}=2x$；

（4）$\frac{\partial z}{\partial x}=3x^2y^2-3y^2-y,\frac{\partial^2 z}{\partial x^2}=6xy^2,\frac{\partial^2 z}{\partial x\partial y}=6x^2y-6y-1$.

7．（1）切平面方程：$x+2y+3z=6$，法线方程：$\frac{x-1}{2}=\frac{y-1}{4}=\frac{z-1}{6}$；

（2）切平面方程：$4x+8y-z=6$，法线方程：$\frac{x-1}{4}=\frac{y-1}{8}=\frac{z-6}{-1}$；

（3）切平面方程：$x+2y+z=4$，法线方程：$\frac{x-2}{2}=\frac{y-1}{2}=\frac{z}{1}$；

（4）法平面方程：$x+y+8z=35$，切线方程：$\frac{x-2}{1}=\frac{y-1}{1}=\frac{z-4}{8}$.

8．$\frac{\partial \omega}{\partial x}=2xf_1'$，$\frac{\partial \omega}{\partial y}=f_1'+2yzf_2'$，$\frac{\partial \omega}{\partial z}=x^2f_1'+y^2f_2'$，

$\frac{\partial^2 \omega}{\partial x^2}=2f_1'+4x^2f_{11}''$，$\frac{\partial^2 \omega}{\partial x\partial y}=2xf_{11}''$，$\frac{\partial^2 \omega}{\partial x\partial z}=2x^3f_{11}''$，

$\frac{\partial^2 \omega}{\partial y^2}=f_{11}''+4yzf_{12}''+2zf_2'+4y^2z^2f_{22}''$，$\frac{\partial^2 \omega}{\partial y\partial z}=x^2f_{11}''+2y^2f_{12}''+2yf_2'+4y^4f_{22}''$，

$\dfrac{\partial^2 \omega}{\partial z^2} = x^4 f''_{11} + 2x^2y^2 f''_{12} + y^4 f''_{22}$.

9.（1）$\mathrm{d}z = \dfrac{1}{y}\cos\dfrac{x}{y}\mathrm{d}x - \dfrac{x}{y^2}\cos\dfrac{x}{y}\mathrm{d}y$；（2）$\mathrm{d}z = 2x\mathrm{e}^{x^2+y^2}\mathrm{d}x + 2y\mathrm{e}^{x^2+y^2}\mathrm{d}y$；

（3）$\mathrm{d}z = y^2x^{y-1}\mathrm{d}x + (x^y + yx^y\ln x)\mathrm{d}y$；（4）$\mathrm{d}z = y\mathrm{e}^{xy}\ln z\mathrm{d}x + x\mathrm{e}^{xy}\ln z\mathrm{d}y + \dfrac{\mathrm{e}^{xy}}{z}\mathrm{d}z$.

10．0.

11．（1）极小值-8；（2）极大值 0；（3）极大值 8；（4）极大值 31，极小值-5.

五、略.

六、（1）$\left(\dfrac{4}{5},\dfrac{3}{5},\dfrac{35}{12}\right)$；

（2）$\left(\dfrac{x_1+x_2}{2},\dfrac{y_1+y_2}{2}\right)$；

（3）当两直角边都是$\dfrac{a}{\sqrt{2}}$时可得最大周长；

（4）长$\dfrac{2p}{3}$，宽$\dfrac{p}{3}$，矩形绕短边旋转；

（5）底为 6m，宽为 6m，高为 3m；

（6）长和宽都为$\dfrac{1}{2}$；

（7）长宽都为$\sqrt{2}R$的正方形.

第九章

习题 9-1

1．（1）$I_1 > I_2$；（2）$I_1 < I_2$；（3）$I_1 > I_2$.

2．（1）$36\pi \leqslant I \leqslant 100\pi$；（2）$0 \leqslant I \leqslant \pi^2$；（3）$-2\sqrt{2}\pi < I < 2\sqrt{2}\pi$；（4）$\pi \leqslant I \leqslant 2\pi$.

习题 9-2

1．$\iint\limits_D (2-x^2-y^2)\mathrm{d}x\mathrm{d}y$，$D=\{(x,y)\,|\,x^2+y^2\leqslant 1\}$.

2．$I_1 = 4I_2$.

3．（1）8；（2）$\dfrac{8}{3}$；（3）$\dfrac{1}{4}(\mathrm{e}^{b^2}-\mathrm{e}^{a^2})(\mathrm{e}^{d^2}-\mathrm{e}^{c^2})$；（4）$-\dfrac{3\pi}{2}$.

4．（1）$\dfrac{6}{55}$；（2）$\dfrac{2}{15}(4\sqrt{2}-1)$；（3）$-2$；（4）$\mathrm{e}-\mathrm{e}^{-1}$.

5．（1）$\int_0^1 \mathrm{d}x\int_{x-1}^{1-x} f(x,y)\mathrm{d}y$ 或 $\int_{-1}^0 \mathrm{d}y\int_0^{1+y} f(x,y)\mathrm{d}x + \int_0^1 \mathrm{d}y\int_0^{1-y} f(x,y)\mathrm{d}x$；

（2）$\int_1^2 \mathrm{d}x\int_0^{\ln x} f(x,y)\mathrm{d}y$ 或 $\int_0^{\ln 2}\mathrm{d}y\int_{\mathrm{e}^y}^2 f(x,y)\mathrm{d}x$；

（3）$\int_{-\sqrt{2}}^{\sqrt{2}} \mathrm{d}x\int_{x^2}^{4-x^2} f(x,y)\mathrm{d}y$ 或 $\int_0^2 \mathrm{d}y\int_{-\sqrt{y}}^{\sqrt{y}} f(x,y)\mathrm{d}x + \int_2^4 \mathrm{d}y\int_{-\sqrt{4-y}}^{\sqrt{4-y}} f(x,y)\mathrm{d}x$.

6.（1）$\int_0^1 dx\int_{x^2}^{x} f(x,y)dy$；（2）$\int_1^e dx\int_0^{\ln x} f(x,y)dy$；

（3）$\int_{\sqrt{2}}^{\sqrt{3}} dy\int_0^{\sqrt{y^2-2}} f(x,y)dx+\int_{\sqrt{3}}^{2} dy\int_0^{\sqrt{4-y^2}} f(x,y)dx$；

（4）$\int_{-1}^{0} dy\int_{-2\arcsin y}^{\pi} f(x,y)dx+\int_0^1 dy\int_{\arcsin y}^{\pi-\arcsin y} f(x,y)dx$；（5）$\int_0^1 dy\int_{\sqrt{y}}^{2-y} f(x,y)dx$.

7. $\dfrac{ka^4}{6}$.

8.（1）$\int_0^{2\pi} d\theta\int_1^2 f(r\cos\theta,r\sin\theta)rdr$；（2）$\int_0^{\pi} d\theta\int_0^{2\sin\theta} f(r\cos\theta,r\sin\theta)rdr$；

（3）$\int_{-\frac{\pi}{2}}^{\frac{\pi}{2}} d\theta\int_{2\cos\theta}^{2} f(r\cos\theta,r\sin\theta)rdr+\int_{\frac{\pi}{2}}^{\frac{3\pi}{2}} d\theta\int_0^2 f(r\cos\theta,r\sin\theta)rdr$；

（4）$\int_{-\frac{\pi}{4}}^{\frac{3\pi}{4}} d\theta\int_0^{2(\cos\theta+\sin\theta)} f(r\cos\theta,r\sin\theta)rdr$.

9.（1）$\dfrac{3a^4\pi}{4}$；（2）$\sqrt{2}-1$；（3）$\dfrac{7}{9}(2\sqrt{2}-1)$.

10.（1）$\dfrac{\pi}{4}(2\ln 2-1)$；（2）$\dfrac{3\pi^2}{64}$.

11.（1）$-6\pi^2$；（2）$14a^4$.

12. $\dfrac{3a^4\pi}{32}$.

13. 51.2m^3 .

习题 9-3

1.（1）$\int_{-1}^{1} dx\int_0^{\sqrt{1-x^2}} dy\int_0^{y} f(x,y,z)dz$；（2）$\int_0^1 dx\int_0^{\sqrt{1-x^2}} dy\int_0^{xy} f(x,y,z)dz$；

（3）$\int_{-1}^{1} dx\int_{-\sqrt{1-x^2}}^{\sqrt{1-x^2}} dy\int_{x^2+2y^2}^{2-x^2} f(x,y,z)dz$.

2. $\dfrac{1}{36}$.

3.（1）$\dfrac{324\pi}{5}$；（2）$\dfrac{2\pi}{5}$.

4.（1）$\dfrac{4\pi}{15}(b^5-a^5)$；（2）$\dfrac{(8-5\sqrt{2})\pi}{30}$.

5.（1）$\dfrac{\pi}{12}$；（2）$\dfrac{\pi}{6}$.

习题 9-4

1.（1）$\dfrac{1}{6}$；（2）$\dfrac{1}{3}$；（3）$\dfrac{2\pi}{3}$；（4）$\dfrac{(2-\sqrt{2})\pi}{3}$.

2.（1）$\sqrt{7}\pi$；（2）$\sqrt{2}\pi$.

3.（1）$\frac{\pi}{12}$；（2）$\frac{5\pi}{4}$.

4.（1）$2\pi-\frac{8}{3}$；（2）$\frac{2\arctan a}{3}$.

5. $\frac{5}{6}$.

6.（1）$\frac{Mb^2}{3}$；（2）$\frac{Ma^2}{3}$.

总习题九

一、1. $\frac{\pi R^4}{4}\left(\frac{1}{a^2}+\frac{1}{b^2}\right)$； 2. $\int_{-1}^{1}\mathrm{d}x\int_{1-\sqrt{1-x^2}}^{1+\sqrt{1-x^2}}f(x,y)\mathrm{d}y$； 3. $\int_{\frac{\pi}{4}}^{\frac{\pi}{3}}\mathrm{d}\theta\int_0^{\frac{2}{\cos\theta}}f(r^2)\cdot r\mathrm{d}r$.

二、1. C；2. B；3. B.

三、1.（1）$\int_1^{\mathrm{e}}\mathrm{d}x\int_0^{\ln x}f(x,y)\mathrm{d}y$ 或 $\int_0^1\mathrm{d}y\int_{\mathrm{e}^y}^{\mathrm{e}}f(x,y)\mathrm{d}x$；

（2）$\int_0^4\mathrm{d}x\int_x^{2\sqrt{x}}f(x,y)\mathrm{d}y$ 或 $\int_0^4\mathrm{d}y\int_{\frac{y^2}{4}}^{y}f(x,y)\mathrm{d}x$.

2.（1）$\pi(1-\mathrm{e}^{-a^2})$；（2）$\frac{3\pi}{4}$.

3.（1）$\frac{27}{64}$；（2）$1-\sin1$；（3）$\frac{\pi}{2}(2\ln2-1)$；（4）$\frac{3\pi^2}{64}$.

4.（1）$\int_0^{\pi}\mathrm{d}\theta\int_0^2 f(r\cos\theta,r\sin\theta)r\mathrm{d}r$；（2）$\int_{-\frac{\pi}{2}}^{\frac{\pi}{2}}\mathrm{d}\theta\int_0^{2\cos\theta}f(r\cos\theta,r\sin\theta)r\mathrm{d}r$.

5. 18π.

6. $\frac{5\pi}{6}$.

7.（1）$\frac{1}{36}$；（2）$\frac{11}{280}$；（3）$\frac{a^2b^2c^2}{48}$.

8. $\int_{-1}^{1}\mathrm{d}x\int_{x^2}^{1}\mathrm{d}y\int_0^{x^2+y^2}f(x,y,z)\mathrm{d}z$.

9. $\frac{2\pi\rho R^2}{3}$.

10. $\left(\frac{3}{10},\frac{3}{2}\right)$.

第十章

习题 10-1

1.（1）$3\sqrt{10}\pi$；（2）$\frac{\pi R^3}{2}$；（3）$\frac{4}{3}(2\sqrt{2}-1)$；（4）$2a^2$；

（5）24；（6）0；（7）$\frac{256}{15}a^3$；（8）$\frac{1}{12}(6\sqrt{2}+5\sqrt{5}-1)$；（9）$-\frac{\sqrt{2}}{2}\pi$.

2.（1）a^2m，其中m表示L的质量；（2）$\dfrac{6ab^2}{3a^2+4\pi^2b^2}$，$\dfrac{-6\pi ab^2}{3a^2+4\pi^2b^2}$，$\dfrac{3\pi b(a^2+2\pi^2b^2)}{3a^2+4\pi^2b^2}$.

3.（1）$\dfrac{13}{3}\pi$；（2）$\dfrac{149}{30}\pi$.

4.（1）$4\sqrt{61}$；（2）$\dfrac{27\pi}{2}$；（3）$\dfrac{1+\sqrt{2}}{2}\pi$；（4）$\dfrac{\pi^2}{2}$；（5）$\dfrac{64\sqrt{2}a^4}{15}$.

5. $\dfrac{\sqrt{3}}{12}$.

习题 10-2

1.（1）$\dfrac{\sqrt{2}}{2}\int_L[P(x,y)+Q(x,y)]\mathrm{d}s$；（2）$\int_L\left[P(x,y)\dfrac{1}{\sqrt{1+4x^2}}+Q(x,y)\dfrac{2x}{\sqrt{1+4x^2}}\right]\mathrm{d}s$.

2.（1）$-\dfrac{40}{3}$；（2）$\dfrac{8}{3}$.

3.（1）3;（2）4π；（3）8;（4）$a^2\pi$；（5）π；（6）13.

4.（1）$1+\sin 1-\cos 1$；（2）$1+\sin 1-\cos 1$.

5. $-\dfrac{8}{15}$.

6.（1）$\dfrac{\pi}{2}ka^2$；（2）$\dfrac{3\pi ka^2}{16}$.

习题 10-3

1.（1）$\dfrac{\pi}{2}R^4$；（2）12;（3）$-2\pi ab$；（4）0.

2.（1）4;（2）6;（3）$-\dfrac{\pi}{2}$.

3.（1）$\dfrac{3}{8}\pi a^2$；（2）12π.

4.（1）1;（2）$\dfrac{\pi a^2}{8}$.

5.（1）$\dfrac{x^2y^2}{2}$；（2）$3x^2y+2xy^2$；（3）$\mathrm{e}^x(x-1)+1+x^3y+y\cos y-\sin y$.

6.（1）$\cos x\sin 2y=C$；（2）$\dfrac{x^3}{3}-xy-\dfrac{y}{2}+\dfrac{1}{4}\sin 2y=C$.

7. 79.

习题 10-4

1.（1）$\iint_\Sigma P\mathrm{d}S$；（2）$-\dfrac{\sqrt{2}}{2}\iint_\Sigma(P+R)\mathrm{d}S$；（3）$\dfrac{1}{\sqrt{14}}\iint_\Sigma(3P+2Q+R)\mathrm{d}S$.

2.（1）0;（2）1;（3）$2\pi\mathrm{e}^2$.

3.（1）3;（2）-6π.

4．$\frac{11-10\mathrm{e}}{6}$．

5．$\frac{1}{24}$．

习题 10-5

1．（1）$3a^4$；（2）$\frac{12\pi a^5}{5}$；（3）$\frac{\pi}{8}$．

2．$\frac{\pi}{4}$．

3．$\frac{3\pi}{16}$．

4．64．

习题 10-6

1．$-\sqrt{3}\pi a^2$．

2．9π．

总习题十

一、1．$12a$；2．0；3．x^2+C．

二、1．D；2．D；3．C．

三、1．4；2．$(2+\sqrt{2})\mathrm{e}-2$；3．（1）$\frac{17}{30}$（2）$-\frac{1}{2}$；4．$a^2\pi$；5．（1）$\frac{1}{30}$；（2）$\frac{m\pi a^2}{8}$；6．$9\cos 2+4\cos 3$；7．$\frac{3\pi a^5}{8}$；8．$\frac{1}{3}$；9．$\frac{2\pi R^7}{105}$；10．$\sqrt{2}\pi$；11．$\frac{3\pi}{2}$．

第十一章

习题 11-1

1．（1）收敛，和为$\frac{3}{4}$；（2）发散；（3）收敛，和为$\frac{1}{2}$；（4）收敛，和为2；（5）收敛，和为$1-\sqrt{2}$．

2．（1）发散；（2）发散；（3）发散；（4）收敛，和为$\frac{1}{2}$；（5）收敛，和为$\frac{8}{3}$．

习题 11-2

1．（1）发散；（2）收敛；（3）发散；（4）收敛；（5）收敛；（6）发散；（7）收敛．

2．（1）收敛；（2）发散；（3）收敛；（4）发散；（5）收敛．

3．（1）收敛；（2）收敛；（3）发散；（4）收敛；（5）收敛．

习题 11-3

1．（1）条件收敛；（2）绝对收敛；（3）条件收敛；（4）绝对收敛；（5）发散；（6）绝对收敛；（7）$x<0$或$0<x\leqslant 1$时，发散，$x=0$或$x>1$时，绝对收敛；（8）$|x|<\mathrm{e}$时，绝对收

敛，$|x|\geqslant e$ 时，发散.

习题 11-4

1.（1）$R=e,(-e,e)$；（2）$R=\frac{2}{5},\left(-\frac{2}{5},\frac{2}{5}\right)$；（3）$R=0,\{1\}$；（4）$R=1,(-1,1)$；（5）$R=\frac{1}{\sqrt[6]{2}}$，$\left(-\frac{1}{\sqrt[6]{2}},\frac{1}{\sqrt[6]{2}}\right)$；（6）$R=2,(0,4)$.

2.（1）$\frac{1}{(1-x)^2}$，$x\in(-1,1)$；（2）$-\ln(1-x)$，$x\in(-1,1)$；

（3）$\begin{cases}\frac{1}{1-x}+\frac{1}{x}\ln(1-x), & 0<|x|<1 \\ 0, & x=0\end{cases}$；（4）$\begin{cases}1+\frac{1-x}{x}\ln(1-x), & 0<|x|<1 \\ 0, & x=0\end{cases}$；

（5）$\frac{x(1+x)}{(1-x)^3},x\in(-1,1)$.

习题 11-5

1.（1）$\sum_{n=0}^{\infty}(-1)^n\frac{x^{2n}}{n!},(-\infty,+\infty)$；（2）$-\sum_{n=1}^{\infty}\frac{2+(-1)^n}{n}x^n,(-1,1)$；

（3）$\sum_{n=1}^{\infty}\frac{nx^{n-1}}{(n+1)!},(-\infty,+\infty)$.

2. $\sum_{n=0}^{\infty}\frac{(x-2)^n}{3^{n+1}},(-1,5)$.

3. $\frac{1}{2}\sum_{n=0}^{\infty}(-1)^n\left[\frac{\left(x+\frac{\pi}{3}\right)^{2n}}{(2n)!}+\sqrt{3}\frac{\left(x+\frac{\pi}{3}\right)^{2n+1}}{(2n+1)!}\right],(-\infty,+\infty)$.

4. $-x^2\cos x-x\sin x-\cos x$，$x\in(-\infty,+\infty)$.

5. 0.15643，误差不超过10^{-5}.

6. 2.718281.

7. 0.9461.

习题 11-6

1.（1）$\frac{a-b}{4}\pi+\sum_{n=1}^{\infty}\left\{\frac{[1-(-1)^n](b-a)}{n^2\pi}\cos nx+\frac{(-1)^{n-1}(a+b)}{n}\sin nx\right\}$；

（2）$\frac{\operatorname{sh}\pi}{\pi}\left\{1+2\sum_{n=1}^{\infty}\frac{(-1)^n}{n^2+1}(\cos nx-n\sin nx)\right\}$；

（3）$\frac{2}{\pi}+\frac{4}{\pi}\sum_{n=1}^{\infty}\frac{(-1)^{n+1}}{4n^2-1}\cos 2nx$；

（4）$\sum_{n=1}^{\infty}\frac{2[1-(-1)^n]}{n^2\pi}\cos n\left(x-\frac{\pi}{2}\right)$.

2.（1）$\dfrac{4}{\pi}\sum\limits_{n=1}^{\infty}\dfrac{1}{2n-1}\sin(2n-1)x$；

（2）$\dfrac{\pi^2}{3}+4\sum\limits_{n=1}^{\infty}\dfrac{(-1)^n}{n^2}\cos nx$；

（3）$\dfrac{2}{\pi}\sum\limits_{n=1}^{\infty}\left[\dfrac{1}{n^2}\sin\dfrac{n\pi}{2}+(-1)^{n+1}\dfrac{\pi}{2n}\right]\sin nx$.

3. $\sum\limits_{n=1}^{\infty}\left[(-1)^{n+1}\dfrac{2}{n}+\dfrac{4}{n^2\pi}\sin\dfrac{n\pi}{2}\right]\sin nx$.

4. $\dfrac{1}{\pi}+\dfrac{1}{2}\cos x+\dfrac{2}{\pi}\sum\limits_{n=1}^{\infty}\dfrac{(-1)^{n-1}}{4n^2-1}\cos 2nx$.

5. $\sum\limits_{n=1}^{\infty}\dfrac{1}{n}\sin nx$； $\dfrac{\pi}{4}+\dfrac{1}{\pi}\sum\limits_{n=1}^{\infty}\dfrac{1-(-1)^n}{n^2}\cos nx$.

6. $\dfrac{1}{6}+\sum\limits_{n=1}^{\infty}\left\{\dfrac{(-1)^n 2}{n^2\pi^2}\cos n\pi x+\left[\dfrac{(-1)^{n+1}}{n\pi}+\dfrac{2[(-1)^n-1]}{n^3\pi^3}\right]\sin n\pi x\right\}$.

7. $\dfrac{5}{2}+\dfrac{2}{\pi^2}\sum\limits_{n=1}^{\infty}\dfrac{(-1)^n-1}{n^2}\cos n\pi x$.

8. $\dfrac{10}{\pi}\sum\limits_{n=1}^{\infty}\dfrac{(-1)^n}{n}\sin\dfrac{n\pi x}{5}$.

9. $\dfrac{8}{\pi^2}\sum\limits_{n=1}^{\infty}\dfrac{1}{n^2}\sin\dfrac{n\pi}{2}\sin\dfrac{n\pi x}{2}$； $\dfrac{1}{2}+\dfrac{4}{\pi^2}\sum\limits_{n=1}^{\infty}\dfrac{1}{n^2}\left[2\cos\dfrac{n\pi}{2}-1-(-1)^n\right]\cos\dfrac{n\pi x}{2}$.

10. $\mathrm{sh}1\sum\limits_{n=-\infty}^{+\infty}\dfrac{(-1)^n(1-n\pi i)}{1+n^2\pi^2}\mathrm{e}^{i n\pi x}$.

11. $\dfrac{\pi}{3}+\sum\limits_{\substack{n=-\infty\\ n\neq 0}}^{+\infty}\dfrac{1}{n}\sin\dfrac{n\pi}{3}\mathrm{e}^{i\frac{n\pi x}{3}}$.

总习题十一

一、1. A；2. D；3. C；4. B；5. C；6. B.

二、1. $p>2$；2. -1；3. $[-3,3)$；4. $(-2,4)$；5. $\dfrac{3}{2}$.

三、

1. 略.

2. 略.

3. $\dfrac{22}{27}$.

4. $\ln(2+\sqrt{2})$.

5. $1-\dfrac{\pi^2}{3}+4\sum\limits_{n=1}^{\infty}\dfrac{(-1)^{n+1}}{n^2}\cos nx$， $\dfrac{\pi^2}{12}$.

参 考 文 献

[1] 宣立新．应用数学基础——微积分（上、下）[M]．北京：高等教育出版社，2004.

[2] 傅英定，谢云荪．微积分（上、下）[M]．北京：高等教育出版社，2003.

[3] 同济大学数学系．微积分（上、下）[M]．3 版．北京：高等教育出版社，2010.

[4] 同济大学数学系．高等数学（上、下）[M]．北京：人民邮电出版社，2017.

[5]（美）莫里斯・克莱因（Moms Kline）．古今数学思想：第 2 册．朱学贤，等译．上海：上海科学技术出版社，2002.